职业教育技能型人才培养实用教材

职业教育·通用课程教材

高等数学基础及应用

王勇刚　钱欣瑞　李婷婷　姜　珊　主　编

人民交通出版社
北　京

内 容 提 要

本书为职业教育技能型人才培养实用教材，共分为9章，包含函数、极限与连续，一元函数微分学，一元函数积分学，微分方程，多元函数微分学，重积分，曲线积分，无穷级数，数学建模方法。本教材尽可能将数学问题与生活实例相联系，理论与实际相结合，用引例搭配数学建模解题方法，为学生拓宽解题路径。

本书可作为职业院校本科、专科（非数学专业）学生的教材。

图书在版编目（CIP）数据

高等数学基础及应用 / 王勇刚等主编. — 北京 ：人民交通出版社股份有限公司，2025. 5. — ISBN 978-7-114-20475-3

Ⅰ. O13

中国国家版本馆 CIP 数据核字第 2025LC6324 号

职业教育技能型人才培养实用教材

职业教育 · 通用课程教材

Gaodeng Shuxue Jichu ji Yingyong

书　　名：高等数学基础及应用

著 作 者：王勇刚　钱欣瑞　李婷婷　姜　珊

责任编辑：李明阳

责任校对：龙　雪

责任印制：刘高彤

出版发行：人民交通出版社

地　　址：（100011）北京市朝阳区安定门外外馆斜街3号

网　　址：http://www.ccpcl.com.cn

销售电话：（010）85285911

总 经 销：人民交通出版社发行部

经　　销：各地新华书店

印　　刷：北京市密东印刷有限公司

开　　本：787 × 1092　1/16

印　　张：16.5

字　　数：398千

版　　次：2025年5月　第1版

印　　次：2025年5月　第1次印刷

书　　号：ISBN 978-7-114-20475-3

定　　价：45.00元

前言

高等数学作为一门基础学科,对于培养学生的逻辑思维、分析问题和解决问题的能力具有极其重要的意义。它是理工科专业学生的必修课程,也为众多其他学科领域深入学习和研究提供了强大的理论支持和方法指导。

本教材内容丰富,涵盖了高等数学中的函数与极限、一元函数微积分学、多元函数微积分学、常微分方程、无穷级数等主要知识,包括引例、数学文化、数学建模、数学软件应用,内容设计遵循由浅入深、循序渐进的原则,各章节内容相互衔接,既具有科学性、系统性,又具有实用性、易读性,形成了一个完整的知识体系。通过学习本教材,学生应能够逐步掌握高等数学的思想、基本理论和方法。

本教材有四个特色:

一是以实际问题为引例,将抽象的数学概念具体化,展示数学在现实世界中的应用,让学生认识数学的实用价值,激发学生的学习兴趣。

二是数学建模思想贯穿始终,运用实际案例,让学生亲身体验数学建模的过程,从问题分析、模型建立、求解到结果验证,全面掌握数学建模的方法和技巧;以问题为导向,涉及多个学科的知识,跨学科融合,引导学生主动探索,运用数学建模思想创新性思考问题、分析问题并提出独特的解决问题的方案,培养学生的创新精神,提高学生解决问题的能力。

三是通过软件工具的学习,提高学生数学建模能力,让学生在动手操作中深化对数学建模思想的理解,提高学生的计算能力、数据处理能力和实际应用能力。

四是将数学文化融入学习内容,增强学生的文化自信,培养学生的人文精神、追求真理的科学精神和实事求是的态度,从而提高学生的综合素质。

本教材共9章,由王勇刚、钱欣瑞、李婷婷、姜珊担任主编,由吴亚君、杨三艳、周扬、李俊鹏、王忠敏担任副主编,参与编写人员有李艳蓉、赵惠谊、杨金蕊、谢卓桂、刘恒杰、舒婕。具体分工如下:第一章由赵惠谊、杨金蕊、王忠敏编写,第二章由吴亚君、谢卓桂、李艳蓉编写,第三章由周扬、李俊鹏编写,第四章由钱欣瑞编写,第五章由李婷婷、舒婕编写,第六章由王勇刚编写,第七章由杨三艳编写,第八章由姜珊、刘恒杰编写,第九章由李婷婷、杨三艳编写,全书统稿由王勇刚完成。

本教材的编写旨在为学生提供一本高质量的高等数学教材,帮助学生掌握高等数学的基本理论和方法,培养学生的数学思维和解决实际问题的能力。我们相信,通过本教材的学习,可为学生今后的学习和工作打下坚实的基础。

由于编者水平有限,教材中难免存在不足之处,欢迎广大师生和读者提出宝贵的意见和建议,以便我们不断改进和完善。

编　者

2025年1月

本教材配套数字资源列表

序号	资源名称	资源类型	页码
1	数列极限的四则运算法则	图片	7
2	例 8MATLAB 计算	图片	15
3	例 2MATLAB 计算	图片	33
4	定理 3 证明	图片	34
5	例 2MATLAB 计算	图片	38
6	定理 8 证明	图片	46
7	定理 10 证明	图片	49
8	引例 1MATLAB 计算	图片	60
9	引例 2MATLAB 计算	图片	61
10	例 3MATLAB 计算	图片	83
11	引例 1MATLAB 计算	图片	90
12	引例 1MATLAB 计算	图片	150
13	引例 2MATLAB 计算	图片	151
14	性质 6 证明	图片	156
15	例 2MATLAB 计算	图片	160
16	例 3MATLAB 计算	图片	160
17	例 4MATLAB 计算	图片	161
18	定理 1 证明	PDF	182
19	例 3MATLAB 计算	图片	184
20	定理 1 证明	图片	187
21	例 1(1)MATLAB 计算	图片	187
22	例 1(2)MATLAB 计算	图片	187
23	例 1(3)MATLAB 计算	图片	188
24	例 2(1)MATLAB 计算	图片	188
25	例 3 解法 1MATLAB 计算	图片	189
26	例 3 解法 2MATLAB 计算	图片	189
27	定理 1 证明	PDF	191
28	例 1 解法 1MATLAB 计算	图片	191
29	例 1 解法 2MATLAB 计算	图片	191
30	定理 2 证明	图片	193
31	定理 3 证明	图片	193

续上表

序号	资源名称	资源类型	页码
32	引例 1MATLAB 计算	图片	197
33	引例 2MATLAB 计算	图片	198
34	定理 2 证明	图片	203
35	定理 3 证明	图片	204
36	定理 4 证明	PDF	205
37	定理 7 证明	PDF	207
38	定理 1 证明	图片	210
39	习题参考答案	文件夹	251
40	附录Ⅰ 常用函数图像	文件夹	251
41	附录Ⅱ 常用数学公式	文件夹	251

资源使用方法：

1. 扫描封面上的二维码(注意此码只可激活一次)；

2. 关注“交通教育出版”微信公众号；

3. 公众号弹出“购买成功”通知，点击“查看详情”，进入后即可查看资源；

4. 也可进入“交通教育出版”微信公众号，点击下方菜单“用户服务—图书增值”，选择已绑定的教材进行观看和学习。

目录

第一章

函数、极限与连续

引例 1 细菌繁殖问题

由实验知，在满足培养液充足等条件下，某种细菌繁殖的速度 v 与当时已有的细菌数量 A_0 成正比，即 $v = kA_0$（$k>0$，k 为比例常数），问：(1)开始时细菌的数量是多少？(2)如果以现在的速度繁殖下去，经过 60d 以后，细菌的数量是多少？表 1-1 是收集到的一些实验数据.

表 1-1

经过时间(d)	细菌数量(个)
5	936
10	2190

引例 2 圆的周长

图 1-1、图 1-2 分别是半径为 R 的圆内接正六边形和圆内接正八边形.

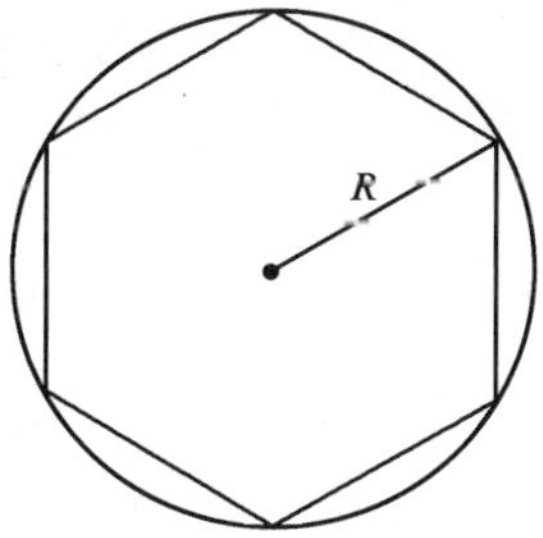

图 1-1

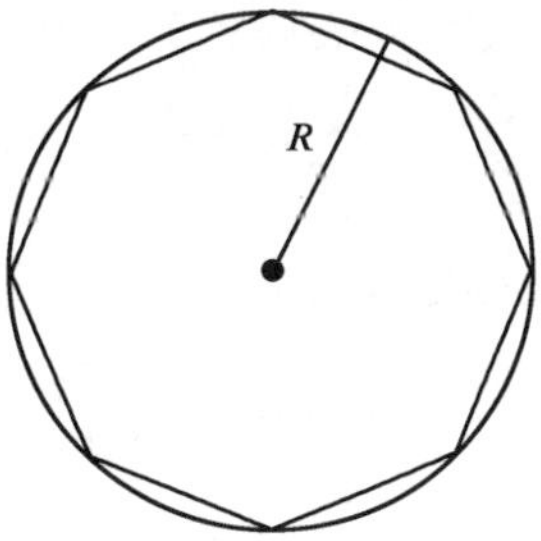

图 1-2

(1)求半径为 R 的圆内接正六边形的周长 C_6；

(2)求半径为 R 的圆内接正八边形的周长 C_8；

(3)求半径为 R 的圆的周长；

(4)圆的周长是其半径的连续函数吗？

第一节　函　　数

初等数学的研究对象基本是不变的量，而高等数学的研究对象则是变动的量（简称变量），函数关系就是描述变量与变量之间的依赖关系.

一、函数的定义

定义1　设 x 和 y 是两个变量，D 是一个非空实数集，如果对属于 D 中的每一个数 x，按照某个对应法则 f，都有唯一确定的实数 y 和它对应，则称 y 为定义在实数集 D 上关于 x 的函数，记作 $y=f(x)$.

x 称为自变量，y 称为函数值或因变量，D 为定义域，当自变量 x 取遍定义域 D 中的所有数值时，它所对应的函数值 y 的集合 M 称为函数的值域. 对于确定的 x_0，与它对应的 y_0 称为 $y=f(x)$ 在 x_0 处的函数值，记作 $y_0=f(x_0)$ 或 $y_0=y|_{x=x_0}$.

函数的定义域是指使函数 $y=f(x)$ 有意义的自变量 x 的取值范围. 求函数的定义域分两种情形：

(1)有实际意义的，根据实际意义确定.

(2)无实际意义的，只研究使函数解析式 $y=f(x)$ 有意义的自变量 x 的取值范围，通常要考虑以下几个方面：

Ⅰ. 分式分母不为0.

Ⅱ. 偶次根式中被开方式大于或等于0.

Ⅲ. 对数真数大于0，底数大于0且不等于1.

Ⅳ. 余切符号下的式子不等于 $k\pi(k\in\mathbf{Z})$.

Ⅴ. 正切符号下的式子不等于 $k\pi+\dfrac{\pi}{2}(k\in\mathbf{Z})$.

Ⅵ. 反正弦、反余弦符号下的式子绝对值小于或等于1.

Ⅶ. 如果函数由若干部分组合而成，那么该函数的定义域为各组成部分定义域的交集.

注意：定义域、值域、对应法则称为函数的三要素. 只要定义域和对应法则确定，值域也随之确定，所以，定义域和对应法则是函数的两个关键要素。当两个函数的两个关键要素相同时，这两个函数就是同一个函数.

例1　求下列函数的定义域：

(1)$f(x)=\sqrt{4x+3}$；　(2)$f(x)=\dfrac{5}{x+1}$.

解　(1)对于 $f(x)$，当 $4x+3\geqslant0$ 时，函数有意义，即 $x\geqslant-\dfrac{3}{4}$.

函数定义域为 $x\in\left[-\dfrac{3}{4},+\infty\right)$.

(2)对于 $f(x)$，当 $x+1\neq0$ 时，函数有意义，即 $x\neq-1$.

函数定义域为 $x\in(-\infty,-1)\cup(-1,+\infty)$.

符号 f 表示自变量 x 与函数 y 之间的一种**对应关系**，不同的对应法则可以用不同的字母表示.例如,$y=f(x)=2x^3-3x-2$ 的对应法则 f 就是自变量的 3 次方乘以 2 减去自变量乘以 3 后再减去 2,可以看成 $f(x)=2(x)^3-3(x)-2$,当 $x=2$ 时,对应函数值是 $f(2)=2\times(2)^3-3\times(2)-2=8$.

例 2 设函数 $f(x)=2x^2-x+1$,求 $f(2)$,$f(a)$,$f(x^2)$.

解 因为对应法则为 $f(x)=2(x)^2-(x)+1$,所以

$$f(2)=2\times(2)^2-(2)+1=7,$$
$$f(a)=2(a)^2-(a)+1=2a^2-a+1,$$
$$f(x^2)=2(x^2)^2-(x^2)+1=2x^4-x^2+1.$$

二、函数的表示方法

函数的表示方法有三种:解析法(公式法)、图像法、列表法.

(1)解析法是指用解析式来表示函数的方法.

(2)图像法是指在平面上用图像来表示两个变量之间函数关系的方法.

(3)列表法是指用表格来表示两个变量之间函数关系的方法.

三、函数的性质

函数有四个性质,分别是:单调性、奇偶性、周期性、有界性.

1. 函数的单调性

如图 1-3 所示,函数在区间 I 上有意义,图形为上升趋势,随着自变量 x 值的增大,函数值 y 也增大.

定义 2 一般地,如果对任意 $x_1,x_2\in(a,b)$,且 $x_1<x_2$,恒有

$$f(x_1)<f(x_2),$$

则称函数 $y=f(x)$ 在区间 (a,b) 内单调递增(上升).

如图 1-4 所示,函数在区间 I 上有意义,图形为下降趋势,随着自变量 x 值的增大,函数值 y 减小.

定义 3 一般地,如果对任意 $x_1,x_2\in(a,b)$,且 $x_1<x_2$,恒有

$$f(x_1)>f(x_2),$$

则称函数 $y=f(x)$ 在区间 (a,b) 内单调递减(下降).

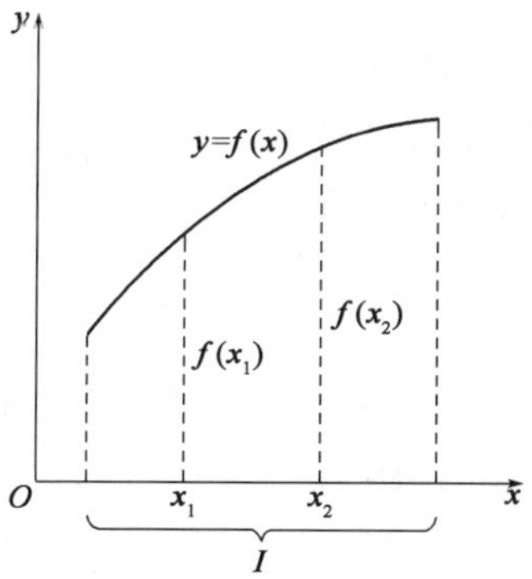

图 1-3

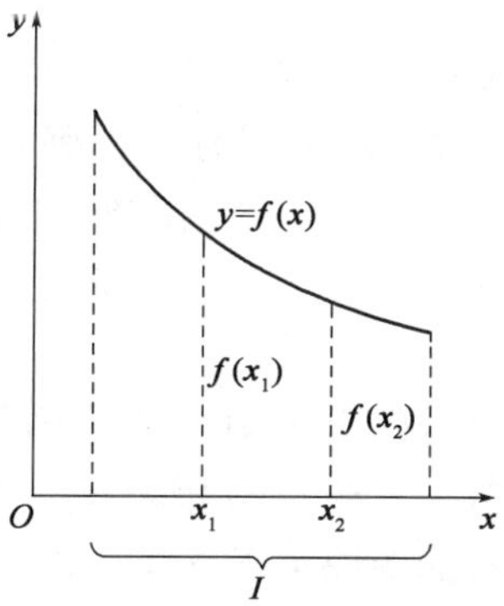

图 1-4

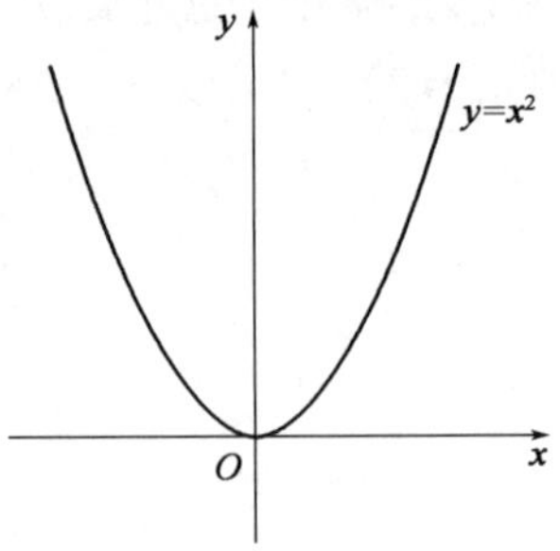

图 1-5

例 3 讨论函数 $y=x^2$ 的单调性.

解 函数 $y=x^2$ 在 $(-\infty,0)$ 内单调递减,在 $(0,+\infty)$ 内单调递增,$(-\infty,0)$ 称为函数的单调递减区间,$(0,+\infty)$ 称为函数的单调递增区间,它们统称为函数 $y=x^2$ 的单调区间,如图 1-5所示.

2. 函数的奇偶性

定义 4 设函数 $y=f(x)$ 的定义域 D 关于原点对称,对任意的 $x\in D$,若有 $f(-x)=f(x)$,则函数 $y=f(x)$ 为偶函数(图 1-6);若有 $f(-x)=-f(x)$,则函数 $y=f(x)$ 为奇函数(图 1-7). 偶函数的图像关于 y 轴对称,奇函数的图像关于原点对称.

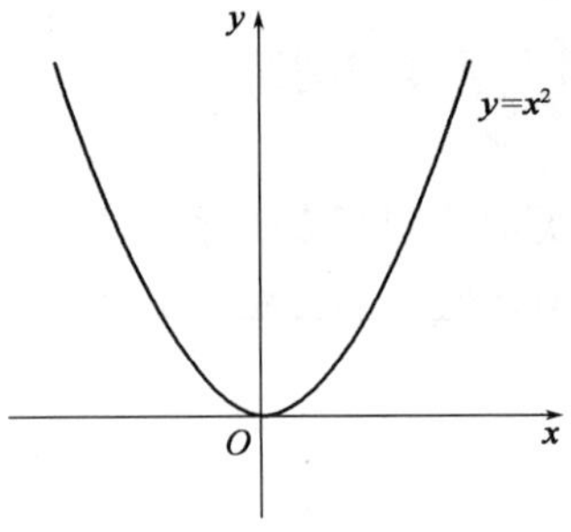

图 1-6

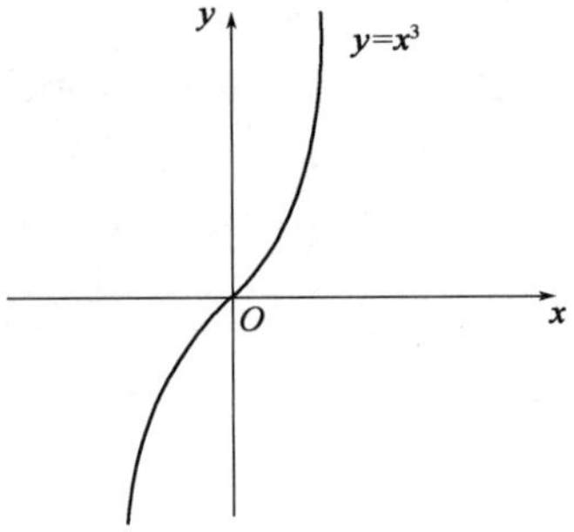

图 1-7

3. 函数的周期性

定义 5 设函数 $y=f(x)$ 在定义域 D 上有定义,若存在常数 $T\neq 0$,使得对任意 $x\in D$,有 $x\pm T\in D$ 且等式 $f(x+T)=f(x)$ 成立,则称 $f(x)$ 是以 T 为周期的周期函数,T 称为 $f(x)$ 的一个周期. 一般所说的周期函数的周期是指它的最小正周期.

中学时我们已经学过的周期函数有:$y=\sin x$,$y=\cos x$,$y=\tan x$.

4. 函数的有界性

定义 6 设函数 $y=f(x)$ 在定义域 D 上有定义,若对任意 $x\in D$,存在正数 M,都有 $|f(x)|\leqslant M$ 成立,则称函数 $f(x)$ 在 D 上有界;若不存在这样的正数 M,则称函数 $f(x)$ 在 D 上无界.

四、反函数

定义 7 设函数 $y=f(x)$ 的定义域为 D,值域为 M,如果对于 M 中的每一个 y 值,D 中都有唯一确定的数 x 与之对应,这就以 M 为定义域确定了一个函数,这个函数称为函数 $y=f(x)$ 的反函数,记为 $x=f^{-1}(y)$,其定义域为 M,值域为 D.

由于习惯用 x 表示自变量,用 y 表示因变量,因此,将函数 $y=f(x)$ 的反函数 $x=f^{-1}(y)$ 用 $y=f^{-1}(x)$ 表示. 函数 $y=f(x)$ 与 $y=f^{-1}(x)$ 的图像关于直线 $y=x$ 对称(图 1-8).

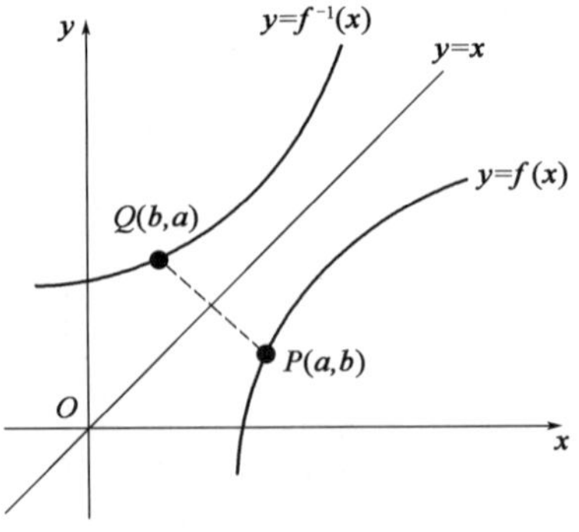

图 1-8

五、初等函数

1. 基本初等函数

基本初等函数包括幂函数、指数函数、对数函数、三角函数、反三角函数.

Ⅰ. 幂函数：$y=x^a$（$a\in\mathbf{R}$，a 是常数）.

Ⅱ. 指数函数：$y=a^x$（$a>0,a\neq1$）.

Ⅲ. 对数函数：$y=\log_a x$（$a>0,a\neq1$），特别当 $a=\mathrm{e}$ 时，记为 $y=\ln x$，当 $a=10$ 时，记为 $\lg x$.

Ⅳ. 三角函数：如 $y=\sin x$，$y=\cos x$，$y=\tan x$，$y=\sec x$，$y=\csc x$ 等.

Ⅴ. 反三角函数：如 $y=\arcsin x$，$y=\arccos x$，$y=\arctan x$ 等.

2. 复合函数

在实际问题中，我们常会遇到由几个较简单的函数组合而成的较复杂的函数. 例如，$y=\sin u$ 和 $u=x^3$ 可以组合成 $y=\sin x^3$，$y=\ln u$ 和 $u=\sqrt{x}$ 可以组合成 $y=\ln\sqrt{x}$，这种组合称为函数的复合.

定义 8 设函数 $y=f(u)$，$u=g(x)$，且函数 $g(x)$ 的函数值全部或者部分在 $f(u)$ 的定义域内，那么 y 通过 u 的联系也有了关于 x 的函数，这个函数称为 y 关于 x 的复合函数，这个函数由 $y=f(u)$ 及 $u=g(x)$ 复合而成，记作

$$y=f[g(x)],\quad x\in D.$$

其中 u 称为中间变量.

复合函数是一个函数，为了后续微积分学习研究需要，正确地分析复合函数的构成是很重要的. 通常需要将一个复合函数分解成基本初等函数与基本初等函数之间（或基本初等函数与常数之间）的和、差、积、商. 常用的中间变量有 u,v,w.

例 4 写出下列函数的复合过程：

（1）$y=\cos x^3$；　　（2）$y=(2x-6)^3$；

（3）$y=c^{\sin3x}$；　　（4）$y=\sqrt{\sin(3x-1)}$.

解 （1）$y=\cos x^3$ 由 $y=\cos u$，$u=x^3$ 复合而成.

（2）$y=(2x-6)^3$ 由 $y=u^3$，$u=2x-6$ 复合而成.

（3）$y=\mathrm{e}^{\sin3x}$ 由 $y=\mathrm{e}^u$，$u=\sin v$，$v=3x$ 复合而成.

（4）$y=\sqrt{\sin(3x-1)}$ 由 $y=\sqrt{u}$，$u=\sin v$，$v=3x-1$ 复合而成.

3. 初等函数的概念

由常数和基本初等函数经过有限次的四则运算和有限次的复合构成，能用一个式子表示的函数称为初等函数.

例如，$y=\sin x$，$y=\sqrt[2]{\sin^2x+6\ln3x-3x^7}$，$y=\dfrac{1+\sqrt{3x\cos x}}{2^{-x}}$ 都是初等函数，本书中讨论的函数绝大多数是初等函数.

4. 分段函数

在实际问题中，会遇到有些函数不能用一个解析式来表示，而需要分段表示，这种在定义域的不同范围内所对应的解析式不同的函数称为分段函数. 分段函数是一个函数，其定义域是每一段取值范围的并集.

常见的分段函数有：

(1)绝对值函数(图 1-9).

$$y=|x|=\begin{cases}x, & x\geqslant 0,\\ -x, & x<0.\end{cases}$$

(2)符号函数(图 1-10).

$$\operatorname{sgn}x=\begin{cases}1, & x>0,\\ 0, & x=0,\\ -1, & x<0.\end{cases}$$

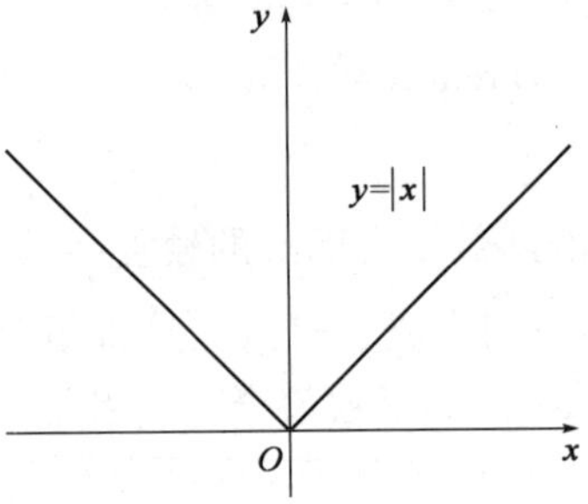

图 1-9

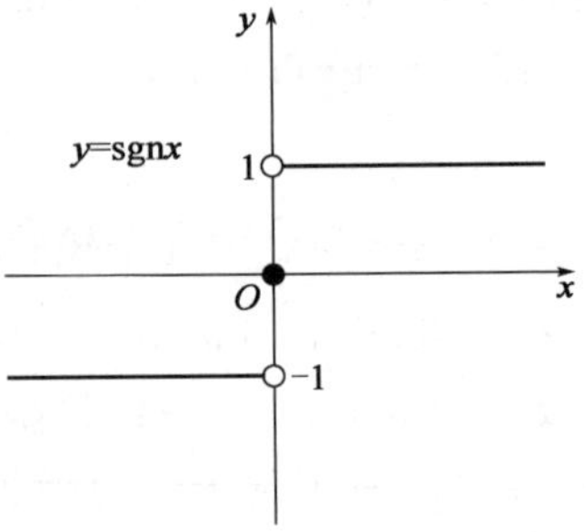

图 1-10

习题 1-1

1. 求下列函数的定义域：

(1) $y=\dfrac{2}{\sqrt{2x+1}}$；　(2) $y=\sqrt{4x+3}$；　(3) $f(x)=\begin{cases}3x, & 0<x<1,\\ x^2, & 3\leqslant x<5.\end{cases}$

2. 判断下列函数的奇偶性：

(1) $y=\cos x^3$；　(2) $y=\sin 2x$；　(3) $y=3x^2+2x-1$.

第二节　数列的极限

一、数列极限的概念

1. 数列的概念

按照某种规律依次排列下去的一列数,构成一个数列：

$$x_1,x_2,x_3,x_4,\cdots,x_n,\cdots.$$

数列中的每个数称为数列的项,其中 x_n 称为数列的通项(或一般项),x_1 称为数列的首项(或第一项).

一个数列,可以看成是自变量取正整数 n 的函数 $x_n=f(n)$.

例 1　写出下列数列的通项：

(1) $\dfrac{1}{2},\dfrac{1}{3},\dfrac{1}{4},\dfrac{1}{5},\cdots$；　(2) $\dfrac{1}{2},\dfrac{1}{4},\dfrac{1}{8},\dfrac{1}{16},\cdots$；　(3) $-1,1,-1,1,-1,1,\cdots$.

解 (1)通项为 $x_n=\dfrac{1}{n+1}$. (2)通项为 $x_n=\dfrac{1}{2^n}$. (3)通项为 $x_n=(-1)^n$.

2. 数列极限的定义

给定一个数列,当 n 无限增大($n\to\infty$)时,数列$\{x_n\}$的通项 x_n 的变化趋势是什么?(“→”读作“趋近于”)

观察例 1 中的数列,当 $n\to\infty$ 时,数列$\{x_n\}$的通项 x_n 的变化趋势:

(1)$\dfrac{1}{2},\dfrac{1}{3},\dfrac{1}{4},\dfrac{1}{5},\cdots$的通项为 $x_n=\dfrac{1}{n+1}$,当 $n\to\infty$ 时,数列$\{x_n\}$的通项 x_n 趋近于 0.

(2)$\dfrac{1}{2},\dfrac{1}{4},\dfrac{1}{8},\dfrac{1}{16},\cdots$的通项为 $x_n=\dfrac{1}{2^n}$,当 $n\to\infty$ 时,数列$\{x_n\}$的通项 x_n 趋近于 0.

(3) $-1,1,-1,1,-1,1,\cdots$的通项为 $x_n=(-1)^n$,当 $n\to\infty$ 时,数列$\{x_n\}$的通项 x_n 在 -1 和 1 之间跳跃变化.

定义 1 设有数列$\{x_n\}$,如果当 n 无限增大时,数列$\{x_n\}$的通项 x_n 无限趋近于一个确定的常数 A,那么称常数 A 是数列的极限,记作

$$\lim_{n\to\infty}x_n=A \quad 或 \quad x_n\to A,n\to\infty .$$

也称数列$\{x_n\}$收敛于 A;否则,称数列$\{x_n\}$是发散的.

二、数列极限的性质

数列极限的四则运算法则

定理 1 (极限的唯一性)如果数列$\{x_n\}$有极限,那么此极限是唯一的.

定理 2 (收敛数列的有界性)如果数列$\{x_n\}$有极限,那么此数列$\{x_n\}$一定有界.

定理 3 (收敛数列的保号性)如果$\lim\limits_{n\to\infty}=A$,且 $A>0$(或 $A<0$),那么存在正整数 $N>0$,当 $n>N$ 时,都有 $x_n>0$(或 $x_n<0$).

定理 4 (收敛数列与其子数列间的关系)如果数列$\{x_n\}$收敛于 A,那么它的任一子数列也收敛,且极限也是 A.

例 2 求下列极限:

(1)$\lim\limits_{n\to\infty}\dfrac{n^2+3n-1}{2n^2+1}$; (2)$\lim\limits_{n\to\infty}\dfrac{n-1}{n+1}$; (3)$\lim\limits_{n\to\infty}\dfrac{n^3-2n^2-1}{n^4+3n^2+n}$.

解 (1) $\lim\limits_{n\to\infty}\dfrac{n^2+3n-1}{2n^2+1}=\lim\limits_{n\to\infty}\dfrac{1+\dfrac{3}{n}-\dfrac{1}{n^2}}{2+\dfrac{1}{n^2}}=\lim\limits_{n\to\infty}\dfrac{1+0-0}{2+0}=\dfrac{1}{2}$.

(2)$\lim\limits_{n\to\infty}\dfrac{n-1}{n+1}=\lim\limits_{n\to\infty}\dfrac{1-\dfrac{1}{n}}{1+\dfrac{1}{n}}=1$.

(3)$\lim\limits_{n\to\infty}\dfrac{n^3-2n^2-1}{n^4+3n^2+n}=\lim\limits_{n\to\infty}\dfrac{\dfrac{1}{n}-\dfrac{2}{n^2}-\dfrac{1}{n^4}}{1+\dfrac{3}{n^2}+\dfrac{1}{n^3}}=\dfrac{0}{1}=0$.

习题 1-2

求下列数列的极限：

(1) $\lim\limits_{n\to\infty}\dfrac{1}{n+1}$；　　(2) $\lim\limits_{n\to\infty}\dfrac{n-3}{n+3}$；

(3) $\lim\limits_{n\to\infty}\left(\dfrac{1}{n}+\dfrac{2}{n}+\dfrac{3}{n}\right)$；　　(4) $\lim\limits_{n\to\infty}\dfrac{4n^2+3n-1}{n^2+1}$.

第三节　函数的极限

一、函数极限的定义

函数的极限主要研究自变量 x 变化的两种情形：

1. 当 $x\to\infty$ 时函数 $f(x)$ 的极限

"$x\to\infty$"表示 x 的绝对值无限增大，x 既可以取正值也可以取负值. 若 x 取正值无限增大，记作 $x\to+\infty$；若 x 取负值，其绝对值无限增大，记作 $x\to-\infty$.

定义 1　设有函数 $f(x)$，如果当 x 的绝对值无限增大时，函数 $f(x)$ 无限趋近于一个确定的常数 A，那么称常数 A 是函数 $f(x)$ 当 $x\to\infty$ 时的极限，记作

$$\lim_{x\to\infty}f(x)=A \quad 或 \quad f(x)\to A, x\to\infty.$$

这里函数的极限定义精确地说，就是"ε-X"定义：设有函数 $f(x)$，当 x 大于某一正数时有定义，如果存在常数 A，对任意给定的正数 ε（不论它多么小），总存在正数 X，使得当 x 满足不等式 $|x|>X$ 时，对应的函数值 $f(x)$ 都满足不等式

$$|f(x)-A|<\varepsilon,$$

那么常数 A 就称为函数 $f(x)$ 当 $x\to\infty$ 时的极限，记作

$$\lim_{x\to\infty}f(x)=A \quad 或 \quad f(x)\to A, x\to\infty.$$

函数极限的"ε-X"定义可以简单地表述为

$$\lim_{x\to\infty}f(x)=A \Leftrightarrow \forall\varepsilon>0, \exists X>0, 当 |x|>X 时, 有 |f(x)-A|<\varepsilon.$$

有时只需要研究当 $x\to+\infty$（或 $x\to-\infty$）时函数的变化趋势.

定义 2　设有函数 $f(x)$，如果当 $x\to+\infty$ 时，函数 $f(x)$ 无限趋近于一个确定的常数 A，那么称常数 A 是函数 $f(x)$ 当 $x\to+\infty$ 时的极限，记作

$$\lim_{x\to+\infty}f(x)=A \quad 或 \quad f(x)\to A, x\to+\infty.$$

如果当 $x\to-\infty$ 时，函数 $f(x)$ 无限趋近于一个确定的常数 A，那么称常数 A 是函数 $f(x)$ 当 $x\to-\infty$ 时的极限，记作

$$\lim_{x\to-\infty}f(x)=A \quad 或 \quad f(x)\to A, x\to-\infty.$$

注意：$\lim\limits_{x\to\infty}f(x)=A$ 存在的充分必要条件是 $\lim\limits_{x\to+\infty}f(x)=\lim\limits_{x\to-\infty}f(x)=A$.

2. 当 $x\to x_0$ 时函数 $f(x)$ 的极限

$x\to x_0$ 可以理解为 x 无限接近于 x_0，但不等于 x_0.

定义 3 设有函数 $f(x)$ 在 x_0 的某去心邻域内有定义，如果当 x 无限接近于确定值 x_0，即当 $x\to x_0$ 时，函数 $f(x)$ 无限趋近于一个确定的常数 A，那么称常数 A 是函数 $f(x)$ 当 $x\to x_0$ 时的极限，记作

$$\lim_{x\to x_0}f(x)=A \quad 或 \quad f(x)\to A, x\to x_0.$$

这里函数的极限定义精确地说，就是"ε-δ"定义：设函数 $f(x)$ 在点 x_0 的某去心邻域内有定义，如果存在常数 A，对任意给定的正数 ε（不论它多么小），总存在正数 δ，使得当 x 满足不等式 $0<|x-x_0|<\delta$ 时，对应的函数值 $f(x)$ 都满足不等式

$$|f(x)-A|<\varepsilon,$$

那么常数 A 就称为函数 $f(x)$ 当 $x\to x_0$ 时的极限，记作

$$\lim_{x\to x_0}f(x)=A \quad 或 \quad f(x)\to A, x\to x_0.$$

函数极限的"ε-δ"定义可以简单地表述为

$$\lim_{x\to x_0}f(x)=A\Leftrightarrow \forall\varepsilon>0, \exists\delta>0, 当\ 0<|x-x_0|<\delta\ 时，有\ |f(x)-A|<\varepsilon.$$

在函数极限的定义中，x 既从 x_0 的左边趋近于 x_0，也从 x_0 的右边趋近于 x_0. 但有时需要或只能求 x 从 x_0 的某一边趋近于 x_0 的极限，如分段函数的分界处. 所以，引入单侧极限的定义.

1）当 $x\to x_0^-$ 时函数 $f(x)$ 的左极限

$x\to x_0^-$ 可以理解为 x 从 x_0 的左边（即从小于 x_0 的方向）无限接近于 x_0.

定义 4 设有函数 $f(x)$ 在 x_0 的左邻域内有定义，如果当 x 从 x_0 的左边无限接近于确定值 x_0，即当 $x\to x_0^-$（$x\to x_0-0$）时，函数 $f(x)$ 无限趋近于一个确定的常数 A，那么称常数 A 是函数 $f(x)$ 当 $x\to x_0^-$ 时的左极限，记作

$$\lim_{x\to x_0^-}f(x)=A \quad 或 \quad f(x_0-0)=A.$$

2）当 $x\to x_0^+$ 时函数 $f(x)$ 的右极限

$x\to x_0^+$ 可以理解为 x 从 x_0 的右边（即从大于 x_0 的方向）无限接近于 x_0.

定义 5 设有函数 $f(x)$ 在 x_0 的右邻域内有定义，如果当 x 从 x_0 的右边无限接近于确定值 x_0，即当 $x\to x_0^+$（$x\to x_0+0$）时，函数 $f(x)$ 无限趋近于一个确定的常数 A，那么称常数 A 是函数 $f(x)$ 当 $x\to x_0$ 时的右极限，记作

$$\lim_{x\to x_0^+}f(x)=A \quad 或 \quad f(x_0+0)=A.$$

注意：$\lim\limits_{x\to x_0}f(x)=A$ 存在的充分必要条件是

$$\lim_{x\to x_0^+}f(x)=\lim_{x\to x_0^-}f(x)=A.$$

例 1 已知函数 $f(x)=\begin{cases}3x, & x\geqslant 2,\\ x+4, & x<2,\end{cases}$ 判断当 $x\to 2$ 时，函数 $f(x)$ 的极限是否存在，若存在，求出 $\lim\limits_{x\to 2}f(x)$.

解 $\lim\limits_{x\to 2^+}3x=6$，$\lim\limits_{x\to 2^-}(x+4)=6$，因为 $\lim\limits_{x\to 2^+}f(x)=\lim\limits_{x\to 2^-}f(x)=6$，所以 $f(x)$ 的极限存在，且

$$\lim_{x\to 2}f(x)=6.$$

二、函数极限的四则运算

设在 x 的同一变化过程中,$\lim f(x)=A$,$\lim g(x)=B$,则

(1)$\lim[f(x)\pm g(x)]=\lim f(x)\pm\lim g(x)=A\pm B$;

(2)$\lim[f(x)\cdot g(x)]=\lim f(x)\cdot\lim g(x)=A\cdot B$;

(3)$\lim[C\cdot f(x)]=C\cdot\lim f(x)=C\cdot A$($C$ 为常数);

(4)$\lim\dfrac{f(x)}{g(x)}=\dfrac{\lim f(x)}{\lim g(x)}=\dfrac{A}{B}$,其中 $\lim g(x)\neq 0$.

结合上述公式,下面来求几个函数的极限.

例 2 求极限 $\lim\limits_{x\to\infty}\dfrac{x^2+x}{2x^2+1}$.

解 $$\lim_{x\to\infty}\frac{x^2+x}{2x^2+1}=\lim_{x\to\infty}\frac{1+\frac{1}{x}}{2+\frac{1}{x^2}}=\lim_{x\to\infty}\frac{1+0}{2+0}=\frac{1}{2}.$$

例 3 求极限 $\lim\limits_{x\to 3}\dfrac{x^2-3}{x-3}$.

解 $$\lim_{x\to 3}\frac{x^2-3}{x-3}=\lim_{x\to 3}\frac{(x-3)(x+3)}{x-3}=\lim_{x\to 3}(x+3)=6.$$

例 4 求极限 $\lim\limits_{x\to\infty}\dfrac{4x^3+4x^2+3}{2x^4-x^2-5}$.

解 $$\lim_{x\to\infty}\frac{4x^3+4x^2+3}{2x^4-x^2-5}=\lim_{x\to\infty}\frac{\frac{4}{x}+\frac{4}{x^2}+\frac{3}{x^4}}{2-\frac{1}{x^2}-\frac{5}{x^4}}=\frac{0}{2}=0.$$

习题 1-3

求下列函数的极限:

(1) $\lim\limits_{x\to-\infty}\dfrac{1}{x}$; (2) $\lim\limits_{x\to 1}\dfrac{x^2-1}{x-1}$.

第四节 两个重要极限

下面介绍判定极限存在的两个准则以及应用准则的例子,讨论两个重要极限:

$$\lim_{x\to 0}\frac{\sin x}{x}=1 \quad 和 \quad \lim_{x\to\infty}\left(1+\frac{1}{x}\right)^x=\mathrm{e}.$$

准则 1 如果数列$\{x_n\}$,$\{y_n\}$,$\{z_n\}$满足下列条件:

(1)从某项起,即 $\exists\, n_0\in\mathbf{N}$,当 $n>n_0$ 时,有

$$y_n\leqslant x_n\leqslant z_n;$$

(2)$\lim\limits_{n\to\infty}y_n=A$,$\lim\limits_{n\to\infty}z_n=A$.

那么数列$\{x_n\}$的极限存在,且$\lim\limits_{n\to\infty}x_n=A$.

上述数列极限存在准则可以推广到函数的极限:

准则1′　如果

(1)当$x\in\mathring{U}(x_0,r)$(或$|x|>M$)时,有

$$g(x)\leqslant f(x)\leqslant h(x);$$

(2)$\lim\limits_{\substack{x\to x_0\\(x\to\infty)}}g(x)=A$, $\lim\limits_{\substack{x\to x_0\\(x\to\infty)}}h(x)=A$.

那么$\lim\limits_{\substack{x\to x_0\\(x\to\infty)}}f(x)$存在,且等于$A$.

一、第一重要极限

$$\lim_{x\to0}\frac{\sin x}{x}=1$$

关于第一重要极限,通过列出$\frac{\sin x}{x}$的函数值表(表1-2),可以观察其变化趋势.

表1-2

x	±1.3	±1	±0.7	±0.4	±0.1	±0.01	±0.001	…	→0
$\frac{\sin x}{x}$	0.7412	0.8415	0.9203	0.9735	0.9983	0.999983	0.9999998	…	→1

由表1-2可见,当$x\to0$时,$\frac{\sin x}{x}\to1$,即$\lim\limits_{x\to0}\frac{\sin x}{x}=1$.

公式特点:

(1)左边的极限是"$\frac{0}{0}$"型;

(2)公式形式可以表示为$\lim\limits_{\square\to0}\frac{\sin\square}{\square}=1$.

其中"□"代表同样的变量或者同样的表达式,并且□→0.

例1　求$\lim\limits_{x\to0}\frac{\tan x}{x}$.

解　$\lim\limits_{x\to0}\frac{\tan x}{x}=\lim\limits_{x\to0}\left(\frac{\sin x}{x}\cdot\frac{1}{\cos x}\right)=\lim\limits_{x\to0}\frac{\sin x}{x}\cdot\lim\limits_{x\to0}\frac{1}{\cos x}=1.$

例2　求$\lim\limits_{x\to\infty}x\sin\frac{1}{x}$.

解　$\lim\limits_{x\to\infty}x\sin\frac{1}{x}=\lim\limits_{x\to\infty}\frac{\sin\frac{1}{x}}{\frac{1}{x}}=\lim\limits_{\frac{1}{x}\to0}\frac{\sin\frac{1}{x}}{\frac{1}{x}}=1.$

例3　求$\lim\limits_{x\to0}\frac{\arcsin x}{x}$.

解 令 $t=\arcsin x$，则 $x=\sin t$. 当 $x\to 0$ 时，$t\to 0$，故

$$\lim_{x\to 0}\frac{\arcsin x}{x}=\lim_{t\to 0}\frac{t}{\sin t}=1.$$

二、第二重要极限

准则 2　单调有界数列必有极限.

作为准则 2 的应用，讨论第二重要极限：

$$\lim_{x\to\infty}\left(1+\frac{1}{x}\right)^{x}=\mathrm{e},$$

也可表示为

$$\lim_{x\to 0}(1+x)^{\frac{1}{x}}=\mathrm{e}.$$

公式特点：

(1) 左边的极限是"1^{∞}"型；

(2) 公式形式可以表示为

$$\lim_{\square\to\infty}\left(1+\frac{1}{\square}\right)^{\square}=\mathrm{e}\quad 或\quad \lim_{\square\to 0}(1+\square)^{\frac{1}{\square}}=\mathrm{e}.$$

其中"□"代表同样的变量或者同样的表达式.

例 4　求 $\lim\limits_{x\to\infty}\left(1-\dfrac{1}{x}\right)^{x}$.

解 令 $t=-x$，则当 $x\to\infty$ 时，$t\to\infty$，于是

$$\lim_{x\to\infty}\left(1-\frac{1}{x}\right)^{x}=\lim_{t\to\infty}\left(1+\frac{1}{t}\right)^{-t}=\lim_{t\to\infty}\frac{1}{\left(1+\frac{1}{t}\right)^{t}}=\frac{1}{\mathrm{e}}.$$

例 5　求 $\lim\limits_{x\to\infty}\left(1+\dfrac{3}{x}\right)^{x}$.

解 $\lim\limits_{x\to\infty}\left(1+\dfrac{3}{x}\right)^{x}=\lim\limits_{x\to\infty}\left(1+\dfrac{1}{x/3}\right)^{x}=\lim\limits_{\frac{x}{3}\to\infty}\left(1+\dfrac{1}{x/3}\right)^{\frac{x}{3}\cdot 3}=\lim\limits_{\frac{x}{3}\to\infty}\left[\left(1+\dfrac{1}{x/3}\right)^{\frac{x}{3}}\right]^{3}=\mathrm{e}^{3}.$

例 6　求 $\lim\limits_{x\to\infty}\left(\dfrac{2-x}{3-x}\right)^{x}$.

解 因为 $\dfrac{2-x}{3-x}=\dfrac{3-x-1}{3-x}=1+\dfrac{1}{x-3}$，所以令 $u=x-3$，则 $x=u+3$. 当 $x\to\infty$ 时，$u\to\infty$，因此

$$\lim_{x\to\infty}\left(\frac{2-x}{3-x}\right)^{x}=\lim_{u\to\infty}\left(1+\frac{1}{u}\right)^{u+3}=\lim_{u\to\infty}\left[\left(1+\frac{1}{u}\right)^{u}\cdot\left(1+\frac{1}{u}\right)^{3}\right]$$

$$=\lim_{u\to\infty}\left(1+\frac{1}{u}\right)^{u}\cdot\lim_{u\to\infty}\left(1+\frac{1}{u}\right)^{3}=\mathrm{e}\cdot 1=\mathrm{e}.$$

例 7 求 $\lim\limits_{x\to\infty}\left(1+\dfrac{a}{x}\right)^{bx+c}$ (a,b,c 为整数).

解 $\lim\limits_{x\to\infty}\left(1+\dfrac{a}{x}\right)^{bx+c}=\lim\limits_{x\to\infty}\left(1+\dfrac{1}{x/a}\right)^{\frac{x}{a}\cdot ab+c}=\lim\limits_{x\to\infty}\left[\left(1+\dfrac{1}{x/a}\right)^{\frac{x}{a}\cdot ab}\cdot\left(1+\dfrac{1}{x/a}\right)^{c}\right]$

$$=\lim_{x\to\infty}\left[\left(1+\frac{1}{x/a}\right)^{\frac{x}{a}\cdot ab}\right]\cdot\lim_{x\to\infty}\left[\left(1+\frac{1}{x/a}\right)^{c}\right]$$

$$=\mathrm{e}^{ab}\cdot 1^{c}=\mathrm{e}^{ab}.$$

这个结果可以作为公式使用:

$$\lim_{x\to\infty}\left(1+\frac{a}{x}\right)^{bx+c}=\mathrm{e}^{ab}\quad(a,b,c\text{ 为整数}).$$

习题1-4

1. 求下列极限:

(1) $\lim\limits_{x\to0}\dfrac{\sin 2x}{x}$;　　(2) $\lim\limits_{x\to0}\dfrac{\tan 3x}{x}$;

(3) $\lim\limits_{x\to1}\dfrac{\sin(x-1)}{x-1}$;　　(4) $\lim\limits_{x\to\infty}x\sin\dfrac{1}{x}$.

2. 计算下列极限:

(1) $\lim\limits_{x\to\infty}\left(1-\dfrac{1}{x}\right)^{x}$;　　(2) $\lim\limits_{x\to0}(1+x)^{\frac{2}{x}}$;　　(3) $\lim\limits_{x\to\infty}\left(\dfrac{2+x}{x}\right)^{x}$.

第五节　无穷小与无穷大

一、无穷小的定义

定义 1 如果当 $x\to x_0$(或 $x\to\infty$)时函数 $f(x)$ 极限为零,那么称函数 $f(x)$ 为 $x\to x_0$(或 $x\to\infty$)时的无穷小量,简称无穷小,记作

$$\lim_{\substack{x\to x_0\\(x\to\infty)}}f(x)=0.$$

例 1 因为 $\lim\limits_{x\to\infty}\dfrac{1}{x}=0$,所以函数 $\dfrac{1}{x}$ 是当 $x\to\infty$ 时的无穷小.

注意:不要把无穷小与很小的数混为一谈,在 $x\to x_0$(或 $x\to\infty$)的过程中,函数的绝对值能小于任意给定的正数 ε,这样的函数就是无穷小;而很小的数如百分之一,不能小于任意给定的正数 ε. 例如,取 ε 等于千分之一,则百分之一不能小于这个给定的 ε. 零是可以作为无穷小的唯一常数,因为如果 $f(x)=0$,那么对于任意给定的 $\varepsilon>0$ 总有 $|f(x)|<\varepsilon$.

二、无穷小的性质

性质 1 有限个无穷小的代数和仍为无穷小.

性质 2 有界函数与无穷小的积仍为无穷小.

性质3 常数与无穷小的积仍为无穷小.

性质4 有限个无穷小的积仍为无穷小.

注意: 无穷小的代数和不一定是无穷小.

例2 求$\lim\limits_{x\to 0} x\sin\dfrac{1}{x}$.

解 当$x\to 0$时,x是无穷小. 因为$\left|\sin\dfrac{1}{x}\right|\leqslant 1$,所以$\sin\dfrac{1}{x}$是有界函数. 故

$$\lim_{x\to 0} x\sin\frac{1}{x}=0.$$

例3 求$\lim\limits_{x\to\infty}\dfrac{\sin x}{x}$.

解 $\lim\limits_{x\to\infty}\dfrac{\sin x}{x}=\lim\limits_{x\to\infty}\dfrac{1}{x}\cdot\sin x$,当$x\to\infty$时,$\dfrac{1}{x}$是无穷小,而$\sin x$是有界函数,故

$$\lim_{x\to\infty}\frac{\sin x}{x}=0.$$

三、无穷大的定义

定义2 如果当$x\to x_0$(或$x\to\infty$)时,函数$f(x)$的绝对值无限增大,那么称函数$f(x)$为$x\to x_0$(或$x\to\infty$)时的无穷大量,简称无穷大,记作

$$\lim_{\substack{x\to x_0\\(x\to\infty)}} f(x)=\infty.$$

例4 函数$f(x)=\dfrac{1}{x}$,当$x\to 0$时,$f(x)\to\infty$,所以函数$f(x)=\dfrac{1}{x}$是当$x\to 0$时的无穷大.

四、无穷大与无穷小的关系

无穷大与无穷小之间有一种简单的关系:

定理1 在同一极限过程中,若函数$f(x)$为无穷小,且$f(x)\neq 0$,则$\dfrac{1}{f(x)}$为无穷大;若函数$f(x)$为无穷大,则$\dfrac{1}{f(x)}$为无穷小.

五、无穷大与无穷小的比较

设在同一自变量的变化过程中有$\lim\alpha(x)=0$,$\lim\beta(x)=0$:

(1)若$\lim\dfrac{\alpha(x)}{\beta(x)}=0$,则称$\alpha(x)$是比$\beta(x)$高阶的无穷小,记作$\alpha(x)=o[\beta(x)]$;

(2)若$\lim\dfrac{\alpha(x)}{\beta(x)}=\infty$,则称$\alpha(x)$是比$\beta(x)$低阶的无穷小;

(3)若$\lim\dfrac{\alpha(x)}{\beta(x)}=C(C\neq 0$且$C\neq 1)$,则称$\alpha(x)$与$\beta(x)$是同阶无穷小;

(4)若 $\lim \dfrac{\alpha(x)}{\beta(x)}=1$,则称 $\alpha(x)$ 与 $\beta(x)$ 是等价无穷小,记作 $\alpha(x)\sim\beta(x)$.

例 5 比较当 $x\to0$ 时无穷小 $x^2-\sin x$ 与 x 阶的高低.

解 因为 $\lim\limits_{x\to0}\dfrac{x^2-\sin x}{x}=\lim\limits_{x\to0}\dfrac{x^2}{x}-\lim\limits_{x\to0}\dfrac{\sin x}{x}=\lim\limits_{x\to0}x-\lim\limits_{x\to0}\dfrac{\sin x}{x}=0-1=-1$,所以当 $x\to0$ 时,$x^2-\sin x$ 是 x 的同阶无穷小.

关于无穷小,有下面两个定理:

定理 2 β 与 α 是等价无穷小的充分必要条件为

$$\beta=\alpha+o(\alpha).$$

定理 3 若 $\alpha\sim\alpha'$,$\beta\sim\beta'$,$\lim\dfrac{\alpha'}{\beta'}=A$,则

$$\lim\frac{\alpha}{\beta}=\lim\frac{\alpha'}{\beta'}=A.$$

即在求"$\dfrac{0}{0}$"型的极限时,分子和分母都可以分别用其等价无穷小来替换,从而使计算简化.

常用的等价无穷小:当 $x\to0$ 时,有

(1)$\sin x\sim x$;　　(2)$\tan x\sim x$;

(3)$\arcsin x\sim x$;　　(4)$\arctan x\sim x$;

(5)$\ln(1+x)\sim x$;　　(6)$e^x-1\sim x$;

(7)$1-\cos x\sim\dfrac{1}{2}x^2$;　　(8)$\sqrt[n]{1+x}-1\sim\dfrac{1}{n}x$;

(9)$a^x-1\sim x\ln a\,(a>0$ 且 $a\neq1)$.

例 6 求 $\lim\limits_{x\to0}\dfrac{\tan5x}{3x}$.

解 当 $x\to0$ 时,$\tan5x\sim5x$,所以

$$\lim_{x\to0}\frac{\tan5x}{3x}=\lim_{x\to0}\frac{5x}{3x}=\frac{5}{3}.$$

例 7 求 $\lim\limits_{x\to0}\dfrac{\sin x}{x^2+3x}$.

解 当 $x\to0$ 时,$\sin x\sim x$,所以

$$\lim_{x\to0}\frac{\sin x}{x^2+3x}=\lim_{x\to0}\frac{x}{x^2+3x}=\lim_{x\to0}\frac{1}{x+3}=\frac{1}{3}.$$

例 8 求 $\lim\limits_{x\to0}\dfrac{\sin ax}{\sin bx}$.

解 当 $x\to0$ 时,$\sin ax\sim ax$,$\sin bx\sim bx$,所以

$$\lim_{x\to0}\frac{\sin ax}{\sin bx}=\lim_{x\to0}\frac{ax}{bx}=\lim_{x\to0}\frac{a}{b}=\frac{a}{b}.$$

例 8MATLAB 计算

习题 1-5

1. 当 $x\to0$ 时,$2x-x^2$ 与 x^2-x^3 相比是什么无穷小?
2. 计算下列极限:

(1) $\lim\limits_{x\to0}\dfrac{x}{\sin x}$；　　(2) $\lim\limits_{x\to0}x\cdot\sin\dfrac{1}{x}$；

(3) $\lim\limits_{x\to\infty}\dfrac{\sin x}{x}$；　　(4) $\lim\limits_{x\to0}\dfrac{\tan 3x}{x}$；

(5) $\lim\limits_{x\to0}\dfrac{2x^2}{1-\cos x}$；　　(6) $\lim\limits_{x\to0}\dfrac{\arctan x}{3x}$.

第六节　函数的连续性

一、函数的连续性概述

自然界中有许多现象，如河水的流动、植物的生长等，都是连续变化的，这种现象在函数关系上的反映，就是函数的连续性. 下面先引入增量的概念，然后描述连续性，并引出函数的连续性的定义.

设变量 u 从初值 u_1 变到终值 u_2，终值与初值的差 u_2-u_1 就称为变量 u 的增量，记作 Δu，即

$$\Delta u=u_2-u_1.$$

增量 Δu 可以是正的，也可以是负的，当 Δu 为正时，变量 u 从 u_1 变到 $u_2=u_1+\Delta u$ 是增大的；当 Δu 为负时，变量 u 是减小的.

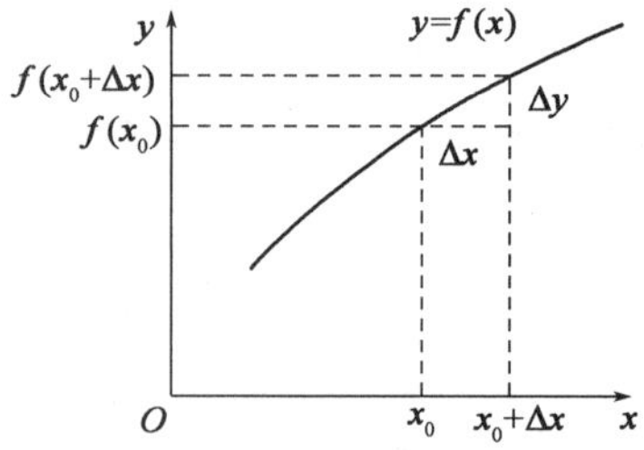

图 1-11

现在假定函数 $y=f(x)$ 在点 x_0 的某邻域内是有定义的，当自变量 x 在这个邻域内从 x_0 变到 $x_0+\Delta x$ 时，函数 y 相应地从 $f(x_0)$ 变到 $f(x_0+\Delta x)$，因此，函数 y 的对应增量为

$$\Delta y=f(x_0+\Delta x)-f(x_0).$$

这个关系式的几何解释如图 1-11 所示.

假如保持 x_0 不变而让自变量的增量 Δx 变动，一般来说，函数 y 的增量 Δy 也要随之变动. 现在对连续性的概念可以这样描述：如果当 Δx 趋近于零时，函数 y 的对应增量 Δy 也趋近于零，即

$$\lim_{\Delta x\to0}\Delta y=0 \quad 或 \quad \lim_{\Delta x\to0}[f(x_0+\Delta x)-f(x_0)]=0,$$

那么就称函数 $y=f(x)$ 在点 x_0 处是连续的，即有下述定义：

定义 1　设函数 $y=f(x)$ 在点 x_0 的某邻域内有定义，如果

$$\lim_{\Delta x\to0}\Delta y=\lim_{\Delta x\to0}[f(x_0+\Delta x)-f(x_0)]=0,$$

那么就称函数 $y=f(x)$ 在点 x_0 处连续.

这一定义准确反映了连续的本质：当自变量作微小改变时，函数的改变也很微小.

定义 2　如果函数 $y=f(x)$ 满足以下条件：

(1) 函数 $f(x)$ 在点 x_0 的某邻域内有定义；

(2) $\lim\limits_{x \to x_0} f(x)$ 存在;

(3) $\lim\limits_{x \to x_0} f(x) = f(x_0)$,即极限值等于函数值.

则称函数 $y = f(x)$ 在点 x_0 处连续,x_0 称为函数的连续点.

例 1 证明函数 $f(x) = \begin{cases} x \cdot \cos x, & x \neq 0, \\ 0, & x = 0 \end{cases}$ 在点 $x = 0$ 处连续.

证明 因为 $f(0) = 0$,$\lim\limits_{x \to x_0} f(x) = \lim\limits_{x \to 0} x \cdot \cos x = 0 = f(0)$,所以 $f(x)$ 在点 $x = 0$ 处连续.

例 2 已知函数 $f(x) = \begin{cases} x^2 + 1, & x < 0, \\ 2x - b, & x \geqslant 0 \end{cases}$ 在点 $x = 0$ 处连续,求 b 的值.

解 $\lim\limits_{x \to 0^+} f(x) = \lim\limits_{x \to 0^+} (2x - b) = -b$,$\lim\limits_{x \to 0^-} f(x) = \lim\limits_{x \to 0^-} (x^2 + 1) = 1$.

因为函数 $f(x)$ 在点 $x = 0$ 处连续,所以 $\lim\limits_{x \to 0^+} f(x) = \lim\limits_{x \to 0^-} f(x) = f(0)$,故 $b = -1$.

二、函数的间断点

设函数 $f(x)$ 在点 x_0 的某去心邻域内有定义,如果函数 $f(x)$ 有下列三种情形之一:

(1) 在 $x = x_0$ 没有定义;

(2) 虽然在 $x = x_0$ 有定义,但 $\lim\limits_{x \to x_0} f(x)$ 不存在;

(3) 虽然在 $x = x_0$ 有定义,且 $\lim\limits_{x \to x_0} f(x)$ 存在,但 $\lim\limits_{x \to x_0} f(x) \neq f(x_0)$.

则函数 $f(x)$ 在点 x_0 处不连续,而点 x_0 称为函数 $f(x)$ 的不连续点或间断点.

例 3 正切函数 $y = \tan x$ 在点 $x = \frac{\pi}{2}$ 处没有定义,所以点 $x = \frac{\pi}{2}$ 是函数 $\tan x$ 的间断点. 因

$$\lim_{x \to \frac{\pi}{2}} \tan x \to \infty,$$

故称 $x = \frac{\pi}{2}$ 为函数 $\tan x$ 的无穷间断点(图 1-12).

例 4 函数 $y = \sin \frac{1}{x}$ 在点 $x = 0$ 处没有定义,当 $x \to 0$ 时,函数值在 -1 与 1 之间变动无限多次(图 1-13),所以称点 $x = 0$ 为函数 $\sin \frac{1}{x}$ 的振荡间断点.

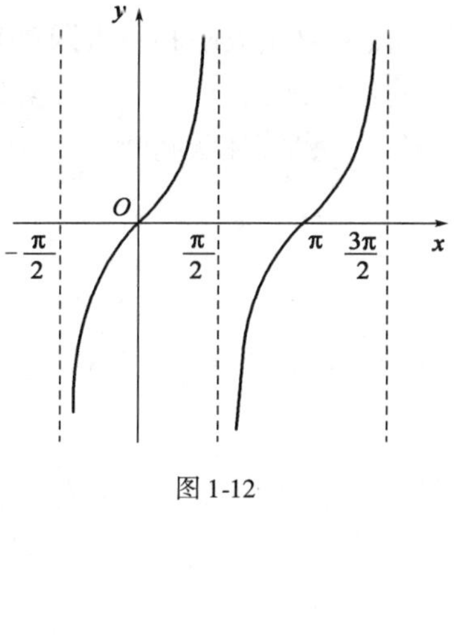

图 1-12

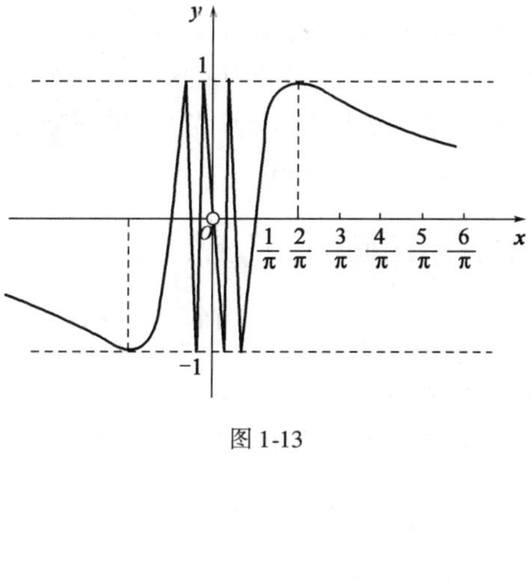

图 1-13

例 5　函数 $y=\frac{x^2-1}{x-1}$ 在点 $x=1$ 处没有定义,所以函数在点 $x=1$ 处不连续(图 1-14),但

$$\lim_{x\to1}\frac{x^2-1}{x-1}=\lim_{x\to1}(x+1)=2.$$

如果补充定义:令 $x=1$ 时,$y=2$,则所给函数在点 $x=1$ 处连续. 称点 $x=1$ 为该函数的可去间断点.

例 6　函数

$$f(x)=\begin{cases}x-1, & x<0,\\ 0, & x=0,\\ x+1, & x>0.\end{cases}$$

当 $x\to0$ 时,有

$$\lim_{x\to0^-}f(x)=\lim_{x\to0^-}(x-1)=-1,$$
$$\lim_{x\to0^+}f(x)=\lim_{x\to0^+}(x+1)=1.$$

左极限与右极限都存在,但不相等,故极限 $\lim\limits_{x\to0}f(x)$ 不存在,所以,点 $x=0$ 是函数 $f(x)$ 的间断点(图 1-15),因 $y=f(x)$ 的图像在点 $x=0$ 处产生跳跃现象,故称点 $x=0$ 为函数 $f(x)$ 的跳跃间断点.

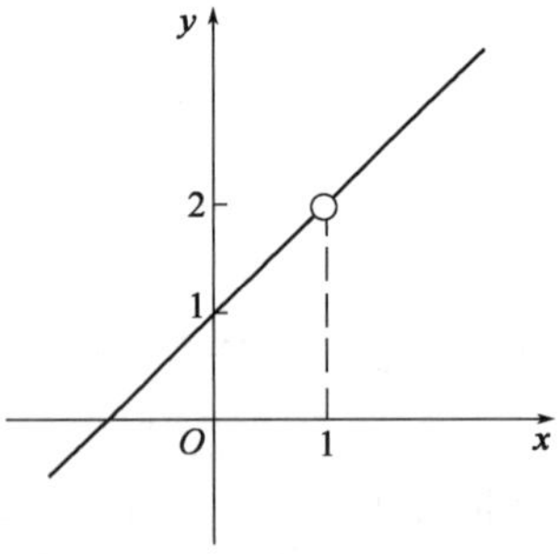

图 1-14

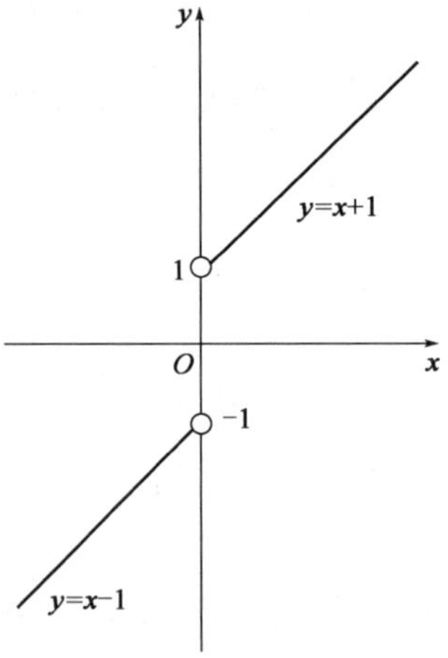

图 1-15

通常把间断点分成两类:如果 x_0 是函数 $f(x)$ 的间断点,但左极限和右极限都存在,那么称点 x_0 为函数 $f(x)$ 的第一类间断点;不是第一类间断点的任何间断点,称为第二类间断点. 在第一类间断点中,左、右极限相等者称为可去间断点,不相等者称为跳跃间断点. 无穷间断点和振荡间断点显然是第二类间断点.

三、函数在闭区间$[a,b]$上的连续性

定义 3　若 $\lim\limits_{x\to x_0^-}f(x)=f(x_0)$,则称函数 $f(x)$ 在点 x_0 处左连续;若 $\lim\limits_{x\to x_0^+}f(x)=f(x_0)$,则称函数 $f(x)$ 在点 x_0 处右连续.

函数 $f(x)$ 在点 x_0 处连续的充分必要条件是:$f(x)$ 在点 x_0 处既左连续又右连续.

若函数$f(x)$在开区间(a,b)内每一点都连续,则称函数$f(x)$在开区间(a,b)内连续,区间(a,b)称为函数$f(x)$的连续区间. 若函数$f(x)$在闭区间$[a,b]$上有定义,在开区间(a,b)内连续,在区间的左端点a处右连续,右端点b处左连续,则称函数$f(x)$在闭区间$[a,b]$上连续.

连续函数的图像是一条连续不间断的曲线.

例 7 讨论函数$f(x)=\begin{cases}x^2, & x<1,\\ 1, & x=1,\\ 3-x, & x>1\end{cases}$在点$x=1$处的连续性.

解 $f(1)=1,\lim\limits_{x\to1^-}f(x)=\lim\limits_{x\to1^-}x^2=1,\lim\limits_{x\to1^+}f(x)=\lim\limits_{x\to1^+}(3-x)=2.$

因为$\lim\limits_{x\to1^-}f(x)=\lim\limits_{x\to1^-}x^2=f(1)=1$,所以函数$f(x)$在点$x=1$处左连续.

例 8 讨论函数$f(x)=\begin{cases}x+1, & x<0,\\ 2-x, & x\geqslant0\end{cases}$在点$x=0$处的连续性.

解 $f(0)=2,\lim\limits_{x\to0^-}f(x)=\lim\limits_{x\to0^-}(x+1)=1,\lim\limits_{x\to0^+}f(x)=\lim\limits_{x\to0^+}(2-x)=2.$

因为$\lim\limits_{x\to0^+}f(x)=f(0)=2$,所以函数$f(x)$在点$x=0$处右连续.

四、初等函数的连续性

函数的连续性是通过函数极限来定义的,由函数极限的四则运算法则及复合函数的定义容易知道,连续函数经四则运算和复合后其连续性仍保持不变.

定理 1 基本初等函数在其定义域内都是连续的.

定理 2 初等函数在其定义区间内都是连续的.

若$f(x)$是初等函数,x_0是$f(x)$定义区间内的点,则$\lim\limits_{x\to x_0}f(x)=f(x_0)$.

例 9 求$\lim\limits_{x\to0}\dfrac{\sqrt{1+x^2}-1}{x}$.

解
$$\lim_{x\to0}\frac{\sqrt{1+x^2}-1}{x}=\lim_{x\to0}\frac{\left(\sqrt{1+x^2}-1\right)\left(\sqrt{1+x^2}+1\right)}{x\left(\sqrt{1+x^2}+1\right)}$$
$$=\lim_{x\to0}\frac{x}{\sqrt{1+x^2}+1}=\frac{0}{2}=0.$$

例 10 求$\lim\limits_{x\to0}\dfrac{\log_a(1+x)}{x}$.

解 $\lim\limits_{x\to0}\dfrac{\log_a(1+x)}{x}=\lim\limits_{x\to0}\log_a(1+x)^{\frac{1}{x}}=\log_a\mathrm{e}=\dfrac{1}{\ln a}.$

五、闭区间上连续函数的性质

1. 有界性与最大值最小值定理

对于在区间I上有定义的函数$f(x)$,如果有$x_0\in I$,使得对任一$x\in I$都有

$$f(x)\leqslant f(x_0)\quad[f(x)\geqslant f(x_0)],$$

那么称$f(x_0)$是函数$f(x)$在区间I上的最大值(最小值).

例如，函数$f(x)=1+\sin x$在区间$[0,2\pi]$上有最大值2和最小值0(注意：最大值和最小值可以相等)，但是函数$f(x)=x$在开区间(a,b)内既无最大值又无最小值. 下面的定理给出了函数有界且最大值和最小值存在的充分条件.

定理3 (有界性与最大值最小值定理)在闭区间上连续的函数在该区间上有界且一定能取得它的最大值和最小值.

这就是说，如果函数$f(x)$在闭区间$[a,b]$上连续，那么存在常数$M>0$，使得对任一$x\in[a,b]$，满足$|f(x)|\leqslant M$；且至少存在一点ξ_1，使得$f(\xi_1)$是$f(x)$在$[a,b]$上的最大值；又至少存在一点ξ_2，使得$f(\xi_2)$是$f(x)$在$[a,b]$上的最小值(图1-16).

这里不予证明.

2. 零点定理与介值定理

如果$f(x_0)=0$，那么称x_0为函数$f(x)$的零点.

定理4 (零点定理) 设函数$f(x)$在闭区间$[a,b]$上连续，且$f(a)$与$f(b)$异号[即$f(a)\cdot f(b)<0$]，则在开区间(a,b)内至少存在一点ξ，使得

$$f(\xi)=0.$$

这里不予证明.

定理4的几何意义是：如果连续曲线$y=f(x)$的两个端点位于x轴的不同侧，那么这段曲线与x轴至少有一个交点(图1-17).

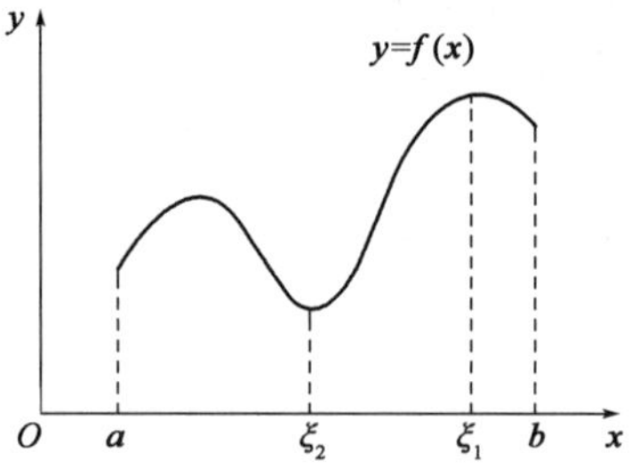

图1-16

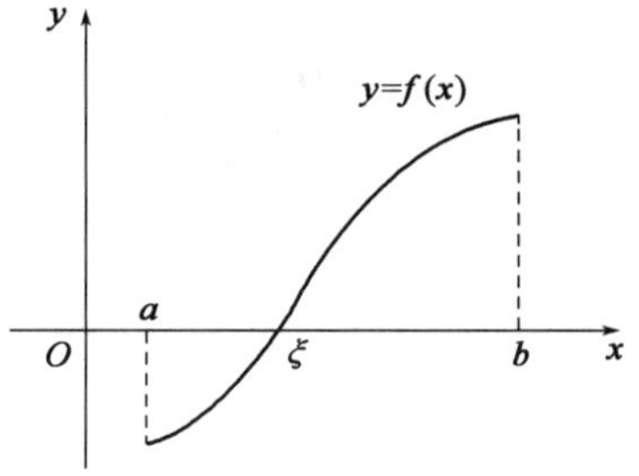

图1-17

由定理4可推得下列较一般性的定理：

定理5 (介值定理)设函数$f(x)$在闭区间$[a,b]$上连续，且在这个区间的端点取不同的函数值：

$$f(a)=A \quad 及 \quad f(b)=B,$$

则对于A与B之间的任意一个数C，在开区间(a,b)内至少存在一点ξ，使得

$$f(\xi)=C \quad (a<\xi<b).$$

定理5的几何意义是：连续曲线$y=f(x)$与水平直线$y=C$至少相交于一点(图1-18).

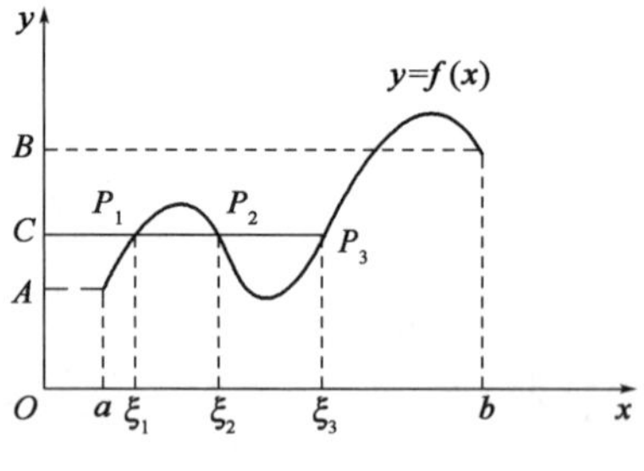

图1-18

推论 在闭区间上连续的函数必取得介于最大值M与最小值m之间的任何值.

设$f(x_1)=m$，$f(x_2)=M$，且$m\neq M$，在闭区间$[x_1,x_2]$(或$[x_2,x_1]$)上应用介值定理，即得上述推论.

例11 证明方程$x^3-4x^2+1=0$在区间$(0,1)$内至少有一个根.

证明 函数 $f(x)=x^3-4x^2+1$ 在闭区间 $[0,1]$ 上连续,又

$$f(0)=1>0,\quad f(1)=-2<0,$$

根据零点定理,在 $(0,1)$ 内至少存在一点 ξ,使得

$$f(\xi)=0,$$

即

$$\xi^3-4\xi^2+1=0\quad(0<\xi<1).$$

该等式说明方程 $x^3-4x^2+1=0$ 在区间 $(0,1)$ 内至少有一个根是 ξ.

习题 1-6

1. 函数 $f(x)=\lg(2-x)$ 的连续区间为__________.

2. 判断函数 $f(x)=\begin{cases}x^2-1, & 0\leqslant x<1,\\ 2-x, & 1\leqslant x\leqslant 2\end{cases}$ 在点 $x=1$ 处是否连续.

3. 求下列函数的极限:

(1) $\lim\limits_{x\to 0}\dfrac{\ln(1+x)}{x}$;　　(2) $\lim\limits_{x\to 0}\ln\dfrac{\sin x}{x}$.

4. 证明方程 $x^5-3x=1$ 在区间 $(1,2)$ 内至少有一个根.

总习题一

一、基础题

1. 将下列函数表示成 y 关于 x 的函数:

(1) $y=\cos u, u=2x+1$;　　(2) $y=u^2, u=\sin x$;

(3) $y=e^u, u=\sin v, v=x+1$;　　(4) $y=\ln u, u=\cos v, v=5x$.

2. 写出下列函数的复合过程:

(1) $y=\sin x^2$;　　(2) $y=(3x^2-1)^4$;

(3) $y=e^{\sin 2x}$;　　(4) $y=\ln(\sin 2x)$.

3. 观察下列数列是否有极限,若极限存在,写出其极限.

(1) $\lim\limits_{n\to\infty}-\dfrac{1}{2n^2}$;　　(2) $\lim\limits_{n\to\infty}\dfrac{n}{n+1}$;

(3) $\lim\limits_{n\to\infty}(-1)^{n+1}$;　　(4) $\lim\limits_{n\to\infty}\dfrac{n+2}{n+1}$.

4. 求下列函数的极限:

(1) $\lim\limits_{x\to\infty}\dfrac{x^2+x}{2x^2+1}$;　　(2) $\lim\limits_{x\to 3}\dfrac{x^2+x+1}{x+1}$.

5. 函数 $y=\dfrac{x}{x^2-1}$ 有__________个间断点.

6. 求下列函数的极限:

(1) $\lim\limits_{x\to 0}\dfrac{\sin 4x}{\sin 5x}$;　　(2) $\lim\limits_{x\to 0}\dfrac{\sin 5x}{2x}$;

(3) $\lim\limits_{x\to 0}\dfrac{\sin\sqrt{x}}{\sqrt{x}}$;　　　　(4) $\lim\limits_{x\to 0}\dfrac{\tan 6x}{\sin 3x}$.

二、提高题

1. 写出下列函数的复合过程：

(1) $y=\sin^2 x$;　　　　(2) $y=\ln[\ln(\ln 2x)]$;

(3) $y=\mathrm{e}^{\arcsin(2x+1)}$;　　　　(4) $y=\dfrac{1}{\ln(\sin x)}$.

2. 设 $f(x)=\begin{cases}3x, & 0<x<2,\\ x^2, & 2\leqslant x<5,\\ 3, & x\geqslant 5.\end{cases}$ 求 $f\left(\dfrac{3}{4}\right)$, $f(4)$, $f(13)$.

3. 用数列极限的四则运算法则求下列数列的极限：

(1) $\lim\limits_{n\to\infty}\dfrac{2n+1}{2n-1}$;　(2) $\lim\limits_{n\to\infty}\dfrac{3n^2-5n+1}{4n^2-3n-9}$;　(3) $\lim\limits_{n\to\infty}\dfrac{4n+2}{4n^2+5n+1}$.

4. 已知函数 $f(x)=\begin{cases}x^2, & x\leqslant 1,\\ 3x, & x>1\end{cases}$ 判断当 $x\to 1$ 时，函数 $f(x)$ 的极限是否存在；若存在，求出 $\lim\limits_{x\to 1}f(x)$.

5. 求下列函数的极限：

(1) $\lim\limits_{x\to\infty}\left(1+\dfrac{3}{x}\right)^{x+1}$;　　　　(2) $\lim\limits_{x\to\infty}\left(\dfrac{3-2x}{1-2x}\right)^{x}$;

(3) $\lim\limits_{x\to -2}\dfrac{2x^2+1}{x+1}$;　　　　(4) $\lim\limits_{x\to\frac{\pi}{2}}(\cos x)^2$.

6. 已知函数 $f(x)=\begin{cases}x+2, & x>1,\\ ax-2, & x\leqslant 1,\end{cases}$ 在点 $x=1$ 处连续，求常数 a 的值.

引 例 解 答

引例 1　细菌繁殖问题

1. 问题提出

问题见本章开头引例 1.

2. 问题分析

由于细菌的繁殖可看作是连续变化的，为了计算出 t 时刻的细菌数量，将时间间隔 $[0,t]$ 分成 n 等份，在很短的时间内，细菌数量的变化很小，繁殖的速度可近似地看作不变. 因此，在第一时间段 $\left[0,\dfrac{t}{n}\right]$ 内，细菌繁殖的数量近似为 $kA_0\dfrac{t}{n}$，第一时间段末细菌数量近似为 $A_0\left(1+k\dfrac{t}{n}\right)$. 类似可得第二时间段末细菌数量近似为 $A_0\left(1+k\dfrac{t}{n}\right)^2$. 依此类推，到最后一个时间段末，即 t 时刻的细菌数量近似为 $A_0\left(1+k\dfrac{t}{n}\right)^n$. 由于假设每一时间段内细菌繁殖速度不变，并且在各时间段内只繁殖一次，因此得到 t 时刻的细菌数量为近似值. 但不难看出，n 越大，这个近似值越接近精确值.

$$\lim_{n\to\infty} A_0\left(1+k\frac{t}{n}\right)^n = A_0\lim_{n\to\infty}\left(1+k\frac{t}{n}\right)^{\frac{n}{kt}\cdot kt} = A_0\mathrm{e}^{kt}.$$

3. 问题解决

细菌繁殖服从生长函数 $y=A_0\mathrm{e}^{kt}$，由收集到的实验数据可得

$$\begin{cases}A_0\mathrm{e}^{5k}=936,\\A_0\mathrm{e}^{10k}=2190,\end{cases}$$

解得：$A_0=400, k=0.17$.

按此速度增长下去，60d 后细菌数量为

$$y(60)=400\times\mathrm{e}^{60\times0.17}\approx10761274.$$

引例 2 圆的周长

1. 问题提出

问题见本章开头引例 2.

2. 问题分析

由图 1-1 和图 1-2 可以看出，圆内接正多边形的边数越多，即 n 越大，圆内接正多边形的周长越接近于圆的周长，进而，当圆内接正多边形的边数无限多，即 n 趋近于无穷时，圆内接正多边形的周长就无限接近于圆的周长.

3. 问题解决

由图 1-19 知，半径为 R 的圆内接正 n 边形的周长

$$C_n=2nR\sin\frac{\pi}{n}.$$

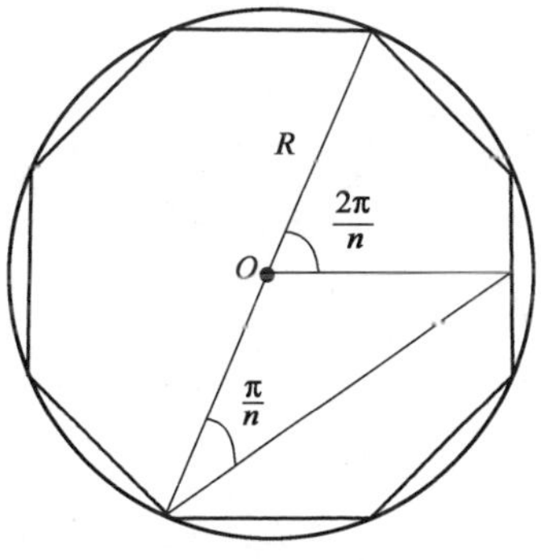

图 1-19

(1) 圆内接正六边形的周长

$$C_6=2\times6R\sin\frac{\pi}{6}=6R.$$

(2) 圆内接正八边形的周长

$$C_8=2\times8R\sin\frac{\pi}{8}\approx6.123R.$$

(3) 半径为 R 的圆的周长

$$C=\lim_{n\to\infty}C_n=\lim_{n\to\infty}\left(2nR\sin\frac{\pi}{n}\right)=2R\pi\lim_{(\pi/n)\to0}\frac{\sin(\pi/n)}{\pi/n}=2\pi R.$$

(4) 因为对任意 $R_0\in(0,+\infty)$ 都有 $C=\lim\limits_{R\to R_0}2\pi R=2\pi R_0$，所以圆的周长 $C=2\pi R$ 在区间 $(0,+\infty)$ 内是其半径 R 的连续函数.

数学文化——中华文明

在春秋战国时期（公元前 770—前 221），古人就对极限有了思考. 道家《庄子·天下》中记载："一尺之棰，日取其半，万世不竭."意思是说，把一尺长的木棒，每天取下前一天所剩的一半，如此下去，永远也取不完. 也就是说，剩余部分会逐渐趋近于零，但是永远不会是零. 而墨家有不同的观点，提出一个"非半"的命题："非半弗，则不动，说在端."意思是说：将一线段按一

半一半地无限分割下去，必将出现一个不能再分割的“非半”，这个“非半”就是点. 道家是“无限分割”的思想，而墨家则是无限分割最后会达到一个“不可分”的思想.

刘徽在《九章算术注》中详细描述了割圆术. 这种方法的基本思想是通过不断倍增圆内接正多边形的边数来求圆周率. 他提出，通过无限细分圆，使得内接正多边形的面积无限逼近圆的面积，从而求得较为精确的圆周率. 刘徽形容割圆术为：“割之弥细，所失弥少，割之又割，以至于不可割，则与圆合体而无所失矣.”这意味着，分割得越细，误差就越小，无限细分就能逐步接近圆周率的实际值.

刘徽的割圆术不仅是中国古代数学的重要成就，而且对世界数学史也产生了深远的影响. 这一方法为后来的数学家提供了重要的启示，尤其是在圆周率计算和圆的面积公式证明方面. 割圆术中的极限思想，不仅展示了刘徽对数学深刻的理解和独到的见解，也为中国古代数学的发展作出了巨大贡献.

从这些故事可以看到，我们的祖先在历史发展中运用自己的聪明才智进行了一些理论思考，进而指导生产实践，为人类社会的发展作出贡献. 正是一代代中国人的努力、传承，使得中华文明绵延5000年，成为世界上历史最悠久、连续性最强的文明.

第二章

一元函数微分学

引例 1　销售利润最大问题

已知某公司生产 x 件产品的总成本函数为 $C(x)=25000+200x+\frac{x^2}{40}$(单位:元),如果每件产品以 500 元售出,要使利润最大,应生产多少件产品？最大利润是多少？

引例 2　吊车起吊最大高度

已知吊车的车身高 1.5m,吊臂长 15m,现在要把一个 6m 宽、2m 高的屋架水平地吊到 6m 高的柱子上,问能否吊上去？

第一节　导数的概念与性质

在经济学中,常常会遇到如引例 1 中通过总成本函数与售价来确定利润最大化时的产量这样的优化问题,这涉及对函数求导等数学工具的运用,以找到极值点,从而确定最优生产数量与最大利润. 而在实际的工程场景里,类似于引例 2 中吊车吊运屋架的情况,需要依据吊车的车身高度、吊臂长度以及屋架的尺寸等数据,运用几何关系和数学计算来判断可行性. 这两个问题虽然分属不同领域,但都充分展现了数学在解决实际问题时的关键作用.

为了说明微分学的基本概念——导数,先介绍速度问题和切线问题.

1. 速度问题

设某质点沿直线运动. 在直线上规定了原点、正方向和单位长度,使直线成为数轴. 此外,取定一个时刻作为测量时间的零点. 设 t 时刻质点在直线上的位置坐标为 s(简称位置 s). 这样,该质点的运动完全由函数

$$s=f(t)$$

所确定. 此函数对运动过程中所出现的 t 值有定义,称为位置函数. 最简单的情形是,该质点所经过的路程与所花的时间成正比. 也就是说,无论取哪一段时间间隔,比值

$$\frac{\text{所经过的路程}}{\text{所花的时间}}$$

总是相同的,这个比值就称为该质点的速度,并说该质点做匀速运动. 如果该质点的运动不是匀速的,那么在运动的不同时间间隔内比值不同. 这样,把该比值笼统地称为该质点的速度就不合适了,而需要按不同时刻来考虑. 那么,这种非匀速运动的质点在某一时刻(设为 t_0)的速度应如何理解而又如何求得呢?

首先取从 t_0 时刻到 t 时刻这样一个时间间隔,在这段时间内,质点从位置 $s_0=f(t_0)$ 移动到 $s=f(t)$,这时有

$$\frac{s-s_0}{t-t_0}=\frac{f(t)-f(t_0)}{t-t_0},$$

可认为是质点在上述时间间隔内的平均速度. 如果时间间隔选得较短,这个比值在实践中也可用来说明质点在 t_0 时刻的速度. 但对于质点在 t_0 时刻的速度的精确概念来说,这样做是不够的,而更确切地应当这样:令 $t\to t_0$,取上式的极限,如果这个极限存在,设为 v,即

$$v=\lim_{t\to t_0}\frac{f(t)-f(t_0)}{t-t_0},$$

这时就把这个极限值 v 称为质点在 t_0 时刻的(瞬时)速度.

2. 切线问题

圆的切线可定义为"与圆只有一个交点的直线". 但是对于其他曲线,用"与曲线只有一个交点的直线"作为切线的定义就不一定合适. 例如,对于抛物线 $y=x^2$,在原点 O 处两个坐标轴都符合上述定义,但实际上只有 x 轴是该抛物线在点 O 处的切线. 下面给出切线的定义.

如图 2-1 所示,设有曲线 C 及 C 上的一点 M,在点 M 外另取曲线 C 上一点 N,作割线 MN. 当点 N 沿曲线 C 趋近于点 M 时,如果割线 MN 绕点 M 旋转而趋近于极限位置 MT,直线 MT 就称为曲线 C 在点 M 处的切线. 这里极限位置的含义是:只要弦长 $|MN|$ 趋近于零,$\angle NMT$ 也趋近于零.

现在就曲线 C 为函数 $y=f(x)$ 的图像的情形来讨论切线问题. 设 $M(x_0,y_0)$ 是曲线 C 上的一点(图 2-2),则 $y_0=f(x_0)$. 根据上述定义,要定出曲线 C 在点 M 处的切线,只要定出切线的斜率就行了. 为此,在点 M 外另取曲线 C 上的一点 $N(x,y)$,则割线 MN 的斜率为

$$\tan\beta=\frac{y-y_0}{x-x_0}=\frac{f(x)-f(x_0)}{x-x_0},$$

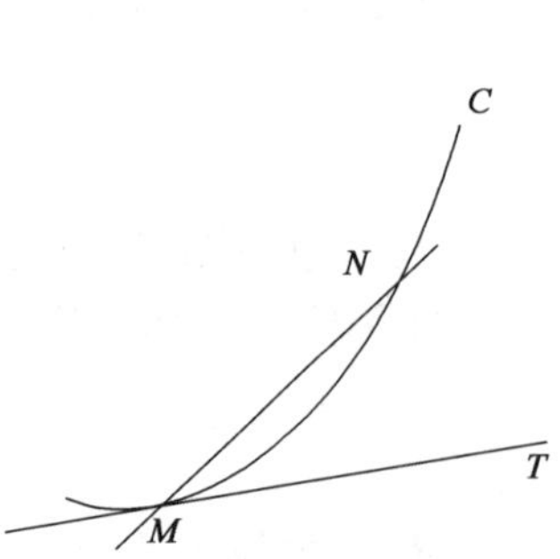

图 2-1

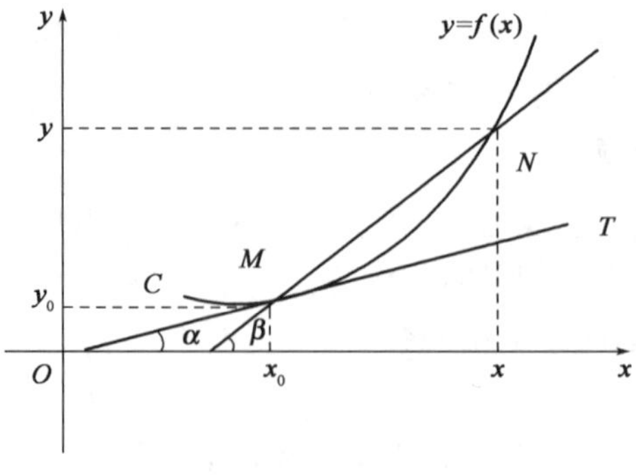

图 2-2

其中β为割线MN的倾角. 当点N沿曲线C趋近于点M时,$x\to x_0$. 如果当$x\to x_0$时,上式的极限存在,设为k,即

$$k=\lim_{x\to x_0}\frac{f(x)-f(x_0)}{x-x_0},$$

存在,那么此极限k是割线斜率的极限,也就是切线的斜率. 这里$k=\tan\alpha$,其中α为切线MT的倾角. 于是,通过点$M(x_0,f(x_0))$且以k为斜率的直线MT便是曲线C在点M处的切线. 事实上,由$\angle NMT=\beta-\alpha$以及当$x\to x_0$时$\beta\to\alpha$,可见当$x\to x_0$时(这时$|MN|\to 0$),$\angle NMT\to 0$. 因此直线MT确为曲线C在点M处的切线.

一、导数的定义

1. 函数在一点处的导数与导函数

从上面所讨论的两个问题可以看出,非匀速直线运动的速度和切线的斜率都可以归结为如下极限:

$$\lim_{x\to x_0}\frac{f(x)-f(x_0)}{x-x_0},$$

这里$x-x_0$和$f(x)-f(x_0)$分别是函数$y=f(x)$的自变量的增量Δx和函数因变量的增量Δy:

$$\Delta x=x-x_0,\quad \Delta y=f(x)-f(x_0)=f(x_0+\Delta x)-f(x_0),$$

因$x\to x_0$相当于$\Delta x\to 0$,故上式也可写成

$$\lim_{\Delta x\to 0}\frac{\Delta y}{\Delta x}\quad 或\quad \lim_{\Delta x\to 0}\frac{f(x_0+\Delta x)-f(x_0)}{\Delta x}.$$

在自然科学和工程技术领域中,还有许多概念,如电流强度、角速度、线密度等,撇开这些量的物理意义,抓住它们在数量关系上的共性,就可得出函数的导数概念.

定义 设函数$y=f(x)$在点x_0的某邻域内有定义,当自变量x在点x_0处取得增量Δx(点$x_0+\Delta x$仍在该邻域内)时,相应地,因变量取得增量$\Delta y=f(x_0+\Delta x)-f(x_0)$. 如果当$\Delta x\to 0$时$\Delta y$与$\Delta x$之比的极限存在,那么称函数$y=f(x)$在点$x_0$处可导,并称这个极限为函数$y=f(x)$在点$x_0$处的导数,记作$f'(x_0)$,即

$$f'(x_0)=\lim_{\Delta x\to 0}\frac{\Delta y}{\Delta x}=\lim_{\Delta x\to 0}\frac{f(x_0+\Delta x)-f(x_0)}{\Delta x},\tag{2-1}$$

也可记作$y'|_{x=x_0}$,$\left.\frac{\mathrm{d}y}{\mathrm{d}x}\right|_{x=x_0}$或$\left.\frac{\mathrm{d}f(x)}{\mathrm{d}x}\right|_{x=x_0}$.

函数$f(x)$在点x_0处可导有时也说成$f(x)$在点x_0处具有导数或导数存在. 导数的定义式(2-1)也可取不同的形式,常见的有

$$f'(x_0)=\lim_{h\to 0}\frac{f(x_0+h)-f(x_0)}{h},\tag{2-2}$$

和

$$f'(x_0)=\lim_{x\to x_0}\frac{f(x)-f(x_0)}{x-x_0}.\tag{2-3}$$

式(2-2)中的 h 即自变量的增量 Δx.

在实际中,需要讨论各种具有不同意义的变量的变化快慢程度的问题,也就是在数学上函数变化率的问题. 导数概念就是函数变化率这一概念的精确描述. 它撇开了自变量和因变量所代表的几何或物理等方面的特殊意义,纯粹从数量方面来刻画变化率的本质:因变量增量与自变量增量之比$\frac{\Delta y}{\Delta x}$是因变量 y 在以 x_0 和 $x_0+\Delta x$ 为端点的区间上的平均变化率,而导数 $f'(x_0)$ 则是因变量 y 在点 x_0 处的变化率,它反映了因变量随自变量的变化而变化的快慢程度.

如果式(2-1)中极限不存在,就说函数 $y=f(x)$ 在点 x_0 处不可导. 如果不可导的原因是当 $\Delta x\to 0$ 时,比式$\frac{\Delta y}{\Delta x}\to\infty$,为了方便起见,也往往说函数 $y=f(x)$ 在点 x_0 处的导数为无穷大.

上面讲的是函数在一点处可导. 如果函数 $y=f(x)$ 在开区间 I 内的每点处都可导,那么就称函数 $f(x)$ 在开区间 I 内可导. 这时,对于任一 $x\in I$,都对应着 $f(x)$ 的一个确定的导数值. 这样就构成了一个新的函数,这个函数称为原函数 $y=f(x)$ 的导函数,记作 y',$f'(x)$,$\frac{\mathrm{d}y}{\mathrm{d}x}$ 或$\frac{\mathrm{d}f(x)}{\mathrm{d}x}$.

把式(2-1)或式(2-2)中 x_0 换成 x,即得导函数的定义式:

$$y'=\lim_{\Delta x\to 0}\frac{f(x+\Delta x)-f(x)}{\Delta x}, \tag{2-4}$$

或

$$f'(x)=\lim_{h\to 0}\frac{f(x+h)-f(x)}{h}. \tag{2-5}$$

注意:*在以上两式中,虽然 x 可以取区间 I 内的任何数值,但在求极限过程中,x 是常量,Δx 或 h 是变量.*

显然,函数 $f(x)$ 在点 x_0 处的导数 $f'(x_0)$ 就是导函数 $f'(x)$ 在点 $x=x_0$ 处的函数值,即

$$f'(x_0)=f'(x)\big|_{x=x_0},$$

导函数 $f'(x)$ 简称导数,而 $f'(x_0)$ 是 $f(x)$ 在点 x_0 处的导数或导数 $f'(x)$ 在点 x_0 处的值.

2. 求导数举例

下面根据导数定义求一些简单函数的导数.

例 1 求函数 $f(x)=C$(C 为常数)的导数.

解 $f'(x)=\lim\limits_{h\to 0}\frac{f(x+h)-f(x)}{h}=\lim\limits_{h\to 0}\frac{C-C}{h}=0$,故 $(C)'=0$.

这就是说,常数的导数等于零.

例 2 求函数 $f(x)=x^n$($n\in\mathbf{N}_+$)的导数.

解 当 $n=1$ 时,$f'(x)=\lim\limits_{h\to 0}\frac{f(x+h)-f(x)}{h}=\lim\limits_{h\to 0}\frac{(x+h)-x}{h}=1$;

当 $n>1$ 时,$f'(x)=\lim\limits_{h\to 0}\frac{f(x+h)-f(x)}{h}=\lim\limits_{h\to 0}\frac{(x+h)^n-x^n}{h}=nx^{n-1}$.

即

$$(x^n)'=\begin{cases}1, & n=1,\\ nx^{n-1}, & n>1.\end{cases}$$

例 3 求幂函数 $f(x)=x^{\mu}(\mu\in\mathbf{R})$ 的导数.

解 幂函数的定义域与常数 μ 有关,设 x 在幂函数 x^{μ} 的定义域内且 $x\neq 0$,则

$$\frac{f(x+h)-f(x)}{h}=\frac{(x+h)^{\mu}-x^{\mu}}{h}=x^{\mu-1}\cdot\frac{\left(1+\frac{h}{x}\right)^{\mu}-1}{\frac{h}{x}},$$

故

$$f'(x)=\lim_{h\to 0}\frac{f(x+h)-f(x)}{h}=\mu x^{\mu-1},$$

即

$$(x^{\mu})'=\mu x^{\mu-1}.$$

这就是幂函数的导数公式.

例 4 求函数 $f(x)=\sin x$ 的导数.

解
$$\begin{aligned}f'(x)&=\lim_{h\to 0}\frac{f(x+h)-f(x)}{h}=\lim_{h\to 0}\frac{\sin(x+h)-\sin x}{h}\\&=\lim_{h\to 0}\frac{1}{h}\cdot 2\cos\left(x+\frac{h}{2}\right)\sin\frac{h}{2}\\&=\lim_{h\to 0}\cos\left(x+\frac{h}{2}\right)\cdot\frac{\sin\frac{h}{2}}{\frac{h}{2}}=\cos x,\end{aligned}$$

即

$$(\sin x)'=\cos x.$$

用类似的方法,可求得

$$(\cos x)'=-\sin x.$$

例 5 求函数 $f(x)=a^{x}(a>0,a\neq 1)$ 的导数.

解 $f'(x)=\lim\limits_{h\to 0}\dfrac{f(x+h)-f(x)}{h}=\lim\limits_{h\to 0}\dfrac{a^{x+h}-a^{x}}{h}=a^{x}\lim\limits_{h\to 0}\dfrac{a^{h}-1}{h}=a^{x}\ln a,$

即

$$(a^{x})'=a^{x}\ln a.$$

这就是指数函数的导数公式. 特殊地,当 $a=\mathrm{e}$ 时,因 $\ln\mathrm{e}=1$,故有

$$(\mathrm{e}^{x})'=\mathrm{e}^{x}.$$

上式表明,以 e 为底的指数函数的导数就是它自身,这是以 e 为底的指数函数的一个重要特性.

例 6 求函数 $f(x)=\log_a x(a>0,a\neq 1)$ 的导数.

解
$$\begin{aligned}f'(x)&=\lim_{h\to 0}\frac{f(x+h)-f(x)}{h}=\lim_{h\to 0}\frac{\log_a(x+h)-\log_a x}{h}\\&=\lim_{h\to 0}\frac{1}{h}\log_a\frac{x+h}{x}=\lim_{h\to 0}\frac{1}{x}\cdot\frac{x}{h}\log_a\left(1+\frac{h}{x}\right)\\&=\frac{1}{x}\cdot\lim_{h\to 0}\frac{\log_a\left(1+\frac{h}{x}\right)}{\frac{h}{x}}=\frac{1}{x\ln a},\end{aligned}$$

即

$$(\log_a x)'=\frac{1}{x\ln a}.$$

这就是对数函数的导数公式. 特殊地,当 $a=\mathrm{e}$ 时,由上式得自然对数函数的导数公式

$$(\ln x)'=\frac{1}{x}.$$

3. 单侧导数

根据函数 $f(x)$ 在点 x_0 处的导数 $f'(x_0)$ 的定义,导数

$$f'(x_0)=\lim_{h\to 0}\frac{f(x_0+h)-f(x_0)}{h}$$

是一个极限,而极限存在的充分必要条件是左、右极限都存在且相等,因此 $f'(x_0)$ 存在即 $f(x)$ 在点 x_0 处可导的充分必要条件是左、右极限

$$\lim_{h\to 0^-}\frac{f(x_0+h)-f(x_0)}{h} \quad 及 \quad \lim_{h\to 0^+}\frac{f(x_0+h)-f(x_0)}{h}$$

都存在且相等. 这两个极限分别称为函数 $f(x)$ 在点 x_0 处的左导数和右导数,记作 $f'_-(x_0)$ 及 $f'_+(x_0)$,即

$$f'_-(x_0)=\lim_{h\to 0^-}\frac{f(x_0+h)-f(x_0)}{h}, \tag{2-6}$$

$$f'_+(x_0)=\lim_{h\to 0^+}\frac{f(x_0+h)-f(x_0)}{h}. \tag{2-7}$$

现在可以说,函数 $f(x)$ 在点 x_0 处可导的充分必要条件是左导数 $f'_-(x_0)$ 和右导数 $f'_+(x_0)$ 都存在且相等.

比如,函数 $f(x)=|x|$ 在点 $x=0$ 处的左导数 $f'_-(0)=-1$ 及右导数 $f'_+(0)=1$ 虽然都存在,但不相等,故 $f(x)=|x|$ 在点 $x=0$ 处不可导.

左导数和右导数统称为单侧导数.

如果函数 $f(x)$ 在开区间 (a,b) 内可导,且 $f'_+(a)$ 及 $f'_-(b)$ 都存在,那么就说 $f(x)$ 在闭区间 $[a,b]$ 上可导.

二、导数的几何意义

函数 $y=f(x)$ 在点 x_0 处的导数 $f'(x_0)$ 在几何上表示曲线 $y=f(x)$ 在点 $M(x_0,f(x_0))$ 处的切线的斜率,即 $f'(x_0)=\tan\alpha$,其中 α 是切线的倾角(图 2-3).

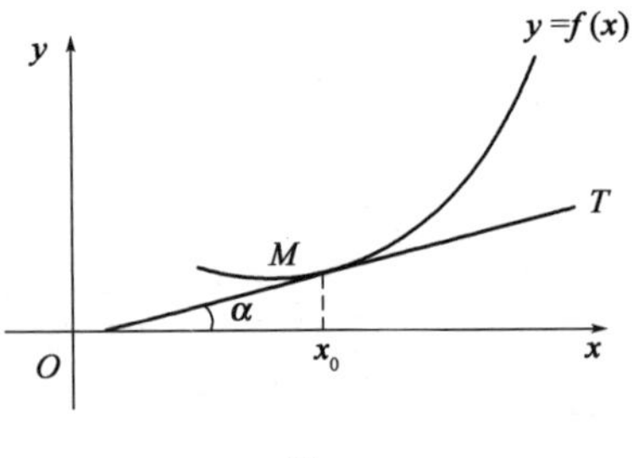

图 2-3

如果 $y=f(x)$ 在点 x_0 处的导数为无穷大,那么这时曲线 $y=f(x)$ 的割线以垂直于 x 轴的直线 $x=x_0$ 为极限位置,即曲线 $y=f(x)$ 在点 $M(x_0,f(x_0))$ 处具有垂直于 x 轴的切线 $x=x_0$. 根据导数的几何意义并应用直线的点斜式方程可知,曲线 $y=f(x)$ 在点 $M(x_0,y_0)$ 处的切线方程为

$$y-y_0=f'(x_0)(x-x_0). \tag{2-8}$$

过切点 $M(x_0,y_0)$ 且与切线垂直的直线称为曲线 $y=f(x)$ 在点 M 处的法线. 如果 $f'(x_0)\neq$

0,法线的斜率为 $-\frac{1}{f'(x_0)}$,从而法线方程为

$$y-y_0=-\frac{1}{f'(x_0)}(x-x_0). \tag{2-9}$$

例 7 求曲线 $f(x)=x^2$ 在点(2,4)处的切线方程和法线方程.

解 由导数的几何意义可知,所求切线的斜率为 $k_1=y'|_{x=2}=2x|_{x=2}=4$,故所求切线方程为 $y-4=4(x-2)$,即 $4x-y-4=0$.

所求法线的斜率为 $k_2=-\frac{1}{k_1}=-\frac{1}{4}$,故法线方程为 $y-4=-\frac{1}{4}(x-2)$,即 $x+4y-18=0$.

例 8 求等边双曲线 $y=\frac{1}{x}$ 在点 $\left(\frac{1}{2},2\right)$ 处的切线方程和法线方程.

解 由导数的几何意义可知,所求切线的斜率为 $k_1=-\frac{1}{x^2}\bigg|_{x=\frac{1}{2}}=-4$,故所求切线方程为 $y-2=-4\left(x-\frac{1}{2}\right)$,即 $4x+y-4=0$.

所求法线的斜率为 $k_2=-\frac{1}{k_1}=\frac{1}{4}$,故法线方程为 $y-2=\frac{1}{4}\left(x-\frac{1}{2}\right)$,即 $2x-8y+15=0$.

三、函数可导性与连续性的关系

函数 $y=f(x)$ 在点 x 处可导,即

$$\lim_{\Delta x\to 0}\frac{\Delta y}{\Delta x}=f'(x)$$

存在. 由具有极限的函数与无穷小的关系可知

$$\frac{\Delta y}{\Delta x}=f'(x)+\alpha.$$

其中 α 为当 $\Delta x\to 0$ 时的无穷小. 上式两边同乘 Δx,得

$$\Delta y=f'(x)\Delta x+\alpha\Delta x.$$

由此可见,当 $\Delta x\to 0$ 时,$\Delta y\to 0$. 这就是说,函数 $y=f(x)$ 在点 x 处是连续的. 所以,如果函数 $y=f(x)$ 在点 x 处可导,那么函数在该点处必连续.

反之,一个函数在某点处连续却不一定在该点处可导. 举例说明如下:

例 9 证明:函数 $y=\sqrt[3]{x}$ 在点 $x=0$ 处连续,但在点 $x=0$ 处不可导.

证明 因为在点 $x=0$ 处有 $y=0$,且 $\lim\limits_{\Delta x\to 0}\sqrt[3]{x}=0$,所以 $y=\sqrt[3]{x}$ 在点 $x=0$ 处连续.

因为在点 $x=0$ 处有

$$\frac{\Delta y}{\Delta x}=\frac{\sqrt[3]{0+\Delta x}-\sqrt[3]{0}}{\Delta x}=\frac{1}{[\sqrt[3]{(\Delta x)}]^2}.$$

而当 $\Delta x\to 0$ 时,$\frac{\Delta y}{\Delta x}\to+\infty$,所以导数为无穷大,不可导. 这种情况表示曲线 $y=\sqrt[3]{x}$ 在原点具有垂直于 x 轴的切线.

习题 2-1

1. 用导数的定义求函数 $y=x^2$ 在点 $x=2$ 处的导数.

2. 求下列函数的导数$\frac{dy}{dx}$及在点 $x=1$ 处的导数值$\left.\frac{dy}{dx}\right|_{x=1}$.

(1)$y=x$; (2)$y=\sqrt{x}$; (3)$y=3^x$; (4)$y=\frac{x^2\cdot\sqrt[3]{x}}{\sqrt{x}}$.

3. 求曲线 $y=\cos x$ 在点 $M\left(\frac{\pi}{3},\frac{1}{2}\right)$处的切线方程和法线方程.

4. 设$f(x)=\begin{cases}x^2\sin\frac{1}{x}, & x\neq0,\\0, & x=0,\end{cases}$讨论函数$f(x)$在点 $x=0$ 处的连续性与可导性.

5. 设函数$\begin{cases}x^2, & x\leqslant1,\\ax+b, & x>1,\end{cases}$为了使函数$f(x)$在点 $x=1$ 处连续且可导,a 和 b 应取什么值?

第二节　导数的基本公式与求导法则

本节将介绍求导数的几个基本法则以及前一节中未讨论过的基本初等函数的求导公式.借助这些法则和基本初等函数的求导公式,就能比较方便地求出常见的初等函数的导数.

一、函数的和、差、积、商的求导法则

定理 1　如果函数 $u=u(x)$及 $v=v(x)$都在点 x 处具有导数,那么它们的和、差、积、商(除分母为零的点外)都在点 x 处具有导数,且

(1)$[u(x)\pm v(x)]'=u'(x)\pm v'(x)$;

(2)$[u(x)v(x)]'=u'(x)v(x)+u(x)v'(x)$;

(3)$\left[\frac{u(x)}{v(x)}\right]'=\frac{u'(x)v(x)-u(x)v'(x)}{v^2(x)}[v(x)\neq0]$.

定理 1 中的法则(1)、(2)可推广到任意有限个可导函数的情形. 例如,设 $u=u(x)$,$v=v(x)$,$w=w(x)$均可导,则有

$$(u+v-w)'=u'+v'-w',$$

$$(uvw)'=u'vw+uv'w-uvw'.$$

在法则(2)中,当 $v(x)=C$(C 为常数)时,有$(Cu)'=Cu'$.

二、基本公式

基本初等函数的求导公式与前面所讨论的求导法则在初等函数的求导运算中起着重要作用,必须熟练掌握. 为了便于查阅,将这些求导公式归纳如表 2-1 所示.

表 2-1

基本初等函数	求导公式
常函数	$(C)'=0$
幂函数	$(x^a)'=ax^{a-1}$
指数函数	$(a^x)'=a^x\ln a$,$(e^x)'=e^x$

续上表

基本初等函数	求导公式
对数函数	$(\log_a x)'=\frac{1}{x\ln a}$, $(\ln x)'=\frac{1}{x}$
三角函数	$(\sin x)'=\cos x$, $(\cos x)'=-\sin x$, $(\tan x)'=\sec^2 x$, $(\cot x)'=-\csc^2 x$, $(\sec x)'=\sec x\tan x$, $(\csc x)'=-\csc x\cot x$
反三角函数	$(\arcsin x)'=\frac{1}{\sqrt{1-x^2}}$, $(\arccos x)'=-\frac{1}{\sqrt{1-x^2}}$, $(\arctan x)'=\frac{1}{1+x^2}$, $(\text{arccot}\,x)'=-\frac{1}{1+x^2}$

例 1 $y=2x^3-5x^2+3x-7$,求 y'.

解 $y'=(2x^3-5x^2+3x-7)'=(2x^3)'-(5x^2)'+(3x)'-(7)'$

$=2\cdot 3x^2-5\cdot 2x+3-0=6x^2-10x+3.$

例 2 $y=e^x(\sin x+\cos x)$,求 y'.

解 $y'=(e^x)'(\sin x+\cos x)+e^x(\sin x+\cos x)'$

$=e^x(\sin x+\cos x)+e^x(\cos x-\sin x)=2e^x\cos x.$

例 2MATLAB 计算

例 3 求 $y=\tan x$ 的导数.

解 $$y'=(\tan x)'=\left(\frac{\sin x}{\cos x}\right)'=\frac{(\sin x)'\cos x-\sin x(\cos x)'}{\cos^2 x}$$

$$=\frac{\cos^2 x+\sin^2 x}{\cos^2 x}=\sec^2 x,$$

即 $(\tan x)'=\sec^2 x$. 同理 $(\cot x)'=-\csc^2 x$. 运用商的求导法则,还可以得到 $(\sec x)'=\tan x\sec x$, $(\csc x)'=-\cot x\csc x$.

例 4 求函数 $y=\ln(x+\sqrt{x^2+a^2})$ 的导数.

解 $$y'=\frac{1}{x+\sqrt{x^2+a^2}}(x+\sqrt{x^2+a^2})'=\frac{1}{x+\sqrt{x^2+a^2}}\left[1+\frac{(x^2+a^2)'}{2\sqrt{x^2+a^2}}\right]$$

$$=\frac{1}{x+\sqrt{x^2+a^2}}\left(1+\frac{2x}{2\sqrt{x^2+a^2}}\right)=\frac{1}{x+\sqrt{x^2+a^2}}\cdot\frac{\sqrt{x^2+a^2}+x}{\sqrt{x^2+a^2}}$$

$$=\frac{1}{\sqrt{x^2+a^2}}.$$

例 5 求函数 $y=e^{2x}\sin 2x$ 的导数.

解 $y'=(e^{2x})'\sin 2x+e^{2x}(\sin 2x)'=2e^{2x}\sin 2x+2e^{2x}\cos 2x.$

三、反函数的求导法则

定理 2 如果函数 $x=f(y)$ 在区间 I_y 内单调、可导且 $f'(y)\neq 0$,那么它的反函数 $y=f^{-1}(x)$ 在区间 $I_x=\{x\mid x=f(y),y\in I_y\}$ 内也可导,且

$$[f^{-1}(x)]'=\frac{1}{f'(y)} \quad 或 \quad \frac{dy}{dx}=\frac{1}{\frac{dx}{dy}}. \tag{2-10}$$

例 6 设 $x=\sin y$,y 为原函数且 $y\in\left[-\frac{\pi}{2},\frac{\pi}{2}\right]$,则 $y=\arcsin x$ 是它的反函数. 函数 $x=\sin y$

在开区间 $I_y=\left(-\frac{\pi}{2},\frac{\pi}{2}\right)$内单调、可导，且 $(\sin y)'=\cos y>0$.

因此，由公式(2-10)，在对应区间 $I_x=(-1,1)$内有$(\arcsin x)'=\frac{1}{(\sin y)'}=\frac{1}{\cos y}$.

但 $\cos y=\sqrt{1-\sin^2 y}=\sqrt{1-x^2}$（因为当$-\frac{\pi}{2}<y<\frac{\pi}{2}$时 $\cos y>0$，所以根号前只取正号），从而得反正弦函数的求导公式：

$$(\arcsin x)'=\frac{1}{\sqrt{1-x^2}}.$$

用类似的方法可得反余弦函数的求导公式：

$$(\arccos x)'=-\frac{1}{\sqrt{1-x^2}}.$$

例 7　设 $x=\tan y$ 是原函数，$y\in\left(-\frac{\pi}{2},\frac{\pi}{2}\right)$，则 $y=\arctan x$ 是它的反函数. 函数 $x=\tan y$ 在$\left(-\frac{\pi}{2},\frac{\pi}{2}\right)$内单调、可导，且$(\tan y)'=\sec^2 y\neq 0$.

因此，由公式(2-10)，在对应区间$(-\infty,+\infty)$内有

$$(\arctan x)'=\frac{1}{(\tan y)'}=\frac{1}{\sec^2 y}.$$

但$\sec^2 y=1+\tan^2 y=1+x^2$，从而得反正切函数的求导公式：

$$(\arctan x)'=\frac{1}{1+x^2}.$$

用类似的方法可得反余切函数的求导公式：

$$(\mathrm{arccot}\, x)'=-\frac{1}{1+x^2}.$$

四、复合函数的求导法则

到目前为止，对于 $\ln(\tan x)$，e^{x^3}，$\sin\frac{2x}{1+x^2}$这样的函数，还不知道它们是否可导，可导的话如何求它们的导数. 这些问题可以借助下面的重要法则解决.

定理 3　如果 $u=g(x)$在点 x 处可导，而 $y=f(u)$在点 $u=g(x)$处可导，那么复合函数 $y=f[g(x)]$在点 x 处可导，且其导数为

$$\frac{dy}{dx}=f'(u)\cdot g'(x)\quad 或\quad \frac{dy}{dx}=\frac{dy}{du}\cdot\frac{du}{dx}\quad 或\quad y'_x=y'_u\cdot u'_x \tag{2-11}$$

定理 3 证明

例 8　设 $y=e^{x^3}$，求$\frac{dy}{dx}$.

解　$y=e^{x^3}$可看作由 $y=e^u$，$u=x^3$ 复合而成，因此

$$\frac{dy}{dx}=\frac{dy}{du}\cdot\frac{du}{dx}=e^u\cdot 3x^2=3x^2e^{x^3}.$$

例 9　设 $y=\sin\frac{2x}{1+x^2}$，求$\frac{dy}{dx}$.

解 $y=\sin\frac{2x}{1+x^2}$可看作由 $y=\sin u, u=\frac{2x}{1+x^2}$复合而成,因此

$$\frac{\mathrm{d}y}{\mathrm{d}x}=\frac{\mathrm{d}y}{\mathrm{d}u}\cdot\frac{\mathrm{d}u}{\mathrm{d}x}=\cos u\cdot\frac{2(1-x^2)}{(1+x^2)^2}=\frac{2(1-x^2)}{(1+x^2)^2}\cdot\cos\frac{2x}{1+x^2}.$$

从以上例子可以看出,应用复合函数求导法则时,首先要分析所给函数可看作由哪些函数复合而成,或者说,所给函数能分解成哪些函数.如果所给函数能分解成比较简单的函数,而这些简单函数的导数可求,那么应用复合函数求导法则就可以求所给函数的导数了.

对复合函数的分解比较熟练后,就不必写出中间变量,而可以采用下列例题的方式来计算.

例 10 设 $y=\ln(\sin x)$,求$\frac{\mathrm{d}y}{\mathrm{d}x}$.

解 $\frac{\mathrm{d}y}{\mathrm{d}x}=[\ln(\sin x)]'=\frac{1}{\sin x}(\sin x)'=\frac{\cos x}{\sin x}=\cot x.$

复合函数的求导法则可以推广到多个中间变量的情形.以两个中间变量为例,设 $y=f(u), u=\phi(v), v=\psi(x)$,则

$$\frac{\mathrm{d}y}{\mathrm{d}x}=\frac{\mathrm{d}y}{\mathrm{d}u}\cdot\frac{\mathrm{d}u}{\mathrm{d}x}.$$

而$\frac{\mathrm{d}u}{\mathrm{d}x}=\frac{\mathrm{d}u}{\mathrm{d}v}\cdot\frac{\mathrm{d}v}{\mathrm{d}x}$,故复合函数 $y=f\{\phi[\psi(x)]\}$ 的导数为

$$\frac{\mathrm{d}y}{\mathrm{d}x}=\frac{\mathrm{d}y}{\mathrm{d}u}\cdot\frac{\mathrm{d}u}{\mathrm{d}v}\cdot\frac{\mathrm{d}v}{\mathrm{d}x}.$$

当然,这里假定上式右边所出现的导数在相应处都存在.

例 11 设 $y=\cos^3(2x)$,求 y'.

解 把 $y=\cos^3(2x)$看作是由 $y=u^3, u=\cos v, v=2x$ 复合而成的,由复合函数求导法则有

$$y'_x=y'_u\cdot u'_v\cdot v'_x=3u^2\cdot(-\sin v)\cdot 2=-6\sin(2x)\cos^2(2x).$$

求复合函数的导数,关键在于分析清楚函数的复合关系,选好中间变量,熟练后可不必写出中间步骤.

例 12 设 $y=\left(2x^3-x+\frac{1}{x}\right)^4$,求 y'.

解法 1 设 $u=2x^3-x+\frac{1}{x}, y=u^4$,则

$$y'_x=y'_u\cdot u'_x=4u^3\cdot\left(6x^2-1-\frac{1}{x^2}\right)=4\left(2x^3-x+\frac{1}{x}\right)^3\left(6x^2-\frac{1}{x^2}-1\right).$$

解法 2 $y'=\left[\left(2x^3-x+\frac{1}{x}\right)^4\right]'=4\left(2x^3-x+\frac{1}{x}\right)^3\cdot\left(2x^3-x+\frac{1}{x}\right)'$

$$=4\left(2x^3-x+\frac{1}{x}\right)^3\left(6x^2-\frac{1}{x^2}-1\right).$$

习题 2-2

1. 求下列函数的导数:

(1) $y=3x^2-\frac{1}{x^2}+\sin x$;　　(2) $y=3\cos x+\frac{1}{4}\sin x$;　　(3) $y=\sqrt{x}+x^3-\ln 5$;

(4) $y=\sec x+\csc x$;　　(5) $y=\dfrac{2}{\sqrt{x}}+\sin\dfrac{\pi}{2}-10$;　　(6) $y=\dfrac{1}{\sin x}$.

2. 求下列函数的导数:

(1) $y=(2x+5)^4$;　　(2) $y=\cos(4-3x)$;　　(3) $y=e^{-3x^2}$;

(4) $y=\ln(1+x^2)$;　　(5) $y=\sin^2 x$;　　(6) $y=\sqrt{a^2-x^2}$;

(7) $y=(2x+1)^{1000}$;　　(8) $y=\sin 5x+\tan 2x$.

第三节　高阶导数

一般地,函数 $y=f(x)$ 的导数 $y'=f'(x)$ 仍然是 x 的函数. $y=f(x)$ 的导数 $f'(x)$ 称为函数 $y=f(x)$ 的一阶导数. $y'=f'(x)$ 的导数称为函数 $y=f(x)$ 的二阶导数,记作 y'' 或 $\dfrac{d^2y}{dx^2}$,即 $y''=(y')'$ 或 $\dfrac{d^2y}{dx^2}=\dfrac{d}{dx}\left(\dfrac{dy}{dx}\right)$. 类似地,二阶导数的导数称为三阶导数,三阶导数的导数称为四阶导数……一般地,$(n-1)$ 阶导数的导数称为 n 阶导数,分别记作 $y''',y^{(4)},\cdots,y^{(n)}$ 或 $\dfrac{d^3y}{dx^3},\dfrac{d^4y}{dx^4},\cdots,\dfrac{d^ny}{dx^n}$. 二阶及二阶以上的导数统称高阶导数.

函数 $y=f(x)$ 具有 n 阶导数,也常说成函数 $f(x)$ n 阶可导. 如果函数 $f(x)$ 在点 x 处具有 n 阶导数,那么 $f(x)$ 在点 x 的某邻域内必定具有一切低于 n 阶的导数.

由此可见,求高阶导数就是按前面学过的求导法则多次接连地求导数.

例 1　已知 $y=2x^3+4x^2-6x+10$,求 $y',y'',y''',y^{(4)},\cdots,y^{(n)}$.

解　$y'=6x^2+8x-6,y''=12x+8,y'''=12,y^{(4)}=0,\cdots,y^{(n)}=0$.

例 2　求指数函数 $y=e^x$ 的 n 阶导数.

解　$y'=e^x,y''=e^x,y'''=e^x,y^{(4)}=e^x$. 一般地,可得 $y^{(n)}=e^x$.

例 3　求正弦函数 $y=\sin x$ 的 n 阶导数.

解　$y'=\cos x=\sin\left(x+\dfrac{\pi}{2}\right)$,

$y''=\cos\left(x+\dfrac{\pi}{2}\right)=\sin\left(x+2\cdot\dfrac{\pi}{2}\right)$,

$y'''=\cos\left(x+2\cdot\dfrac{\pi}{2}\right)=\sin\left(x+3\cdot\dfrac{\pi}{2}\right)$,

……

$y^{(n)}=\cos\left[x+(n-1)\dfrac{\pi}{2}\right]=\sin\left(x+\dfrac{n\pi}{2}\right)$.

所以

$$(\sin x)^{(n)}=\sin\left(x+\frac{n\pi}{2}\right).$$

同理$(\cos x)^{(n)}=\cos\left(x+\frac{n\pi}{2}\right)$. 用类似的方法可求得$(a^x)^{(n)}=a^x(\ln a)^n$. 特别地,有$(e^x)^{(n)}=e^x$,

$[\ln(1+x)]^{(n)}=(-1)^{n-1}\frac{(n-1)!}{(1+x)}$, $(x^a)^{(n)}=a(a-1)(a-2)\cdots(a-n+1)x^{a-n}$.

特别地,还有

$$(x^n)^{(n)}=n(n-1)(n-2)\cdot\cdots\cdot2\cdot1=n! \quad (n\in\mathbf{Z}).$$

习题 2-3

1. 求下列函数的三阶导数:

(1)$y=x^4-2x^3-\sqrt{2}$; (2)$y=2\cos x+\ln x-\frac{1}{x}$; (3)$y=\frac{1}{3}\sin x+2e^x$.

2. 求下列函数的二阶导数:

(1)$y=\sin(2x+1)$; (2)$y=e^{\cos x}$; (3)$y=(2x+1)^5$.

3. 设$f(x)=(x+10)^6$,求$f'''(2)$.

4. 设$f(x)=\cos^2x\ln x$,求$f''(1)$.

第四节 隐函数及由参数方程所确定的函数的导数

一、隐函数的导数

1. 显函数

函数$y=f(x)$表示两个变量y与x之间的对应关系,这种对应关系可以用各种不同的方式表达. 前面章节遇到的函数,如$y=\sin x$, $y=\ln x+\frac{e^x}{1+2x^2}$等,其表达方式的特点是:等号左边是因变量的符号,而右边是含有自变量的式子,当自变量取定义域内任一值时,由这个式子能确定对应的函数值. 用这种方式表达的函数称为显函数.

2. 隐函数

一般地,如果变量x和y满足一个方程$F(x,y)=0$,在一定条件下,当x取某区间内的任一值时,相应地总有满足该方程的唯一y值存在,那么就说方程$F(x,y)=0$在该区间内确定了一个隐函数.

把一个隐函数化成显函数,称为隐函数的显化. 例如从方程$x+y-2=0$解出$y=-x+2$,就把隐函数化成了显函数.

3. 隐函数的求导法

如果一个隐函数能够转化为显函数,其导数可以用之前的方法求得. 但是,有的隐函数很难或是根本不能转化为显函数,在这种情况下,隐函数的求导方法如下:

(1)将方程$F(x,y)=0$的两边对x求导,在求导过程中把y看成x的函数,y的函数看成x的复合函数;

(2)求导后,解出y'即可(式子中允许有y出现).

例1 已知隐函数方程 $x^2+y^2=25$，求$\frac{dy}{dx}$.

解 将方程两边同时对 x 求导，并注意到 y 是 x 的函数，y^2 是 x 的复合函数，从而得 $2x+2yy'=0$，再解出 y'，得 $y'=-\frac{x}{y}$，即$\frac{dy}{dx}=-\frac{x}{y}$. 在这个结果中，分母 y 仍然是由方程 $x^2+y^2=25$ 确定的 x 的函数.

例2 求由方程 $y=x+\ln y$ 确定的隐函数的导数 y'.

解 方程两边同时对 x 求导，得 $y'=1+\frac{1}{y}y'$，整理得 $y'-\frac{1}{y}y'=1$，解得

$$y'=\frac{1}{1-\frac{1}{y}}=\frac{y}{y-1}.$$

例2MATLAB计算

例3 求曲线 $x^2+xy+y^2=4$ 在点 $(3,-3)$ 处的切线方程.

解 方程两边同时对 x 求导，得 $2x+y+xy'+2yy'=0$，解出 y'，得 $y'=-\frac{2x+y}{x+2y}$.

因 $y'|_{x=3,y=-3}=1$，故在点 $(3,-3)$ 处的切线方程为 $y-(-3)=1(x-3)$，即 $x-y-6=0$.

二、对数求导法

对数求导法是先在 $y=f(x)$ 的两边取对数，然后求出 y 的导数.

例4 求 $y=x^{\sin x}(x>0)$ 的导数.

解 该函数是幂指函数. 为了求该函数的导数，可以先在等式两边取对数：

$$\ln y=\sin x\cdot\ln x.$$

上式两边对 x 求导，注意到 $y=y(x)$，得$\frac{1}{y}y'=\cos x\cdot\ln x+\sin x\cdot\frac{1}{x}$，于是

$$y'=y\left(\cos x\cdot\ln x+\sin x\cdot\frac{1}{x}\right)=x^{\sin x}\left(\cos x\cdot\ln x+\frac{\sin x}{x}\right).$$

三、由参数方程所确定的函数的导数

在实际应用中，函数 y 与自变量 x 的关系常常通过某一参数变量 t 表示出来，即

$$\begin{cases}x=\varphi(t),\\y=\psi(t)\end{cases}\quad(t\text{ 为参数})$$

称为函数的参数方程.

由于 y 是参数 t 的函数，由 $x=\varphi(t)$ 知 t 是 x 的函数，所以 y 通过 t 确定为 x 的复合函数. 于是，由复合函数的求导法则及反函数的求导公式有

$$\frac{dy}{dx}=\frac{dy}{dt}\cdot\frac{dt}{dx}=\frac{dy}{dt}\cdot\frac{1}{\frac{dx}{dt}}=\frac{\psi'(t)}{\varphi'(t)}.\tag{2-12}$$

例5 求曲线$\begin{cases}x=\sin t,\\y=\cos 2t\end{cases}$在点 $t=\frac{\pi}{4}$处的切线方程.

解 $\frac{dy}{dx}=\frac{(\cos 2t)'}{(\sin t)'}=-4\sin t$，$k=\frac{dy}{dx}\Big|_{t=\frac{\pi}{4}}=-4\sin\frac{\pi}{4}=-2\sqrt{2}$，当 $t=\frac{\pi}{4}$时，$x=\frac{\sqrt{2}}{2}$，$y=0$，所

以所求切线方程为 $y-0=-2\sqrt{2}\left(x-\frac{\sqrt{2}}{2}\right)$,即 $2\sqrt{2}x+y-2=0$.

习题 2-4

1. 求由下列方程所确定的函数 $y=y(x)$ 的导数 $\frac{\mathrm{d}y}{\mathrm{d}x}$:

(1) $x^3+x^2y-xy+9=0$; (2) $xy=\mathrm{e}^{x+y}$; (3) $y=1-\mathrm{e}^y\cdot x$.

2. 下列方程确定了 $y=y(x)$,求 y'.

(1) $y^3+2xy-3x^2=0$; (2) $y=\ln(x+y)$; (3) $x\sin y=\cos(x-y)$.

3. 用对数求导法求下列函数的导数:

(1) $y=(x^2+1)^3(x+2)^2x^6$; (2) $y=\left(\frac{x}{1+x}\right)^x$; (3) $y=(1+\cos x)^{\frac{1}{x}}$.

4. 求曲线 $x^2+y^5-2xy=0$ 在点(1,1)处的切线方程.

5. 求函数 $\begin{cases}x=\sin t,\\ y=\sin(t+\sin t)\end{cases}$ 在 $t=0$ 处的切线方程.

第五节　导数的应用

导数是研究函数性态的重要工具,本节以微分中值定理为基础,介绍利用导数求未定式极限的方法,也就是洛必达法则,并借助一阶、二阶导数判断函数的单调性、极值、最值及曲线的凹凸性.

一、微分中值定理

微分中值定理是导数应用的理论基础,也被称为微分学基本定理. 微分中值定理包括罗尔中值定理、拉格朗日中值定理、柯西中值定理.

为了应用方便,先介绍费马引理.

引理 (费马引理)设函数 $y=f(x)$ 在点 x_0 的某邻域 $U(x_0)$ 内有定义,且在点 x_0 处可导,如果 $\forall x\in U(x_0)$,有

$$f(x)\leqslant f(x_0)\quad \text{或}\quad f(x)\geqslant f(x_0),$$

则 $f'(x_0)=0$.

要证明有 $f(x)\leqslant f(x_0)$,则 $f'(x_0)=0$,只需证明

$$f'(x_0)=\lim_{x\to x_0}\frac{f(x)-f(x_0)}{x-x_0}=0.$$

同法可证 $f(x)\geqslant f(x_0)$.

证明 $\forall x\in U(x_0)$,有 $f(x)\leqslant f(x_0)$,移项得 $f(x)-f(x_0)\leqslant 0$.

当 $x>x_0$ 时,有

$$\frac{f(x)-f(x_0)}{x-x_0}\leqslant 0;$$

当 $x<x_0$ 时,有

$$\frac{f(x)-f(x_0)}{x-x_0}\geqslant 0.$$

根据已知条件和极限的保号性,有

$$f'_+(x_0)=\lim_{x\to x_0^+}\frac{f(x)-f(x_0)}{x-x_0}\leqslant 0,$$

$$f'_-(x_0)=\lim_{x\to x_0^-}\frac{f(x)-f(x_0)}{x-x_0}\geqslant 0.$$

因为 $y=f(x)$ 在点 x_0 处可导,所以

$$f'(x_0)=f'_+(x_0)=f'_-(x_0)=0.$$

定理 1 (罗尔中值定理)如果函数 $y=f(x)$ 满足下列条件:

(1)在闭区间$[a,b]$上连续;

(2)在开区间(a,b)内可导;

(3)$f(a)=f(b)$.

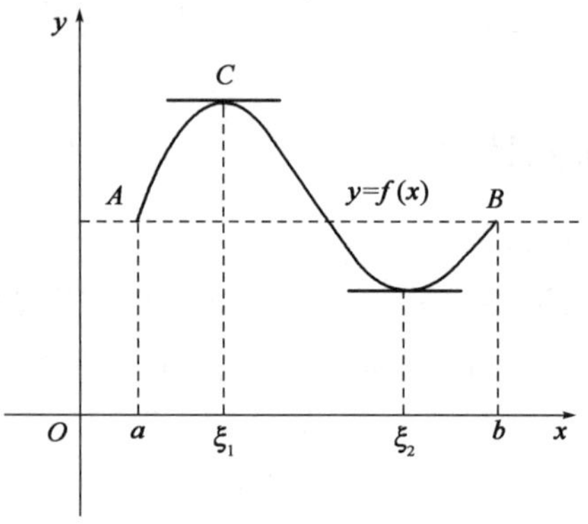

图 2-4

则在开区间(a,b)内至少存在一点 ξ,使得 $f'(\xi)=0$.

罗尔中值定理的几何意义:如果连续曲线 $y=f(x)$ 的弧 AB 上除两端点外处处都有不垂直于 x 轴的切线且两端点的纵坐标相等,那么在这条曲线上至少存在一点 ξ,使得曲线在点 ξ 处的切线平行于 x 轴(图 2-4).

证明 由于 $y=f(x)$ 在闭区间$[a,b]$上连续,根据闭区间上连续函数的最大值最小值定理,$y=f(x)$ 在闭区间$[a,b]$上取得最大值 M 和最小值 m.

(1)如果 $M=m$,这时 $y=f(x)$ 在区间$[a,b]$上是常函数$f(x)=M$. 由此,$\forall x\in(a,b)$,有 $f'(x)=0$. 因此,任取 $\xi\in(a,b)$,有 $f'(\xi)=0$.

(2)如果 $M>m$,因为$f(a)=f(b)$,所以 M 和 m 这两个数中至少有一个不等于 $y=f(x)$ 在区间$[a,b]$的端点处的函数值,为确定起见,不妨设 $M\neq f(a)$[如果设 $m\neq f(a)$,证法完全类似],那么必定在开区间(a,b)内存在一点 ξ,使得 $f'(\xi)=M$. 因此,$\forall x\in[a,b]$,有 $f(x)\leqslant f(\xi)$,从而由费马引理可知 $f'(\xi)=0$.

在罗尔中值定理中,如果把$f(a)=f(b)$这一条件删去,保留其余两个条件,结论也相应改变,于是就得到应用更广的拉格朗日中值定理.

定理 2 (拉格朗日中值定理)如果函数 $y=f(x)$ 满足下列条件:

(1)在闭区间$[a,b]$上连续;

(2)在开区间(a,b)内可导.

则至少存在一点 $\xi\in(a,b)$,使得 $f'(\xi)=\dfrac{f(b)-f(a)}{b-a}$.

拉格朗日中值定理的几何意义是:若连续曲线 $y=f(x)$ 的弧 AB 上除两端点外处处都有不垂直于 x 轴的切线,则在弧 AB 上至少存在一点 ξ,使得曲线在该点处的切线平行于弦 AB

(图2-5).

证明 构造辅助函数 $F(x)$,令

$$F(x)=f(x)-f(a)-\frac{f(b)-f(a)}{b-a}(x-a),$$

易知 $F(a)=0,F(b)=0,F(x)$ 在区间 $[a,b]$ 上连续,在区间 (a,b) 内可导,所以函数 $F(x)$ 满足罗尔中值定理的三个条件,于是存在一点 $\xi\in(a,b)$,使得 $F'(\xi)=0$,即

$$f'(\xi)-\frac{f(b)-f(a)}{b-a}=0.$$

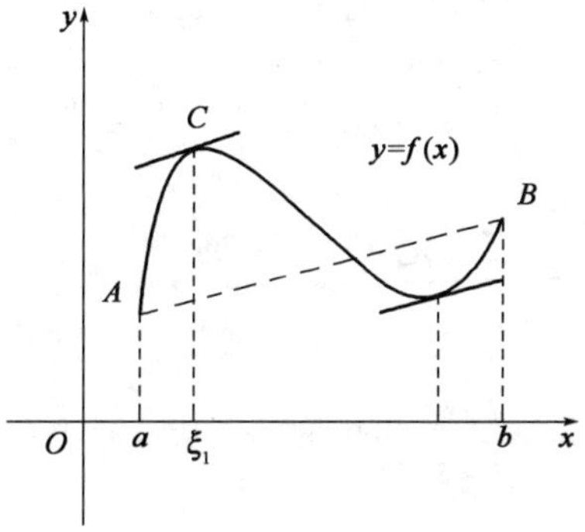

图2-5

在罗尔中值定理中,因为 $f(b)=f(a)$,从图2-4可以看出弦 AB 平行于 x 轴,所以点 C 处的切线也平行于弦 AB,即罗尔中值定理是拉格朗日中值定理的特殊情形.

推论 如果函数 $f(x)$ 在区间 (a,b) 内的导数恒为零,那么 $f(x)$ 在区间 (a,b) 内是一个常数.

定理3 (柯西中值定理)如果函数 $f(x)$ 和 $g(x)$ 满足下列条件:

(1)在闭区间 $[a,b]$ 上连续;

(2)在开区间 (a,b) 内可导且 $g'(x)\neq0$.

则至少存在一点 $\xi\in(a,b)$,使得

$$\frac{f(b)-f(a)}{g(b)-g(a)}=\frac{f'(\xi)}{g'(\xi)}.$$

证明 构造辅助函数 $F(x)$,令

$$F(x)=f(x)-f(a)-\frac{f(b)-f(a)}{g(b)-g(a)}[g(x)-a],$$

易知 $F(a)=0,F(b)=0,F(x)$ 在区间 $[a,b]$ 上连续,在区间 (a,b) 内可导,所以函数 $F(x)$ 满足罗尔中值定理的三个条件,于是存在一点 $\xi\in(a,b)$,使得 $F'(\xi)=0$,即

$$F'(\xi)=f'(\xi)-\frac{f(b)-f(a)}{g(b)-g(a)}g'(\xi)=0,$$

亦即

$$\frac{f(b)-f(a)}{g(b)-g(a)}=\frac{f'(\xi)}{g'(\xi)},$$

不难看出,在柯西中值定理中,当 $g(x)=x$ 时,$g'(x)=1,g(a)=a,g(b)=b$,则上式就是

$$\frac{f(b)-f(a)}{b-a}=f'(\xi),$$

即拉格朗日中值定理是柯西中值定理的特殊情况.

例1 求函数 $f(x)=x^2-4x$ 在区间 $[0,2]$ 上满足拉格朗日中值定理的 ξ 值.

解 因为 $f(x)=x^2-4x$ 在 $[0,2]$ 上连续,在 $(0,2)$ 内可导,满足拉格朗日中值定理,又

$$f(0)=0,\quad f(2)=-4,\quad f'(x)=2x-4,$$

所以 $f'(\xi)=2\xi-4=\dfrac{-4-0}{2-0}=-2$,故 $\xi=1$.

例2 证明:$\arctan x+\operatorname{arccot}x=\dfrac{\pi}{2}$.

证明 因为$(\arctan x+\text{arccot}x)'=\frac{1}{1+x^2}-\frac{1}{1+x^2}=0$，由推论得 $\arctan x+\text{arccot}x=C$，又 $\arctan 1+\text{arccot}1=\frac{\pi}{4}+\frac{\pi}{4}=\frac{\pi}{2}$，所以 $C=\frac{\pi}{2}$，故 $\arctan x+\text{arccot}x=\frac{\pi}{2}$.

二、洛必达法则

如果当 $x\to a$（或 $x\to\infty$）时，函数 $f(x)$ 与 $F(x)$ 都趋近于零或都趋近于无穷大，那么极限 $\lim\limits_{\substack{x\to a\\(x\to\infty)}}\frac{f(x)}{F(x)}$ 可能存在，也可能不存在. 通常把这种极限称为未定式，并分别简记为“$\frac{0}{0}$”或“$\frac{\infty}{\infty}$”. 在学习第一重要极限时讨论过的极限 $\lim\limits_{x\to0}\frac{\sin x}{x}$ 就是未定式“$\frac{0}{0}$”的一个例子.

对于这类极限，即使它存在也不能用“商的极限等于极限的商”这一法则.

下面将根据柯西中值定理来推出求这类极限的一种简便且重要的方法.

着重讨论当 $x\to a$ 时的未定式的情形，关于这种情形有以下定理：

定理 4 设

(1) 当 $x\to a$ 时，函数 $f(x)$ 及 $F(x)$ 都趋近于零；

(2) 在点 a 的某去心邻域内，$f'(x)$ 及 $F'(x)$ 都存在且 $F'(x)\neq0$；

(3) $\lim\limits_{x\to a}\frac{f'(x)}{F'(x)}$ 存在（或为无穷大）.

则 $\lim\limits_{x\to a}\frac{f(x)}{F(x)}=\lim\limits_{x\to a}\frac{f'(x)}{F'(x)}$.

这就是说，当 $\lim\limits_{x\to a}\frac{f'(x)}{F'(x)}$ 存在时，$\lim\limits_{x\to a}\frac{f(x)}{F(x)}$ 也存在且等于 $\lim\limits_{x\to a}\frac{f'(x)}{F'(x)}$；当 $\lim\limits_{x\to a}\frac{f'(x)}{F'(x)}$ 为无穷大时，$\lim\limits_{x\to a}\frac{f(x)}{F(x)}$ 也为无穷大. 这种在一定条件下通过分子、分母分别求导再求极限来确定未定式的值的方法称为洛必达法则.

证明 因为当 $x\to a$ 时 $\frac{f(x)}{F(x)}$ 的极限与 $f(a)$ 及 $F(a)$ 无关，所以可以假定 $f(a)=F(a)=0$，于是由条件(1)、(2)可知，$f(x)$ 及 $F(x)$ 在点 a 的某邻域内是连续的. 设 x 是这个邻域内的一点，则在以 x 及 a 为端点的区间上，柯西中值定理的条件均满足，因此有

$$\frac{f(x)}{F(x)}=\frac{f(x)-f(a)}{F(x)-F(a)}=\frac{f'(\xi)}{F'(\xi)}\quad(\xi\text{ 在 }x\text{ 与 }a\text{ 之间}).$$

令 $x\to a$，并对上式两边求极限，注意到 $x\to a$ 时 $\xi\to a$，再根据条件(3)便得要证明的结论.

如果当 $x\to a$ 时 $\frac{f'(x)}{F'(x)}$ 仍属“$\frac{0}{0}$”型，且这时 $f'(x)$，$F'(x)$ 能满足定理中 $f(x)$，$F(x)$ 所要满足的条件，那么可以继续使用洛必达法则先确定 $\lim\limits_{x\to a}\frac{f'(x)}{F'(x)}$，从而确定 $\lim\limits_{x\to a}\frac{f(x)}{F(x)}$，即

$$\lim_{x\to a}\frac{f(x)}{F(x)}=\lim_{x\to a}\frac{f'(x)}{F'(x)}=\lim_{x\to a}\frac{f''(x)}{F''(x)},$$

且可以以此类推.

例 3 求 $\lim\limits_{x\to0}\frac{e^x-1}{x}$.

解 这是“$\frac{0}{0}$”型未定式且满足定理4的条件,所以

$$\lim_{x\to 0}\frac{e^x-1}{x}=\lim_{x\to 0}\frac{(e^x-1)'}{(x)'}=\lim_{x\to 0}\frac{e^x}{1}=1.$$

例4 求$\lim\limits_{x\to 1}\frac{x^3-3x+2}{x^3-x^2-x+1}$.

解 这是“$\frac{0}{0}$”型未定式,且满足定理4的条件,所以

$$\lim_{x\to 1}\frac{x^3-3x+2}{x^3-x^2-x+1}=\lim_{x\to 1}\frac{3x^2-3}{3x^2-2x-1}=\lim_{x\to 1}\frac{6x}{6x-2}=\frac{6}{6-2}=\frac{3}{2}.$$

注意:在计算$\lim\limits_{x\to 1}\frac{6x}{6x-2}$时不能再使用洛必达法则,因为它不是“$\frac{0}{0}$”型未定式.使用洛必达法则时应当注意这一点,如果解题过程中出现不是未定式,那么就不能应用洛必达法则.

定理5 设

(1)当$x\to\infty$时,函数$f(x)$及$F(x)$都趋近于零;

(2)当$|x|>N$时$f'(x)$与$F'(x)$都存在,且$F'(x)\neq 0$;

(3)$\lim\limits_{x\to\infty}\frac{f'(x)}{F'(x)}$存在(或为无穷大).

则$\lim\limits_{x\to\infty}\frac{f(x)}{F(x)}=\lim\limits_{x\to\infty}\frac{f'(x)}{F'(x)}$.

例5 求$\lim\limits_{x\to+\infty}\frac{\frac{\pi}{2}-\arctan x}{\frac{1}{x}}$.

解 $$\lim_{x\to+\infty}\frac{\frac{\pi}{2}-\arctan x}{\frac{1}{x}}=\lim_{x\to+\infty}\frac{-\frac{1}{1+x^2}}{-\frac{1}{x^2}}=\lim_{x\to+\infty}\frac{x^2}{1+x^2}=1.$$

例6 求$\lim\limits_{x\to+\infty}\frac{\ln x}{x^n}(n>0)$.

解 $$\lim_{x\to+\infty}\frac{\ln x}{x^n}=\lim_{x\to+\infty}\frac{\frac{1}{x}}{nx^{n-1}}=\lim_{x\to+\infty}\frac{1}{nx^n}=0.$$

还有“$0\cdot\infty$”“$\infty-\infty$”“0^0”“1^∞”“∞^0”型未定式,可转化为“$\frac{0}{0}$”或“$\frac{\infty}{\infty}$”型未定式来计算.

例7 求$\lim\limits_{x\to 0^+}x^n\ln x(n>0)$.

解 这是“$0\cdot\infty$”型未定式.因为$x^n\ln x=\frac{\ln x}{\frac{1}{x^n}}$(“$\frac{\infty}{\infty}$”型),应用洛必达法则,得

$$\lim_{x\to 0^+}x^n\ln x=\lim_{x\to 0^+}\frac{(\ln x)'}{\left(\frac{1}{x^n}\right)'}=\lim_{x\to 0^+}\frac{\frac{1}{x}}{-nx^{-n-1}}=\lim_{x\to 0^+}\frac{-x^n}{n}=0.$$

例 8 求$\lim\limits_{x \to \frac{\pi}{2}}(\sec x - \tan x)$.

解 这是"$\infty - \infty$"型未定式,故$\lim\limits_{x \to \frac{\pi}{2}}(\sec x - \tan x) = \lim\limits_{x \to \frac{\pi}{2}}\dfrac{1 - \sin x}{\cos x} = \lim\limits_{x \to \frac{\pi}{2}}\dfrac{-\cos x}{-\sin x} = 0$.

洛必达法则是求未定式的一种有效方法,但最好能与其他求极限的方法结合使用. 例如能化简时应尽可能先化简,可以应用等价无穷小替代或应用重要极限时,应尽可能应用,这样可以使运算简捷.

三、函数的单调性与极值

1. 函数的单调性

在前面的章节中已经知道函数单调性的定义,即对于函数 $y=f(x)$,若对任意 $x \in [a,b]$,$x_1 < x_2$,有 $f(x_1) < f(x_2)$ [或 $f(x_1) > f(x_2)$],则称函数 $y=f(x)$ 在区间 $[a,b]$ 上单调递增(或单调递减). 但是利用单调性定义来判断函数的单调性比较困难,下面将介绍利用导数来判断函数单调性的方法.

如图 2-6 所示,函数 $y=f(x)$ 在区间 (a,b) 内单调递增,它的图像是一条沿 x 轴正向上升的曲线,曲线上各点切线与 x 轴的夹角都是锐角,即切线的斜率 $f'(x) > 0$.

如图 2-7 所示,函数 $y=f(x)$ 在区间 (a,b) 内单调递减,它的图像是一条沿 x 轴正向下降的曲线,曲线上各点切线与 x 轴的夹角都是钝角,即切线的斜率 $f'(x) < 0$.

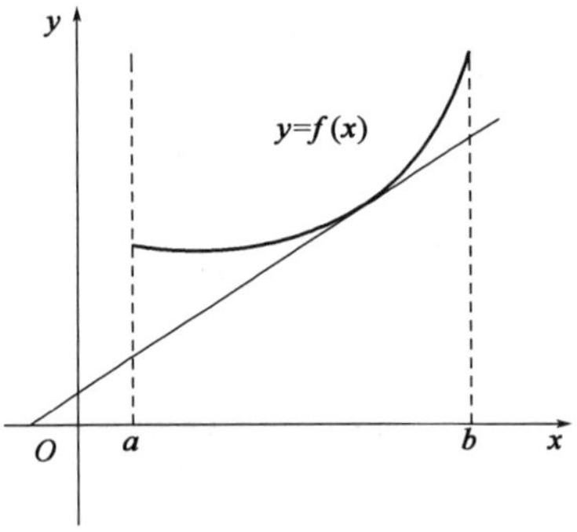

图 2-6

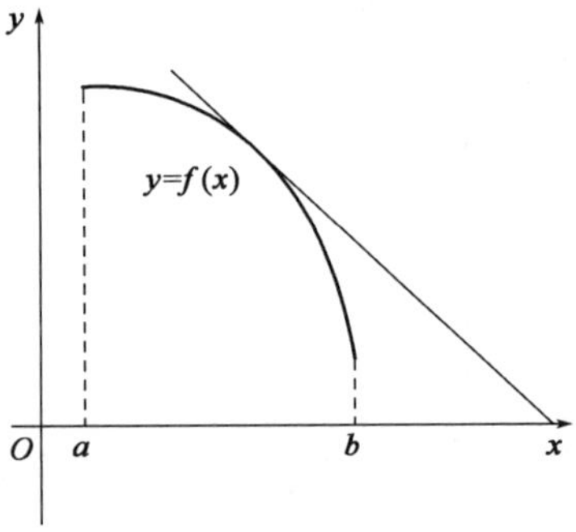

图 2-7

定理 6 设函数 $y=f(x)$ 在 (a,b) 内可导.

(1)若在 (a,b) 内 $f'(x) > 0$,则 $f(x)$ 在 (a,b) 内单调递增;

(2)若在 (a,b) 内 $f'(x) < 0$,则 $f(x)$ 在 (a,b) 内单调递减.

证明 设函数 $y=f(x)$ 在 (a,b) 内 $f'(x) > 0$,任取两点 $x_1, x_2 \in (a,b)$,当 $x_1 < x_2$ 时,由拉格朗日中值定理可知,存在一点 $\xi \in (x_1, x_2)$,使得

$$\frac{f(x_2) - f(x_1)}{x_2 - x_1} = f'(\xi) > 0,$$

所以 $f(x_2) - f(x_1) > 0$,即 $f(x_2) > f(x_1)$,表明函数 $y=f(x)$ 在 (a,b) 内单调递增. 同理可得,$f'(x) < 0$ 时函数 $y=f(x)$ 在 (a,b) 内单调递减.

注意:定理 6 中的区间 (a,b) 换为任意区间,结论也成立.

例 9 讨论函数 $f(x)=e^x-x-1$ 的单调性.

解 该函数的定义域是 $(-\infty,+\infty)$. $f'(x)=e^x-1$，当 $f'(x)=0$ 时，$x=0$.

在 $(0,+\infty)$ 内，$f'(x)>0$，所以 $f(x)$ 在 $(0,+\infty)$ 内单调递增；在 $(-\infty,0)$ 内，$f'(x)<0$，所以 $f(x)$ 在 $(-\infty,0)$ 内单调递减.

例 10 讨论函数 $f(x)=\sqrt[3]{x^2}$ 的单调性.

解 该函数的定义域是 $(-\infty,+\infty)$. $f'(x)=\dfrac{2}{3\sqrt[3]{x}}$，当 $x=0$ 时，$f'(x)$ 不存在.

在 $(0,+\infty)$ 内，$f'(x)>0$，所以 $f(x)$ 在 $(0,+\infty)$ 内单调递增；在 $(-\infty,0)$ 内，$f'(x)<0$，所以 $f(x)$ 在 $(-\infty,0)$ 内单调递减. 函数图像如图 2-8 所示.

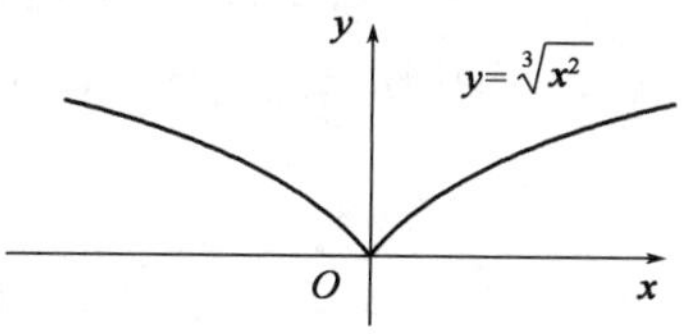

图 2-8

在上述两个例题中可以看出 $f'(x)=0$，$f'(x)$ 不存在的点都有可能成为单调区间的分界点，由此根据定理 6，可以得出求函数单调性的步骤：

(1) 确定函数的定义域；

(2) 求出导数 $f'(x)$；

(3) 求出令 $f'(x)=0$ 或 $f'(x)$ 不存在的点；

(4) 以这些点为分界点划分定义域；

(5) 根据 $f'(x)$ 在各部分定义域的符号（正负号）判定函数单调性.

例 11 讨论函数 $f(x)=x^3-3x^2-9x+1$ 的单调性.

解 该函数的定义域是 $(-\infty,+\infty)$.

$$f'(x)=3x^2-6x-9=3(x^2-2x-3)=3(x-3)(x+1).$$

令 $f'(x)=0$，得 $x_1=-1$，$x_2=3$，无不可导点.

列表如下，表中符号“↗”和“↘”分别表示单调递增和单调递减。

x	$(-\infty,-1)$	$(-1,3)$	$(3,+\infty)$
$f'(x)$	+	−	+
$f(x)$	↗	↘	↗

所以该函数在 $(-\infty,-1)$ 和 $(3,+\infty)$ 内单调递增，在 $(-1,3)$ 内单调递减.

例 12 讨论函数 $f(x)=\sqrt[3]{(2x-x^2)^2}$ 的单调性.

解 该函数的定义域是 $(-\infty,+\infty)$.

$$f'(x)=\frac{2(2-2x)}{3\sqrt[3]{2x-x^2}}=\frac{4(1-x)}{3\sqrt[3]{x(2-x)}}.$$

令 $f'(x)=0$，得 $x=1$. 当 $x=0$ 或 $x=2$ 时，$f'(x)$ 不存在.

列表如下：

x	$(-\infty,0)$	$(0,1)$	$(1,2)$	$(2,+\infty)$
$f'(x)$	−	+	−	+
$f(x)$	↘	↗	↘	↗

所以该函数在(0,1)和(2,+∞)内单调递增,在(-∞,0)和(1,2)内单调递减.

2. 函数的极值

定义1 设函数 $y=f(x)$ 在点 x_0 的某邻域内有定义,如果对于该邻域内的任意点 x,都有

(1) $f(x)<f(x_0)$,那么 $f(x_0)$ 称为 $f(x)$ 的一个极大值,x_0 称为 $f(x)$ 的极大值点;

(2) $f(x)>f(x_0)$,那么 $f(x_0)$ 称为 $f(x)$ 的一个极小值,x_0 称为 $f(x)$ 的极小值点.

极大值和极小值统称为函数的极值,极大值点和极小值点统称为函数的极值点.

如图2-9所示,函数 $y=f(x)$ 的极大值点是 x_2,x_4,x_6,其对应的极大值分别是 $f(x_2),f(x_4),f(x_6)$;极小值点是 x_1,x_3,x_5,x_7,其对应的极小值分别是 $f(x_1),f(x_3),f(x_5),f(x_7)$.

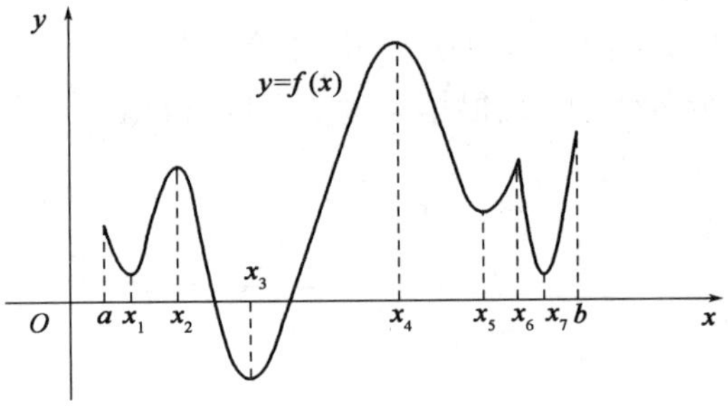

图2-9

定理7 如果 x_0 是函数的极值点,那么 $f'(x_0)=0$ 或 $f'(x_0)$ 不存在.

定义2 使 $f'(x)=0$ 的点 x_0 称为函数 $y=f(x)$ 的驻点.

注意:极值点一定是驻点和不可导点,但是驻点和不可导点不一定是极值点.例如,对于 $f(x)=x^3$ 来说,$x=0$ 虽然是驻点,但并不是极值点.

定理8 (极值判别法1)设函数 $y=f(x)$ 在点 x_0 的某邻域内可导.

(1)如果在 x_0 两侧 $f'(x)$ 的符号"左正右负",那么称 $f(x_0)$ 是 $f(x)$ 的极大值;

(2)如果在 x_0 两侧 $f'(x)$ 的符号"左负右正",那么称 $f(x_0)$ 是 $f(x)$ 的极小值;

(3)如果在 x_0 两侧 $f'(x)$ 的符号相同,那么 $f(x_0)$ 不是 $f(x)$ 的极值.

定理8证明

根据定理8,可以得出求函数极值的步骤:

(1)确定函数的定义域;

(2)求出导数 $f'(x)$;

(3)求出使 $f'(x)=0$ 或 $f'(x)$ 不存在的点;

(4)以这些点为分界点划分定义域;

(5)判断 $f'(x)$ 在各部分定义域的符号(正负号),确定该点是否为极值点,求出各极值点的函数值,得出函数的极值.

例13 求函数 $f(x)=2x^3+3x^2-12x+1$ 的极值.

解 该函数的定义域是(-∞,+∞).

$$f'(x)=6x^2+6x-12=6(x^2+x-2)=6(x+2)(x-1)$$

令 $f'(x)=0$,得驻点 $x_1=-2,x_2=1$,无不可导点.

列表如下:

x	$(-\infty,-2)$	-2	$(-2,1)$	1	$(1,+\infty)$
$f'(x)$	+	0	−	0	+
$f(x)$	↗	极大值 21	↘	极小值 −6	↗

由上表可知,该函数的极大值为$f(-2)=21$,极小值为$f(1)=-6$.

例 14 求函数$f(x)=x-\dfrac{3}{2}x^{\frac{2}{3}}$的极值.

解 该函数的定义域是$(-\infty,+\infty)$.

$f'(x)=1-x^{-\frac{1}{3}}$,令$f'(x)=0$,得驻点$x=1$,当$x=0$时,导数不存在.

列表如下:

x	$(-\infty,0)$	0	$(0,1)$	1	$(1,+\infty)$
$f'(x)$	+	不存在	−	0	+
$f(x)$	↗	极大值 0	↘	极小值 $-\frac{1}{2}$	↗

由上表可知,该函数的极大值为$f(0)=0$,极小值为$f(1)=-\dfrac{1}{2}$.

定理 9 (极值判别法 2)设函数$y=f(x)$在点x_0处具有二阶导数,且$f'(x_0)=0$,$f''(x_0)\neq 0$.

(1)当$f''(x_0)<0$时,$f(x_0)$为$f(x)$的极大值;

(2)当$f''(x_0)>0$时,$f(x_0)$为$f(x)$的极小值.

注意:当$f''(x_0)=0$时,定理 9 失效,可改用定理 8.

例 15 求函数$f(x)=x^3+3x^2-24x-20$的极值.

解 该函数的定义域是$(-\infty,+\infty)$.

$$f'(x)=3x^2+6x-24=3(x^2+2x-8)=3(x+4)(x-2)$$

令$f'(x)=0$,得驻点$x_1=-4$,$x_2=2$,无一阶导数不存在的点.

$f''(x)=6x+6$,因为$f''(-4)=-18<0$,所以有极大值$f(-4)=60$.

因为$f''(2)=18>0$,所以有极小值$f(2)=-48$.

例 16 求函数$f(x)=(x^2-1)^3+1$的极值.

解 该函数的定义域是$(-\infty,+\infty)$.

$f'(x)=6x(x^2-1)^2$,令$f'(x)=0$,得驻点$x_1=-1$,$x_2=0$,$x_3=1$,无不可导点.

$$f''(x)=6(x^2-1)(5x^2-1)$$

因为$f''(0)>0$,所以有极小值$f(0)=0$.

因为$f''(-1)=f''(1)=0$,定理 9 失效,所以用定理 8 列表如下:

x	$(-\infty,-1)$	-1	$(-1,0)$	0	$(0,1)$	1	$(1,+\infty)$
$f'(x)$	−	0	−	0	+	0	+
$f(x)$	↘		↘	极小值 0	↗		↗

由上表可知,该函数的极小值为$f(0)=0$,无极大值.

四、函数的最值

在生产实践和科学实验所遇到的“最短”“最高”“最低”“最大”“最小”等问题都可归结为数学的最值问题. 函数的最大值和最小值统称为函数的最值.

设函数 $f(x)$ 在闭区间 $[a,b]$ 上连续,根据闭区间连续函数的性质,函数 $f(x)$ 必在闭区间 $[a,b]$ 上某点 x_0 处取到最小值(最大值). 使函数取得最值的点 x_0,一定包含在下列各点中:

(1)区间的端点,即 $x_0=a,x_0=b$;

(2)在开区间 (a,b) 内,使 $f'(x)=0$ 的点,即驻点;

(3)在开区间 (a,b) 内,使 $f'(x)$ 不存在的点,即不可导点.

因此,求可导函数的最值就归结为求可导函数在驻点、不可导点及区间端点函数值中的最值.

例 17 求 $f(x)=x^5-5x^4+5x^3+1$ 在区间 $[0,2]$ 上的最值.

解 $f'(x)=5x^4-20x^3+15x^2=5x^2(x^2-4x+3)=5x^2(x-1)(x-3)$.

令 $f'(x)=0$,得驻点 $x_1=1,x_2=3$(舍去),没有 $f'(x)$ 不存在的点.

因为 $f(0)=1,f(1)=2,f(2)=-7$,所以 $f(x)$ 在 $[0,2]$ 上的最大值是 $f(1)=2$,最小值是 $f(2)=-7$.

例 18 将一块尺寸为 48×70 的矩形铁皮四角剪去小正方形后折成一个无盖长方体铁盒,求铁盒的最大容积.

解 设剪去的小正方形的边长为 x,则铁盒的容积为

$$V(x)=x(48-2x)(70-2x)=4x(24-x)(35-x)\quad(0<x<24),$$

$$V'(x)=4[(24-x)(35-x)-x(35-x)-x(24-x)]=4(3x-28)(x-30).$$

令 $V'(x)=0$,得驻点 $x_1=\frac{28}{3},x_2=30$(舍去). 因为

$$V''(x)=8(3x-59),\quad V''\left(\frac{28}{3}\right)=8(28-59)=-248<0,$$

所以 $x=\frac{28}{3}$ 是 $V(x)$ 在 $(0,24)$ 内唯一驻点且是极大值点,必是 $V(x)$ 在 $(0,24)$ 内的最大值点. 因此,当小正方形的边长为 $\frac{28}{3}$ 时,铁盒的容积最大,最大值为 $14053\frac{25}{27}$.

五、曲线的凹凸性与拐点

前面已经介绍了利用一阶导数的符号判断函数图像是上升还是下降,但是如图 2-10 所示,曲线 AC 和曲线 CB 虽然都是上升,弯曲的方向却不同.

定义 3 在区间 (a,b) 内任意作曲线 $y=f(x)$ 的切线,若曲线总是在切线的上方,则称曲线在区间 (a,b) 内是凹的;若曲线总是在切线的下方,则称曲线在区间 (a,b) 内是凸的. 曲线凹、凸的分界点称为拐点.

在图 2-10 中,点 C 为拐点.

注意：拐点是曲线上的点，必须用坐标点表示，即$C(x_0,f(x_0))$.

定理 10 （曲线凹凸性判别定理）设函数$y=f(x)$在(a,b)内具有二阶导数.

(1)若在(a,b)内$f''(x)>0$，则$f(x)$在(a,b)内是凹的；

(2)若在(a,b)内$f''(x)<0$，则$f(x)$在(a,b)内是凸的.

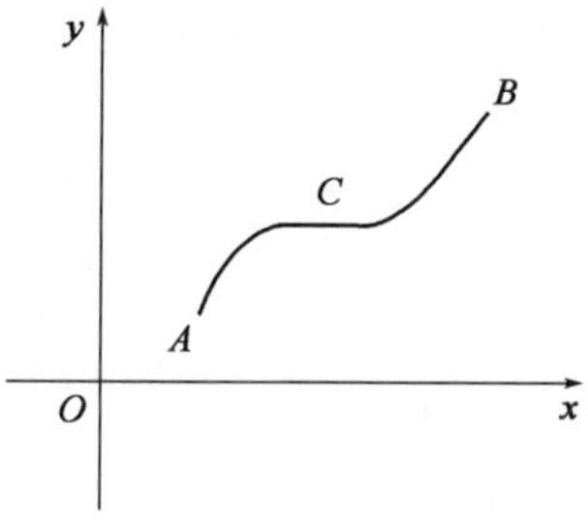

图 2-10

定理 10 证明

求曲线凹凸性和拐点的步骤：

(1)确定函数的定义域；

(2)求函数的二阶导数$f''(x)$；

(3)求出使$f''(x)=0$或$f''(x)$不存在的点；

(4)以这些点为分界点划分定义域；

(5)判断$f''(x)$在各部分定义域的符号（正负号），确定曲线的凹凸性，再根据相邻区间的凹凸性确定拐点.

例 19 求曲线$y=3x^4-4x^3+2$的凹凸区间.

解 该函数的定义域是$(-\infty,+\infty)$.

$$y'=12x^3-12x^2,\quad y''=36x^2-24x=12x(3x-2).$$

令$y''=0$，得$x_1=0,x_2=\frac{2}{3}$，无y''不存在的点.

列表如下，表中“∪”表示曲线是凹的，“∩”表示曲线是凸的.

x	$(-\infty,0)$	$\left(0,\frac{2}{3}\right)$	$\left(\frac{2}{3},+\infty\right)$
y''	+	−	+
y	∪	∩	∪

由上表可知，该曲线在$(-\infty,0)$和$\left(\frac{2}{3},+\infty\right)$内是凹的，在$\left(0,\frac{2}{3}\right)$内是凸的.

例 20 求曲线$y=(x-1)^{\frac{1}{3}}+\frac{1}{9}x^2$的拐点.

解 该函数的定义域是$(-\infty,+\infty)$，

$$y'=\frac{1}{3}(x-1)^{-\frac{2}{3}}+\frac{2}{9}x,\quad y''=-\frac{2}{9}(x-1)^{-\frac{5}{3}}+\frac{2}{9}.$$

令$y''=0$，得$x=2$；当$x=1$时，y''不存在.

列表如下：

x	$(-\infty,1)$	1	$(1,2)$	2	$(2,+\infty)$
y''	+	不存在	−	0	+
y	∪	$\frac{1}{9}$	∩	$\frac{13}{9}$	∪

由上表可知，曲线的拐点是$\left(1,\frac{1}{9}\right)$和$\left(2,\frac{13}{9}\right)$.

习题 2-5

1. 下列函数在给定区间上是否满足拉格朗日中值定理的条件？如果满足，求出定理中的 ξ 值.

(1) $f(x)=4x^3-5x^2+x-2, x\in[0,1]$；

(2) $f(x)=\ln x, x\in[1,2]$.

2. 验证函数 $f(x)=\cos 2x$ 在区间 $\left[-\frac{\pi}{6},\frac{\pi}{6}\right]$ 上满足罗尔中值定理，并求出 ξ 值.

3. 下列函数在给定区间上是否满足罗尔中值定理的条件？如果满足，求出定理中的 ξ 值.

(1) $f(x)=\dfrac{1}{1+x^2}, x\in[-2,2]$；

(2) $f(x)=\sqrt{x}, x\in[0,4]$.

4. 验证函数 $f(x)=\ln(\sin x)$ 在区间 $\left[\frac{\pi}{6},\frac{5\pi}{6}\right]$ 上满足罗尔中值定理，并求出 ξ 值.

5. 证明恒等式：

(1) $\arcsin x+\arccos x=\dfrac{\pi}{2}, x\in[-1,1]$；

(2) $3\arccos x-\arccos(3x-4x^3)=\pi, x\in\left[-\frac{1}{2},\frac{1}{2}\right]$.

6. 用洛必达法则求下列极限：

(1) $\lim\limits_{x\to 0}\dfrac{\ln(1+x)}{x}$；　(2) $\lim\limits_{x\to 0}\dfrac{e^x-e^{-x}}{\sin x}$；　(3) $\lim\limits_{x\to \pi}\dfrac{\sin 3x}{\tan 5x}$；

(4) $\lim\limits_{x\to 0}\dfrac{e^x-e^{-x}}{\sin x}$；　(5) $\lim\limits_{x\to \frac{\pi}{2}}\dfrac{\ln(\sin x)}{(\pi-2x)^2}$；　(6) $\lim\limits_{x\to +\infty}\dfrac{\ln x}{x+2\sqrt{x}}$.

7. 求下列极限：

(1) $\lim\limits_{x\to \infty}\dfrac{x-\sin x}{x+\sin x}$；　(2) $\lim\limits_{x\to +\infty}\dfrac{e^x-e^{-x}}{e^x+e^{-x}}$；　(3) $\lim\limits_{x\to 0^+}x^{\tan x}$.

8. 设 $f(x)=(e^{3x}-5x)^{\frac{1}{x}}$，求 $\lim\limits_{x\to\infty}f(x)$，$\lim\limits_{x\to 0}f(x)$.

9. 求下列函数的单调区间：

(1) $y=2x^3-6x^2-18x+5$；　(2) $y=x-e^x$；

(3) $y=2x^2-\ln x$；　(4) $y=x^4-2x^2-5$；

(5) $y=x^2-\ln x^2$；　(6) $y=2x+\dfrac{8}{x}(x>0)$；

(7) $y=\arctan x-x$.

10. 求下列函数的极值：

(1) $y=x^3-3x^2+7$；　(2) $y=xe^{-x}$；

(3) $y=\dfrac{x^2}{x^4+4}$；　(4) $y=2x^3-3x^2-12x+14$.

11. 求下列函数在给定区间上的最值：

(1) $y=2x^3-3x^2, x\in[-1,4]$；　　(2) $y=x+\cos x, x\in[0,2\pi]$；

(3) $y=x+\frac{1}{x}, x\in[0.01,100]$；　　(4) $y=\ln(x^2+1), x\in[-1,2]$.

12. 求下列曲线的凹凸区间和拐点：

(1) $y=x^3-3x^2$；　　(2) $y=x^4+2x^2-5$；　　(3) $y=(x-2)^{\frac{5}{3}}$；

(4) $y=x^2+\frac{1}{x}$；　　(5) $y=3x^4-4x^3+1$.

第六节　函数图像的描绘

利用一阶导数的符号，可以确定函数单调性和极值点；利用二阶导数的符号，可以确定函数图像的弯曲方向和拐点；利用曲线的渐近线，可以确定曲线在无限延伸时的变化趋势. 知道了这些就能掌握函数的形态，也能较准确地画出函数的图像.

一、曲线的渐近线

定义 1　如果曲线上的一点沿着曲线趋近于无穷远处，该点与某条直线的距离趋近于零，则称该直线为曲线的渐近线.

曲线的渐近线分为水平渐近线、垂直渐近线和斜渐近线.

定义 2　设曲线 $y=f(x)$，如果 $\lim\limits_{x\to\infty}f(x)=c$，那么称直线 $y=c$ 为曲线 $y=f(x)$ 的水平渐近线.

例 1　求曲线 $y=\arctan x$ 的水平渐近线.

解　因 $\lim\limits_{x\to-\infty}\arctan x=-\frac{\pi}{2}$，$\lim\limits_{x\to+\infty}\arctan x=\frac{\pi}{2}$，故直线 $y=-\frac{\pi}{2}$，$y=\frac{\pi}{2}$ 都是该曲线的水平渐近线，如图 2-11 所示.

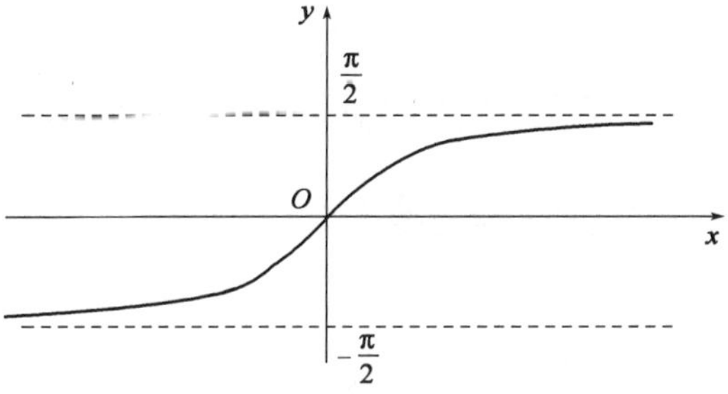

图 2-11

定义 3　如果曲线 $y=f(x)$ 在点 x_0 处间断，且 $\lim\limits_{x\to x_0}f(x)=\infty$，那么称直线 $x=x_0$ 为曲线 $y=f(x)$ 的垂直渐近线.

例 2　求曲线 $y=\dfrac{1}{x-2}$ 的垂直渐近线.

解　因 $\lim\limits_{x\to 2}\dfrac{1}{x-2}=\infty$，故直线 $x=2$ 是该曲线的垂直渐近线，如图 2-12 所示.

定义 4　如果曲线 $y=f(x)$ 的定义域是无限区域，且

$$\lim_{x\to\infty}\frac{f(x)}{x}=a(a\neq 0),\quad \lim_{x\to\infty}[f(x)-ax]=b,$$

那么称直线 $y=ax+b$ 为曲线 $y=f(x)$ 的斜渐近线，如图 2-13 所示.

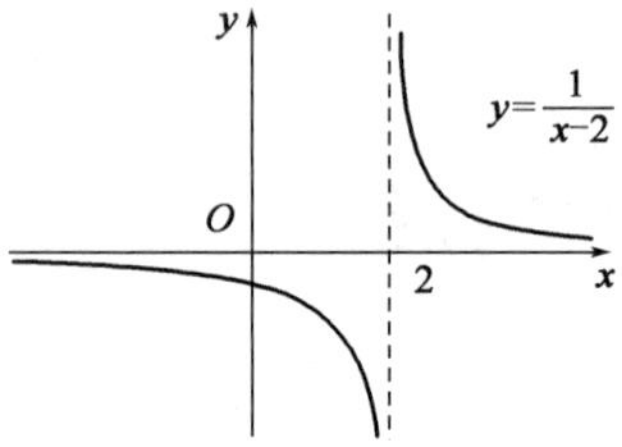

图 2-12

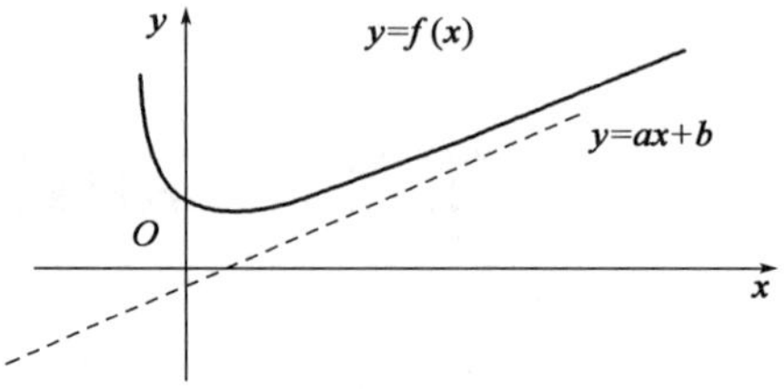

图 2-13

例 3　求曲线 $y=\dfrac{x^3}{x^2+2x-3}$ 的斜渐近线.

解　因 $\lim\limits_{x\to\infty}\dfrac{f(x)}{x}=\lim\limits_{x\to\infty}\dfrac{x^2}{x^2+2x-3}=1$，故 $a=1$.

又 $\lim\limits_{x\to\infty}[f(x)-ax]=\lim\limits_{x\to\infty}\left(\dfrac{x^3}{x^2+2x-3}-x\right)=-2$，故 $b=-2$.

所以直线 $y=x-2$ 为曲线 $y=\dfrac{x^3}{x^2+2x-3}$ 的斜渐近线.

例 4　求曲线 $y=\dfrac{x^2}{x+1}$ 的渐近线.

解　因 $\lim\limits_{x\to -1}\dfrac{x^2}{x+1}=\infty$，故直线 $x=-1$ 是曲线 $y=\dfrac{x^2}{x+1}$ 的垂直渐近线.

又

$$a=\lim_{x\to\infty}\frac{f(x)}{x}=\lim_{x\to\infty}\frac{x}{x+1}=1,$$

$$b=\lim_{x\to\infty}[f(x)-ax]=\lim_{x\to\infty}\left(\frac{x^2}{x+1}-x\right)=\lim_{x\to\infty}\frac{-x}{x+1}=-1,$$

所以直线 $y=x-1$ 为曲线 $y=\dfrac{x^2}{x+1}$ 的斜渐近线.

二、函数图像的描绘步骤

描绘函数 $y=f(x)$ 的图像的一般步骤如下：

（1）确定函数 $f(x)$ 的定义域，求出函数的一阶导数 $f'(x)$ 和二阶导数 $f''(x)$；

（2）求出一阶导数 $f'(x)$ 和二阶导数 $f''(x)$ 等于零的点和不存在的点，用这些点把函数定义域划分成若干个区间；

(3)确定在这些区间内$f'(x)$和$f''(x)$的符号，并由此确定函数的单调性和凹凸性、极值点和拐点；

(4)确定函数图像的水平渐近线、垂直渐近线、斜渐近线以及其他变化趋势；

(5)根据以上结论在坐标系中描出相应的点，适当补充一些辅助作图点(如与坐标轴的交点和曲线的端点等)，然后用平滑曲线连接各点画出函数的图像.

例 5 描绘函数$y=\frac{2x-1}{(x-1)^2}$的图像.

解 (1)函数定义域为$(-\infty,1)\cup(1,+\infty)$.

(2)$y'=\frac{2x}{(x-1)^3}$，$y''=\frac{4x+2}{(x-1)^4}$.

令$y'=0$，得驻点$x_1=0$；令$y''=0$，得$x_2=-\frac{1}{2}$；当$x_3=1$时，y'和y''不存在.

(3)列表如下：

x	$\left(-\infty,-\frac{1}{2}\right)$	$-\frac{1}{2}$	$\left(-\frac{1}{2},0\right)$	0	$(0,1)$	$(1,+\infty)$
y'	$-$	$-$	$-$	0	$+$	$-$
y''	$-$	0	$+$	$+$	$+$	$+$
y	↘∩	$-\frac{8}{9}$	↘∪	-1	↗∪	↘∪

(4)因$\lim\limits_{x\to\infty}\frac{2x-1}{(x-1)^2}=0$，故曲线有水平渐近线$y=0$.

又$\lim\limits_{x\to1}\frac{2x-1}{(x-1)^2}=\infty$，故曲线有垂直渐近线$x=1$.

(5)拐点：$\left(-\frac{1}{2},-\frac{8}{9}\right)$；极小值点：$(0,-1)$；辅助点：$\left(\frac{1}{2},0\right)$，$(2,3)$.

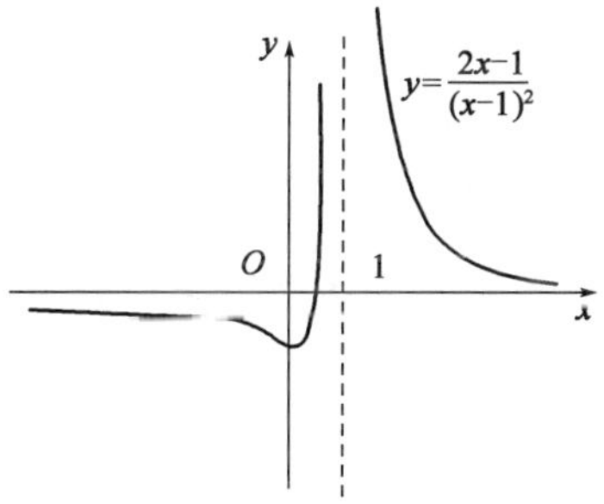

图 2-14

综上所述，描点作出函数图像，如图 2-14 所示.

习题 2-6

1. 求下列曲线的渐近线：

(1)$y=\frac{1}{x^2-4x-5}$； (2)$y=x^2+\frac{1}{x}$； (3)$y=e^{\frac{1}{x}}-1$.

2. 画出下列函数的图像：

(1)$y=x+e^{-x}$； (2)$y=3x-x^3$；

(3)$y=\frac{1}{1+x^2}$； (4)$y=\ln(x^2-1)$.

第七节　微分及其应用

一、微分

1. 微分的概念

设有一个边长为 x_0 的正方形金属薄片,受热后它的边长伸长了 Δx,问其面积增加了多少?

正方形的面积 S 与边长 x 的函数关系为 $S=x^2$.

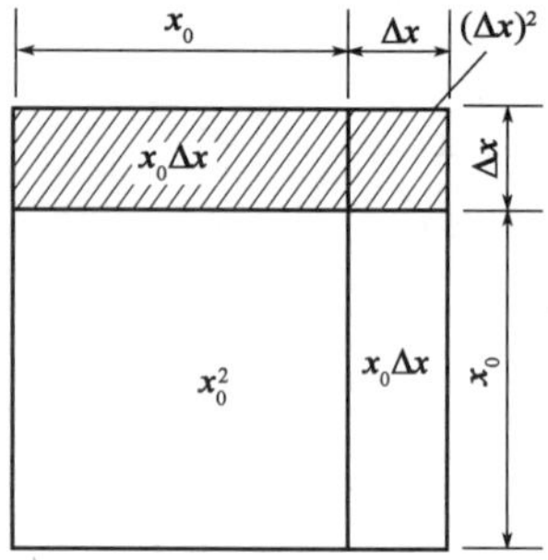

图 2-15

如图 2-15 所示,正方形金属片受热后,它的边长由 x_0 伸长到 $x_0+\Delta x$,这时面积 S 的相应改变量为

$$\Delta S=(x_0+\Delta x)^2-x_0{}^2=2x_0\Delta x+(\Delta x)^2.$$

从上式可以看出,ΔS 由两部分构成,第一部分 $2x_0\Delta x$ 是 Δx 的线性函数,第二部分$(\Delta x)^2$ 是 $\Delta x\to 0$ 时比 Δx 高阶的无穷小,即$(\Delta x)^2=o(\Delta x)$. 当 Δx 很小时,第二部分的值比第一部分的值小得多,可以忽略不计,因此面积的改变量 ΔS 可用第一部分 $2x_0\Delta x$ 来近似代替,即

$$\Delta S\approx 2x_0\Delta x,$$

其中 $2x_0\Delta x$ 称为 ΔS 的线性主部.

因$S'|_{x=x_0}=2x_0=S'(x_0)$,故上式可写为

$$\Delta S\approx 2x_0\Delta x\approx S'(x_0)\Delta x.$$

$S'(x_0)\Delta x$ 称为函数 $S=x^2$ 在点 x_0 处的微分.

定义　设函数 $y=f(x)$在点 x_0 及其附近有定义,自变量 x 在点 x_0 附近有增量 Δx,如果相应的函数增量

$$\Delta y=f(x_0+\Delta x)-f(x_0)$$

可表示为

$$\Delta y=A\Delta x+o(\Delta x),$$

其中 A 是不依赖于 Δx 的常数,那么称函数 $y=f(x)$在点 x_0 处是可微的,称 $A\cdot\Delta x$ 为 $y=f(x)$在点 x_0 处的微分,记为$\mathrm{d}y|_{x=x_0}$,即$\mathrm{d}y|_{x=x_0}=A\Delta x$.

定理　函数 $y=f(x)$在点 x_0 处可微的充分必要条件是其在点 x_0 处可导,且 $A=f'(x_0)$.

函数 $y=f(x)$在任意一点 x 的微分,记作 $\mathrm{d}y$,即 $\mathrm{d}y=f'(x)\Delta x$. 由于函数 $y=x$ 的微分 $\mathrm{d}y=\mathrm{d}x=(x)'\cdot\Delta x=1\cdot\Delta x=\Delta x$,于是函数 $y=f(x)$在任意一点的微分又可写成

$$\mathrm{d}y=f'(x)\mathrm{d}x.$$

由此可得$f'(x)=\dfrac{\mathrm{d}y}{\mathrm{d}x}$,即函数 $y=f(x)$的导数$f'(x)$等于函数的微分 $\mathrm{d}y$ 与自变量的微分 $\mathrm{d}x$ 之商,因此导数又被称为微商.

例 1　求函数 $y=x^2$ 当 $x=2,\Delta x=0.01$ 时的增量和微分.

解 $\Delta y=(x+\Delta x)^2-x^2=2x\cdot\Delta x+(\Delta x)^2$，$dy=(x^2)'\cdot\Delta x=2x\cdot\Delta x$.

当 $x=2$，$\Delta x=0.01$ 时，有

$$\Delta y=2\times2\times0.01+0.01^2=0.0401,$$
$$dy=2\times2\times0.01=0.04.$$

2. 微分的几何意义

如图 2-16 所示，在曲线 $y=f(x)$ 上取一定点 $M(x_0,f(x_0))$，当自变量 x 在点 x_0 处有增量 Δx 时，可知 $N(x_0+\Delta x,f(x_0+\Delta x))$，$MQ=\Delta x=dx$.

过点 M 作曲线的切线 MT，倾斜角为 α，则

$$QP=MQ\cdot\tan\alpha=dx\cdot f'(x_0)=dy,$$

即 $dy=QP$.

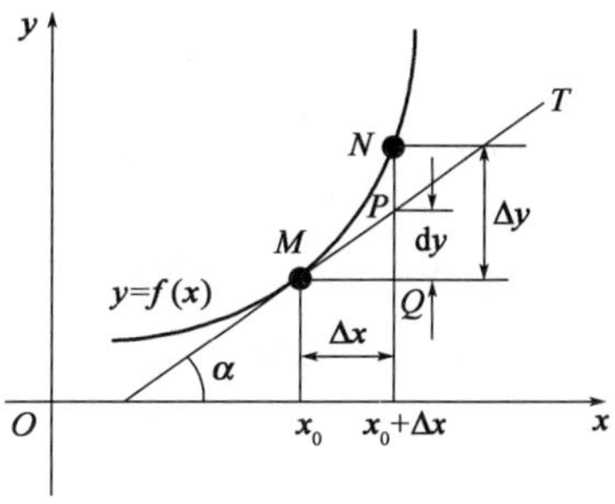

图 2-16

由此可见微分的几何意义：函数 $y=f(x)$ 在点 x_0 处的微分 $dy=f'(x_0)dx$ 就是曲线 $y=f(x)$ 在点 $M(x_0,f(x_0))$ 处切线 MT 的纵坐标的增量 QP.

当 $|\Delta x|$ 很小时，$PN=|\Delta y-dy|$ 比 $|\Delta x|$ 小得多，所以，在点 M 附近，可以用切线段 MP 近似代替曲线段 MN，即"以直代曲".

3. 微分的基本公式和运算法则

根据 $dy=f'(x)dx$，可以得到以下微分基本公式和四则运算法则.

1）微分基本公式

(1) $d(C)=0$（C 为常数）；

(2) $d(x^a)=ax^{a-1}dx$；

(3) $d(a^x)=a^x\ln a\,dx$；

(4) $d(e^x)=e^x dx$；

(5) $d(\log_a x)=\dfrac{1}{x\ln a}dx$；

(6) $d(\ln x)=\dfrac{1}{x}dx$；

(7) $d(\sin x)=\cos x\,dx$；

(8) $d(\cos x)=-\sin x\,dx$；

(9) $d(\tan x)=\sec^2 x\,dx$；

(10) $d(\cot x)=-\csc^2 x\,dx$；

(11) $d(\sec x)=\sec x\tan x\,dx$；

(12) $d(\csc x)=-\csc x\cot x\,dx$；

(13) $d(\arcsin x)=\dfrac{1}{\sqrt{1-x^2}}dx$；

(14) $d(\arccos x)=-\dfrac{1}{\sqrt{1-x^2}}dx$；

(15) $d(\arctan x)=\dfrac{1}{1+x^2}dx$；

(16) $d(\text{arccot}\,x)=-\dfrac{1}{1+x^2}dx$.

2）微分的四则运算法则

设 $u=u(x)$，$v=v(x)$，则

(1) $d(u\pm v)=du\pm dv$；

(2) $d(uv)=vdu+udv$，特别地，$d(Cu)=Cdu$（C 为任意常数）；

(3) $d\left(\dfrac{u}{v}\right)=\dfrac{vdu-udv}{v^2}$ $(v\neq0)$.

3）复合函数的微分

若 $y=f(u)$，$u=g(x)$ 都可导，则复合函数 $y=f[g(x)]$ 的微分为

$$dy=f'[g(x)]g'(x)dx.$$

由于 $du=g'(x)dx$，所以上式可写为

$$dy=f'(u)du.$$

由此可见，上式与 $y=f(x)$ 的微分 $dy=f'(x)dx$ 形式相同，无论 u 是自变量还是中间变量，函数 $y=f(u)$ 的微分形式 $dy=f'(u)du$ 保持不变，这一性质称为一阶微分形式的不变性.

例 2 求 $y=x^2\arctan x$ 的微分.

解 $dy=d(x^2\arctan x)=\arctan x\,d(x^2)+x^2d(\arctan x)$

$$=\left(2x\arctan x+\frac{x^2}{1+x^2}\right)dx.$$

例 3 求 $y=\ln(\sin 3x)$ 的微分.

解 $dy=d[\ln(\sin 3x)]=\dfrac{1}{\sin 3x}d(\sin 3x)=\dfrac{1}{\sin 3x}\cdot\cos 3x\cdot d(3x)=3\cot 3x\,dx.$

例 4 在下列括号内填入适当的函数，使等式成立.

(1) $d(\quad)=2x^2dx$； (2) $d(\quad)=\cos 2x\,dx$.

解 (1) 因 $d\left(\dfrac{1}{3}x^3\right)=x^2dx$，故 $2x^2dx=2d\left(\dfrac{1}{3}x^3\right)=d\left(2\cdot\dfrac{1}{3}x^3\right)$，即 $d\left(\dfrac{2}{3}x^3\right)=2x^2dx$.

又 $d(C)=0$，故 $d\left(\dfrac{2}{3}x^3+C\right)=2x^2dx$（$C$ 为任意常数）.

(2) 因 $d(\sin 2x)=2\cos 2x\,dx$，故 $\cos 2x\,dx=\dfrac{1}{2}d\left(\sin 2x\right)=d\left(\dfrac{1}{2}\sin 2x\right)$，即$d\left(\dfrac{1}{2}\sin 2x\right)=\cos 2x\,dx$.

又 $d(C)=0$，故 $d\left(\dfrac{1}{2}\sin 2x+C\right)=\cos 2x\,dx$（$C$ 为任意常数）.

二、微分在近似计算中的应用

由微分的定义和几何意义可知，当 $|\Delta x|$ 很小时，函数 $y=f(x)$ 在点 x_0 处的改变量 Δy 可用微分 dy 来代替，即 $\Delta y\approx dy$，于是可以得到微分近似计算函数增量和函数值的公式：

$$\Delta y\approx f'(x_0)\Delta x, \tag{2-13}$$

$$f(x_0+\Delta x)\approx f(x_0)+f'(x_0)\Delta x. \tag{2-14}$$

特别地，令 $x=x_0+\Delta x$，$x_0=0$，可得

$$f(x)\approx f(0)+f'(0)x \quad (|x|\text{很小时}).$$

由上式可推导出以下常用的近似公式（当 $|x|$ 很小时）：

(1) $e^x\approx 1+x$； (2) $\ln(1+x)\approx x$；

(3) $(1+x)^\alpha\approx 1+\alpha x$； (4) $\sin x\approx x$（x 以弧度为单位）；

(5) $\tan x\approx x$（x 以弧度为单位）.

例 5 有一批半径为 1cm 的球，为了提高球面的光洁度，要镀上一层铜，厚度为 0.01cm，估计一下每个球需用铜多少克.（铜的密度是 $8.9g/cm^3$）

解 每个球需用铜的质量 = 镀铜的体积 × 铜的密度.

因为镀铜的体积等于两个球体的体积之差，所以它就是球体体积 $V=\dfrac{4}{3}\pi R^3$ 当 $R_0=1$，$\Delta R=$

0. 01 时的增量 ΔV.

$$\Delta V \approx V'(R_0)\Delta R = 4\pi R_0^{\ 2}\Delta R \approx 4\times 3.14\times 1^2\times 0.01 \approx 0.13(\mathrm{cm}^3).$$

故每个球需用铜的质量为

$$0.13\times 8.9 \approx 1.16(\mathrm{g}).$$

例 6 计算 $\sin 31°$的近似值.

解 将31°化为弧度制:$31° = \frac{\pi}{6}+\frac{\pi}{180}$.

设 $f(x) = \sin x$,求导得 $f'(x) = \cos x$,取 $x_0 = \frac{\pi}{6}$,$\Delta x = \frac{\pi}{180}$,由公式(2-14),得

$$\sin 31° = \sin\left(\frac{\pi}{6}+\frac{\pi}{180}\right) \approx \sin\frac{\pi}{6} + \cos\frac{\pi}{6}\cdot\frac{\pi}{180}$$

$$= \frac{1}{2}+\frac{\sqrt{3}}{2}\cdot\frac{\pi}{180} \approx 0.5 + 0.0151 = 0.5151.$$

例 7 计算 $\sqrt[4]{1.02}$的近似值.

解 由近似公式 $(1+x)^\alpha \approx 1+\alpha x$,得

$$\sqrt[4]{1.02} = \sqrt[4]{1+0.02} = (1+0.02)^{\frac{1}{4}} \approx 1+\frac{1}{4}\times 0.02 = 1.005.$$

习题 2-7

1. 已知函数 $y = x^2 - x$,求当 $x = 2$,$\Delta x = 0.01$ 时的 Δy 和 $\mathrm{d}y$.

2. 求下列函数的微分:

(1) $y = \frac{1}{x} + 2\sqrt{x} - \ln 3$; (2) $y = x^2\sin 3x$;

(3) $y = 2\sin(1+3x)$; (4) $y = \ln^2(1-x)$.

3. 求下列各式的近似值:

(1) $\mathrm{e}^{0.002}$; (2) $\tan 46°$;

(3) $\ln 0.997$; (4) $\sqrt[3]{998}$.

4. 将适当的函数填入下列括号内,使等式成立.

(1) $\mathrm{d}(\quad) = 5\mathrm{d}x$; (2) $\mathrm{d}(\quad) = 3x\mathrm{d}x$;

(3) $\mathrm{d}(\quad) = \frac{1}{x}\mathrm{d}x$; (4) $\mathrm{d}(\quad) = \mathrm{e}^{2x}\mathrm{d}x$;

(5) $\mathrm{d}[\ln(2x+3)] = (\quad)\mathrm{d}(2x+3)$; (6) $\mathrm{d}(\cos^2 x) = (\quad)\mathrm{d}(\cos x)$.

5. 已知单摆的振动周期 $T = 2\pi\sqrt{\frac{l}{g}}$,其中 l 为摆长,$g = 9.8\mathrm{m/s^2}$,如果原摆长为 20cm,为使周期 T 增大 0.05s,摆长大约需增加多少?

总习题二

一、基础题

(一)判断题

1. 左导数与右导数统称为单侧导数. ( )
2. 若$f(x)$在点x_0处的左、右导数都存在,则$f(x)$在点x_0处的导数存在. ( )
3. 若函数$y=f(x)$在点x_0处可导,则它在点x_0处连续. ( )
4. 用洛必达法则求得$\lim\limits_{x\to\infty}\frac{x+\sin x}{x}=\lim\limits_{x\to\infty}(1+\cos x)$,因此$\lim\limits_{x\to\infty}\frac{x+\sin x}{x}$不存在. ( )
5. 函数$y=xe^{\sqrt{1-x}}$在区间$[-1,0]$上满足拉格朗日中值定理的条件. ( )
6. 设函数$y=f(x)$,若$f'(x_0)=0$,则$x=x_0$必是$y=f(x)$的极值点. ( )
7. 曲线$y=x^5-5x^3$有2个驻点. ( )

(二)填空题

1. 设$y=f(x)$在点x_0处可导,则$\lim\limits_{h\to0}\frac{f(x_0+h)-(x_0-h)}{h}=$________.

2. 设$f(x)=\begin{cases}e^x, & x\geqslant0,\\ x^k+1, & x<0\end{cases}$在点$x=0$处可导,则$k=$________.

3. 设$y=x+\frac{1}{x}$,则$y''=$________.

4. $y=2x^2+ax+3$在点$x=1$处取得极小值,则$a=$________.

5. 曲线$y=ax^3+3x^2$在点$x=1$处是拐点,则$a=$________.

6. 设函数$y=\sqrt{1+x}$在点$x=0$处的改变量$\Delta x=0.02$,则$dy=$________.

(三)单项选择题

1. 函数$f(x)$在点x_0处可导,且$f'(x_0)=2$,则$\lim\limits_{x\to0}\frac{f(x_0+2h)-f(x_0)}{h}=$( ).

A. 0　　B. 1　　C. 2　　D. 4

2. 函数$f(x)$在点x_0处可导是$f(x)$在点x_0处连续的( )条件.

A. 充分不必要　　B. 必要不充分　　C. 充分必要　　D. 不充分且不必要

3. 设函数$f(x)$在区间$[-1,1]$上连续,若当$x\in(-1,0)$时$f'(x)<0$,当$x\in(0,1)$时$f'(x)>0$,则在区间$(-1,1)$内( ).

A. $f(0)$是函数$f(x)$的极小值　　B. $f(0)$是函数$f(x)$的极大值

C. $f(0)$不是函数$f(x)$的极值　　D. $f(0)$是函数$f(x)$的拐点

4. 若$f'(x_0)=0$,$f''(x_0)>0$,则下列表述正确的是( ).

A. $x=x_0$是函数$f(x)$的极大值点

B. $x=x_0$是函数$f(x)$的极小值点

C. $x=x_0$不是函数$f(x)$的极值点

D. 无法确定$x=x_0$是否为函数$f(x)$的极值点

（四）计算题

1. 设$f(x)=\begin{cases}\dfrac{\ln(1+x^2)}{x}, & x<0,\\ 0, & x=0,\\ e^x-1, & x>0,\end{cases}$求$f'(0)$.

2. 设$f(x)=\begin{cases}\dfrac{\sin x}{x}, & x>0,\\ ax+b, & x\leqslant 0\end{cases}$在点$x=0$处可导，求$a,b$的值.

二、提高题

（一）判断题

1. 由方程$y=x+\arctan y$确定的隐函数$y=y(x)$的导数$\dfrac{dy}{dx}=1+\dfrac{1}{y^2}$.（　　）

2. $\lim\limits_{x\to\infty}\dfrac{x+\sin x}{x-\sin x}$不能使用洛必达法则.（　　）

3. $y=x\sqrt{4-x^2}$在$[0,2]$上满足罗尔中值定理结论的$\xi=1$.（　　）

4. 如果$f(x)=x^2+kx+3$在$[-1,3]$上满足罗尔中值定理的条件，那么$k=2$.（　　）

5. 函数$f(x)=\arctan x$在$[0,1]$上满足拉格朗日中值定理结论的$\xi=\sqrt{\dfrac{4}{\pi}-1}$.（　　）

（二）填空题

1. 曲线$y=\cos^2\left(x+\dfrac{\pi}{2}\right)$在点$(0,0)$处的切线方程是__________.

2. 已知函数$f(u)$可导，则$\dfrac{df(e^{x^2})}{dx}=$__________.

3. 若$(0,1)$是曲线$y=x^3+bx^2+c$的拐点，则$b=$__________，$c=$__________.

4. $d[\ln(-x)]=$__________.

（三）单项选择题

1. $y=|\sin x|$在点$x=0$处（　　）.

A. 可导但不连续　　B. 不连续　　C. 连续且可导　　D. 连续但不可导

2. 曲线$y=1+\dfrac{36x}{(x+3)^2}$的水平渐近线和垂直渐近线共有（　　）.

A. 0 条　　B. 1 条　　C. 2 条　　D. 3 条

3. 设$f(x)$可微，则$d[e^{f(x)}]=$（　　）.

A. $f(x)dx$　　B. $e^{f(x)}dx$　　C. $f'(x)dx$　　D. $f'(x)e^{f(x)}dx$

（四）计算题

1. 求下列极限：

（1）$\lim\limits_{x\to1}\left(\dfrac{x}{x-1}-\dfrac{1}{\ln x}\right)$；　　（2）$\lim\limits_{x\to0}\left(\dfrac{1}{x}-\dfrac{1}{e^x-1}\right)$；

(3) $\lim\limits_{x\to\frac{\pi}{2}}\dfrac{\ln(\sin x)}{(\pi-2x)^2}$；　　(4) $\lim\limits_{x\to 0^+} x^{\sin x}$.

2. 求下列微分：

(1) $y=\dfrac{x}{\sqrt{x^2+1}}$；　　(2) $y=e^{-x}\cos(3-x)$；

(3) $y=\tan^2(1+2x^2)$；　　(4) $y=\dfrac{e^{3x}}{1+x^2}$.

（五）应用题

1. 某公司生产一种新型产品，若能全部出售，则收入函数为 $R=36x-\dfrac{x^2}{20}$，其中 x 为该产品的日产量. 如果公司的日产量从 300 增加到 310，估算公司每天收入的增加量.

2. 用 6m 的铝合金加工一个“日”字形窗框，它的长和宽分别为多少时，才能使窗户面积最大？最大面积是多少？

引例解答

引例 1　销售利润最大问题

1. 问题提出

问题见本章开头引例 1.

2. 模型建立与求解

(1) 模型假设：假设产品利润不受产品实际情况、市场情况等影响，只与成本和售价有关.

(2) 符号说明：x 为产品件数，$C(x)$ 为总成本函数，$R(x)$ 为收入函数.

(3) 问题分析：生产 x 件产品的总成本函数为 $C(x)=25000+200x+\dfrac{x^2}{40}$，每件产品售价为 500 元，则收入为 $R(x)=500x$，利润为 $L(x)=R(x)-C(x)$，只需通过对 $L(x)$ 求导得出最值点，即可算出最大利润.

(4) 建立模型：已知

$$C(x)=25000+200x+\frac{x^2}{40},\quad R(x)=500x,$$

$$L(x)=R(x)-C(x)=500x-\left(25000+200x+\frac{x^2}{40}\right)=-\frac{x^2}{40}+300x-25000,$$

引例 1MATLAB 计算

求 $L_{(\max)}$.

(5) 模型求解：上式中对 x 求导，得 $L'(x)=-\dfrac{x}{20}+300$，令 $L'(x)=0$，得 $x=6000$.

列表如下：

x	$(0,6000)$	6000	$(6000,+\infty)$
$L'(x)$	+	0	−
$L(x)$		875000	

所以 $L(x)$ 在 $x=6000$ 处取得最大值.

(6)模型结果分析:此公司当生产 6000 件产品时利润最大,最大利润为

$$L_{(\max)}=L(6000)=-\frac{6000^2}{40}+300\times6000-25000=875000(\text{元}).$$

引例 2 吊车起吊最大高度

1. 问题提出

问题见本章开头引例 2.

2. 模型建立与求解

(1)模型假设:假设物体只受到重力和吊车拉力的作用.

(2)符号说明:设吊臂对地面的倾角为 φ,屋架能够吊到的最大高度为 h.

(3)问题分析:通过建立吊臂对地面的倾角 φ 与吊起的最大高度 h 之间的函数关系式,将问题转化为求解最大值的问题,从而由最大倾斜角求得吊起的最大高度 h.

(4)建立模型:作出该模型的分析图,如图 2-17 所示. 在直角三角形 EGD 中,建立函数关系式:

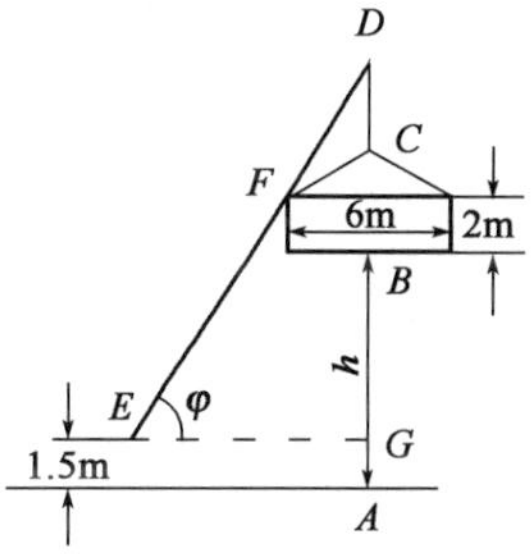

图 2-17

$$15\sin\varphi=(h-1.5)+2+3\tan\varphi,$$

所以

$$h=15\sin\varphi-3\tan\varphi-\frac{1}{2}.$$

(5)模型求解:引入导数思想,求解问题.

引例 2MATLAB 计算

$$h'=15\cos\varphi-\frac{3}{\cos^2\varphi}.$$

令 $h'=0$,得 $\varphi=\arccos\frac{1}{\sqrt[3]{5}}\approx54°$.

因为 $h''=-15\sin\varphi-\frac{6\sin\varphi}{\cos^3\varphi}<0$,所以 $\varphi=54°$为极大值点,同时也是最大值点.

当 $\varphi=54°$时,$h=15\sin\varphi-3\tan\varphi-\frac{1}{2}\approx7.5(\text{m})$.

(6)模型结果分析:此屋架最高能水平地吊至 7.5m 高,现只要求水平地吊到 6m 处,所以能吊上去.

数学文化——工匠精神

我们在驾驶过程中经常会碰到测速,那么瞬时速度是怎么计算出来的呢? 通过这一章的学习,我们知道瞬时速度就是位移的导数,也就是平均速度在某点的极限. 生产实践的需要可以促进研究者理论研究的深化,而理论的研究又可以更好地指导实践. 我国在科技发展方面取得了显著成就,但仍面临一些挑战和瓶颈.

2024 年,中国科协在年会主论坛上发布了一些重大科学问题、工程技术难题和产业技术问题,这些问题和难题涵盖多个领域,包括数字人和机器人研究、新能源开发、环境污染、作物生物学、非平衡流动、燃料燃烧、古人类学、柔性材料、人类表型组、肿瘤免疫学等. 导致技术发展瓶颈的原因包括原始创新能力不强、科技生态需要进一步完善等. 在攻破这些瓶颈的过程中需要科学技术人员研究理论,应用理论指导实践,同时也需要科学技术人员发挥工匠精神,对产品精雕细琢、精益求精.

第三章 一元函数积分学

引例 1 预估消耗量问题

假设某隧道施工要消耗大量的钢材,需要预估一段时间内的总消耗量,设 $f(t)$ 表示第 1 天到第 t 天钢材消耗量,已知 $f(t)=2.39e^{0.07t}$,计算从第 1 天到第 20 天钢材的总消耗量.(单位:t)

引例 2 公司采购问题

某公司现采购一批价值 300 万元的物资,因资金筹集困难,故首付 50 万元,接下来采取分期付款的方式,每年的付款金额一样,年利率为 6%,10 年付清,按连续复利计算,每年应付款多少万元?

第一节　不定积分的概念与性质

一元函数微分学是研究如何从已知函数求其导函数,但是在科学技术中常常需要研究相反的问题,即求一个未知函数,使其导函数恰好是某一个已知函数. 本节从已知某函数的导函数求这个函数,来引入不定积分的概念.

一、原函数的概念

若已知一个函数的导数或微分,怎么求这个函数呢?

例 1 设曲线 $y=f(x)$ 有任意一点 $P(x,y)$,其切线斜率为 $2x$,若曲线过原点,求其曲线方程.

解 根据导数的几何意义,有 $f'(x)=2x$,则 $f(x)=x^2+C$.

因为曲线过坐标原点(0,0),所以 $C=0$,因此所求曲线方程为 $y=x^2$.

定义 若在区间 I 上定义的两个函数 $F(x)$ 及 $f(x)$ 满足

$$F'(x)=f(x) \quad 或 \quad dF(x)=f(x)dx,$$

则称 $F(x)$ 是 $f(x)$ 在区间 I 上的一个原函数.

例如,因为 $(x^3)'=3x^2$,所以 $3x^2$ 是 x^3 的一个原函数.

对原函数的研究必须讨论以下两个问题:

(1)是否任何一个函数都存在原函数?一个函数具备什么条件能保证它的原函数一定存在?

(2)如果一个函数的原函数存在,其是否唯一?若不唯一,它们之间有什么联系?

考察如下例子:

$$f(x)=\begin{cases}0, & x\neq 0,\\ 1, & x=0.\end{cases}$$

若存在可导函数 $F(x)$ 使得 $F'(x)=f(x)$,则由 $f(x)$ 的定义可知:

(1)当 $x<0$ 时,有 $F'(x)=f(x)=0$,则 $F(x)=C_1$;

(2)当 $x>0$ 时,有 $F'(x)=f(x)=0$,则 $F(x)=C_2$.

又由函数 $F(x)$ 可导知 $F(x)$ 在点 $x=0$ 处必连续,$F(x)$ 在点 $x=0$ 处左、右极限都存在且相等,故 $F(x)=C$,从而 $F'(x)=0$. 而已知 $F'(0)=f(0)=1$,与已知条件矛盾,这说明 $f(x)$ 不存在原函数.

既然不是每个函数都有原函数,那么具备什么条件的函数才有原函数?对此给出如下结论:

定理 1 (原函数存在定理)若函数 $f(x)$ 在某一区间内连续,则 $f(x)$ 在该区间内的原函数必定存在. 由于初等函数在其定义区间内是连续的,故初等函数在其定义区间内都有原函数.

定理 2 (原函数族定理)若函数 $f(x)$ 有原函数,则该函数必有无穷多个原函数,且任意两个原函数之间只相差一个常数.

定理 2 表明,如果一个函数 $f(x)$ 有原函数 $F(x)$,则 $F(x)+C$(C 为任意常数)就是 $f(x)$ 的全部原函数. 函数 $f(x)$ 的原函数的全体称为函数 $f(x)$ 的原函数族.

二、不定积分的概念

定义 2 函数 $f(x)$ 在区间 I 上的原函数的全体称为 $f(x)$ 在区间 I 上的不定积分,记作 $\int f(x)\,\mathrm{d}x$. 其中 $\int$ 为积分号,$f(x)$ 为被积函数,$f(x)\,\mathrm{d}x$ 为被积表达式,x 为积分变量.

根据上面的讨论可知,若 $F(x)$ 是 $f(x)$ 的一个原函数,则

$$\int f(x)\,\mathrm{d}x = F(x)+C \quad (C\text{ 为任意常数}).$$

例 2 求下列不定积分:

(1) $\int 3x^2\,\mathrm{d}x$;　　(2) $\int \cos x\,\mathrm{d}x$.

解 (1)因为 $(x^3)'=3x^2$,所以 x^3 是 $3x^2$ 的一个原函数,因此有

$$\int 3x^2\,\mathrm{d}x = x^3 + C.$$

(2)因为 $(\sin x)'=\cos x$,所以 $\sin x$ 是 $\cos x$ 的一个原函数,因此有

$$\int \cos x\,\mathrm{d}x = \sin x + C.$$

三、不定积分的几何意义

如果函数 $F(x)$ 是 $f(x)$ 的一个原函数，那么 $f(x)$ 的不定积分 $\int f(x)\mathrm{d}x = F(x) + C$ 是 $f(x)$ 的原函数族，对于 C 每取一个值 C_0，就确定 $f(x)$ 的一个原函数，在平面直角坐标系中，就确定一条曲线 $y = F(x) + C_0$，这条曲线称为函数 $f(x)$ 的一条积分曲线，所有积分曲线构成一个曲线族，称为 $f(x)$ 的积分曲线族，这就是不定积分的几何意义. 在积分曲线族中任意两条曲线上，横坐标相同的点，其对应的纵坐标的差是一个常数，并且在这些点处的切线互相平行(图 3-1).

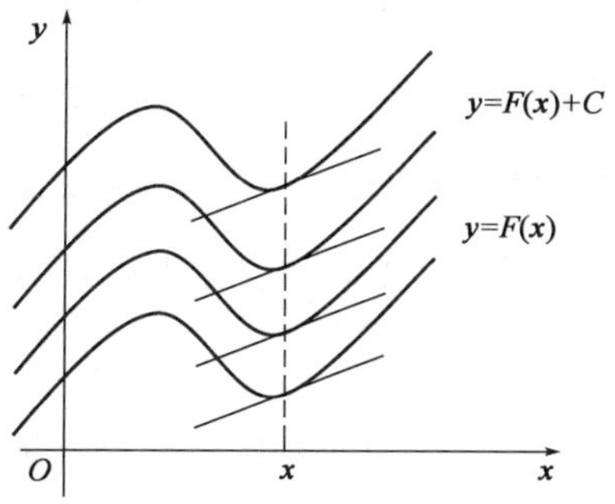

图 3-1

给定一个条件，就可以确定 C 的值，因而就确定了原函数，即确定了一条积分曲线.

例 3 一条曲线通过点(1,2)，且在曲线上任意一点处的切线的斜率等于该点的横坐标的倒数，求该曲线的方程.

解 设所求曲线方程为 $y=f(x)$，根据已知条件，曲线上任意一点 (x,y) 处的切线斜率为

$$\frac{\mathrm{d}y}{\mathrm{d}x}=\frac{1}{x},$$

由此可知 $f(x)$ 是 $\frac{1}{x}$ 的一个原函数，因为

$$\int \frac{1}{x}\mathrm{d}x = \ln|x| + C,$$

所以必然存在某个常数 C，使得 $f(x) = \ln|x| + C$，即曲线方程 $y = \ln|x| + C$，又因为曲线通过点(1,2)，故有

$$2 = \ln|1| + C,$$

得 $C = 2$，于是所求曲线方程为

$$y = \ln|x| + 2.$$

四、不定积分的性质

根据之前学习的求导运算法则以及不定积分的定义，得到不定积分以下三条性质(总是假定下面的不定积分存在)：

性质 1 由于不定积分与求导或微分互为逆运算，显然可得到以下性质：

(1) $\frac{\mathrm{d}}{\mathrm{d}x}\left[\int f(x)\mathrm{d}x\right] = f(x)$ 或 $\mathrm{d}\left[\int f(x)\mathrm{d}x\right] = f(x)\mathrm{d}x$；

(2) $\int F'(x)\mathrm{d}x = F(x) + C$ 或 $\int \mathrm{d}F(x)\mathrm{d}x = F(x) + C$.

性质 1 表明，不定积分的导数(或微分)等于被积函数(或被积表达式)；一个函数的导数(或微分)的不定积分等于该函数加一个任意常数.

例 4 计算：

(1) $\left(\int \sin x^2\mathrm{d}x\right)'$；　　(2) $\int \mathrm{d}\sqrt{\mathrm{e}^x}$.

解 (1) $\left(\int \sin x^2 \mathrm{d}x\right)' = \sin x^2$.

(2) $\int \mathrm{d}\sqrt{\mathrm{e}^x} = \sqrt{\mathrm{e}^x} + C$.

性质 2 计算不定积分时被积函数中的非零常数因子可以提到积分符号的前面,即

$$\int kf(x)\mathrm{d}x = k\int f(x)\mathrm{d}x \quad (\text{常数 } k \neq 0).$$

性质 3 两个函数代数和的不定积分等于这两个函数不定积分的代数和,即

$$\int [f(x) \pm g(x)]\mathrm{d}x = \int f(x)\mathrm{d}x \pm \int g(x)\mathrm{d}x.$$

性质 3 还可以推广到任意有限个函数代数和的情形,即

$$\int [f_1(x) \pm f_2(x) \pm \cdots \pm f_n(x)]\mathrm{d}x = \int f_1(x)\mathrm{d}x \pm \int f_2(x)\mathrm{d}x \pm \cdots \pm \int f_n(x)\mathrm{d}x \quad (n \text{ 为有限正整数}).$$

利用不定积分的性质 2 和性质 3,可得下列不定积分的线性组合性质,即

$$\int [\alpha f(x) \pm \beta g(x)]\mathrm{d}x = \alpha\int f(x)\mathrm{d}x \pm \beta\int g(x)\mathrm{d}x.$$

习题 3-1

1. 利用不定积分的性质填空:

(1) $\frac{\mathrm{d}}{\mathrm{d}x}\left(\int \arcsin x^2 \mathrm{d}x\right) =$ __________;

(2) $\int f'(x)\mathrm{d}x =$ __________;

(3) $\mathrm{d}\left(\int \mathrm{e}^x \cos x \mathrm{d}x\right) =$ __________;

(4) $\int \mathrm{d}(\sin x \mathrm{d}x) =$ __________.

2. 一条曲线通过点(3,4),且在任意一点处的切线的斜率等于该点的横坐标的平方,求该曲线的方程.

第二节　不定积分的直接积分法

一、基本积分表

由于积分运算是求导运算的逆运算,可以由导数公式得到相应的积分公式.

例如,因为$(\sin x)' = \cos x$,所以 $\sin x$ 是 $\cos x$ 的一个原函数,于是

$$\int \cos x \mathrm{d}x = \sin x + C.$$

类似地,根据不定积分与求导互为逆运算,可以由求导的基本公式得到相应的基本积分公式如下(以下 C 均为任意常数):

(1) $\int k\mathrm{d}x = kx + C$($k$ 为常数);

(2) $\int x^{\mu}dx = \frac{1}{\mu+1}x^{\mu+1} + C(\mu \neq 1)$;

(3) $\int \frac{1}{x}dx = \ln|x| + C$;

(4) $\int e^{x}dx = e^{x} + C$;

(5) $\int a^{x}dx = \frac{a^{x}}{\ln a} + C(a > 0 \text{ 且 } a \neq 1)$;

(6) $\int \cos x dx = \sin x + C$;

(7) $\int \sin x dx = -\cos x + C$;

(8) $\int \frac{1}{\cos^{2}x}dx = \int \sec^{2}x dx = \tan x + C$;

(9) $\int \frac{1}{\sin^{2}x}dx = \int \csc^{2}x dx = -\cot x + C$;

(10) $\int \sec x \tan x dx = \sec x + C$;

(11) $\int \csc x \cot x dx = -\csc x + C$;

(12) $\int \frac{1}{\sqrt{1-x^{2}}}dx = \arcsin x + C = -\arccos x + C$;

(13) $\int \frac{1}{1+x^{2}}dx = \arctan x + C = -\operatorname{arccot} x + C$.

以上13个基本积分公式是计算不定积分的基础，必须熟记. 在以后的章节中将其简称为基本积分表.

二、直接积分法

在求解积分问题时，利用不定积分的基本公式和不定积分的性质，对被积函数进行适当的恒等变形，包括代数变换或三角变换，可以直接计算一些简单函数的不定积分，这样的积分法称为直接积分法.

例1 求 $\int x\sqrt[3]{x}dx$.

解 $\int x\sqrt[3]{x}dx = \int x^{\frac{4}{3}}dx = \frac{x^{\frac{4}{3}+1}}{\frac{4}{3}+1} + C = \frac{3}{7}x^{\frac{7}{3}} + C$.

例2 求 $\int \left(\frac{1}{x} + 4e^{x} - 3\sin x\right)dx$.

解 $\int \left(\frac{1}{x} + 4e^{x} - 3\sin x\right)dx = \int \frac{1}{x}dx + 4\int e^{x}dx - 3\int \sin x dx = \ln|x| + 4e^{x} + 3\cos x + C$.

计算不定积分时，如果想验证不定积分的计算结果是否正确，只需对积分的结果求导数，

看它是否等于被积函数,若相等,则计算正确,否则计算错误. 如例 2,由于

$$(\ln|x| + 4e^x + 3\cos x + C)' = \frac{1}{x} + 4e^x - 3\sin x,$$

显然,它等于原不定积分的被积函数,所以计算结果是正确的.

例 3 求 $\int \frac{x^2 + x + 1}{x(1 + x^2)}dx$.

解 $\int \frac{x^2 + x + 1}{x(1 + x^2)}dx = \int \frac{(1 + x^2) + x}{x(1 + x^2)}dx = \int \left(\frac{1}{1 + x^2} + \frac{1}{x}\right)dx = \arctan x + \ln|x| + C.$

当一个有理分式的分子的最高次幂高于分母的最高次幂时,称其为有理假分式. 当求不定积分遇到有理假分式时,将其化为有理整式和一个有理真分式之和的形式.

例 4 求 $\int \frac{x^4}{1 + x^2}dx$.

解 $\int \frac{x^4}{1 + x^2}dx = \int \frac{x^4 - 1 + 1}{1 + x^2}dx = \int \left(x^2 - 1 + \frac{1}{1 + x^2}\right)dx = \frac{x^3}{3} - x + \arctan x + C.$

例 5 求 $\int \tan^2 x dx$.

解 $\int \tan^2 x dx = \int (\sec^2 x - 1)dx = \int \sec^2 x dx - \int 1 dx = \tan x - x + C.$

例 5 中的三角函数在基本积分表中没有这种形式,需要先利用三角函数恒等变形将被积函数化为基本积分表中所列的基本类型,然后逐项求积分.

以上例题大多利用了基本积分表中的公式直接求积分. 但事实上,除了极少量的简单函数可以直接用基本积分公式求不定积分外,大多数情况下,需要根据被积函数的类型和特点,选择恰当变形方法才可以为被积函数找到原函数,后面几节将介绍几种常用的不定积分的积分方法.

习题 3-2

1. 填空:

(1) $\int dx =$ ________;　　(2) $\int 3x^2 dx =$ ________;

(3) $\int e^x dx =$ ________;　　(4) $\int \sec^2 x dx =$ ________.

2. 计算下列不定积分:

(1) $\int (x^3 + 3^x + 1)dx$;　　(2) $\int x^3 \sqrt{x} dx$;

(3) $\int \frac{x^2 + 3^x + 1}{\sqrt{x}}dx$;　　(4) $\int \sqrt[3]{x}(x^2 - 5)dx$;

(5) $\int \frac{x - 1}{\sqrt{x} - 3}dx$;　　(6) $\int (e^x - 3\sin x)dx$;

(7) $\int (10^x + \tan^2 x)dx$;　　(8) $\int \sec x(\sec x - \tan x)dx$.

第三节　不定积分的换元积分法

利用基本积分表与不定积分的性质所能计算的不定积分是非常有限的，因此进一步研究不定积分的计算方法十分必要. 本节主要介绍两种换元积分法.

换元积分法是用来计算不定积分的一种行之有效的基本方法，其思想源于复合函数求导. 其基本思路是通过对复合函数的中间变量进行变量代换，使得被积函数变成基本积分表中所列的基本积分形式，从而计算不定积分. 不定积分换元积分法又可以分为第一类换元积分法和第二类换元积分法.

一、第一类换元积分法

例 1　求 $\int \sin 3x \mathrm{d}x$.

分析　计算 $\int \sin 3x \mathrm{d}x$，如果直接用基本公式 $\int \sin x \mathrm{d}x = -\cos x + C$，似乎所求的结果为 $-\cos 3x + C$，但是 $(-\cos 3x + C)' = 3\sin 3x$，显然，这一结果并不正确，那么正确的结果是什么呢？

解　不妨设 $u = 3x$，$x = \frac{u}{3}$，$\mathrm{d}x = \frac{1}{3}\mathrm{d}u$，$\int \sin 3x \mathrm{d}x = \int \frac{1}{3}\sin u \mathrm{d}u = -\frac{1}{3}\cos u + C$，再将 $u = 3x$ 回代，得

$$\int \sin 3x \mathrm{d}x = -\frac{1}{3}\cos 3x + C.$$

经验证，此结果是正确的.

这种解法对复合函数的积分具有普遍意义.

定理 1　设 $f(u)$ 具有原函数 $F(u)$，即

$$F'(u) = f(u), \quad \int f(u)\mathrm{d}u = F(u) + C.$$

若 $u = \varphi(x)$，$F(u) = F[\varphi(x)]$，且 $\varphi(x)$ 可导，则根据复合函数的求导法则，有

$$\frac{\mathrm{d}}{\mathrm{d}x}F[\varphi(x)] = F'_u(u) \cdot \varphi'_x(x) = f[\varphi(x)]\varphi'(x).$$

从而根据不定积分的定义得

$$\int f[\varphi(x)]\varphi'(x)\mathrm{d}x \xlongequal{u = \varphi(x)} \int f(u)\mathrm{d}u = F(u) + C = F[\varphi(x)] + C.$$

这种求不定积分的方法通常称为第一类换元积分法(凑微分法).

例 2　求 $\int 2x\mathrm{e}^{x^2}\mathrm{d}x$.

解　由于 $\mathrm{d}(x^2) = 2x\mathrm{d}x$，则有

$$\int 2x\mathrm{e}^{x^2}\mathrm{d}x = \int \mathrm{e}^{x^2}\mathrm{d}(x^2) \xlongequal{u = x^2} \int \mathrm{e}^u \mathrm{d}u = \mathrm{e}^u + C = \mathrm{e}^{x^2} + C.$$

例 3　求 $\int \cos^2 x \sin x \mathrm{d}x$.

解 由于 $d(\cos x)=-\sin x dx$，则有

$$\int \cos^2 x\sin x dx=-\int \cos^2 x d(\cos x)\xlongequal{u=\cos x}-\int u^2 du=-\frac{1}{3}u^3+C=-\frac{1}{3}\cos^3 x+C.$$

例 4 求 $\int \frac{1}{2x+3}dx$.

解 设 $u=2x+3$，则 $du=d(2x+3)=2dx$，则有

$$\int \frac{1}{2x+3}dx=\frac{1}{2}\int \frac{1}{2x+3}d(2x+3)\xlongequal{u=2x+3}\frac{1}{2}\int \frac{1}{u}du=\frac{1}{2}\ln|u|+C=\frac{1}{2}\ln|2x+3|+C.$$

当较为熟悉上述换元法后，可将原不定积分凑成 $\int f[\varphi(x)]d\varphi(x)$ 的形式，这样就可以不写出中间变量而直接写出结果，简化书写过程.

例 5 求 $\int x\sqrt{1-x^2}dx$.

解
$$\begin{aligned}\int x\sqrt{1-x^2}dx&=-\frac{1}{2}\int \sqrt{1-x^2}d(1-x^2)\\&=-\frac{1}{2}\times\frac{2}{3}(1-x^2)^{\frac{3}{2}}+C=-\frac{1}{3}(1-x^2)^{\frac{3}{2}}+C.\end{aligned}$$

第一类换元积分法的关键是如何选取 $\varphi(x)$，并将 $\varphi'(x)dx$ 凑成微分 $d\varphi(x)$ 的形式，进而将不定积分凑成 $f[\varphi(x)]d\varphi(x)$ 的形式. 因此，熟记一些常用的凑微分公式很有必要，下面介绍一些常用凑微分公式以供参考.

(1) $\int f(ax+b)dx=\frac{1}{a}\int f(ax+b)d(ax+b)\ (a\neq 0)$， $u=ax+b$；

(2) $\int f(x^\mu)x^{\mu-1}dx=\frac{1}{\mu}\int f(x^\mu)d(x^\mu)\ (\mu\neq 0)$， $u=x^\mu$；

(3) $\int f(\ln x)\cdot\frac{1}{x}dx=\frac{1}{u}\int f(\ln x)d(\ln x)$， $u=\ln x$；

(4) $\int f(e^x)\cdot e^x dx=\int f(e^x)d(e^x)$， $u=e^x$；

(5) $\int f(a^x)\cdot a^x dx=\frac{1}{\ln a}\int f(a^x)d(a^x)$， $u=a^x$；

(6) $\int f(\sin x)\cdot\cos x dx=\int f(\sin x)d(\sin x)$， $u=\sin x$；

(7) $\int f(\cos x)\cdot\sin x dx=-\int f(\cos x)d(\cos x)$， $u=\cos x$；

(8) $\int f(\tan x)\cdot\sec^2 x dx=\int f(\tan x)d(\tan x)$， $u=\tan x$；

(9) $\int f(\cot x)\cdot\csc^2 x dx=-\int f(\cot x)d(\cot x)$， $u=\cot x$；

(10) $\int f(\arctan x)\cdot\frac{1}{1+x^2}dx=\int f(\arctan x)d(\arctan x)$， $u=\arctan x$；

(11) $\int f(\arcsin x)\cdot\frac{1}{\sqrt{1-x^2}}dx=\int f(\arcsin x)d(\arcsin x)$， $u=\arcsin x$.

二、第二类换元积分法

第一类换元积分法是选择新的积分变量 $u=\varphi(t)$ 进行换元，但另有一些不定积分，如 $\int\frac{1}{1+\sqrt{x}}dx$，$\int\sqrt{a^2-x^2}dx$ 等，不适合利用第一类换元积分法计算. 若经适当选择代入后，就能消除被积函数中的根式，从而能顺利求出结果.

例如，$\int\frac{1}{1+\sqrt{x}}dx\xlongequal{t=\sqrt{x}}\int\frac{1}{1+t}d(t^2)=\int\frac{2t}{1-t}dt.$

定理2 在计算不定积分 $\int f(x)dx$ 时，适当选择 $x=\varphi(t)$（单调可微函数）进行换元，如果 $\int f[\varphi(t)]\varphi'(t)dt$ 容易积分，那么就按下述方法计算不定积分：

$$\int f(x)dx\xlongequal{x=\varphi(t)}\int f[\varphi(t)]\varphi'(t)dt=F(t)+C\xlongequal{t=\varphi^{-1}(x)}F[\varphi^{-1}(x)]+C.$$

这样的积分方法称为第二类换元积分法.

例6 求 $\int\frac{1}{1+\sqrt{x}}dx$.

解 令 $t=\sqrt{x}$，则 $x=t^2$，得 $dx=2tdt$.

$$\int\frac{1}{1+\sqrt{x}}dx=\int\frac{1}{1+t}d(t^2)=2\int\left(1-\frac{1}{1+t}\right)dt=2[t-\ln(t+1)]+C=2[\sqrt{x}-\ln(\sqrt{x}+1)]+C.$$

例7 求 $\int\frac{1}{\sqrt[3]{x}+\sqrt{x}}dx$.

解 令 $t=\sqrt[6]{x}$，则 $x=t^6(t>0)$.

$$\int\frac{1}{\sqrt[3]{x}+\sqrt{x}}dx=\int\frac{6t^5}{t^2+t^3}dt=6\int\left(t^2-t+1-\frac{1}{1+t}\right)dt=6\left[\frac{t^3}{3}-\frac{t^2}{2}+t-\ln(1+t)\right]+C$$

$$=2\sqrt{x}-3\sqrt[3]{x}+6\sqrt[6]{x}-6\ln(1+\sqrt[6]{x})+C.$$

如果被积函数中含有不同根指数的同一个函数的根式，可以取各不相同的根指数的最小公倍数作为这些函数的根指数，并以所得根式为新的积分变量 t，从而同时消除被积函数中的这些根式.

例8 求 $\int\sqrt{a^2-x^2}dx(a>0)$.

分析 困难在于有根式 $\sqrt{a^2-x^2}$，可以利用恒等式 $\sin^2t+\cos^2t=1$ 化去根式.

解 令 $x=a\sin t\left(|t|<\frac{\pi}{2}\right)$，则 $\sqrt{a^2-x^2}=a\cos t$，$t=\arcsin\frac{x}{a}$，$dx=a\cos tdt$，于是

$$\int\sqrt{a^2-x^2}dx=\int a\cos t\cdot a\cos tdx=a^2\int\cos^2tdt=a^2\left(\frac{t}{2}+\frac{\sin2t}{4}\right)+C$$

$$=\frac{a^2}{2}(t+\sin t\cos t)+C=\frac{a^2}{2}\arcsin\frac{x}{a}+\frac{x}{2}\sqrt{a^2-x^2}+C.$$

例9 求 $\int\frac{1}{\sqrt{a^2+x^2}}dx(a>0)$.

分析 利用恒等式 $1+\tan^2 t=\sec^2 t$ 来化去根式.

解 令 $x=a\tan t\left(|t|<\frac{\pi}{2}\right)$,则 $\sqrt{a^2+x^2}=a\sec t$,$\mathrm{d}x=a\sec^2 t\mathrm{d}t$,于是

$$\int\frac{1}{\sqrt{a^2+x^2}}\mathrm{d}x=\int\frac{a\sec^2 t}{a\sec t}\mathrm{d}t=\int\sec t\mathrm{d}t=\ln|\sec t+\tan t|+C$$

$$=\ln\left|\frac{\sqrt{a^2+x^2}}{a}+\frac{x}{a}\right|+C=\ln(x+\sqrt{a^2+x^2})+C.$$

第二类换元积分法中的三角代换主要用于被积函数中含有二次根式的积分,所作变换主要有三种:

(1)当被积函数含有根式 $\sqrt{a^2-x^2}\,(a>0)$时,可令 $x=a\cos t$;

(2)当被积函数含有根式 $\sqrt{a^2+x^2}\,(a>0)$时,可令 $x=a\tan t$;

(3)当被积函数含有根式 $\sqrt{x^2-a^2}\,(a>0)$时,可令 $x=a\sec t$.

不定积分的第一类换元积分法与第二类换元积分法统称为不定积分的换元积分法,它们是求解不定积分的重要方法.

习题 3-3

1. 计算下列不定积分:

(1) $\int e^{3x}\mathrm{d}x$;　　(2) $\int(3-2x)^3\mathrm{d}x$;

(3) $\int\frac{1}{(1-3x)^{2016}}\mathrm{d}x$;　　(4) $\int xe^{-x^2}\mathrm{d}x$;

(5) $\int\frac{\ln^2 x}{x}\mathrm{d}x$;　　(6) $\int\frac{\sin x}{\cos^3 x}\mathrm{d}x$;

(7) $\int e^{\sin x}\cos x\mathrm{d}x$;　　(8) $\int(x^2+2)\cos(x^3+6x)\mathrm{d}x$.

2. 已知函数 $f(x)$ 具有一阶连续导数,求 $\int f'(x)\sin xf(x)\mathrm{d}x$.

3. 计算下列不定积分:

(1) $\int\frac{1}{1+\sqrt[3]{x}}\mathrm{d}x$;　　(2) $\int\frac{1}{1+\sqrt{x-1}}\mathrm{d}x$;

(3) $\int\frac{1+x}{1+\sqrt{x}}\mathrm{d}x$;　　(4) $\int\frac{x}{\sqrt[3]{2x+1}}\mathrm{d}x$;

(5) $\int\frac{\sqrt{x-4}}{x}\mathrm{d}x$;　　(6) $\int\frac{x}{\sqrt{4+x^2}}\mathrm{d}x$.

第四节　不定积分的分部积分法

不定积分的直接积分法和换元积分法虽然应用范围很广,但对某些类型的积分不适用,如

$\int \ln x\mathrm{d}x, \int x\cos x\mathrm{d}x, \int \mathrm{e}^x\sin x\mathrm{d}x$ 等. 因此,本节将引入另一种基本积分法——分部积分法.

一、分部积分法的定义

设 $u=u(x), v=v(x)$ 具有连续导数,由乘积的微分法则可得 $\mathrm{d}(uv)=v\mathrm{d}u+u\mathrm{d}v$,移项得 $u\mathrm{d}v=\mathrm{d}(uv)-v\mathrm{d}u$,两边求不定积分,得

$$\int u\mathrm{d}v = uv - \int v\mathrm{d}u.$$

上式称为不定积分的分部积分公式.

使用时应注意以下两点:

(1)分部积分公式主要解决被积函数是两类函数乘积的不定积分;

(2)使用分部积分公式的关键是恰当地选择 u 和 $\mathrm{d}v$,其中 $\mathrm{d}v$ 容易求出,且新积分 $\int v\mathrm{d}u$ 比原积分 $\int u\mathrm{d}v$ 容易求出.

二、分部积分法的应用

例 1 求 $\int x\cos x\mathrm{d}x$.

解 设 $u=x, \cos x\mathrm{d}x=\mathrm{d}v$,则有 $v=\sin x$,由分部积分公式得

$$\int x\cos x\mathrm{d}x = \int x\mathrm{d}\sin x = x\sin x - \int \sin x\mathrm{d}x = x\sin x + \cos x + C.$$

例 2 求 $\int x\mathrm{e}^x\mathrm{d}x$.

解 设 $u=x, \mathrm{e}^x\mathrm{d}x=\mathrm{d}v$,则有 $v=\mathrm{e}^x$,由分部积分公式得

$$\int x\mathrm{e}^x\mathrm{d}x = x\mathrm{e}^x - \int \mathrm{e}^x\mathrm{d}x = x\mathrm{e}^x - \mathrm{e}^x + C.$$

若被积函数是幂函数(指数为正整数)与正(余)弦函数或指数函数的乘积,可设幂函数为 u,而将其余部分凑微分进入微分号,使得应用分部积分公式后幂函数的幂次降低一次.

例如 $x^k=\cos bx$,令 $x^k=u, \cos bx\mathrm{d}x=\mathrm{d}v$.

例 3 求 $\int x\ln x\mathrm{d}x$.

解 设 $u=\ln x, \mathrm{d}v=x\mathrm{d}x$,则有 $v=\frac{1}{2}x^2$.

$$\int x\ln x\mathrm{d}x = \int \ln x\mathrm{d}\left(\frac{1}{2}x^2\right) = \frac{1}{2}x^2\ln x - \int \frac{1}{2}x^2\mathrm{d}(\ln x)$$

$$= \frac{1}{2}x^2\ln x - \frac{1}{2}\int x\mathrm{d}x = \frac{x^2}{2}\ln x - \frac{x^2}{4} + C.$$

例 4 求 $\int \arcsin x\mathrm{d}x$.

解 $\int \arcsin x\mathrm{d}x = x\arcsin x - \int x\cdot\frac{\mathrm{d}x}{\sqrt{1-x^2}} = x\arcsin x + \sqrt{1-x^2} + C.$

若被积函数是幂函数与对数函数或反三角函数的乘积,可设对数函数或反三角函数为 u,

而将幂函数凑微分进入微分号，使得应用分部积分公式后，对数函数或反三角函数消失.

例如 $x^k\ln x$，令 $u=\ln x, dv=x^k dx$.

例 5 求 $\int e^x \sin x dx$.

解
$$\int e^x\sin x dx=\int \sin x d(e^x)=e^x\sin x-\int e^x d(\sin x)=e^x\sin x-\int e^x\cos x dx$$
$$=e^x\sin x-\int \cos x d(e^x)=e^x\sin x-\left[e^x\cos x-\int e^x d(\cos x)\right]$$
$$=e^x\sin x-e^x\cos x-\int e^x\sin x dx.$$

因此得 $2\int e^x\sin x dx=e^x\sin x-e^x\cos x+C_1$，故
$$\int e^x\sin x dx=\frac{1}{2}e^x(\sin x-\cos x)+C.$$

若被积函数是指数函数与正(余)弦函数的乘积，则 u, dv 可随意选取，但在两次分部积分中必须选用同类型的 u，以便经过两次分部积分后产生循环式，从而解出所求积分.

求不定积分时，有时需要兼用换元积分法与分部积分法.

例 6 求 $\int x e^{\sqrt{x}} dx$.

解 设 $\sqrt{x}=t, x=t^2, dx=2t dt$.
$$\int x e^{\sqrt{x}} dx=2\int t^3 e^t dt=2t^3e^t-6\int t^2 e^t dt=2t^3e^t-6t^2e^t+12\int t e^t dt$$
$$=2t^3e^t-6t^2e^t+12te^t-12e^t+C=2(x\sqrt{x}-3x+6\sqrt{x}-6)e^{\sqrt{x}}+C.$$

习题3-4

1. 计算下列不定积分：

(1) $\int x\sin 2x dx$； (2) $\int (x+1)e^x dx$；

(3) $\int x^2\cos x dx$； (4) $\int x\sin^2 x dx$；

(5) $\int x\tan^2 x dx$； (6) $\int \arctan x dx$；

(7) $\int \ln^2 x dx$； (8) $\int e^{\sqrt{x+1}} dx$.

2. 已知 $\ln^2 x$ 为函数 $f(x)$ 的一个原函数，求 $\int x f(x) dx$.

3. 已知 $f(x)$ 的一个原函数为 $(1+\sin x)\ln x$，求 $\int x f'(x) dx$.

第五节　简单有理函数的不定积分

本节将简要介绍有理函数及有理函数的不定积分.

一、有理函数

有理函数是指两个多项式的商所表示的函数,其一般形式如下:

$$\frac{f(x)}{g(x)}=\frac{a_0x^n+a_1x^{n-1}+\cdots+a_n}{b_0x^m+b_1x^{m-1}+\cdots+b_m},$$

其中 n,m 都是自然数,$a_0,a_1,\cdots,a_n$ 与 $b_0,b_1,\cdots,b_m$ 都是实数,且 $a_0\neq0,b_0\neq0$. 若 $n<m$,则称它为有理真分式;若 $n\geqslant m$,则称它为有理假分式.

二、有理函数的不定积分

由多项式的除法可知,有理假分式可以转化为一个多项式与一个有理真分式的和,而多项式的积分是容易计算的,故只需研究有理真分式的积分.

有理真分式的积分一般可以归结为求下述两种类型的积分:

(1) $\int\frac{A}{(x-a)^k}\mathrm{d}x$;　　(2) $\int\frac{Mx+N}{(x^2+px+q)^k}\mathrm{d}x$.

其中 A,M,N,a,p,q 都是实数,且 $p^2-4q<0$;k 为正整数.

对于类型(1),当 $k=1$ 时,有

$$\int\frac{A}{(x-a)^k}\mathrm{d}x=A\ln|x-a|+C;$$

当 $k>1$ 时,有

$$\int\frac{A}{(x-a)^k}\mathrm{d}x=\frac{A}{(1-k)(x-a)}+C.$$

对于类型(2),当 $k=1$ 时,直接利用第一类换元法积分;

当 $k>1$ 时,令 $x+\frac{p}{2}=t$,并记 $q-\frac{p^2}{4}=a^2,N-\frac{Mp}{2}=B$,得

$$\int\frac{Mx+N}{(x^2+px+q)^k}\mathrm{d}x=\int\frac{Mt+B}{(t^2+a^2)^k}\mathrm{d}t=M\int\frac{t}{(t^2+a^2)^k}\mathrm{d}t+B\int\frac{\mathrm{d}t}{(t^2+a^2)^k}.$$

凡有理函数的不定积分,一定能表示成有理函数、对数函数、反正切函数的代数和.

例 1　求 $\int\frac{x+3}{x^2-5x+6}\mathrm{d}x$.

解　因为 $x^2-5x+6=(x-2)(x-3)$,被积函数可分解为

$$\frac{x+3}{x^2-5x+6}=\frac{A}{x-2}+\frac{B}{x-3},$$

其中 A,B 为待定常数. 等式两边同时乘以 $(x-2)(x-3)$,得

$$x+3=A(x-3)+B(x-2)=(A+B)x-(3A+2B).$$

比较等式两边同次幂的系数有

$$\begin{cases}A+B=1,\\-(3A+2B)=3,\end{cases}$$

由此确定 $A=-5,B=6$. 故

$$\int\frac{x+3}{x^2-5x+6}dx=\int\left(\frac{6}{x-3}-\frac{5}{x-2}\right)dx=6\ln|x-3|-5\ln|x-2|+C=\frac{6}{5}\ln\left|\frac{x-3}{x-2}\right|+C.$$

求常数 A,B 的方法称为比较系数法. 有时若用下述方法确定常数,可能更简便些.

例 1 中令 $x=2$,得 $A=-5$;令 $x=3$,得 $B=6$. 与上面所得结果相同.

例 2 求 $\int\frac{dx}{x(x-1)^2}$.

解 因为 $\frac{1}{x(x-1)^2}=\frac{A}{x}+\frac{B}{x-1}+\frac{C}{(x-1)^2}$,所以 $1=A(x-1)^2+Bx(x-1)+Cx$.

令 $x=0$,得 $A=1$;令 $x=1$,得 $C=1$;令 $x=2$,得 $A+2B+2C=1$,从而得 $B=-1$. 故可得

$$\int\frac{dx}{x(x-1)^2}=\int\left[\frac{1}{x}-\frac{1}{x-1}+\frac{1}{(x-1)^2}\right]dx$$

$$=\ln|x|-\ln|x-1|-\frac{1}{x-1}+C=\ln\left|\frac{x}{x-1}\right|-\frac{1}{x-1}+C.$$

虽然从理论上阐明了有理函数的积分一定能用初等函数来表达,并且积分可以按步骤进行,但是这种常规的做法并不简便,其中分解部分分式就不是一件容易的事. 因此,有理函数的积分也应当先应用换元积分法或部分积分法去探求,如果难以奏效,还可以考虑对分子进行加、减、分、凑,造出分母中的因式,再进行拆项分解.

例 3 求 $\int\frac{dx}{x^2-x-2}$.

解 $$\int\frac{dx}{x^2-x-2}=\int\frac{dx}{(x-2)(x+1)}=\frac{1}{3}\int\frac{(x+1)-(x-2)}{(x-2)(x+1)}dx$$

$$=\frac{1}{3}\int\left(\frac{1}{x-2}-\frac{1}{x+1}\right)dx=\frac{1}{3}\ln\left|\frac{x-2}{x+1}\right|+C.$$

例 4 求 $\int\frac{dx}{x^4(x^2+1)}$.

解 $$\int\frac{dx}{x^4(x^2+1)}=\int\frac{x^4-(x^4+x^2)+(x^2+1)}{x^4(x^2+1)}dx=\int\frac{dx}{x^2+1}-\int\frac{dx}{x^2}+\int\frac{dx}{x^4}$$

$$=\arctan x+\frac{1}{x}-\frac{1}{3x^3}+C.$$

习题 3-5

1. 分解下列有理分式:

(1) $\frac{2}{x^2-3x+2}$; (2) $\frac{1}{x(x-1)^2}$.

2. 求下列不定积分:

(1) $\int\frac{2}{x^2-3x+2}dx$; (2) $\int\frac{1}{x(x-1)^2}dx$;

(3) $\int\frac{x+4}{x^2-7x+10}dx$; (4) $\int\frac{1}{x(x+1)^2(x^2+x+1)}dx$.

第六节 定积分的概念与性质

一、定积分的概念

定积分在数学中扮演着至关重要的角色,其应用范围广泛,涵盖了从精确计算曲边梯形的面积,到计算变速直线运动的路程,乃至测量流体流动速率等实际问题的解决. 接下来以曲边梯形面积的计算为例,深入探讨定积分的概念与性质.

1. 实例分析

考虑一个由函数 $y=f(x)$ 在区间 $[a,b]$ 上定义的曲边梯形,其中函数 $y=f(x)$ 非负且连续. 这个图形由曲线 $y=f(x)$、直线 $x=a$、直线 $x=b$ 和 x 轴围成(图 3-2). 试计算这个曲边梯形的面积.

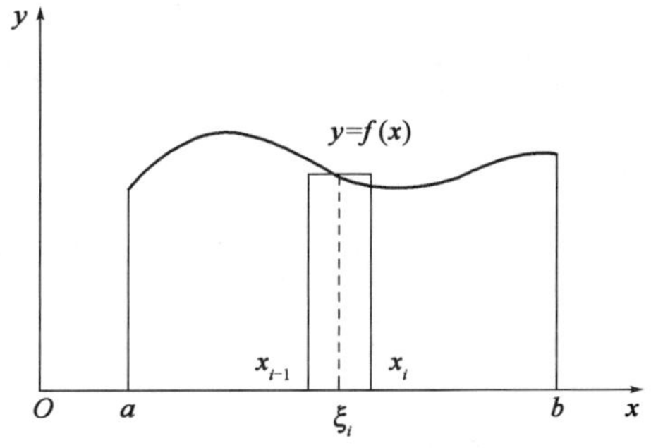

图 3-2

计算曲边梯形面积的过程涉及一系列精确步骤:

(1)分割:首先,需在区间 (a,b) 内插入 $n-1$ 个分点,从而将区间 $[a,b]$ 细分为 n 个连续的小区间,记为 $[x_0,x_1],[x_1,x_2],\cdots,[x_{n-1},x_n]$,其中 $x_0=a,x_n=b$. 对应的每个小区间的长度为 $\Delta x_i=x_i-x_{i-1}$,即 $\Delta x_1=x_1-x_0,\Delta x_2=x_2-x_1,\cdots,\Delta x_n=x_n-x_{n-1}$.

(2)近似计算:在每个小区间 $[x_{i-1},x_i]$ 上,任取一点 ξ_i,并以 Δx_i 为底、$f(\xi_i)$ 为高的矩形面积近似代替小曲边梯形的面积. 这样,曲边梯形的面积就可以近似为所有这些矩形面积的和.

(3)累加:通过求和的方式,将这些窄矩形的面积累加,作为曲边梯形面积 A 的近似值,即

$$A=f(\xi_1)\Delta x_1+f(\xi_2)\Delta x_2+\cdots+f(\xi_n)\Delta x_n=\sum_{i=1}^{n}f(\xi_i)\Delta x_i,$$

其中 ξ_i 为每个小区间 $[x_{i-1},x_i]$ 上的任一点,而 Δx_i 是该区间的长度.

(4)极限逼近:随着分割的细化,即当所有小区间的长度 Δx_i 趋近于 0 时,所有矩形面积的和将无限接近曲边梯形的真实面积. 这个极限值即为曲边梯形的面积.

2. 概念

曲边梯形的面积的求解过程,可以概括为四个关键步骤:分割、近似计算、累加、极限逼近. 这一系列步骤起到了核心作用,即从复杂的现象中抽离出数学的精髓.

在这一过程中,首先将复杂的问题细分为一系列简单的小问题;然后通过近似计算的方式,用容易处理的量(如矩形的面积)来代替原始问题的各个部分;接下来,通过累加所有这些近似值,构建出一个近似解;最后,通过引入极限的概念,当分割越来越细,近似值越来越接近真实值时,便能获得问题的精确解. 尽管每个问题实际背景可能不同,但很多其他问题也可以采用这种方法加以解决. 而数学上从这种和式的极限抽象出定积分的概念.

设函数 $f(x)$ 在区间 $[p,q]$ 上有界,在 (p,q) 内插入 $n-1$ 个分点 $p=x_0<x_1<x_2<\cdots<x_{i-1}<$

$x_i < \cdots < x_{n-1} < x_n = q$，把区间$[p,q]$分割成 n 个小区间

$$[x_0,x_1],[x_1,x_2],\cdots,[x_{i-1},x_i],\cdots,[x_{n-1},x_n].$$

各小区间的长度依次记为

$$\Delta x_1 = x_1 - x_0, \Delta x_2 = x_2 - x_1, \cdots, \Delta x_i = x_i - x_{i-1}, \cdots, \Delta x_n = x_n - x_{n-1}.$$

在每个小区间$[x_{i-1},x_i]$上任取一点 $\xi_i (i=1,2,\cdots,n)$，作乘积$f(\xi_i)\Delta x_i$，再求和 $S_n = \sum_{i=1}^{n} f(\xi_i)\Delta x_i$. 记 $\lambda = \max\{\Delta x_1, \Delta x_2, \cdots, \Delta x_n\}$，如果不论对区间$[p,q]$如何分，各个小区间中的点 $\xi_1,\xi_2,\cdots,\xi_n$ 如何取，当 λ 趋近于0时，S_n 总趋近于一个定值A，即$\lim\limits_{\lambda\to 0}\sum_{i=1}^{n} f(\xi_i)\Delta x_i = A$，那么称函数$f(x)$在区间$[p,q]$上可积，极限值$A$称为该函数在$[p,q]$上的定积分，记为 $S_w = \int_p^q f(x)\mathrm{d}x$，即

$$S_w = \int_p^q f(x)\mathrm{d}x = \lim_{\lambda\to 0}\sum_{i=1}^{n} f(\xi_i)\Delta x_i,$$

其中$f(x)$称为被积函数，x称为积分变量，$f(x)\mathrm{d}x$称为被积表达式，$f(\xi_i)\Delta x_i$称为积分元素，S_w称为积分和，区间$[p,q]$称为积分区间，p称为积分下限，q称为积分上限，$\int_p^q f(x)\mathrm{d}x$ 读作函数$f(x)$从 p 到 q 的定积分.

依据定积分的概念，前面的引例可以表述为：由曲线 $y=f(x)$、直线 $x=a$、直线 $x=b$ 和 x 轴围成的曲边梯形的面积为 $A = \int_a^b f(x)\mathrm{d}x$.

在学习定积分的概念时，需要注意以下几点：

(1)定积分是一个数，它与积分上、下限和被积函数有关，但与积分变量无关，即

$$\int_p^q f(x)\mathrm{d}x = \int_p^q f(v)\mathrm{d}v = \int_p^q f(z)\mathrm{d}z.$$

(2)若 $p=q$，则 $\int_p^q f(x)\mathrm{d}x = 0$.

(3) $\int_p^q f(x)\mathrm{d}x = -\int_q^p f(x)\mathrm{d}x$.

二、定积分的几何意义

由连续曲线 $y=g(x)$、直线 $x=p$、直线 $x=q$ 和 x 轴围成的曲边梯形的面积记为 S，定积分的几何意义为：

(1)当 $g(x)\geqslant 0$ 时，$\int_p^q g(x)\mathrm{d}x = S$.

(2)当 $g(x)\leqslant 0$ 时，$\int_p^q g(x)\mathrm{d}x = -S$.

(3)当 $g(x)$在区间$[p,q]$上有正有负时(图 3-3)，$\int_p^q g(x)\mathrm{d}x = A_1 - A_2 + A_3 - A_4$.

综上所述，定积分的几何意义为函数 $g(x)$在区间$[p,q]$上各曲边梯形面积的代数和.

例 1 运用定积分的几何意义求下列定积分：

(1) $\int_0^2 x\mathrm{d}x$；　　　　(2) $\int_{-\pi}^{\pi} \sin x\mathrm{d}x$.

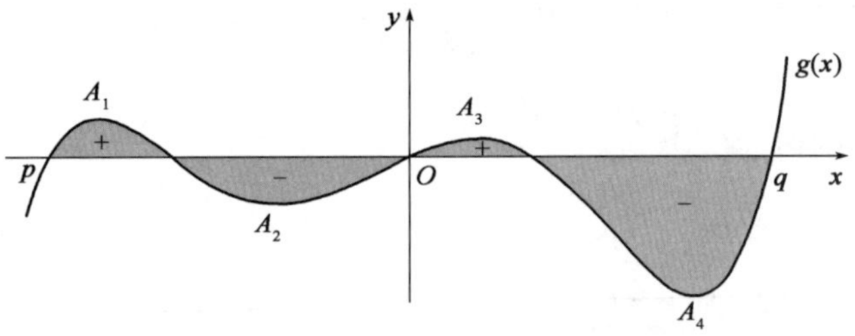

图 3-3

解 (1)函数 $y=x$ 在区间[0,2]上的定积分是以 $y=x$ 为曲边,以区间[0,2]为底的曲边梯形的面积. 以 $y=x$ 为曲边,以区间[0,2]为底的曲边梯形是直角三角形,其底边长及高均为2,于是,所求定积分为

$$\int_0^2 x\mathrm{d}x = \frac{1}{2}\times 2\times 2 = 2.$$

(2)由图形的对称性可知,所围成的图形在 x 轴上方与下方的面积相等,故

$$\int_{-\pi}^{\pi}\sin x\mathrm{d}x = 0.$$

三、定积分的性质

设函数 $f(x)$ 和 $g(x)$ 在 $[p,q]$ 上的定积分都存在,则有以下性质:

性质1 $\int_p^q kg(x)\mathrm{d}x = k\int_p^q g(x)\mathrm{d}x$, 即被积函数中的常数因子可以提到积分号的前面.

性质2 $\int_p^q [g(x)\pm f(x)]\mathrm{d}x = \int_p^q g(x)\mathrm{d}x \pm \int_p^q f(x)\mathrm{d}x$, 即两个函数代数和的定积分等于各函数定积分的代数和.

该性质适用于任意有限多个函数代数和的情形.

性质3 对任意的点 $m(p<m<q)$,有

$$\int_p^q g(x)\mathrm{d}x = \int_p^m g(x)\mathrm{d}x + \int_m^q g(x)\mathrm{d}x.$$

注意:不论 m,p,q 的相对位置如何,只要上式的三个积分都存在,则等式成立,此即积分的可加性.

性质4 如果在区间 $[p,q]$ 上,恒有 $g(x)\geqslant f(x)$,则

$$\int_p^q g(x)\mathrm{d}x \geqslant \int_p^q f(x)\mathrm{d}x.$$

性质4常用于比较大小.

性质5 (积分估值定理)如果函数 $g(x)$ 在闭区间 $[p,q]$ 上有最大值 N 和最小值 n,则

$$n(q-p)\leqslant \int_p^q g(x)\mathrm{d}x \leqslant N(q-p).$$

性质6 (积分中值定理)如果函数 $g(x)$ 在闭区间 $[p,q]$ 上连续,则在区间 $[p,q]$ 上至少存在一点 ξ,使得

$$\int_p^q g(x)\mathrm{d}x = g(\xi)(q-p).$$

习题 3-6

1. $\left[\int_a^b f(x)\mathrm{d}x\right]'$ 的值为(　　).

A. $f(b)-f(a)$　　B. $-f(a)$　　C. $f(b)$　　D. 0

2. 若 $\int_0^1 (x+k)\mathrm{d}x = 2$, 则 $k=$(　　).

A. 0　　B. -1　　C. 1　　D. $\frac{3}{2}$

3. 函数 $f(x)$ 在 $[a,b]$ 上连续是 $\int_a^b f(x)\mathrm{d}x$ 存在的(　　).

A. 必要条件　　B. 充分条件

C. 充分必要条件　　D. 既不充分也不必要条件

4. 定积分的值与__________无关,而只与__________和__________有关.

5. $\int_0^2 3\mathrm{d}x =$ __________.

6. $\int_{-1}^3 (x+1)\mathrm{d}x =$ __________.

7. 定积分是一个数值,这个数值只与被积函数有关,与积分区间无关.　(　　)

8. 定积分 $\int_a^b f(x)\mathrm{d}x$ 表示由曲线 $y=f(x)$ 及 x 轴、直线 $x=a$、直线 $x=b$ 所围成的曲边梯形的面积.　(　　)

9. 当 $a>b$ 时, $\int_a^b f(x)\mathrm{d}x = -\int_b^a f(x)\mathrm{d}x$.　(　　)

第七节　积分上(下)限函数及牛顿－莱布尼茨公式

一、积分上(下)限函数

设函数 $f(x)$ 在区间 $[a,b]$ 上连续, x 为 $[a,b]$ 上的任意一点(图 3-4),则积分 $\int_a^x f(x)\mathrm{d}x$ 存在,这里上限 x 是 $[a,b]$ 上任意取定的一点,当 x 在 $[a,b]$ 上变化时, $\int_a^x f(x)\mathrm{d}x$ 的值也随之变化. 由于积分值与积分变量用什么字母表示无关,故原来的 $\int_a^x f(x)\mathrm{d}x$ 用 $\int_a^x f(t)\mathrm{d}t$ 表示更好,于是 $\int_a^x f(t)\mathrm{d}t$ 为 $[a,b]$ 上变量 x 的函数,称为 $f(x)$ 的积分上限函数,记作 $\varphi(x) = \int_a^x f(t)\mathrm{d}t\ (a\leqslant x\leqslant b)$. 同理, $\int_x^b f(t)\mathrm{d}t\ (a\leqslant x\leqslant b)$ 也是 x 的函数,称为 $f(x)$ 的积分下限函数.

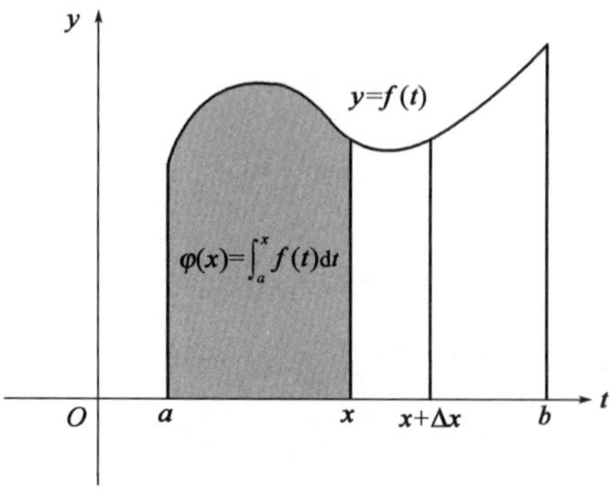

图 3-4

由定积分的几何意义可知，$\int_a^b f(x)\mathrm{d}x$ 表示整块曲边梯形的面积，而 $\varphi(x)=\int_a^x f(t)\mathrm{d}t$ 表示 $\varphi(x)$ 在区间 $[a,x]$ 上对应的曲边梯形的面积. 对于 $\varphi(x)$，有下列性质：

定理 1 若函数 $f(x)$ 在 $[a,b]$ 上连续，则 $\varphi(x)=\int_a^x f(t)\mathrm{d}t$ 在 $[a,b]$ 上可导，且

$$\varphi'(x)=\frac{\mathrm{d}}{\mathrm{d}x}\int_a^x f(t)\mathrm{d}t=f(x).$$

定理 2 若函数 $f(x)$ 在 $[a,b]$ 上连续，则 $\varphi(x)=\int_a^x f(t)\mathrm{d}t$ 是 $f(x)$ 在 $[a,b]$ 上的一个原函数，即

$$\varphi'(x)=f(x),x\in[a,b].$$

定理 2 有以下两个方面的意义：

(1)连续函数的原函数是存在的，这样就解决了不定积分中连续函数的原函数存在的证明；

(2)指出了获得连续函数的原函数的具体方法.

二、微积分基本公式(牛顿 – 莱布尼茨公式)

通过上一节的内容不难发现，依据定积分的定义求解定积分，无疑是一项极其繁复且耗时的任务，这也凸显出寻求定积分的高效计算方法的迫切性. 而牛顿 – 莱布尼茨公式的出现，不仅架起了原函数与定积分之间的桥梁，更开创了一条全新的定积分求解路径.

定理 3 如果连续函数 $g(x)$ 在区间 $[p,q]$ 上的一个原函数是 $G(x)$，则

$$\int_p^q g(x)\mathrm{d}x=G(x)\Big|_p^q=G(q)-G(p).$$

这个公式就是牛顿 – 莱布尼茨公式，也称为微积分基本公式.

三、牛顿 – 莱布尼茨公式的应用

例 1 求定积分 $\int_0^2 x\mathrm{d}x$.

解 $\int_0^2 x\mathrm{d}x=\frac{x^2}{2}\Big|_0^2=\frac{2^2}{2}-\frac{0^2}{2}=2.$

例 2 求定积分 $\int_1^3 x^2\mathrm{d}x$.

解 $\int_1^3 x^2\mathrm{d}x=\frac{x^3}{3}\Big|_1^3=\frac{3^3}{3}-\frac{1^3}{3}=\frac{27}{3}-\frac{1}{3}=\frac{26}{3}.$

例 3 求定积分 $\int_0^\pi \sin x\mathrm{d}x$.

解 $\int_0^\pi \sin x\mathrm{d}x=-\cos x\Big|_0^\pi=2.$

例 4 求定积分 $\int_1^2 \frac{\ln x}{x} dx$.

解 $\int_1^2 \frac{\ln x}{x} dx = \int_1^2 \ln x d(\ln x) = \frac{1}{2}(\ln x)^2 \Big|_1^2 = \frac{1}{2}\ln^2 2$.

例 5 求定积分 $\int_0^1 x\sin x^2 dx$.

解 $\int_0^1 x\sin x^2 dx = \frac{1}{2}\int_0^1 \sin x^2 dx^2 = \frac{-1}{2}\cos x^2 \Big|_0^1 = -\frac{1}{2}(\cos 1 - 1)$.

习题 3-7

1. 求下列定积分的值：

(1) $\int_{-1}^2 x^3 dx$； (2) $\int_0^2 x dx$； (3) $\int_0^{\frac{\pi}{2}} \cos x dx$； (4) $\int_0^1 \frac{x^2}{1+x^2} dx$.

2. 设 $f(x) = \begin{cases} 2x, & 0 \leqslant x \leqslant 1, \\ 5, & 1 < x \leqslant 2, \end{cases}$ 求 $\int_0^2 f(x) dx$.

3. 摩托车以 36km/h 的速度行驶，到某交叉路口需要停车让行. 设摩托车以等加速度 $a = -5\text{m/s}^2$ 制动. 问从开始制动到停车，摩托车驶过了多长距离？

第八节　定积分的计算

牛顿－莱布尼茨公式指出了定积分的运算方法，即求出被积函数的原函数，但是有些时候这个原函数的求解是困难的. 求不定积分的原函数的时候有换元积分法和分部积分法，那么在求定积分的时候是否也可以使用这两种方法呢？

一、定积分的换元积分法

定理 设函数 $f(x)$ 在 $[a,b]$ 上连续，令 $x=\phi(t)$，如果：

(1) $\phi(t)$ 在区间 $[a,b]$ 上有连续的导函数 $\phi'(t)$；

(2) $\phi(t)$ 单调，且 $\phi(\alpha)=a$，$\phi(\beta)=b$.

那么有换元积分公式：

$$\int_a^b f(x) dx = \int_\alpha^\beta f[\phi(t)]\phi'(t) dt.$$

例 1 计算 $\int_0^1 x(2x-1)^4 dx$.

解 设 $2x-1=t$，则 $x=\frac{t+1}{2}$，$dx=\frac{1}{2}dt$.

当 $x=0$ 时，$t=-1$；$x=1$ 时，$t=1$. 故

$$\int_0^1 x(2x-1)^4 \mathrm{d}x = \int_{-1}^{1} \frac{t+1}{2} \cdot t^4 \cdot \frac{1}{2}\mathrm{d}t = \frac{1}{4}\int_{-1}^{1}(t^5+t^4)\mathrm{d}t = \frac{1}{4}\left[\frac{t^6}{6}+\frac{t^5}{5}\right]_{-1}^{1} \frac{1}{10}.$$

例 2 计算 $\int_0^4 \frac{x+2}{\sqrt{2x+1}}\mathrm{d}x$.

解 设 $t=\sqrt{2x+1}$，则 $x=\frac{t^2-1}{2}$，$\mathrm{d}x=t\mathrm{d}t$.

当 $x=0$ 时，$t=1$；$x=4$ 时，$t=3$. 故

$$\int_0^4 \frac{x+2}{\sqrt{2x+1}}\mathrm{d}x = \int_1^3 \frac{\frac{t^2-1}{2}+2}{t} t\mathrm{d}t = \frac{1}{2}\int_1^3 (t^2+3)\mathrm{d}t = \frac{1}{2}\left[\frac{t^3}{3}+3t\right]_1^3 = \frac{22}{3}.$$

二、定积分的分部积分法

本章第四节求解不定积分的时候还使用了分部积分法，那么同样地，也可以将分部积分法应用在定积分的运算中.

设 $u(x)$ 和 $v(x)$ 在 $[a,b]$ 上具有连续导数，$\int_a^b u\mathrm{d}v = uv\Big|_a^b - \int_a^b v\mathrm{d}u$ 称为定积分的分部积分公式.

例 3MATLAB 计算

例 3 求 $\int_0^1 \arcsin x\mathrm{d}x$.

解
$$\begin{aligned}\int_0^1 \arcsin x\mathrm{d}x &= x\arcsin x\Big|_0^1 - \int_0^1 x\mathrm{d}(\arcsin x)\\ &= \arcsin 1 - \int_0^1 x\frac{1}{\sqrt{1-x^2}}\mathrm{d}x = \frac{\pi}{2} + \frac{1}{2}\int_0^1 \frac{1}{\sqrt{1-x^2}}\mathrm{d}(1-x^2)\\ &= \frac{\pi}{2} + \frac{1}{2}\int_0^1 (1-x^2)^{-\frac{1}{2}}\mathrm{d}(1-x^2) = \frac{\pi}{2} + \sqrt{1-x^2}\Big|_0^1 = \frac{\pi}{2} - 1.\end{aligned}$$

例 4 求 $\int_0^{\pi} x\sin x\mathrm{d}x$.

解 $\int_0^{\pi} x\sin x\mathrm{d}x = -\int_0^{\pi} x\mathrm{d}(\cos x) = -x\cos x\Big|_0^{\pi} + \int_0^{\pi}\cos x\mathrm{d}x = (\sin x - x\cos x)\Big|_0^{\pi} = \pi.$

例 5 求定积分 $\int_1^{\mathrm{e}} x\ln x\mathrm{d}x$.

解
$$\begin{aligned}\int_1^{\mathrm{e}} x\ln x\mathrm{d}x &= \int_1^{\mathrm{e}} \ln x\mathrm{d}\left(\frac{x^2}{2}\right) = \frac{x^2}{2}\ln x\Big|_1^{\mathrm{e}} - \int_1^{\mathrm{e}} \frac{x^2}{2}\mathrm{d}(\ln x)\\ &= \frac{x^2}{2}\ln x\Big|_1^{\mathrm{e}} - \int_1^{\mathrm{e}} \frac{x}{2}\mathrm{d}x = \left(\frac{x^2}{2}\ln x - \frac{x^2}{4}\right)\Big|_1^{\mathrm{e}}\\ &= \left(\frac{\mathrm{e}^2}{2} - \frac{\mathrm{e}^2}{4}\right) - \left(0 - \frac{1}{4}\right) = \frac{\mathrm{e}^2}{4} + \frac{1}{4} = \frac{\mathrm{e}^2+1}{4}.\end{aligned}$$

习题 3-8

1. 求下列定积分：

(1) $\int_1^8 \frac{dx}{x+\sqrt[3]{x}}$；　　(2) $\int_2^{\frac{5}{2}} x\sqrt{5-2x}\,dx$；

(3) $\int_0^1 xe^x dx$；　　(4) $\int_0^1 (2x-1)^{2016}dx$.

2. 求定积分 $\int_1^e \frac{\ln^2 x}{x}dx$.

第九节　定积分的应用

定积分是求某种总量的数学模型，它在几何学、物理学、经济学、社会学等方面都有着广泛的应用. 也正是这些广泛的应用，推动着积分学的不断发展和完善. 因此，在学习的过程中，不仅要掌握计算某些实际问题的公式，更重要的是深刻领会用定积分解决实际问题的基本思想和方法——微元法，不断积累和提高数学的应用能力.

一、定积分的微元法

定积分所要解决的问题实际上是要求某一不均匀分布的整体量(几何量或物理量). 而定积分 $\int_a^b f(x)dx$ 可以看成许多微小部分 $f(x)dx$ 的累加，这样利用定积分求解问题，就包括两个过程：

(1)选取积分变量，如选 x，并确定其范围，如 $x\in[a,b]$，在其上任取一个小区间 $[x,x+dx]$，然后写出在这个小区间上的部分量 Δu 的近似值，记作 $du=f(x)dx$(称为 U 的微元)；

(2)将微元 du 在 $[a,b]$ 上无限“累加”，即在 $[a,b]$ 上积分，得 $U=\int_a^b f(x)dx$.

以上解决问题的方法称为微元法.

二、利用定积分求平面图形的面积

根据定积分的几何意义，可以求出下面几种类型的平面图形的面积.

1. 由曲线 $y=f(x)$、直线 $x=a$、直线 $x=b$ 及 x 轴所围成平面图形的面积

(1)若 $f(x)\geqslant 0$，则其面积为 $S=\int_a^b f(x)dx$(图 3-5)；

(2)若 $f(x)\leqslant 0$，则其面积为 $S=-\int_a^b f(x)dx$(图 3-6)；

(3)若 $f(x)$ 在积分区间 $[a,b]$ 上既有取正值的部分，又有取负值的部分(图 3-7)，则其面积为 $S=\int_a^{c_1} f(x)dx-\int_{c_1}^{c_2} f(x)dx+\int_{c_2}^b f(x)dx$.

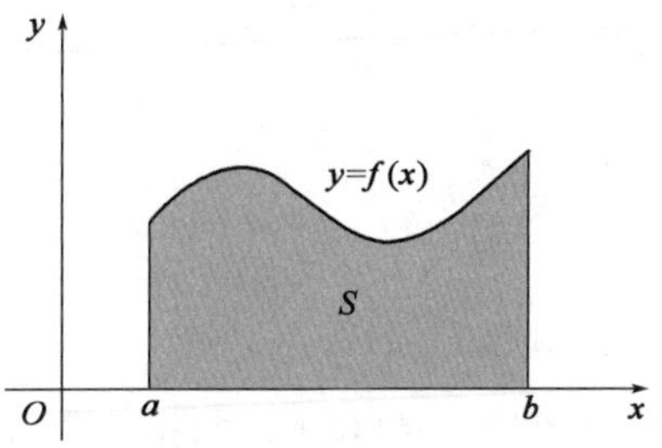

图 3-5

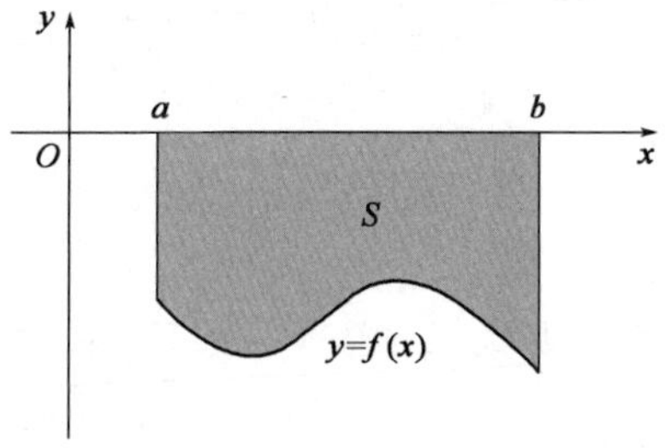

图 3-6

综上所述，由曲线 $y=f(x)$、直线 $x=a$、直线 $x=b$ 及 x 轴所围成平面图形的面积为 $S=\int_a^b |f(x)| \mathrm{d}x$.

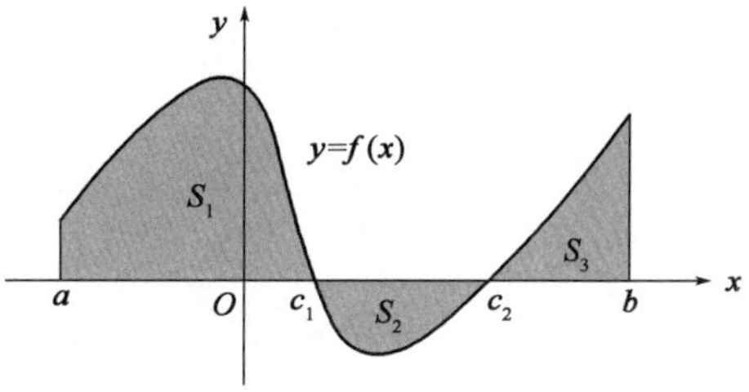

图 3-7

2. 由曲线 $y=f(x)$，$y=g(x)$ 及直线 $x=a$，$x=b$ 所围成平面图形的面积

设曲线 $y=f(x)$ 位于曲线 $y=g(x)$ 的上方(图 3-8)，则其面积为

$$S=\int_a^b [f(x)-g(x)] \mathrm{d}x.$$

3. 由曲线 $x=\varphi(y)$，$x=\psi(y)$ 及直线 $y=a$，$y=b$ 所围成平面图形的面积

设曲线 $x=\varphi(y)$ 位于曲线 $x=\psi(y)$ 的左侧(图 3-9)，则其面积为

$$S=\int_a^b [\psi(y)-\varphi(y)] \mathrm{d}y.$$

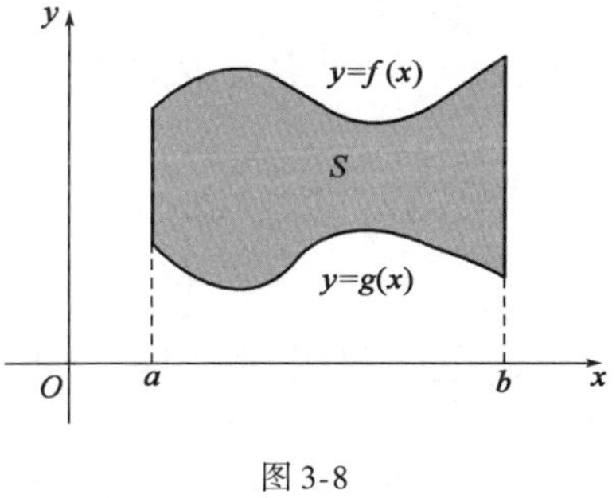

图 3-8

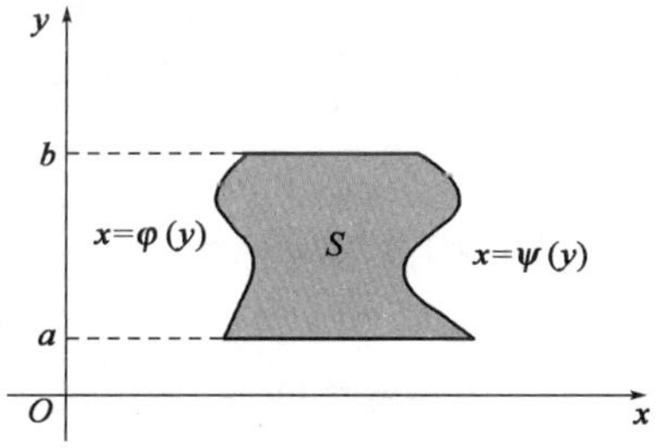

图 3-9

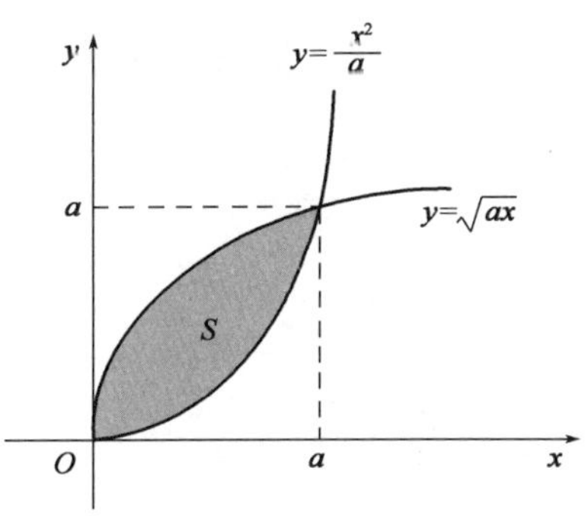

图 3-10

例 1 求由两条曲线 $y^2=ax$ 和 $ay=x^2(a>0)$ 所围成平面图形的面积.

解 (1)求两曲线的交点：解方程组 $\begin{cases} y^2=ax, \\ ay=x^2, \end{cases}$ 得交点为 $(0,0)$，(a,a).

(2)画出两条曲线的图形(图 3-10)，它们均为抛物线，并将它们的方程变形为 $y=\sqrt{ax}$(因为所求图形在 x 轴上方，y 必定大于 0，故这里舍去 $y=-\sqrt{ax}$)和 $y=\frac{x^2}{a}$.

(3)求面积：利用求平面图形面积公式，有

$$S=\int_0^a\left(\sqrt{ax}-\frac{x^2}{a}\right)\mathrm{d}x=\sqrt{a}\int_0^a x^{\frac{1}{2}}\mathrm{d}x-\frac{1}{a}\int_0^a x^2\mathrm{d}x$$

$$=\sqrt{a}\cdot\frac{2}{3}x^{\frac{3}{2}}\Big|_0^a-\frac{1}{a}\cdot\frac{1}{3}x^3\Big|_0^a=\frac{1}{3}a^2.$$

例 2 计算由两条抛物线 $y^2=x$ 和 $y=x^2$ 所围成图形的面积.

解 两曲线的交点为(0,0),(1,1),选 x 为积分变量,$x\in[0,1]$,面积元素 $\mathrm{d}A=(\sqrt{x}-x^2)\mathrm{d}x$,则

$$A=\int_0^1(\sqrt{x}-x^2)\mathrm{d}x=\left[\frac{2}{3}x^{\frac{3}{2}}-\frac{x^3}{3}\right]_0^1=\frac{1}{3}.$$

习题 3-9

1. 求在区间$[0,2\pi]$上曲线 $y=\sin x$ 与 x 轴所围成图形的面积.
2. 求抛物线 $y^2=2x$ 与直线 $y=x-4$ 所围成平面图形的面积.
3. 求由曲线 $y=x^3$、直线 $x=-1$、直线 $x=1$ 及 x 轴所围成平面图形的面积.
4. 求由曲线 $y=\mathrm{e}^x$、$y=\mathrm{e}^{-x}$和直线 $x=1$ 所围成平面图形的面积.

第十节 反常积分

反常积分,也称为广义积分,是微积分学中的一个重要分支,它研究的是那些在传统积分定义下不收敛的积分. 这类积分通常涉及无限区间或被积函数在某点处的无限行为,因此需要特殊的处理方法.

一、无穷区间上的反常积分

定义 1 设$f(x)$是无穷区间$(-\infty,b]$上的连续函数,若极限 $\lim\limits_{a\to-\infty}\int_a^b f(x)\mathrm{d}x$ 存在,则称此极限为函数$f(x)$在无穷区间$(-\infty,b]$上的反常积分(或广义积分),记作 $\int_{-\infty}^b f(x)\mathrm{d}x$,即 $\int_{-\infty}^b f(x)\mathrm{d}x=\lim\limits_{a\to-\infty}\int_a^b f(x)\mathrm{d}x$,此时反常积分$\int_{-\infty}^b f(x)\mathrm{d}x$ 存在或收敛,否则称反常积分不存在或发散.

类似地,可以定义$f(x)$在$[a,+\infty)$上的反常积分,有

$$\int_a^{+\infty}f(x)\mathrm{d}x=\lim_{b\to+\infty}\int_a^b f(x)\mathrm{d}x.$$

定义 2 函数$f(x)$在$(-\infty,+\infty)$内的反常积分定义为

$$\int_{-\infty}^{+\infty}f(x)\mathrm{d}x=\int_{-\infty}^{c}f(x)\mathrm{d}x+\int_c^{+\infty}f(x)\mathrm{d}x,c\in(-\infty,+\infty),$$

其中 c 为任意常数. 仅当等式右边的两个积分都收敛时,称反常积分 $\int_{-\infty}^{+\infty} f(x)\,\mathrm{d}x$ 收敛,否则称反常积分$\int_{-\infty}^{+\infty} f(x)\,\mathrm{d}x$ 不存在或发散.

二、无界函数的反常积分

设$f(x)$在$(a,b]$上有定义,而 a 的右邻域内无界,若对任意正数 ε,$f(x)$在$(a+\varepsilon,b]$上可积,则称 $\int_a^b f(x)\,\mathrm{d}x$ 为$f(x)$ 在$(a,b]$ 上的广义积分.

若极限$\lim\limits_{\varepsilon\to 0^+}\int_{a+\varepsilon}^{b} f(x)\,\mathrm{d}x$ 存在,则称广义积分收敛,并以该极限值为它的值,即

$$\int_a^b f(x)\,\mathrm{d}x = \lim_{\varepsilon\to 0^+}\int_{a+\varepsilon}^{b} f(x)\,\mathrm{d}x.$$

若极限不存在,则称广义积分发散.

与无穷广义积分一样,记号的含义是指考察变下限积分

$$F(\varepsilon) = \int_{a+\varepsilon}^{b} f(x)\,\mathrm{d}x \quad (0<\varepsilon<b-a)$$

当 $\varepsilon\to 0^+$时的极限情形. 这里点 a 称为函数$f(x)$的瑕点,因此无界函数的广义积分也称为瑕积分.

同样也可利用极限$\lim\limits_{\varepsilon\to 0^+}\int_a^{b-\varepsilon} f(x)\,\mathrm{d}x$ 来定义点 b 为瑕点的广义积分的敛散性.

若$f(x)$的瑕点 c 在$[a,b]$的内部,即 $a<c<b$,则反常积分 $\int_a^b f(x)\,\mathrm{d}x$ 定义为

$$\int_a^b f(x)\,\mathrm{d}x = \int_a^c f(x)\,\mathrm{d}x + \int_c^b f(x)\,\mathrm{d}x.$$

上式中等号左边的反常积分 $\int_a^b f(x)\,\mathrm{d}x$ 只有在等号右边两个积分都收敛时才收敛,否则左边的反常积分发散.

例 1 求 $\int_{\frac{2}{\pi}}^{+\infty}\dfrac{\cos\frac{1}{x}}{x^2}\mathrm{d}x$ 的敛散性.

解
$$\int_{\frac{2}{\pi}}^{+\infty}\frac{\cos\frac{1}{x}}{x^2}\mathrm{d}x = \lim_{b\to+\infty}\int_{\frac{2}{\pi}}^{b}\frac{\cos\frac{1}{x}}{x^2}\mathrm{d}x = -\lim_{b\to+\infty}\int_{\frac{2}{\pi}}^{b}\cos\frac{1}{x}\mathrm{d}\left(\frac{1}{x}\right)$$
$$= -\lim_{b\to+\infty}\left(\sin\frac{1}{x}\right)\Bigg|_{\frac{2}{\pi}}^{b} = -\lim_{b\to+\infty}\left(\sin\frac{1}{b}-1\right) = 1.$$

故反常积分 $\int_{\frac{2}{\pi}}^{+\infty}\dfrac{\cos\frac{1}{x}}{x^2}\mathrm{d}x$ 收敛.

例 2 求反常积分 $\int_{-1}^{1}\dfrac{1}{x^2}\mathrm{d}x$ 的敛散性.

解 $x=0$ 为函数$\frac{1}{x^2}$的瑕点,且$\int_{-1}^{1}\frac{1}{x^2}\mathrm{d}x=\int_{-1}^{0}\frac{1}{x^2}\mathrm{d}x+\int_{0}^{1}\frac{1}{x^2}\mathrm{d}x$,因

$$\lim_{\varepsilon\to0^+}\int_{\varepsilon}^{1}\frac{1}{x^2}\mathrm{d}x=\lim_{\varepsilon\to0^+}\left(-\frac{1}{x^2}\right)\Bigg|_{\varepsilon}^{1}=\lim_{\varepsilon\to0^+}\left(-1+\frac{1}{\varepsilon^2}\right)=+\infty.$$

故反常积分$\int_{-1}^{1}\frac{1}{x^2}\mathrm{d}x$ 发散.

习题 3-10

求下列反常积分:

(1) $\int_{\frac{2}{\pi}}^{+\infty}\frac{\sin\frac{1}{x}}{x^2}\mathrm{d}x$;　　(2) $\int_{1}^{+\infty}\frac{1}{2\sqrt{x}}\mathrm{d}x$;

(3) $\int_{0}^{+\infty}5\mathrm{e}^{-5x}\mathrm{d}x$;　　(4) $\int_{-1}^{1}\frac{1}{\sqrt[3]{x^2}}\mathrm{d}x$.

总习题三

一、基础题

(一)选择题

1. $\left[\int_a^b f(x)\mathrm{d}x\right]'$ 的值为(　　).

A. $f(b)-f(a)$　　B. $-f(a)$　　C. $f(b)$　　D. 0

2. 若$\int_0^1(x+k)\mathrm{d}x=2$,则 $k=$(　　).

A. 0　　B. -1　　C. 1　　D. $\frac{3}{2}$

3. $f(x)$在$[a,b]$上连续是$\int_a^b f(x)\mathrm{d}x$ 存在的(　　).

A. 必要条件　　B. 充分条件

C. 充分必要条件　　D. 既不充分也不必要条件

4. 由曲线 $y_1=f(x)$,$y_2=g(x)$与直线 $x=a$,$x=b(a<b)$所围成的平面图形的面积为(　　).

A. $\int_a^b\left|f(x)-g(x)\right|\mathrm{d}x$　　B. $\left|\int_a^b\left|f(x)-g(x)\right|\mathrm{d}x\right|$

C. $\left|\int_a^b[f(x)-g(x)]\mathrm{d}x\right|$　　D. $\int_a^b\left[\left|f(x)\right|-\left|g(x)\right|\right]\mathrm{d}x$

(二)填空题

1. 定积分的值与________无关,而只与________和________有关.

2. 已知$f(x)=x$,则$\int_{-1}^{1}\left|f(x)\right|dx=$__________.

3. $\int_{-a}^{+a}x[f(x)+f(-x)]dx=$__________.

4. 根据定积分的定义知$\int_{a}^{b}kdx=$__________.

5. 根据定积分的几何意义判断定积分值的大小:$\int_{0}^{\frac{\pi}{2}}\sin x dx$__________0,$\int_{-1}^{2}x^3dx$__________0,$\int_{-\frac{\pi}{3}}^{\frac{\pi}{4}}\tan x dx$__________0.(填"<"">""=")

(三)判断题

1. 定积分是一个数值,这个数值只与被积函数有关,与积分区间无关. ( )
2. 定积分是一个数值,这个数值只与积分区间及被积函数有关. ( )
3. 定积分$\int_{a}^{b}f(x)dx$表示由曲线$y=f(x)$、x轴及直线$x=a$、直线$x=b$所围成的曲边梯形的面积. ( )
4. 根据定积分的定义知$\int_{a}^{b}dx=b-a$. ( )
5. 由$\int_{a}^{b}f(x)dx=\int_{a}^{c}f(x)dx+\int_{c}^{b}f(x)dx$知$a\leqslant c\leqslant b$. ( )
6. $\int_{a}^{b}f(x)dx=-\int_{b}^{a}f(x)dx$. ( )
7. 由微积分基本定理有$\int_{a}^{b}f'(x)dx=f(b)-f(a)$. ( )
8. 若$f(x)$在$[-a,a]$上连续且为偶函数,则$\int_{-a}^{a}f(x)dx=2\int_{0}^{a}f(x)dx$. ( )

(四)计算题

1. $\int_{-1}^{2}x^3dx$;
2. $\int_{1}^{3}x^3dx$;
3. $\int_{0}^{1}3^xdx$.

二、提高题

(一)计算题

1. $\int_{0}^{1}\frac{dx}{x+\sqrt[3]{x}}$;
2. $\int_{0}^{1}(3x-1)^{2024}dx$;
3. $\int_{1}^{e}\frac{\ln^2x}{x}dx$;
4. $\int_{0}^{2}\frac{1}{(1-x)^2}dx$;
5. $\int_{-\pi}^{0}\cos x dx$;
6. $\int_{0}^{1}\frac{x^2}{1+x^2}dx$.

(二)应用题

1. 求抛物线$y^2=4x$与直线$y=x-2$所围成平面图形的面积.
2. 求由曲线$y=x^2$、直线$x=-2$、直线$x=3$及x轴所围成平面图形的面积.

3. 求在区间$\left[-\frac{\pi}{2},\frac{\pi}{2}\right]$上曲线 $y=\cos x$ 与 x 轴所围成平面图形的面积.

引 例 解 答

引例 1 预估消耗量问题

1. 问题提出

问题见本章开头引例 1.

2. 问题分析

引例 1MATLAB 计算

从第 1 天($t=0$)到第 20 天($t=20$)钢材的总消耗量为

$$Q=\int_0^{20}2.39\mathrm{e}^{0.07t}\mathrm{d}t=\frac{2.39}{0.07}\int_0^{20}\mathrm{e}^{0.07t}\mathrm{d}(0.07t)=\left(\frac{2.39}{0.07}\mathrm{e}^{0.07t}\right)\Big|_0^{20}\approx 104.314(\mathrm{t}).$$

引例 2 公司采购问题

1. 问题提出

问题见本章开头引例 2.

2. 问题分析

每年付款金额相同,共 10 年,这属于均匀现金流,付款总值的现在值等于现价扣去首付. 这个问题属于贴现问题. 若第 x 年付款为 A 万元,则第 x 年付款的贴现值为 $A\mathrm{e}^{-0.06x}$,n 年的贴现值为 $\int_0^n A\mathrm{e}^{-0.06x}\mathrm{d}x$.

依题意,设每年付款 A 万元,因付款总值为 250 万元,即有

$$250=\int_0^n A\mathrm{e}^{-0.06x}\mathrm{d}x.$$

3. 问题解决

输入语句:

```
clear
syms x A
a = int( A * exp( -0.06 * x) ,0,10)
```

运行语句后输出:

```
a =
-50/3 * A * exp( -3/5) +50/3 * A
```

再输入语句:

```
A = solve(' -50/3 * A * exp( -3/5) +50/3 * A -250','A')
```

运行语句后输出:

```
A =
-15/(exp( -3/5) -1)
```

求数值解,可得 $A=33.2455$(万元),故每年应付款 33.2455 万元.

数学文化——化整为零,分而治之

积分就是把整体划分成很多微小的部分,这些微小的部分是我们所熟悉的、能处理的部分,处理完毕这些微小的部分,再把结果累加起来,还原成整体.这是一种重要的方法,把复杂庞大的问题分割成能解决的小问题,化繁为简,再复原成复杂的问题.

这种分而治之的思想是一种古老的政治和军事策略,也适用于解决问题.通过将大问题分解为小问题,可以更容易地管理和控制,最终实现整体的治理.这也给了我们一种重要启示,不管多复杂的高楼大厦也是由一砖一瓦所建成,在面对各种困难的时候,我们可以朝着目标,从细小处着手,步步前行,总会有收获.

第四章

微分方程

引例1　自由落体运动问题

一个离地面很高的物体,受地球引力的作用由静止开始落向地面,求它落到地面时的速度和所需的时间.(不计空气阻力)

引例2　弹簧振动的轨迹方程

设有一个弹簧,它的上端固定,下端挂一个质量为 m 的物体,当物体静止时受力平衡,如果给物体一个初始速度 v_0,使物体上下运动,那么物体位置变化的函数是什么样的?

引例1和引例2可以用微分方程解答,学习完常系数齐次线性微分方程就能回答这两个问题.

本章主要介绍微分方程的一些基本概念和几种常用的微分方程的解法.

第一节　微分方程的基本概念

微分方程是指含有未知函数及其导数的关系式.

为了更好地解释微分方程的定义,请看下面的例子.

例　一曲线通过点(2,1),且在该曲线上任一点 $P(x,y)$ 处的切线的斜率为 $3x^2$,求该曲线的方程.

解　设所求曲线的方程为 $y=f(x)$. 根据导数的几何意义,可知未知函数 $y=f(x)$ 应满足关系式

$$\frac{\mathrm{d}y}{\mathrm{d}x}=3x^2. \tag{4-1}$$

式(4-1)两边积分,得

$$y=x^3+C, \tag{4-2}$$

其中 C 为任意常数.

因为曲线过点(2,1),把坐标代入式(4-2),得 $1=2^3+C$,由此定出 $C=-7$. 把 $C=-7$ 代

入式(4-2),即得所求曲线方程为

$$y = x^3 - 7 \tag{4-3}$$

例 1 中的关系式(4-1)含有未知函数的导数,这就是微分方程. 一般地,凡表示未知函数、未知函数的导数与自变量之间关系的方程,称为微分方程,有时也简称方程.

微分方程中所出现的未知函数的最高阶导数的阶数,称为微分方程的阶. 例如,方程(4-1)是一阶微分方程;又如,方程

$$xy'' = x^3 y'$$

是二阶微分方程;方程

$$y^{(4)} = x^3 + y''$$

是四阶微分方程.

这里必须指出,在 n 阶微分方程中,n 阶是必须存在的(系数不能为 0,其他的项系数可以为 0),例如 $y^{(n)} + 2 = 0$ 中,除 $y^{(n)}$ 外,其他变量都没有出现.

在研究某些实际问题时,首先要建立微分方程,然后找出满足微分方程的函数(解微分方程),也就是说,找出这样的函数,把这个函数代入微分方程能使该方程成为恒等式,这个函数就称为该微分方程的解.

例如,函数(4-2)和函数(4-3)都是微分方程(4-1)的解.

如果微分方程的解中含有任意常数,且任意常数的个数与微分方程的阶数相同,这样的解称为微分方程的通解. 例如,函数(4-2)是方程(4-1)的解,它含有一个任意常数,而方程(4-1)是一阶的,所以函数(4-2)是方程(4-1)的通解.

由于通解中含有任意常数,所以它还不能完全确定地反映某一客观事物的规律性. 要完全确定地反映客观事物的规律性,必须确定这些常数的值. 为此,要根据问题的实际情况,提出确定这些常数的条件,例如,例 1 中的条件是过点(2,1).

设微分方程中的未知函数为 $y = \varphi(x)$,如果微分方程是一阶的,通常用来确定任意常数的条件是当 $x = x_0$ 时 $y = y_0$,或写作 $y\big|_{x=x_0} = y_0$.

确定了通解中的任意常数以后,就得到了微分方程的特解. 例如函数(4-3)是方程(4-1)满足条件的特解.

求微分方程 $y' = f(x,y)$ 满足初始条件 $y\big|_{x=x_0} = y_0$ 的特解的问题,称为一阶微分方程的初值问题,记作

$$\begin{cases} y' = f(x,y), \\ y\big|_{x=x_0} = y_0. \end{cases} \tag{4-4}$$

微分方程的解的图像是一条曲线,称为微分方程的积分曲线,初值问题已经知道一点的坐标,因此可以确定具体的积分曲线.

二阶微分方程的初值问题

$$\begin{cases} y'' = f(x,y,y') \\ y\big|_{x=x_0} = y_0, y'\big|_{x=x_0} = y_0' \end{cases}$$

的几何意义是求微分方程通过点 (x_0, y_0) 且在该点处切线的斜率为 y_0' 的那条积分曲线.

习题 4-1

1. 指出下列各微分方程的阶数:

(1) $xy''=2x^3y'$;　　(2) $x^2y''+y=x^3y'$;

(3) $x^3y'''+3y''=x^3y'$;　　(4) $(7x+y)\mathrm{d}y+(2y-x)\mathrm{d}x=0$.

2. 判断下列函数是否为所给微分方程的解：

(1) $y=x^2, xy'=2y$;　　(2) $y=\sin x, y''=-y$;

(3) $y=\mathrm{e}^{x^2}, y'=xy$;　　(4) $y=\ln x, y'=\dfrac{1}{y}$.

3. 确定下列函数关系式中所含的参数，使函数满足所给的初始条件（C 为任意常数）：

(1) $x-y=C, y\big|_{x=1}=-2$;　　(2) $y=C\mathrm{e}^x, y\big|_{x=2}=-2\mathrm{e}^2$.

4. 用微分方程表示满足在点(x,y)处的切线的斜率等于该点横坐标的 2 倍的曲线.

第二节　可分离变量的微分方程

一、可分离变量的微分方程的概念

当一个微分方程可以化为

$$g(y)\mathrm{d}y=f(x)\mathrm{d}x \tag{4-5}$$

的形式，也就是等式一边只与 y 相关$(y,\mathrm{d}y)$，另一边只与 x 相关$(x,\mathrm{d}x)$，则称之为可分离变量的微分方程. 若方程(4-5)中的 $g(y)$，$f(x)$是连续的，则将方程(4-5)两边同时积分可得到通解：

$$\int g(y)\mathrm{d}y=\int f(x)\mathrm{d}x. \tag{4-6}$$

设 $G(y)$ 和 $F(x)$ 分别为 $g(y)$ 和 $f(x)$ 的原函数，于是有

$$G(y)=F(x)+C. \tag{4-7}$$

因此，方程(4-7)为方程(4-5)的隐式通解.

例 1　求微分方程

$$\frac{\mathrm{d}y}{\mathrm{d}x}=3x^2 \tag{4-8}$$

的通解.

方程(4-8)是可分离变量的，分离变量后得

$$\mathrm{d}y=3x^3\mathrm{d}x.$$

两边积分 $\int\mathrm{d}y=\int 3x^2\mathrm{d}x$，得 $y=x^3+C$，从而得到隐式通解（此题隐式通解与通解形式刚好一致）.

例 2　求微分方程

$$\frac{\mathrm{d}y}{\mathrm{d}x}=\frac{x^2}{y} \tag{4-9}$$

的通解.

方程(4-9)是可分离变量的，分离变量后得

$$y\mathrm{d}y=x^2\mathrm{d}x.$$

两边积分 $\int y\mathrm{d}y=\int x^2\mathrm{d}x$，得

$$\frac{y^2}{2}=\frac{x^3}{3}+C_1, \tag{4-10}$$

从而得到隐式通解(4-10),式(4-10)化简后得 $y=\pm\sqrt{\frac{2}{3}x^3+2C_1}$,其中 $2C_1$ 为任意常数,所以此方程通解为 $y=\pm\sqrt{\frac{2}{3}x^3+C}$.

二、齐次微分方程

齐次微分方程形如$\frac{dy}{dx}=\varphi\left(\frac{y}{x}\right)$,等号一边是$\frac{dy}{dx}$,另一边是以$\frac{y}{x}$为变量的函数表达式,例如$\frac{dy}{dx}=\left(\frac{y}{x}\right)^2-2\frac{y}{x}+1$ 为齐次微分方程.

齐次微分方程经过变化后,可以化为可分离变量的微分方程.

令 $u=\frac{y}{x}$,则$\frac{dy}{dx}=\frac{d(ux)}{dx}=x\frac{du}{dx}+u\frac{dx}{dx}=x\frac{du}{dx}+u$(注意这里 u 是变量,不是常数),所以$\frac{dy}{dx}=\varphi\left(\frac{y}{x}\right)$变形为

$$x\frac{du}{dx}+u=\varphi(u).$$

分离变量得

$$\frac{dx}{x}=\frac{du}{\varphi(u)-u}.$$

两边同时积分得 $\int\frac{dx}{x}=\int\frac{du}{\varphi(u)-u}$, 便可求解.

例 3 求方程

$$\frac{dy}{dx}=\frac{\left(\frac{y}{x}\right)^2}{\frac{y}{x}-1} \tag{4-11}$$

的通解.

解 令 $u=\frac{y}{x}$,则$\frac{dy}{dx}=\frac{d(ux)}{dx}=x\frac{du}{dx}+u\frac{dx}{dx}=x\frac{du}{dx}+u$,所以方程(4-11)变形为

$$x\frac{du}{dx}+u=\frac{u^2}{u-1}.$$

分离变量得

$$x\frac{du}{dx}=\frac{u^2}{u-1}-u.$$

化简后得

$$\frac{dx}{x}=\left(1-\frac{1}{u}\right)du.$$

两边同时积分得

$$u-\ln|u|=\ln|x|+C.$$

把 $u=\frac{y}{x}$代入得

$$\frac{y}{x}=\ln|x|+\ln\left|\frac{y}{x}\right|+C,$$

$$\frac{y}{x}=\ln|y|+C.$$

上式即为方程(4-11)的通解.

例 4 求微分方程

$$xy\mathrm{d}y-(y^2+x^2)\mathrm{d}x=0 \tag{4-12}$$

的通解.

解 原式化为

$$xy\mathrm{d}y=(y^2+x^2)\mathrm{d}x,$$

$$\frac{\mathrm{d}y}{\mathrm{d}x}=\frac{y^2+x^2}{xy},$$

$$\frac{\mathrm{d}y}{\mathrm{d}x}=\frac{x^2\left(\frac{y^2}{x^2}+1\right)}{x^2\cdot\frac{y}{x}}.$$

令 $u=\frac{y}{x}$,则$\frac{\mathrm{d}y}{\mathrm{d}x}=\frac{\mathrm{d}(ux)}{\mathrm{d}x}=x\frac{\mathrm{d}u}{\mathrm{d}x}+u\frac{\mathrm{d}x}{\mathrm{d}x}=x\frac{\mathrm{d}u}{\mathrm{d}x}+u$,所以$\frac{\mathrm{d}y}{\mathrm{d}x}=\frac{x^2\left(\frac{y^2}{x^2}+1\right)}{x^2\cdot\frac{y}{x}}$变形为

$$x\frac{\mathrm{d}u}{\mathrm{d}x}+u=\frac{u^2+1}{u}.$$

分离变量得

$$x\frac{\mathrm{d}u}{\mathrm{d}x}=\frac{1}{u}.$$

化简后得

$$\frac{\mathrm{d}x}{x}=u\mathrm{d}u.$$

两边同时积分得

$$\ln|x|=\frac{u^2}{2}+C_1.$$

把 $u=\frac{y}{x}$代入得

$$y^2=2x^2(\ln|x|-C_1),$$

$$y=\pm x\sqrt{2(\ln|x|-C_1)},$$

$$y=\pm x\sqrt{\ln x^2-2C_1},$$

$$y=\pm x\sqrt{\ln x^2+C}\quad(C=-2C_1).$$

上式即为方程(4-12)的通解.

习题 4-2

1. 求下列微分方程的通解：

(1) $\frac{dy}{dx}=3xy$； (2) $2xy'=y\ln y$； (3) $y'=e^{x+y}$.

2. 求下列微分方程满足所给初始条件的特解：

(1) $(x^2+2y^2)dx+2xydy=0, y\big|_{x=1}=2$；

(2) $2ydx+\frac{1}{3x^2}dy=0, y\big|_{x=0}=3$；

(3) $y'\frac{1}{\sin x}=2y\ln y, y\big|_{x=\frac{\pi}{2}}=e$.

3. 有一盛满了水的圆锥形漏斗，高为 10cm，顶角为 60°，漏斗下面有面积为 0.5cm² 的孔，求水面高度变化的规律及水流完所需的时间.

第三节 一阶线性微分方程

形如

$$\frac{dy}{dx}+P(x)y=Q(x) \tag{4-13}$$

的方程称为线性微分方程. 之所以称为线性是因为未知函数 y 和它的导数 y' 都是一次的. $Q(x)$ 称为非齐次项. 当 $Q(x)=0$ 时，即

$$\frac{dy}{dx}+P(x)y=0 \tag{4-14}$$

称为一阶齐次线性微分方程，否则称为一阶非齐次线性微分方程.

例 1 判断下列微分方程的类型：

(1) $g(y)dy=f(x)dx$； (2) $\frac{dy}{dx}=\varphi\left(\frac{y}{x}\right)$；

(3) $\frac{dy}{dx}+P(x)y=0$； (4) $\frac{dy}{dx}+P(x)y=Q(x)$.

解 (1) 为可分离变量的微分方程；(2) 为齐次方程；(3) 为一阶齐次线性微分方程；(4) 为一阶非齐次线性微分方程.

前面已经介绍了例 1 中(1)、(2)的求解方法，现在来看一下(3)一阶齐次线性微分方程的求解方法，这类方程可以化为可分离变量的微分方程来求解.

$$\frac{dy}{dx}+P(x)y=0$$

变形为

$$\frac{dy}{y}=-P(x)dx.$$

两边同时积分 $\int\frac{dy}{y}=-\int P(x)dx$，即可解出

$$y = Ce^{-\int P(x)\mathrm{d}x} \quad (C = \pm e^{C_1}). \tag{4-15}$$

例 2 求微分方程

$$\frac{\mathrm{d}y}{\mathrm{d}x} = (x+1)y$$

的通解.

解 原式化为

$$\frac{\mathrm{d}y}{y} = (x+1)\mathrm{d}x.$$

两边同时积分得

$$\ln|y| = \frac{x^2}{2} + x + C_1.$$

变形后得

$$y = \pm e^{\frac{x^2}{2}+x+C_1},$$

$$y = Ce^{\frac{x^2}{2}+x} \quad (C = \pm e^{C_1}).$$

上式即为原方程的通解.

一阶非齐次线性微分方程怎么求解呢？因为齐次线性微分方程$\frac{\mathrm{d}y}{\mathrm{d}x} + P(x)y = 0$ 的解是 $y = Ce^{-\int P(x)\mathrm{d}x}$，两边同时对 x 求导，得

$$\frac{\mathrm{d}y}{\mathrm{d}x} = -CP(x)e^{-\int P(x)\mathrm{d}x}. \tag{4-16}$$

把式(4-15)、式(4-16)代入式(4-14)得

$$\frac{\mathrm{d}y}{\mathrm{d}x} + P(x)y = -CP(x)e^{-\int P(x)\mathrm{d}x} + P(x)y,$$

$$\frac{\mathrm{d}y}{\mathrm{d}x} + P(x)y = -CP(x)e^{-\int P(x)\mathrm{d}x} + CP(x)e^{-\int P(x)\mathrm{d}x} = 0.$$

如果 $y = Ce^{-\int P(x)\mathrm{d}x}$ 中 C 不是常数，而是一个关于 x 的函数，则上式两边同时对 x 求导，会变成什么样？

例如

$$y = C(x)e^{-\int P(x)\mathrm{d}x}. \tag{4-17}$$

两边同时对 x 求导得

$$\frac{\mathrm{d}y}{\mathrm{d}x} = C'(x)e^{-\int P(x)\mathrm{d}x} - C(x)P(x)e^{-\int P(x)\mathrm{d}x}.$$

两边同时加上 $P(x)y$ 得

$$\frac{\mathrm{d}y}{\mathrm{d}x} + P(x)y = C'(x)e^{-\int P(x)\mathrm{d}x} - C(x)P(x)e^{-\int P(x)\mathrm{d}x} + P(x)y.$$

把式(4-17)代入上式右边得

$$\frac{\mathrm{d}y}{\mathrm{d}x} + P(x)y = C'(x)e^{-\int P(x)\mathrm{d}x} - C(x)P(x)e^{-\int P(x)\mathrm{d}x} + P(x)C(x)e^{-\int P(x)\mathrm{d}x},$$

$$\frac{\mathrm{d}y}{\mathrm{d}x} + P(x)y = C'(x)e^{-\int P(x)\mathrm{d}x}.$$

而一阶非齐次线性微分方程形如$\frac{dy}{dx}+P(x)y=Q(x)$,由此可见,若

$$C'(x)e^{-\int P(x)dx} = Q(x), \tag{4-18}$$

则

$$y = C(x)e^{-\int P(x)dx} \tag{4-19}$$

刚好为$\frac{dy}{dx}+P(x)y=Q(x)$的解. 所以可以有这样一个思路,利用式(4-18)求解 $C(x)$,得

$$C(x) = \int Q(x)e^{\int P(x)dx}dx + C. \tag{4-20}$$

把式(4-20)代入式(4-19)得到一阶非齐次线性微分方程$\frac{dy}{dx}+P(x)y=Q(x)$的通解:

$$y = Ce^{-\int P(x)dx} + e^{-\int P(x)dx}\int Q(x)e^{\int P(x)dx}dx,$$

其中 $Ce^{-\int P(x)dx}$ 刚好为$\frac{dy}{dx}+P(x)y=0$ 的解, $e^{-\int P(x)dx}\int Q(x)e^{\int P(x)dx}dx$ 为$\frac{dy}{dx}+P(x)y=Q(x)$的一个特解. 此方法称为常数变易法.

例 3 求微分方程

$$\frac{dy}{dx} = -\frac{3y}{x}+\frac{x}{2}$$

的通解.

解 这是一个一阶非齐次线性微分方程,先利用$\frac{dy}{dx}=-\frac{3y}{x}$求解 $Ce^{-\int P(x)dx}$.

$$\frac{dy}{dx} = -\frac{3y}{x}$$

变形为

$$\frac{dy}{y} = -3\,\frac{dx}{x}.$$

两边同时积分得

$$\ln|y| = -3\ln|x| + C_1,$$
$$y = e^{C_1}x^{-3},$$
$$y = C_2x^{-3} \quad (C_2 = \pm e^{C_1}).$$

采用常数变易法,得

$$y = C(x)x^{-3}.$$

两边同时求导得

$$\frac{dy}{dx} = C'(x)x^{-3} - 3C(x)x^{-4},$$

$$C'(x)x^{-3} = \frac{x}{2},$$

$$C'(x) = \frac{x^4}{2}.$$

所以 $C(x)=\frac{x^5}{10}+C_3$,故

$$y=\left(\frac{x^5}{10}+C\right)x^{-3}.$$

例 4 求微分方程

$$(y^2+x)y'-2y=0 \quad (y>0)$$

满足 $y\Big|_{x=2}=1$ 的通解.

解 此方程变形为

$$\frac{\mathrm{d}y}{\mathrm{d}x}=\frac{2y}{y^2+x},$$

$$\frac{\mathrm{d}x}{\mathrm{d}y}=\frac{y^2+x}{2y}=\frac{y}{2}+\frac{x}{2y}.$$

把此方程看成关于 x 的一阶线性微分方程,则先求解

$$\frac{\mathrm{d}x}{\mathrm{d}y}=\frac{x}{2y},$$

得

$$x=C_1\sqrt{y}.$$

采用常数变易法,得

$$x=C(x)\sqrt{y}.$$

两边同时对 y 求导得

$$\frac{\mathrm{d}x}{\mathrm{d}y}=C'(x)\sqrt{y}+\frac{1}{2}C(x)y^{-\frac{1}{2}},$$

所以

$$C'(x)\sqrt{y}=\frac{y}{2},$$

$$C(x)=\frac{y^{\frac{3}{2}}}{3}+C_2,$$

于是

$$x=C(x)\sqrt{y}=\left(\frac{y^{\frac{3}{2}}}{3}+C\right)\sqrt{y},$$

故当 $y\Big|_{x=2}$ 时,$C=\dfrac{5}{3}$,则特解为

$$x=\left(\frac{y^{\frac{3}{2}}}{3}+\frac{5}{3}\right)\sqrt{y}.$$

例 5 求微分方程

$$\frac{\mathrm{d}y}{\mathrm{d}x}+\frac{2y}{x}=y^2x\ln x$$

的通解.

解 此方程不是线性微分方程,出现 y^2,变形后得

$$\frac{\mathrm{d}y}{y^2\mathrm{d}x}+\frac{2y}{y^2x}=x\ln x,$$

$$\frac{\mathrm{d}y}{y^2\mathrm{d}x}+\frac{2}{yx}=x\ln x,$$

$$-\frac{\mathrm{d}(y^{-1})}{\mathrm{d}x}+\frac{2}{x}y^{-1}=x\ln x.$$

令 $y^{-1}=u$,则

$$-\frac{\mathrm{d}u}{\mathrm{d}x}+\frac{2}{x}u=x\ln x.$$

先求解

$$\frac{\mathrm{d}u}{\mathrm{d}x}=\frac{2}{x}u,$$

得

$$u=C_1x^2.$$

采用常数变易法,得

$$u=C(x)x^2.$$

两边同时求导得.

$$\frac{\mathrm{d}u}{\mathrm{d}x}=C'(x)x^2+2xC(x).$$

对比前面 $-\frac{\mathrm{d}u}{\mathrm{d}x}+\frac{2}{x}u=x\ln x$,可得

$$-C'(x)x^2=x\ln x,$$

$$C(x)=-\frac{1}{2}(\ln x)^2+C_2,$$

$$u=\left[\frac{(\ln x)^2}{-2}+C\right]x^2,$$

$$y=\frac{-2}{x^2[(\ln x)^2-2C]}.$$

习题 4-3

1. 求下列微分方程的通解:

(1) $\frac{\mathrm{d}y}{\mathrm{d}x}+2xy=x$; (2) $\frac{\mathrm{d}y}{\mathrm{d}x}+2y=\mathrm{e}^x$;

(3) $\frac{\mathrm{d}y}{\mathrm{d}x}+y\sin x=\mathrm{e}^{\cos x}$; (4) $\frac{x\mathrm{d}y}{\mathrm{d}x}+y=x^2+3x+2$;

(5) $\frac{\mathrm{d}y}{\mathrm{d}x}-yx=x\mathrm{e}^{x^2}$; (6) $\frac{\mathrm{d}y}{\mathrm{d}x}+\frac{2y}{x+1}=(x+1)^{\frac{3}{2}}$;

(7) $\frac{\mathrm{d}y}{\mathrm{d}x}+\frac{y}{x}=\frac{\sin x}{x}$; (8) $y\ln y\mathrm{d}x+(x-\ln y)\mathrm{d}y=0$.

2. 求一曲线的方程,该曲线通过原点,且它在点(x,y)处的切线斜率为 $2x+y$.

3. 用适当的变量代换将下列方程化为可分离变量的方程,然后求出通解:

(1) $\frac{\mathrm{d}y}{\mathrm{d}x}+2y=\mathrm{e}^{-x}, y\big|_{x=0}=2$; (2) $\frac{\mathrm{d}y}{\mathrm{d}x}+2xy=x\mathrm{e}^{-x^2}, y\big|_{x=0}=3$;

(3) $\frac{dy}{dx}+yx=2x, y\big|_{x=\sqrt{2}}=2+\frac{1}{e}$; (4) $\frac{dy}{dx}+\frac{y}{x}=\frac{\sin x}{x}, y\big|_{x=\pi}=1$.

第四节　可降阶的高阶微分方程

本章第一节介绍了微分方程的阶,即微分方程中所出现的未知函数的最高阶导数的阶数. 第二节、第三节分别介绍了可分离变量的微分方程和一阶线性微分方程的求解. 从这一节起将讨论二阶及二阶以上的微分方程,也就是高阶微分方程. 对于有些高阶微分方程,首先应考虑将它化成较低阶的方程来求解.

下面介绍三种容易降阶的高阶微分方程的求解方法.

一、$y^{(n)}=f(x)$ 型的微分方程

微分方程

$$y^{(n)}=f(x) \tag{4-21}$$

的左边是 y 的高阶导数,右边是关于 x 的函数. 两边同时积分得

$$\int y^{(n)}dx=\int f(x)dx,$$

$$y^{(n-1)}=\int f(x)dx+C_1,$$

再次积分可得 $y^{(n-2)}$,连续积分 n 次便可求解.

例 1　求微分方程

$$y''=2x-\cos x$$

的通解.

解　此方程为形如 $y^{(n)}=f(x)$ 的微分方程,两边同时积分得

$$y'=\int(2x-\cos x)dx=x^2-\sin x+C_1,$$

再次积分得

$$y=\int(x^2-\sin x+C_1)dx=\frac{x^3}{3}+\cos x+C_1x+C_2\quad(C_1,C_2\text{ 均为任意常数}),$$

这就是微分方程的通解.

二、$y''=f(x,y')$ 型的微分方程

微分方程

$$y''=f(x,y') \tag{4-22}$$

的左边是 y 的二阶导数,右边是关于 x 和 y' 的函数,整个式子中没有出现 y. 引入变量 $y'=P(x)$,则方程(4-22)变为一阶方程,形如

$$\frac{dP}{dx}=f(x,P).$$

例 2　求微分方程

$$y''=\mathrm{e}^x+y'+1$$

的通解.

解 此方程为形如 $y''=f(x,y')$ 的微分方程,令 $y'=P(x)$ 得

$$\frac{\mathrm{d}P}{\mathrm{d}x}=\mathrm{e}^x+1+P.$$

上式是一个一阶非齐次线性微分方程.

先求解齐次方程 $\frac{\mathrm{d}P}{\mathrm{d}x}=P$,得

$$P=C\mathrm{e}^x.$$

然后使用常数变易法,得

$$P=C(x)\mathrm{e}^x.$$

两边同时求导得

$$\frac{\mathrm{d}P}{\mathrm{d}x}=C'(x)\mathrm{e}^x+C(x)\mathrm{e}^x,$$

所以

$$C'(x)\mathrm{e}^x=\mathrm{e}^x+1,$$

于是

$$P=(x-\mathrm{e}^{-x}+C_1)\mathrm{e}^x.$$

两边同时积分

$$\int y'\mathrm{d}x=\int(x-\mathrm{e}^{-x}+C_1)\mathrm{e}^x\mathrm{d}x,$$

故

$$y=x\mathrm{e}^x-\mathrm{e}^{-x}-x+C_1\mathrm{e}^x+C_2 \quad (C_1,C_2\text{ 均为任意常数}).$$

上式就是原微分方程的通解.

例 3 求微分方程

$$(1+x^2)y''=4xy'$$

的通解.

解 此方程为形如 $y''=f(x,y')$ 的微分方程,令 $y'=P(x)$,得

$$\frac{\mathrm{d}P}{\mathrm{d}x}=\frac{4x}{1+x^2}P.$$

这是一个一阶齐次线性微分方程,变形得

$$\frac{\mathrm{d}P}{P}=\frac{4x\mathrm{d}x}{1+x^2}.$$

两边同时积分得

$$P=C_1(1+x^2)^2.$$

再次两边同时积分得

$$\int y'\mathrm{d}x=C_1\int(1+x^2)^2\mathrm{d}x,$$

故

$$y=C_1\left(x+\frac{2x^3}{3}+\frac{x^5}{5}\right)+C_2 \quad (C_1,C_2\text{ 均为任意常数}).$$

这就是原微分方程的通解.

三、$y''=f(y,y')$ 型的微分方程

微分方程

$$y''=f(y,y') \tag{4-23}$$

的左边是 y 的二阶导数,右边是关于 y 和 y' 的函数,整个式子中没有出现 x. 引入变量 $y'=P(x)$,因为

$$y''=\frac{\mathrm{d}P}{\mathrm{d}x}=\frac{\mathrm{d}P}{\mathrm{d}y}\cdot\frac{\mathrm{d}y}{\mathrm{d}x}=P\frac{\mathrm{d}P}{\mathrm{d}y},$$

则方程(4-23)变为

$$P\frac{\mathrm{d}P}{\mathrm{d}y}=f(y,P), \tag{4-24}$$

即可用前面的方法求解.

例 4 求微分方程

$$\frac{y}{2}y''-y'^2=0$$

的通解.

解 此方程为形如 $y''=f(y,y')$ 的微分方程,令 $y'=P(x)$,得

$$P\frac{\mathrm{d}P}{\mathrm{d}y}=\frac{2P^2}{y},$$

$$\frac{\mathrm{d}P}{P}=\frac{2\mathrm{d}y}{y},$$

这是一个可分离变量微分方程,两边同时积分得

$$\ln|P|=\ln y^2+C_1,$$

$$P=C_2y^2 \quad (C_2=\pm\mathrm{e}^{C_1}),$$

$$y'=C_2y^2,$$

$$\frac{\mathrm{d}y}{\mathrm{d}x}=C_2y^2,$$

$$\frac{\mathrm{d}y}{y^2}=C_2\mathrm{d}x.$$

两边同时积分得

$$\int\frac{\mathrm{d}y}{y^2}=\int C_2\mathrm{d}x,$$

$$\frac{-1}{y}=C_2x+C_3,$$

$$y=\frac{-1}{C_2x+C_3} \quad (C_2,C_3\text{ 均为任意常数}).$$

这就是原微分方程的通解.

例 5 求微分方程

$$y^3y''-1=0$$

的通解.

解 此方程为形如 $y''=f(y,y')$ 的微分方程,令 $y'=P(x)$ 得

$$P\frac{\mathrm{d}P}{\mathrm{d}y}=\frac{1}{y^3},$$

$$P\mathrm{d}P=\frac{\mathrm{d}y}{y^3},$$

这是一个可分离变量微分方程,两边同时积分得

$$\frac{P^2}{2}=\frac{1}{-2y^2}+C_1,$$

$$P=\pm\sqrt{\frac{-1}{y^2}+2C_1}=\pm\sqrt{\frac{-1}{y^2}+C_2}\quad(C_2=2C_1),$$

$$y'=\pm\sqrt{\frac{-1}{y^2}+C_2},$$

$$\frac{\mathrm{d}y}{\mathrm{d}x}=\pm\sqrt{\frac{-1}{y^2}+C_2},$$

$$\mathrm{d}y=\pm\sqrt{\frac{-1}{y^2}+C_2}\,\mathrm{d}x,$$

$$\mathrm{d}y=\pm\sqrt{\frac{-1}{y^2}+\frac{C_2y^2}{y^2}}\,\mathrm{d}x=\frac{\sqrt{C_2y^2-1}}{y}\mathrm{d}x.$$

两边同时积分得

$$\frac{1}{C_2}\sqrt{C_2y^2-1}=x+C_3,$$

$$y^2=\frac{1}{C_2}(C_2x+C_2C_3)^2+1\quad(C_2,C_3\text{ 均为任意常数}),$$

$$y^2=\frac{1}{C_2}(C_2x+C_4)^2+1\quad(C_4=C_2C_3).$$

这就是原微分方程的通解.

习题 4-4

1. 求下列各微分方程的通解:

(1) $y''=2x+\sin x$;　　(2) $y'''=2x^2+\mathrm{e}^{2x}$;

(3) $y''=\dfrac{3}{4+x^2}$;　　(4) $y''=2x\mathrm{e}^x+y'$;

(5) $y''=\dfrac{y'}{x}$;　　(6) $yy''=-2y'^2$.

2. 求下列微分方程满足所给初始条件的特解:

$$y''=y',y\big|_{x=0}=2,y'\big|_{x=0}=1$$

第五节　二阶线性微分方程

一、二阶线性微分方程的定义

形如

$$y''+P(x)y'+Q(x)y=f(x) \tag{4-25}$$

的微分方程，称为二阶线性微分方程，其中 $P(x)$，$Q(x)$ 是关于 x 的函数，$f(x)$ 称为二阶线性微分方程的自由项(或非齐次项)。因为未知函数 y 的导数的最高阶为二阶，所以方程(4-25)是二阶微分方程；因为未知函数 y 和 y 的导数都是一次的，所以称为"线性"。并且当 $f(x)$ 的自由项为零时，称为二阶齐次线性微分方程；反之，当 $f(x)\neq 0$ 时，称为二阶非齐次线性微分方程。特别地，当 P，Q 不是关于 x 的函数，而是常数的时候，称为常系数微分方程。

二、二阶线性微分方程的解的结构

先讨论二阶齐次线性微分方程

$$y''+P(x)y'+Q(x)y=0. \tag{4-26}$$

定理 1　如果函数 $y_1(x)$ 与 $y_2(x)$ 是方程(4-26)的两个解，那么

$$y=C_1y_1(x)+C_2y_2(x)\quad (C_1,C_2\text{ 为任意常数}) \tag{4-27}$$

也是方程(4-26)的解。

证明　因为 $y_1(x)$ 与 $y_2(x)$ 是方程(4-26)的两个解，所以

$$y_1''(x)+P(x)y_1'(x)+Q(x)y_1(x)=0$$

且

$$y_2''(x)+P(x)y_2'(x)+Q(x)y_2(x)=0.$$

把式(4-27)代入式(4-26)得

$$\begin{aligned}&(C_1y_1''+C_2y''_2)+P(x)(C_1y_1'+C_2y_2')+Q(x)(C_1y_1+C_2y_2)\\=&[C_1y_1''+C_1P(x)y_1'+C_1Q(x)y_1]+[C_2y_2''+C_2P(x)_2'+C_2Q(x)y_2]\\=&C_1[y_1''+P(x)y_1'+Q(x)y_1]+C_2[y_2''+P(x)y_2'+Q(x)y_2].\end{aligned}$$

所以，上式也为零，得证。

定理 2　如果函数 $y_1(x)$ 与 $y_2(x)$ 是方程(4-26)的两个线性无关的特解，那么

$$y=C_1y_1(x)+C_2y_2(x)\quad (C_1,C_2\text{ 为任意常数})$$

就是方程(4-26)的通解。

线性无关是指不存在任意常数 k_1，k_2，使得

$$k_1y_1(x)+k_2y_2(x)\neq 0.$$

例如，方程 $y''+y=0$ 是二阶齐次线性微分方程[这里 $P(x)=0$，$Q(x)=1$]。

容易验证 $y_1=\sin x$ 与 $y_2=\cos x$ 是所给方程的两个解，且两者线性无关，根据定理 2，方程 $y''+y=0$ 的通解为

$$y=C_1\sin x+C_2\cos x.$$

推论　如果 $y_1(x)$，$y_2(x)$，…，y_n 是 n 阶齐次线性微分方程

$$y^{(n)}+a_1(x)y^{(n-1)}+\cdots+a_{n-1}(x)y'+a_n(x)y=0$$

的 n 个线性无关的解，那么此方程的通解为

$$y=C_1y_1(x)+C_2y_2(x)+\cdots+C_ny_n(x)=0 \quad (C_1,C_2,\cdots,C_n \text{ 为任意常数}).$$

下面讨论二阶非齐次线性微分方程

$$y''+P(x)y'+Q(x)y=f(x).$$

在本章第四节中已经看到，一阶非齐次线性微分方程的通解由两部分构成：一部分是对应的齐次线性微分方程的通解，另一部分是非齐次线性微分方程本身的一个特解. 实际上，不仅一阶非齐次线性微分方程的通解具有这样的结构，而且二阶及更高阶的非齐次线性微分方程的通解也具有同样的结构，且同样可以先求解对应的齐次线性微分方程，再使用常数变易法得到非齐次线性微分方程的解.

定理 3 设 $y^*(x)$ 是二阶非齐次线性微分方程

$$y''+P(x)y'+Q(x)y=f(x) \tag{4-28}$$

的一个特解，$Y(x)$ 是与 $y''+P(x)y'+Q(x)y=f(x)$ 对应的齐次线性微分方程的通解，则

$$y=Y(x)+y^*(x) \tag{4-29}$$

是二阶非齐次线性微分方程(4-28)的通解.

证明 把式(4-29)代入方程(4-28)的左边，得

$$[Y''+(y^*)'']+P(x)[Y'+(y^*)']+Q(x)(Y+y^*)$$
$$=[Y''+P(x)Y'+Q(x)Y]+[(y^*)''+P(x)(y^*)'+Q(x)y^*].$$

由于 $Y(x)$ 是方程(4-28)对应的齐次线性微分方程的通解，$y^*(x)$ 是方程(4-28)的一个特解，可知第一个方括号内的表达式恒等于零，第二个方括号内的表达式恒等于 $f(x)$. 这样，$y=Y(x)+y^*(x)$ 使方程(4-28)的两端恒等，即式(4-29)是方程(4-28)的解.

由于 $Y(x)$ 是方程(4-28)对应的齐次线性微分方程的通解，所以 $Y=C_1y_1(x)+C_2y_2(x)$ 中含有两个任意常数，于是 $y=Y(x)+y^*(x)$ 中也含有两个任意常数，从而它就是二阶非齐次线性微分方程(4-28)的通解.

例如，方程 $y''+y=0$ 是二阶齐次线性微分方程[这里 $P(x)=0,Q(x)=1$].

$$y=C_1\sin x+C_2\cos x$$

是方程 $y''+y=0$ 的通解.

方程 $y''+y=x^2$ 是二阶非齐次线性微分方程，$y^*=x^2-2$ 是它的一个特解.

由定理 3 得

$$y=C_1\sin x+C_2\cos x+x^2-2$$

是它的通解.

三、常数变易法

前面讲解了二阶线性微分方程的解的结构，也讲到非齐次线性微分方程可以用齐次线性微分方程的通解通过常数变易法来找出通解. 现在来看具体的方法.

如果式(4-26)

$$y''+P(x)y'+Q(x)y=0$$

的通解为

$$Y=C_1y_1(x)+C_2y_2(x),$$

通过常数变易法,也就是令 $C_1=v_1(x)$,$C_2=v_2(x)$,其中 C_1,C_2 为常数,$v_1(x)$,$v_2(x)$ 为关于 x 的函数,则

$$y=v_1y_1(x)+v_2y_2(x) \tag{4-30}$$

为非齐次线性微分方程 $y''+P(x)y'+Q(x)y=f(x)$ 的解. 现在需要确定 $v_1(x)$,$v_2(x)$.

对式(4-30)两边求导得

$$y'=v_1'y_1(x)+v_1y_1'+v_2'y_2(x)+v_2y_2'.$$

常数变易法除了保证最后结果含有非齐次线性微分方程的通解外,还需要保证存在对应自由项 $f(x)$ 的项. 因此为了简化计算,选择 $v_1'y_1(x)+v_2'y_2(x)=0$ 的情况来计算,因此

$$y'=v_1y_1'+v_2y_2', \tag{4-31}$$

$$y''=v_1'y_1'+v_1y_1''+v_2'y_2'+v_2y_2''. \tag{4-32}$$

把 y,y',y''代入式(4-28)得

$$v_1'y_1'+v_1y_1''+v_2'y_2'+v_2y_2''+P(v_1y_1'+v_2y_2')+Q(v_1y_1+v_2y_2)=f(x).$$

整理后得

$$v_1(y_1''+Py_1'+Qy_1)+v_2(y_2''+Py_2'+Qy)+(v_1'y_1'+v_2'y_2')=f(x).$$

因为 $y_1(x)$,$y_2(x)$是齐次线性微分方程的解,所以

$$v_1(y_1''+Py_1'+Qy_1)+v_2(y_2''+Py_2'+Qy)=0,$$

所以

$$v_1'y_1'+v_2'y_2'=f(x). \tag{4-33}$$

利用式(4-31)和式(4-33)两个条件

$$\begin{cases} v_1'y_1+v_2'y_2=0, \\ v_1'y_1'+v_2'y_2'=f(x), \end{cases} \tag{4-34}$$

就能算出满足条件的 $v_1(x)$,$v_2(x)$,从而能得出二阶非齐次线性微分方程(4-28)的解.

例1 已知$(x-1)y''-xy'+y=0$ 的通解为 $Y=C_1x+C_2e^x$,求非齐次线性微分方程$(x-1)y''-xy'+y=(x-1)^2$ 的通解.

解 $(x-1)y''-xy'+y=(x-1)^2$ 变形为

$$y''-\frac{x}{x-1}y'+\frac{1}{x-1}y=x-1,$$

则它的通解为

$$y=v_1x+v_2e^x.$$

根据前面的推导,$v_1(x)$,$v_2(x)$满足

$$\begin{cases} v_1'x+v_2'e^x=0, \\ v_1'x'+v_2'(e^x)'=x-1, \end{cases}$$

两式相减后,解得

$$v_1'=-1,\quad v_2'=xe^{-x},$$

两边积分后得

$$v_1=C_1-x,\quad v_2=C_2-(x+1)e^{-x},$$

由此得到非齐次线性微分方程的通解为

$$y=(C_1-x)x+[C_2-(x+1)e^{-x}]e^x,$$

$$y = C_1x + C_2e^x - (x^2 + x + 1).$$

定理 4 若非齐次线性微分方程的右边 $f(x)$ 是两个函数之和,即

$$y'' + P(x)y' + Q(x)y = f_1(x) + f_2(x), \tag{4-35}$$

而 $y_1^*(x)$ 与 $y_2^*(x)$ 分别是方程

$$y'' + P(x)y' + Q(x)y = f_1(x) \quad 与 \quad y'' + P(x)y' + Q(x)y = f_2(x)$$

的特解,则 $y_1^*(x) + y_2^*(x)$ 就是原方程的特解.

证明 将 $y = y_1^*(x) + y_2^*(x)$ 代入方程(4-35)的左边,得

$$\begin{aligned}&(y_1^* + y_2^*)'' + P(x)(y_1^* + y_2^*)' + Q(x)(y_1^* + y_2^*)\\&= [(y_1^*)'' + P(x)(y_1^*)' + Q(x)y_1^*] + [(y_2^*)'' + P(x)(y_2^*)' + Q(x)y_2^*]\\&= f_1(x) + f_2(x),\end{aligned}$$

定理得证.

这一定理通常称为线性微分方程的解的叠加原理.

习题 4-5

1. 下列函数组在其定义区间内哪些是线性无关的?

(1) x^2, x^3;　　(2) $x^2, 3x^2$;

(3) e^x, e^{2x};　　(4) $e^x, 2e^x$;

(5) $\sin x, \sin 2x$;　　(6) $\sin^2 x, \cos^2 x$.

2. 验证 $y = \sin x, y = \cos x$ 都是方程 $y'' + y = 0$ 的解,并写出该方程的通解.

3. 验证 $y = e^{x^2}, y = xe^{x^2}$ 都是方程 $y'' - 4xy' + (4x^2 - 2)y = 0$ 的解,并写出该方程的通解.

第六节　常系数齐次线性微分方程

上一节介绍了二阶线性微分方程解的结构. 这一节在 $y'' + P(x)y' + Q(x)y = f(x)$ 的基础上,考虑当 P, Q 是常数且 $f(x) = 0$ 的情况,即

$$y'' + Py' + Qy = 0, \tag{4-36}$$

也就是二阶常系数齐次线性微分方程.

如果是一阶常系数齐次线性微分方程 $y' + Py = 0$,可得

$$\begin{gathered}y' = -Py,\\ dy = -Py\,dx,\\ \ln|y| = -Px + C_1,\\ y = C_2e^{-Px} \quad (C_2 = \pm e^{C_1}).\end{gathered}$$

由此假设 $y'' + Py' + Qy = 0$ 的特解为 $y = e^{\lambda x}$,只要能计算出满足方程(4-36)的 λ,就能求解出它的特解. 将

$$\begin{gathered}y' = \lambda e^{\lambda x},\\ y'' = \lambda^2 e^{\lambda x}\end{gathered}$$

分别代入式(4-36)得

$$\lambda^2 e^{\lambda x} + P\lambda e^{\lambda x} + Qe^{\lambda x} = 0.$$

由此得到

$$\lambda^2 + P\lambda + Q = 0. \tag{4-37}$$

到这里可以发现式(4-37)就是关于 λ 的一个二次方程,求解出 λ,再代入 $y = e^{\lambda x}$,得到对应的特解 y,进而得到满足方程(4-36)的通解. 方程(4-37)也被称为方程(4-36)的特征方程.

从初中关于一元二次方程的学习中得知,判别式 Δ 不同,得到的解也不同:

(1)当 $\Delta > 0$ 时,有两个实数根;

(2)当 $\Delta = 0$ 时,有一个实数根;

(3)当 $\Delta < 0$ 时,有两个共轭复数根.

现在通过例题分别来看这三种情况.

一、当 $\Delta > 0$ 时,有两个实数根

当 $\Delta > 0$ 时,有两个实数根 λ_1, λ_2,代入 $y = e^{\lambda x}$,得到对应的两个特解 y_1, y_2,再通过公式 $y = C_1y_1(x) + C_2y_2(x)$ 得到通解.

例 1 求微分方程 $y'' + 2y' - 3y = 0$ 的通解.

解 此方程对应的特征方程为

$$\lambda^2 + 2\lambda - 3 = 0,$$

解得

$$\lambda_1 = -3, \quad \lambda_2 = 1,$$

对应的特解为

$$y_1 = e^{-3\lambda}, \quad y_2 = e^{\lambda}.$$

根据前面的理论,通解为

$$y = C_1 e^{-3\lambda} + C_2 e^{\lambda}.$$

二、当 $\Delta = 0$ 时,有一个实数根

当 $\Delta = 0$ 时,有一个实数根 λ_1,代入 $y = e^{\lambda x}$,得到对应的一个特解 $y_1 = e^{\lambda_1 x}$,前面一节已经介绍了二阶齐次线性微分方程通解的形式为 $y = C_1y_1(x) + C_2y_2(x)$,$y_1, y_2$ 线性无关. 因此需要再找出与$y_1 = e^{\lambda_1 x}$线性无关的 y_2.

设 $y_2 = uy_1$,u 为关于 x 的函数(若 u 为常数,则 y_1, y_2 线性相关),有

$$y_2' = u'y_1 + uy_1' = u'e^{\lambda_1 x} + \lambda_1 ue^{\lambda_1 x} = e^{\lambda_1 x}(u' + \lambda_1 u),$$

$$y_2'' = \lambda_1 e^{\lambda_1 x}(u' + \lambda_1 u) + e^{\lambda_1 x}(u'' + \lambda_1 u') = e^{\lambda_1 x}(u'' + 2\lambda_1 u' + \lambda_1^2 u).$$

因为 y_2 为微分方程的另一个特解,将 y_2', y_2''代入微分方程得

$$e^{\lambda_1 x}(u'' + 2\lambda_1 u' + \lambda_1^2 u) + Pe^{\lambda_1 x}(u' + \lambda_1 u) + Qe^{\lambda_1 x}u = 0,$$

合并后得

$$u'' + (2\lambda_1 + P)u' + (\lambda_1^2 + P\lambda_1 + Q)u = 0.$$

前面介绍特征方程时得 $\lambda^2 + P\lambda + Q = 0$,$2\lambda_1 + P = 0$(当 $\Delta = 0$ 时,$\lambda_1 = P/2$),所以得到 $u'' = 0$,满足此条件的 u 很多,为了方便计算,选择 $u = x$,至此得到

$$y_2 = uy_1 = xe^{\lambda_1 x}.$$

根据前面的方式写出通解即可.

例 2 求微分方程 $y''+2y'+y=0$ 的通解.

解 该方程对应的特征方程为

$$\lambda^2+2\lambda+1=0,$$

解得

$$\lambda_1=-1,$$

对应的特解为

$$y_1=e^{-\lambda},\quad y_2=xe^{-\lambda},$$

故通解为

$$y=C_1e^{-\lambda}+C_2xe^{-\lambda}.$$

三、当 $\Delta<0$ 时,有两个共轭复数根

当 $\Delta<0$ 时,有两个共轭复数根 $\lambda_1=\alpha+\beta i,\lambda_2=\alpha-\beta i$,代入 $y=e^{\lambda x}$,得到对应的两个特解

$$y_1=e^{(\alpha+\beta i)x},\quad y_2=e^{(\alpha-\beta i)x},$$

$$y_1=e^{\alpha x}\cdot e^{\beta x i},\quad y_2=e^{\alpha x}\cdot e^{-\beta x i}.$$

根据欧拉公式 $e^{\theta i}=\cos\theta+i\sin\theta$ 得

$$y_1=e^{\alpha x}\cdot e^{\beta x i}=e^{\alpha x}(\cos\beta x+i\sin\beta x),$$

$$y_2=e^{\alpha x}\cdot e^{-\beta x i}=e^{\alpha x}(\cos\beta x-i\sin\beta x).$$

到现在已经可以写出通解,但为了通解形式更为简洁,做以下变化:

令

$$\bar{y}_1=\frac{y_1+y_2}{2}=e^{\alpha x}\cos\beta x,$$

$$\bar{y}_2=\frac{y_1-y_2}{2i}=e^{\alpha x}\sin\beta x\quad(\text{虚数也是常数}).$$

根据上一节的定理 1 可知,$\bar{y}_1,\bar{y}_2$ 也是方程的特解. 由此可得简化的通解形式为

$$y=e^{\alpha x}(C_1\cos\beta x+C_2\sin\beta x).$$

例 3 求微分方程 $y''-2y'+5y=0$ 的通解.

解 该方程对应的特征方程为

$$\lambda^2-2\lambda+5=0,$$

解得

$$\lambda_1=1+2i,\quad \lambda_2=1-2i,$$

$$\alpha=1,\quad \beta=2,$$

故通解为

$$y=e^x(C_1\cos2x+C_2\sin2x).$$

习题 4-6

1. 求下列微分方程的通解:

(1) $y''-2y'-35y=0$;　　(2) $y''-6y'+9y=0$;

(3) $y''-2y'+9y=0$;　　(4) $y''+8y'+16y=0$;

(5) $y''+6y'+10y=0$.

2. 求下列微分方程满足所给初始条件的特解：

(1) $2y''+11y'+15y=0, y\big|_{x=0}=5, y'\big|_{x=0}=-14$；

(2) $y''-36y=0, y\big|_{x=0}=1, y'\big|_{x=0}=0$；

(3) $y''+4y'+29y=0, y\big|_{x=0}=2, y'\big|_{x=0}=6$.

3. 设圆柱形浮筒直径为0.5m，垂直放在水中，当稍向下压后突然放开，浮筒在水中上下振动的周期为2s，求浮筒的质量.

第七节　常系数非齐次线性微分方程

本节着重讨论二阶常系数非齐次线性微分方程的解法.

二阶常系数非齐次线性微分方程的一般形式是

$$y''+py'+qy=f(x), \tag{4-38}$$

其中 p,q 为常数.

由本章第五节定理3可知，求二阶常系数非齐次线性微分方程的通解，归结为求对应的二阶常系数齐次线性微分方程

$$y''+py'+qy=0 \tag{4-39}$$

的通解和非齐次线性微分方程(4-38)本身的一个特解. 由于二阶常系数齐次线性微分方程的通解的求法已在本章第六节得到解决，所以本节的重点是求解 $y''+py'+qy=f(x)$ 的一个特解 y^*.

本节只讨论 $f(x)$ 在以下两种形式下 y^* 的求解方法.

(1) $f(x)=e^{\lambda x}P_m(x)$，其中 λ 为常数，$P_m(x)$ 为 x 的 m 次多项式

$$P_m(x)=a_0x^m+a_1x^{m-1}+\cdots+a_{m-1}x+a_m.$$

(2) $f(x)=e^{\lambda x}[P_m(x)\cos\omega x+P_n(x)\sin\omega x]$，其中 λ,ω 为常数，$P_m(x),Q_n(x)$ 分别为 x 的 m 次和 n 次多项式，这两项不能同时为零.

下面分别介绍上述两种形式时 y^* 的求法.

一、$f(x)=e^{\lambda x}P_m(x)$ 型的微分方程

方程特解 y^* 是使 $y''+py'+qy=e^{\lambda x}P_m(x)$ 成为恒等式的函数，那么怎样的函数能使 $y''+py'+qy=e^{\lambda x}P_m(x)$ 成为恒等式呢？因为 $y''+py'+qy=e^{\lambda x}P_m(x)$ 右边是多项式 $e^{\lambda x}P_m(x)$，而多项式与指数函数乘积的导数仍然是多项式与指数函数的乘积，如 $e^{2x}(2x^3+3x^2+x)$ 求一阶导数得 $e^{2x}(4x^3+12x^2+8x+1)$，如果再求二阶导数就发现二阶导数仍然是函数多项式与指数函数的乘积.

因此，推测 $y''+py'+qy=e^{\lambda x}P_m(x)$ 的特解可能是函数多项式与指数函数的乘积，这样的话 $(y^*)''$，$(y^*)'$，y^* 均为函数多项式与指数函数的乘积，$(y^*)''+p(y^*)'+qy^*$ 也为函数多项式与指数函数的乘积，那么就和等式右边 $e^{\lambda x}P_m(x)$ 形式接近. 所以推测 y^* 等于 $e^{\lambda x}$ 与一个多项式 $R(x)$ 的乘积，$R(x)$ 也是 x 的一个多项式，但次数、系数均未知，当然目前为止这个形式都是推测. 一旦 $y^*=e^{\lambda x}R(x)$ 代入 $y''+py'+qy=e^{\lambda x}P_m(x)$，如果能确定 $R(x)$，那么推测就确定了.

假设

$$y^* = e^{\lambda x}R(x),$$
$$(y^*)' = e^{\lambda x}[\lambda R(x) + R'(x)],$$
$$(y^*)'' = e^{\lambda x}[\lambda^2 R(x) + 2\lambda R'(x) + R''(x)],$$

代入

$$y'' + py' + qy = e^{\lambda x}P_m(x),$$

得

$$R''(x) + (2\lambda + p)R'(x) + (\lambda^2 + p\lambda + q)R(x) = P_m(x). \tag{4-40}$$

多项式求导时,x 的次数会减少,所以 $R''(x)$ 中 x 的最高次数比 $R'(x)$ 中 x 的最高次数低一次,$R'(x)$ 中 x 的最高次数比 $R(x)$ 中 x 的最高次数低一次,如 $R(x) = x^5, R'(x) = 5x^4, R''(x) = 20x^3$. 在方程(4-37)中 λ, p, q 都是常数. 根据前面分析可知,式(4-40)的左边 $R''(x) + (2\lambda + p)R'(x) + (\lambda^2 + p\lambda + q)R(x)$,$x$ 会出现三种情况:

(1) $\lambda^2 + p\lambda + q \neq 0$.

在 $R''(x) + (2\lambda + p)R'(x) + (\lambda^2 + p\lambda + q)R(x)$ 中的最高次数就是 $R(x)$ 的次数,要让 $R''(x) + (2\lambda + p)R'(x) + (\lambda^2 + p\lambda + q)R(x) = P_m(x)$ 这个等式成立,$R(x)$ 就要与 $P_m(x)$ 的次数一致. 具体方法通过例 1 说明.

例 1 求 $y'' - y' - 2y = (2x + 1)e^x$ 的一个特解.

解 先求解 $\lambda^2 + p\lambda + q$.

$$1^2 - 1 - 2 = -2.$$

因为 $\lambda^2 + p\lambda + q \neq 0$,属于上述的第 1 种情况.

假设特解为 $y^* = e^x R(x)$,因为 $R(x)$ 要与 $P_m(x)$ 的次数一致,所以设 $R(x) = ax + b$,$y^* = e^x(ax + b)$ 代入下式得

$$R''(x) + (2\lambda + p)R'(x) + (\lambda^2 + p\lambda + q)R(x) = P_m(x),$$
$$(2 - 1)a + (1^2 - 1 - 2)(ax + b) - 2x + 1,$$

得到

$$a = -1, \quad b = -1,$$

所以特解为

$$y^* = e^x(-x - 1).$$

(2) $\lambda^2 + p\lambda + q = 0$ 但 $2\lambda + p \neq 0$.

这种情况下,因为 $\lambda^2 + p\lambda + q = 0$,所以在 $R''(x) + (2\lambda + p)R'(x) + (\lambda^2 + p\lambda + q)R(x) = P_m(x)$ 中 $R(x)$ 的系数为零,故 $R''(x) + (2\lambda + p)R'(x) + (\lambda^2 + p\lambda + q)R(x) = P_m(x)$ 中 x 的最高次数是 $R'(x)$ 中 x 的最高次数,于是 $R'(x)$ 中 x 的最高次数与 $P_m(x)$ 中 x 的最高次数一致,从而 $R(x)$ 中 x 的最高次数就比 $P_m(x)$ 中 x 的最高次数高一次. 具体方法通过例 2 说明.

例 2 求 $y'' - 3y' + 2y = (2x + 3)e^x$ 的一个特解.

解 先求解 $\lambda^2 + p\lambda + q$ 与 $2\lambda + p$.

$$\lambda^2 + p\lambda + q = 1^2 - 3 + 2 = 0,$$
$$2\lambda + p = 2 - 3 = -1.$$

$\lambda^2 + p\lambda + q = 0$ 但 $2\lambda + p \neq 0$,属于上述第 2 种情况,$R(x)$ 中 x 的最高次数比 $P_m(x)$ 中 x 的最高次数高一次,所以设 $R(x) = x(ax + b)$.

假设特解为 $y^{*}=\mathrm{e}^{x}R(x)$，$y^{*}=x\mathrm{e}^{x}(ax+b)$，把 $R(x)=x(ax+b)$ 代入得

$$R''(x)+(2\lambda+p)R'(x)+(\lambda^{2}+p\lambda+q)R(x)=P_{m}(x),$$

$$2a-1(2ax+b)=2x+3,$$

得

$$a=-1,\quad b=-5,$$

所以特解为

$$y^{*}=x\mathrm{e}^{x}(-x-5).$$

(3) $\lambda^{2}+p\lambda+q=0$ 且 $2\lambda+p=0$.

这种情况下，因为 $\lambda^{2}+p\lambda+q=0$，$2\lambda+p=0$，所以在 $R''(x)+(2\lambda+p)R'(x)+(\lambda^{2}+p\lambda+q)R(x)=P_{m}(x)$ 中 $R(x)$，$R'(x)$ 的系数都为零，故 $R''(x)+(2\lambda+p)R'(x)+(\lambda^{2}+p\lambda+q)R(x)=P_{m}(x)$ 中 x 的最高次数是 $R''(x)$ 中 x 的最高次，于是 $R''(x)$ 中 x 的最高次数与 $P_{m}(x)$ 中 x 的最高次数一致，从而 $R(x)$ 的中 x 的最高次数就比 $P_{m}(x)$ 中 x 的最高次数高两次. 具体方法通过例 3 说明.

例 3 求 $y''-2y'+y=(3x+2)\mathrm{e}^{x}$ 的一个特解.

解 先求解 $\lambda^{2}+p\lambda+q$ 与 $2\lambda+p$.

$$\lambda^{2}+p\lambda+q=1^{2}-2+1=0,$$

$$2\lambda+p=2-2=0.$$

$\lambda^{2}+p\lambda+q=0$ 且 $2\lambda+p=0$，属于上述第 3 种情况.

假设特解为 $y^{*}=\mathrm{e}^{x}R(x)$，因为 $R(x)$ 中 x 的最高次数比 $P_{m}(x)$ 中 x 的最高次数高两次，所以设 $R(x)=x^{2}(ax+b)$，把 $R(x)=x^{2}(ax+b)$ 代入

$$R''(x)+(2\lambda+P)R'(x)+(\lambda^{2}+p\lambda+q)R(x)=P_{m}(x),$$

得

$$6ax+2b=3x+2,$$

$$a=\frac{1}{2},\quad b=1,$$

所以特解为

$$y^{*}=x^{2}\mathrm{e}^{x}\left(\frac{1}{2}x+1\right).$$

前面讨论了三种情况下的特解的求解，现在来看二阶常系数非齐次线性微分方程的通解的求解.

例 4 求 $y''-5y'+6y=x\mathrm{e}^{2x}$ 的通解.

解 先求解对应的齐次线性微分方程的通解：

$$y''-5y'+6y=0.$$

对应的特征方程为

$$r^{2}-5r+6=0,$$

$$r_{1}=2,\quad r_{2}=3.$$

对应的齐次线性微分方程的通解为

$$y=C_{1}\mathrm{e}^{2x}+C_{2}\mathrm{e}^{3x}.$$

再求解特解，先求 $\lambda^{2}+p\lambda+q$ 与 $2\lambda+p$：

$$\lambda^{2}+p\lambda+q=2^{2}-2\times5+6=0,$$

$$2\lambda+p=4-5=-1,$$

$\lambda^2+p\lambda+q=0$ 但 $2\lambda+p\neq0$,属于上述第 2 种情况,$R(x)$ 中 x 的最高次数比 $P_m(x)$ 中 x 的最高次数高一次,所以设 $R(x)=x(ax+b)$.

假设特解为 $y^*=e^{2x}R(x)$,$y^*=xe^{2x}(ax+b)$,把 $R(x)=x(ax+b)$ 代入

$$R''(x)+(2\lambda+p)R'(x)+(\lambda^2+p\lambda+q)R(x)=P_m(x),$$

得

$$2a-(2ax+b)=x,$$

$$a=-\frac{1}{2},\quad b=-1,$$

所以特解为

$$y^*=xe^{2x}\left(-\frac{1}{2}x-1\right),$$

通解为

$$y=C_1e^{2x}+C_2e^{3x}-xe^{2x}\left(\frac{x}{2}+1\right).$$

二、$f(x)=e^{\lambda x}[P_m(x)\cos\omega x+P_n(x)\sin\omega x]$ 型的微分方程

这一部分介绍 $f(x)=e^{\lambda x}[P_m(x)\cos\omega x+P_n(x)\sin\omega x]$ 这种类型的微分方程求解. 对于

$$y''+py'+qy=e^{\lambda x}[P_m(x)\cos\omega x+P_n(x)\sin\omega x],$$

$P_m(x)$,$P_n(x)$ 分别为 x 的 m 次和 n 次多项式,为了方便计算,根据欧拉公式 $\cos\theta=\frac{1}{2}(e^{i\theta}+e^{-i\theta})$,$\sin\theta=\frac{1}{2i}(e^{i\theta}-e^{-i\theta})$ 将 $f(x)$ 变化为

$$\begin{aligned}f(x)&=e^{\lambda x}[P_m(x)\cos\omega x+P_n(x)\sin\omega x]\\&=e^{\lambda x}\left[P_m(x)\frac{1}{2}(e^{i\omega x}+e^{-i\omega x})+P_n(x)\frac{1}{2i}(e^{i\omega x}-e^{i\omega x})\right]\\&=\left(\frac{P_m}{2}+\frac{P_n}{2i}\right)e^{(\lambda+\omega i)x}+\left(\frac{P_m}{2}-\frac{P_n}{2i}\right)e^{(\lambda-\omega i)x}.\end{aligned}$$

令 $P(x)=\frac{P_m}{2}+\frac{P_n}{2i}=\frac{P_m}{2}-\frac{P_n}{2}i$(因为 $i^2=-1$,所以第二项后面乘 -1 和 i^2 得 $-\frac{P_n}{2i}i^2$).

令

$$\overline{P}(x)=\frac{P_m}{2}-\frac{P_n}{2i}=\frac{P_m}{2}+\frac{P_n}{2}i,$$

$P(x)$ 与 $\overline{P}(x)$ 互为共轭多项式,如

$$P(x)=\frac{2x+3}{2}-\frac{3x-1}{2}i,\quad \overline{P}(x)=\frac{2x+3}{2}+\frac{3x-1}{2}i,$$

所以

$$f(x)=P(x)e^{(\lambda+i\omega)x}+\overline{P}(x)e^{(\lambda-i\omega)x}. \tag{4-41}$$

由本章第四节定理 4 可知,可以分别求解

$$y''+py'+qy=P(x)e^{(\lambda+i\omega)x}\quad 和\quad y''+py'+qy=\overline{P}(x)e^{(\lambda-i\omega)x}$$

的特解,相加后即为$f(x)$的特解. 而$y''+py'+qy=P(x)e^{(\lambda+i\omega)x}$的特解可以用前面$f(x)=e^{\lambda x}P_m(x)$型的方法得到,即

$$y_1^*=x^k e^{(\lambda+\omega i)x}R(x).$$

因为$P(x)$与$\overline{P}(x)$互为共轭多项式,所以$y''+py'+qy=\overline{P}(x)e^{(\lambda-i\omega)x}$的特解形式为

$$y_2^*=x^k e^{(\lambda-\omega i)}\overline{R}(x).$$

故

$$\begin{aligned}y^*&=x^k e^{(\lambda+\omega i)x}R(x)+x^k e^{(\lambda-\omega i)}\overline{R}(x)\\&=x^k e^{\lambda x}[R_m e^{\omega x i}+\overline{R}_m e^{-\omega x i}]\end{aligned}$$

是方程(4-41)的特解.

根据欧拉公式$e^{ix}=\cos x+i\sin x$得

$$y^*=x^k e^{\lambda x}[R_m(\cos\omega x+i\sin\omega x)+\overline{R}_m(\cos\omega x-i\sin\omega x)].$$

因为R_m与$\overline{R}_m(x)$互为共轭多项式,所以虚数项抵消,只有实数项. 例如

$$\begin{aligned}&[(x+1)-(2x-1)i](\cos x+i\sin x)+[(x+1)+(2x-1)i](\cos x-i\sin x)\\&=(x+1)\cos x+i(x+1)\sin x-i(2x-1)\cos x+(2x-1)\sin x+(x+1)\cos x\\&\quad-i(x+1)\sin x+i(2x-1)\cos x+(2x-1)\sin x\\&=2(x+1)\cos x+2(2x-1)\sin x.\end{aligned}$$

故最后的形式形如

$$y^*=x^k e^{\lambda x}(R_m^{(1)}\cos\omega x+R_m^{(2)}\sin\omega x).$$

若$\lambda+i\omega$不是特征方程的根,则k取0;若$\lambda+i\omega$是特征方程的根,则k取1.

例5 求$y''+y=x\cos 2x$的一个特解.

解 求解

$$r^2+pr+q=0,$$

解得

$$r^2+1=0.$$

$\lambda+i\omega$不是特征方程的根,k取0.

假设特解为

$$y^*=(ax+b)\cos 2x+(cx+d)\sin 2x,$$

代入原式得

$$y''+y=(-3ax+3b+4c)\cos 2x-(3cx+3d+4a)\sin 2x.$$

比较两边同类项系数得

$$\begin{cases}-3a=1,\\-3b+4c=0,\\3c=0,\\3d+4a=0,\end{cases}\quad\text{解得}\quad\begin{cases}a=-\dfrac{1}{3},\\b=0,\\c=0,\\d=\dfrac{4}{9},\end{cases}$$

所以特解为

$$y^*=-\frac{1}{3}x\cos 2x+\frac{4}{9}\sin 2x.$$

习题 4-7

1. 求下列微分方程的通解：

(1) $2y''+y'-y=2e^x$；　　(2) $y''-6y'+9y=(x+1)e^{3x}$；

(3) $y''-2y'-15y=xe^{5x}$；　　(4) $y''-4y'+4y=(x+1)e^{2x}$；

(5) $y''+2y'-3y=(3x+2)e^x$；　　(6) $y''-y=\sin^2 x$.

2. 求下列微分方程满足所给初始条件的特解：

(1) $y''-3y'+2y=5, y\big|_{x=0}=1, y'\big|_{x=0}=2$；

(2) $y''-36y=(24x-1)e^{6x}, y\big|_{x=0}=3, y'\big|_{x=0}=-\frac{25}{4}$.

总习题四

一、基础题

(一) 填空题

1. 微分方程 $xy''-3y'+x^2y=x^4$ 是__________阶微分方程.

2. $g(y)\mathrm{d}y=f(x)\mathrm{d}x$ 是____________________类型的微分方程.

3. $\frac{\mathrm{d}y}{\mathrm{d}x}+P(x)y=0$ 是____________________类型的微分方程.

4. $\frac{\mathrm{d}y}{\mathrm{d}x}+P(x)y=Q(x)$ 是____________________类型的微分方程.

5. e^{-x} 与 e^{2-x}____________.（填“线性相关”或“线性无关”）

(二) 选择题

1. 下列微分方程是关于 y 的一阶线性微分方程的是(　　).

A. $yy'+y=5$　　B. $y'+y^2=\sin x$

C. $3y\mathrm{d}x+(y^2-6x)\mathrm{d}y=0$　　D. $y'+xy=x^2$

2. 微分方程 $y''+2y'=xe^{2x}$ 通解中应包含的任意常数的个数是(　　).

A. 0　　B. 1　　C. 2　　D. 3

3. 微分方程 $y''+2y'+y=0$ 的两个线性相关的特解是(　　).

A. e^x, e^{-x}　　B. $e^{-x}, 2e^{-x}$　　C. $e^{-x}, 2e^{2x}$　　D. $e^x, 2e^{2x}$

(三) 计算题

1. 求下列微分方程的通解：

(1) $xy'-y\ln y=0$；　　(2) $\frac{\mathrm{d}y}{\mathrm{d}x}=10^{x+y}$；

(3) $y\mathrm{d}x+(x^2-4x)\mathrm{d}y=0$；　　(4) $(x^2+y^2)\mathrm{d}x-xy\mathrm{d}y=0$.

2. 求微分方程 $y'-\frac{2y}{x+1}=(x+1)^{\frac{5}{2}}$ 在 $y\big|_{x=0}=1$ 条件下的特解.

二、提高题

(一)填空题

1. $y=\mathrm{e}^x$, $y=\mathrm{e}^{2-x}$是方程$y''+py'+qy=0$的两个解,则该方程的通解为________________________________.

2. $y=\mathrm{e}^x$, $y=\mathrm{e}^{-x}$, $y=x(2x+1)\mathrm{e}^x$是方程$y''+py'+qy=f(x)$的三个特解,则该方程的通解为________________________.

(二)选择题

1. 已知微分方程$y''+py'+qy=C\mathrm{e}^{2x}$的通解为$y=(C_1+C_2x)\mathrm{e}^{-x}+\mathrm{e}^x$,则$p,q,C$分别为(　　).

A. 1,0,1　　B. 1,0,2　　C. 2,1,3　　D. 2,1,4

2. 微分方程$y''+y'-2y=3x\mathrm{e}^{-2x}$的特解$y^*$的形式是(　　).

A. $Ax\mathrm{e}^{-2x}$　　B. $(Ax+B)\mathrm{e}^{-2x}$

C. $x(Ax+B)\mathrm{e}^{-2x}$　　D. $x^2(Ax+B)\mathrm{e}^{-2x}$

(三)计算题

1. 求下列微分方程的通解:

(1) $\dfrac{\mathrm{d}y}{\mathrm{d}x}+y=\mathrm{e}^{-x}$;　　(2) $xy'+y=x^2+3x+2$;

(3) $y''=x+\sin x$;　　(4) $y''=1+y'^2$;

(5) $y''=x+y'$;　　(6) $y''+y'-2y=0$;

(7) $y''+6y'+13y=0$;　　(8) $y''+3y'+2y=3x\mathrm{e}^{-x}$.

2. 设一链条悬挂在钉子上,启动时一端离钉子8m,另一端离钉子12m,若不计钉子与链条之间的摩擦力,试求链条滑离钉子所需的时间.

引例解答

引例1　自由落体运动问题

问题见本章开头引例1.

解　以地球中心为原点,建立直角坐标系,物体在y轴上.设地球半径为R,质量为m,物体离地面的距离为$l(l>R)$,在t时刻物体所在位置为$y=\varphi(t)$,则$v(t)=\dfrac{\mathrm{d}y}{\mathrm{d}t}$,根据万有引力得

$$m\frac{\mathrm{d}^2y}{\mathrm{d}t^2}=-\frac{GmM}{y^2},$$

其中M为地球的质量,G为引力常数.因为当$y=R$时,$\dfrac{\mathrm{d}^2y}{\mathrm{d}t^2}=-g$,所以$g=\dfrac{GM}{R^2}$,$gR^2=GM$,于是

$$\frac{\mathrm{d}^2y}{\mathrm{d}t^2}=-\frac{gR^2}{y^2}.\tag{4-42}$$

初始条件是

$$y\big|_{t=0}=l,\quad y'\big|_{t=0}=0.$$

先求物体到达地面时的速度. 由 $v(t)=\frac{\mathrm{d}y}{\mathrm{d}t}$,得

$$\frac{\mathrm{d}^2y}{\mathrm{d}t^2}=\frac{\mathrm{d}v}{\mathrm{d}t}=\frac{\mathrm{d}v}{\mathrm{d}y}\cdot\frac{\mathrm{d}y}{dt}=v\frac{\mathrm{d}v}{\mathrm{d}y}.$$

代入方程(4-42)得

$$v\mathrm{d}v=\frac{gR^2}{y^2}\mathrm{d}y.$$

两边同时积分得

$$v^2=\frac{2gR^2}{y}+C_1.$$

代入初始条件得

$$C_1=-\frac{2gR^2}{l},$$

于是

$$v^2=\frac{2gR^2}{y}-\frac{2gR^2}{l},$$

$$v=-R\sqrt{2g\left(\frac{1}{y}-\frac{1}{l}\right)}.$$

在上式中令 $y=R$,就得到物体到达地面时的速度为

$$v=-R\sqrt{2g\left(\frac{1}{R}-\frac{1}{l}\right)}=-\sqrt{\frac{2gR(l-R)}{l}}.$$

分离变量得

$$\frac{\mathrm{d}y}{\mathrm{d}t}=v=-\sqrt{\frac{2gR(l-R)}{l}},$$

$$\mathrm{d}t=-\frac{1}{R}\sqrt{\frac{l}{2g}}\sqrt{\frac{y}{l-y}}\mathrm{d}y.$$

两边同时积分得

$$t=-\frac{1}{R}\sqrt{\frac{l}{2g}}\left(\sqrt{ly-y^2}+l\arccos\sqrt{\frac{y}{l}}\right)+C_2.$$

把条件 $y\big|_{t=0}=l$ 代入得

$$C_2=0,$$

于是

$$t=-\frac{1}{R}\sqrt{\frac{l}{2g}}\left(\sqrt{ly-y^2}+l\arccos\sqrt{\frac{y}{l}}\right).$$

在上式中令 $y=R$,便得到物体到达地面所需的时间为

$$t=-\frac{1}{R}\sqrt{\frac{l}{2g}}\left(\sqrt{lR-R^2}+l\arccos\sqrt{\frac{R}{l}}\right).$$

引例 2 弹簧振动的轨迹方程

问题见本章开头引例 2.

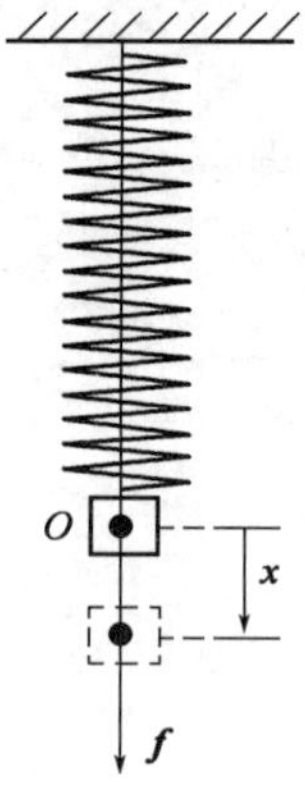

图 4-1

解 如图 4-1 所示，以物体平衡位置的重心为坐标原点，使物体沿着竖直方向上下振动，设物体的位置为 x，则 x 与 t 之间的关系式为 $x=x(t)$.

根据力学原理可知，弹簧使物体回复到平衡位置的弹性回复力 f 和物体的位移 x 成正比，即 $f=-cx$. 其中 c 为弹簧的劲度系数，负号表示 f 与 x 的方向相反.

另外，物体在运动过程中还受到阻力作用，使得振动逐渐趋向停止，阻力 R 的方向与运动方向相反，当运动速度不大时，其大小与物体运动速度成正比，设比例系数为 μ，则

$$R=-\mu\frac{\mathrm{d}x}{\mathrm{d}t}.$$

由牛顿第二定理得

$$m\frac{\mathrm{d}^2x}{\mathrm{d}t^2}=-cx-\mu\frac{\mathrm{d}x}{\mathrm{d}t},$$

移项，并记 $2n=\frac{\mu}{m}, k^2=\frac{c}{m}$，则上式化为

$$\frac{\mathrm{d}^2x}{\mathrm{d}t^2}+2n\frac{\mathrm{d}x}{\mathrm{d}t}+k^2x=0.$$

这是在有阻力的情况下，物体自由振动的微分方程，现在来求解该方程.

该方程的初始条件为

$$x|_{t=0}=x_0,\quad \left.\frac{\mathrm{d}x}{\mathrm{d}t}\right|_{t=0}=v_0,$$

则特征方程为 $r^2+2nr+k^2=0$，特征根为

$$r=\frac{-2n\pm\sqrt{4n^2-4k^2}}{2}=-n\pm\sqrt{n^2-k^2}.$$

现在只考虑 $n>k$ 的情况(另外两种情况 $n<k, n=k$ 读者可自行完成).

特征根 $r_1=-n+\sqrt{n^2-k^2}, r_2=-n-\sqrt{n^2-k^2}$，所以方程的通解为

$$x=C_1\mathrm{e}^{-(n-\sqrt{n^2-k^2})t}+C_2\mathrm{e}^{-(n+\sqrt{n^2-k^2})t},$$

其中 C_1, C_2 由初始条件来确定.

数学文化——批判和怀疑精神

微分方程是在解决物理问题中产生的，悬链线问题就是其中的典型例子. 悬链线问题最早可以追溯到意大利文艺复兴时期的艺术家、科学家达·芬奇，他对悬链线问题进行了初步思考. 达·芬奇注意到，固定悬链线的两端，在重力作用下悬链自然下垂形成特定的曲线形状，但他并没有找到确切的答案. 伽利略是第一个对悬链线进行研究的科学家，但他错误地认为悬链线的形状是抛物线. 直到 17 世纪末，这个问题才得到了正确的解答. 1690 年，荷兰物理学家、数学家惠更斯提出了"悬链线"这一术语，并猜测悬链线的形状. 1691 年，雅各布·伯努利、莱布尼茨和惠更斯分别独立求解了悬链线方程. 他们都是响应雅各布·伯努利提出的一项挑战，

即找到悬链线方程. 雅各布·伯努利最初尝试解决这个问题,但未能成功. 最终,他的弟弟约翰·伯努利找到了正确的答案.

我们可以看出,事物发展是螺旋式上升和波浪式前进的形式. 螺旋式上升强调事物发展的层次性和提升. 事物在从简单到复杂、从低级到高级的发展过程中,虽然整体趋势是上升的,但这种上升并非直线,而是经历了许多曲折和迂回. 在这个过程中,数学家们提倡怀疑、批判和不断创新进取的精神,包括对不同意见的宽容态度和不迷信权威.

第五章

多元函数微分学

引例1 厂房面积问题

某工厂要建造一座长方体形状的厂房,其体积为 $10000\mathrm{m}^3$,已知前墙和屋顶每单位面积的造价分别是其他墙身造价的 4 倍和 3 倍,问厂房的长、宽、高各为多少时,厂房的总造价最小?

引例2 梯子长度问题

一栋楼房后面有一个大花园,在花园中紧靠楼房有一个温室,温室伸入花园,宽 2m、高 3m,温室正上方是楼房的窗台. 清洁工需要用梯子越过温室来打扫窗台,梯子一头放在花园里,一头靠在楼房的墙上,但温室不能承受梯子的压力,所以梯子不能太短. 已知清洁工只有一架长 7m 的梯子,问这架梯子能否满足要求,以及满足要求的梯子最小长度是多少?

上面两个引例虽然实际意义不同,但是它们有共同的性质,抽象出共同性质即可得二元函数的概念.

第一节 多元函数的基本概念

函数(或映射)是两个集合之间的一种确定的对应关系,$\mathbf{R}$ 到 $\mathbf{R}$ 的映射是一元函数,而 $\mathbf{R}^2$ 到 $\mathbf{R}$ 的映射是二元函数.

一、多元函数的定义

定义1 设平面点集 $D\subset\mathbf{R}^2$,若按照某对应法则 f,D 上每一点 $P(x,y)$ 都有唯一确定的实数 z 与之对应,则称 f 为定义在 D 上的二元函数(或称 f 为 D 到 $\mathbf{R}$ 的一个映射),记作

$$z=f(x,y),\quad (x,y)\in D,$$
$$z=f(P),\quad P\in D.$$

上述定义中,与自变量 x 和 y 的一对值(即二元有序实数组)(x,y) 相对应的因变量 z 的

值,称为 f 在点 (x,y) 处的函数值,记作 $f(x,y)$,即 $z=f(x,y)$,函数值 $f(x,y)$ 的全体所构成的集合称为函数 f 的值域,记作 $f(D)$,即

$$f(D)=\{z \mid z=f(x,y),(x,y)\in D\}.$$

表示二元函数的记号 f 也是可以任意选取的,如 $z=\varphi(x,y)$,$z=z(x,y)$ 等. 类似地,可以定义三元函数 $u=f(x,y,z)$,$(x,y,z)\in D$ 以及三元以上的函数.

定义 2 设 D 是 n 维空间 $\mathbf{R}^n$ 的点集,$\mathbf{R}$ 为实数集,如果按照某一确定的对应法则 f,对 D 上每一点 $P(x_1,x_2,\cdots,x_n)$,均有唯一的实数 $u\in\mathbf{R}$ 与之对应,则称 f 是定义在 D 上的 n 元函数,它在点 $P(x_1,x_2,\cdots,x_n)$ 处的函数值是 u,并记

$$u=f(x_1,x_2,\cdots,x_n),\quad x_1,x_2,\cdots,x_n\in D,$$
$$u=f(P),\quad P(x_1,x_2\cdots,x_n)\in D,$$

其中 $x_1,x_2,\cdots,x_n$ 为自变量,u 为因变量,D 为定义域,函数值 $f(x_1,x_2,\cdots,x_n)$ 的全体所构成的集合 $f(D)$ 为值域,即

$$f(D)=\{u \mid u=f(x_1,x_2,\cdots,x_n),(x_1,x_2,\cdots,x_n)\in D\}.$$

多元初等函数是由常数及具有不同自变量的一元基本初等函数经过有限次四则运算和复合运算所得到的并且能用一个解析式表达的多元函数.

例如,空间解析几何中,线性函数 $z=ax+by+c$ 的图像是平面,而函数 $z=x^2+y^2$ 的图像是旋转抛物面.

例 1 函数 $z=8-2x+15y$ 图像是 $\mathbf{R}^3$ 中的一个平面,其定义域为 $\mathbf{R}^2$,值域为 $\mathbf{R}$(图 5-1).

例 2 函数 $z=x^2-2y^2$ 的图像是马鞍面(图 5-2).

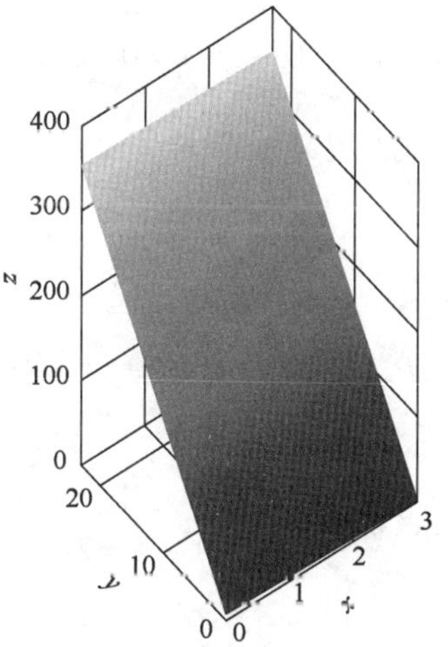

图 5-1

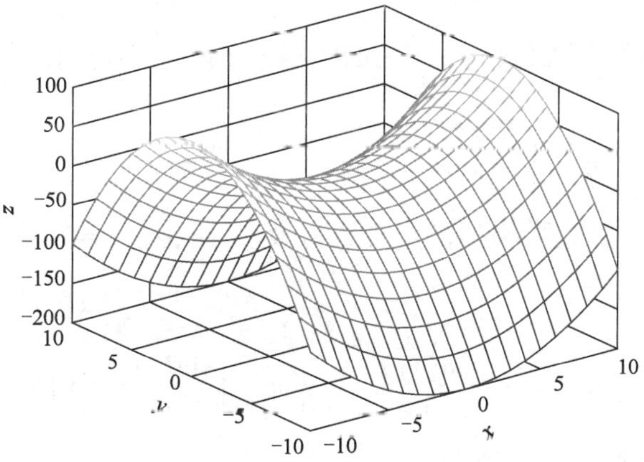

图 5-2

二、二元函数的极限

由于 $\mathbf{R}^2$ 中点的变化情况要比 $\mathbf{R}$ 中的变化情况复杂得多,所以从一元函数推广到二元函数虽然有共通的地方,但是有一些实质性的区别. 与一元函数类似,二元函数极限同样是二元函数微积分的基础,但是由于自变量个数的增多,因此二元函数的极限要比一元函数的极限复杂很多.

定义 3 设二元函数 $f(P)=f(x,y)$ 的定义域为 D,$P_0(x_0,y_0)$ 是 D 的聚点. 如果存在常数

A,对任意给定的正数 ε,总存在正数 δ,使得当点 $P(x,y)\in D\cap \mathring{U}(P_0,\delta)$时,都有

$$|f(P)-A|=|f(x,y)-A|<\varepsilon$$

成立,那么就称常数 A 为函数 $f(x,y)$ 当 $(x,y)\to(x_0,y_0)$ 时的极限,记作

$$\lim_{(x,y)\to(x_0,y_0)} f(x,y)=A \quad 或 \quad \lim_{P\to P_0}=A,$$

称二元函数的极限为二重极限.

(1)点 $P(x,y)\in D\cap \mathring{U}(P_0,\delta)$ 可以理解为 $0<|P_0P|<\sqrt{(x-x_0)^2+(y-y_0)^2}<\delta$.

(2)两个二元函数之和的极限是它们的极限(如果两个极限存在)之和. 对于函数的差、积、常数倍、商以及幂的极限,有类似性质.

例 3 求下列极限:

(1) $\lim\limits_{(x,y)\to(0,1)}\dfrac{x-xy+3}{x^2y+5xy-y^3}$; (2) $\lim\limits_{(x,y)\to(0,0)}\dfrac{x^2-xy}{\sqrt{x}-\sqrt{y}}$.

解 (1) $\lim\limits_{(x,y)\to(0,1)}\dfrac{x-xy+3}{x^2y+5xy-y^3}=\dfrac{0-0\times1+3}{0^2\times1+5\times0\times1-1^3}=-3.$

(2)由于分母 $\sqrt{x}-\sqrt{y}$ 当 $(x,y)\to(0,0)$ 时趋近于 0,不能直接用商的方法. 但是,如果分子和分母同乘 $\sqrt{x}+\sqrt{y}$,就得到可以求极限的等价的形式:

$$\begin{aligned}\lim_{(x,y)\to(0,0)}\frac{x^2-xy}{\sqrt{x}-\sqrt{y}}&=\lim_{(x,y)\to(0,0)}\frac{(x^2-xy)(\sqrt{x}+\sqrt{y})}{(\sqrt{x}-\sqrt{y})(\sqrt{x}+\sqrt{y})}\\&=\lim_{(x,y)\to(0,0)}\frac{x(x-y)(\sqrt{x}+\sqrt{y})}{x-y}\\&=\lim_{(x,y)\to(0,0)}x(\sqrt{x}+\sqrt{y})=0(\sqrt{0}+\sqrt{0})=0.\end{aligned}$$

能够消去因式 $(x-y)$,是因为路径 $y=x$ 不在函数 $\dfrac{x^2-xy}{\sqrt{x}-\sqrt{y}}$ 的定义域中.

例 4 求 $\lim\limits_{\substack{x\to0\\y\to2}}\dfrac{\sin(xy)}{x}$.

解 函数 $\dfrac{\sin(xy)}{x}$ 的定义域为 $D=\{(x,y)\mid x\neq0,y\in\mathbf{R}\}$,$P_0(0,2)$ 为 D 的聚点,由极限运算法则,得

$$\lim_{(x,y)\to(0,2)}\frac{\sin(xy)}{x}=\lim_{(x,y)\to(0,2)}\left[\frac{\sin(xy)}{xy}\cdot y\right]=\lim_{xy\to0}\frac{\sin(xy)}{xy}\cdot\lim_{y\to2}=1\cdot2=2.$$

MATLAB 程序如下:

```
syms x y;
lim it(lim it((sin(x * y)/x),x,0),y,2)
```

运行语句后输出:

```
ans =
2
```

三、多元函数的连续性

同一元函数一样,多元函数的连续性也是用极限定义的.

定义 4 设二元函数 $f(P)=f(x,y)$ 的定义域为 D，$P_0(x_0,y_0)$ 是 D 的聚点，且 $P_0\in D$. 如果

$$\lim_{(x,y)\to(x_0,y_0)} f(x,y)=f(x_0,y_0),$$

那么称函数 $f(x,y)$ 在点 $P_0(x_0,y_0)$ 处连续.

如果函数 $f(x,y)$ 在 D 上的每一点都连续，那么就称函数 $f(x,y)$ 在 D 上连续，或者称 $f(x,y)$ 是 D 上的连续函数. 二元连续函数的图像是一个无洞无缝的连续曲面.

定义 5 设函数 $f(x,y)$ 的定义域为 D，$P_0(x_0,y_0)$ 是 D 的聚点. 如果函数 $f(x,y)$ 在点 $P_0(x_0,y_0)$ 处不连续，那么称 $P_0(x_0,y_0)$ 为函数 $f(x,y)$ 的间断点.

如果函数在某一点存在极限，那么沿每条趋势的路径的极限必须是相同的. 所以，对于二元函数或多元函数，当趋近于某点 (x,y) 时，若发现存在具有不同极限的路径，则在该点不存在极限.

例如，二元函数（图 5-3）

$$f(x,y)=\begin{cases}1, & xy\neq 0\\ 0, & xy=0\end{cases},$$

在原点处显然不连续，但由于 $f(0,y)=f(x,0)\equiv 0$，因此在原点处 f 分别对 x 和对 y 连续.

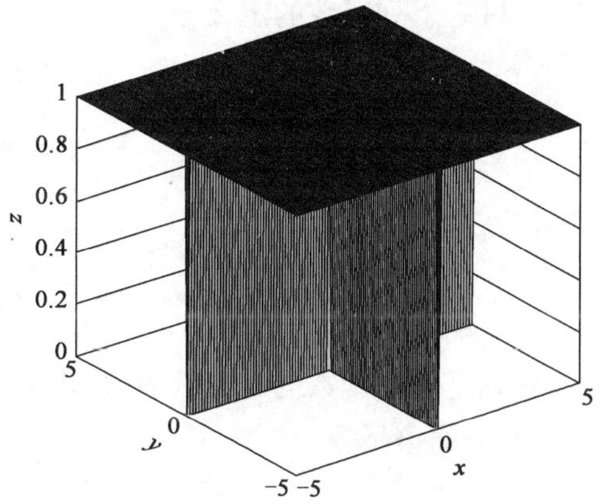

图 5-3

前面已经指出：一元函数中关于极限的运算法则对于多元函数仍然适用. 根据多元函数的极限运算法则，可以证明多元连续函数的和、差、积仍是连续函数；连续函数的商在分母不为 0 处仍连续；多元连续函数的复合函数也是连续函数.

由多元初等函数的连续性，如果要求解它在点 P_0 处的极限，而该点又在此函数的定义域内，那么此极限值就是函数在该点的函数值，即

$$\lim_{P\to P_0} f(P)=f(P_0).$$

例 5 求 $\displaystyle\lim_{(x,y)\to(1,2)}\frac{x+y}{xy}$.

解 函数 $f(x,y)=\dfrac{x+y}{xy}$ 是初等函数，它的定义域为

$$D=\{(x,y)\mid x\neq 0,y\neq 0\}.$$

$P_0(1,2)$ 为 D 的内点，故存在 P_0 的某邻域 $U(P_0)\subset D$，而任何邻域都是区域，所以 $U(P_0)$ 是 $f(x,y)$ 的一个定义区域，因此

$$\lim_{(x,y)\to(1,2)}\frac{x+y}{xy}=f(1,2)=\frac{3}{2}.$$

一般地，求 $\lim\limits_{P\to P_0} f(P)$ 时，如果 $f(P)$ 是初等函数，且 P_0 是 $f(P)$ 的定义域的内点，那么 $f(P)$ 在点 P_0 处连续，于是

$$\lim_{P\to P_0} f(P)=f(P_0).$$

例 6 求 $\displaystyle\lim_{(x,y)\to(0,0)}\frac{\sqrt{xy+1}-1}{xy}$.

解 $\lim\limits_{(x,y)\to(0,0)}\dfrac{\sqrt{xy+1}-1}{xy}=\lim\limits_{(x,y)\to(0,0)}\dfrac{xy+1-1}{xy(\sqrt{xy+1}+1)}=\lim\limits_{(x,y)\to(0,0)}\dfrac{1}{\sqrt{xy+1}+1}=\dfrac{1}{2}.$

与闭区间上一元连续函数的性质类似,在有界闭区域 D 上的多元连续函数具有以下性质:

性质1 (有界性与最大值最小值定理)在有界闭区域 D 上的多元连续函数必定在 D 上有界,且能取得它的最大值和最小值.

性质2 (介值定理)在有界闭区域 D 上的多元连续函数必取得介于最大值和最小值之间的任何值.

习题 5-1

1. 讨论下列函数的定义域:

(1) $z=\sqrt{9-x^2-y^2}$;　　(2) $z=\ln(x^2+y^2-1)+\sqrt{9-x^2-y^2}$.

2. 求下列函数的极限:

(1) $\lim\limits_{(x,y)\to(0,0)}\dfrac{2-\sqrt{xy+4}}{xy}$;　　(2) $\lim\limits_{(x,y)\to(0,2)}\dfrac{\sin(xy)}{x}$;

(3) $\lim\limits_{(x,y)\to(1,0)}\dfrac{\ln(x+e^y)}{\sqrt{x^2+y^2}}$;　　(4) $\lim\limits_{(x,y)\to(0,0)}\dfrac{1-\cos(x^2+y^2)}{(x^2+y^2)e^{x^2y^2}}$.

3. 确定下列函数的定义域 D,并作 D 的图像(只对平面情形),指出它是开区域还是闭区域,是否为有界区域.

(1) $z=\ln(-x-y)$;　　(2) $z=\arccos\dfrac{x}{x+y}$.

4. 设 $f(x,y)=\dfrac{xy}{x^2+y}$,求 $f\left(xy,\dfrac{x}{y}\right)$.

5. 设 $f(x,y)=\dfrac{y}{1+xy}-\dfrac{1-y\sin\dfrac{\pi x}{y}}{\arctan x}$, $x>0$, $y>0$,求:

(1) $g(x)=\lim\limits_{y\to+\infty}f(x,y)$;　　(2) $\lim\limits_{x\to0^+}g(x)$.

第二节　偏　导　数

与一元函数微积分一样,在多元函数微分学中,主要讨论多元函数的可微性及其应用.

设函数 $z=f(x,y)$,若固定 $y=y_0$,则 $z=f(x,y_0)$ 是关于自变量 x 的函数;若固定 $x=x_0$,则 $z=f(x_0,y)$ 是关于自变量 y 的函数.

一、偏导数的定义

定义 设函数 $z=f(x,y)$ 在点 (x_0,y_0) 的某邻域内有定义,当 y 固定在 y_0 而 x 在 x_0 处有增量 Δx 时,相应的函数有增量

$$f(x_0+\Delta x,y_0)-f(x_0,y_0).$$

如果

$$\lim_{\Delta x\to 0}\frac{f(x_0+\Delta x,y_0)-f(x_0,y_0)}{\Delta x} \tag{5-1}$$

存在,那么称此极限为函数 $z=f(x,y)$ 在点 (x_0,y_0) 处对 x 的偏导数,记作

$$\left.\frac{\partial z}{\partial x}\right|_{\substack{x=x_0\\y=y_0}},\quad \left.\frac{\partial f}{\partial x}\right|_{\substack{x=x_0\\y=y_0}},\quad z_x\Big|_{\substack{x=x_0\\y=y_0}}\quad 或\quad f_x(x_0,y_0).$$

极限 (5-1) 可以表示为

$$f_x(x_0,y_0)=\lim_{\Delta x\to 0}\frac{f(x_0+\Delta x,y_0)-f(x_0,y_0)}{\Delta x}.$$

类似地,函数 $z=f(x,y)$ 在点 (x_0,y_0) 处对 y 的偏导数定义为

$$\lim_{\Delta y\to 0}\frac{f(x_0,y_0+\Delta y)-f(x_0,y_0)}{\Delta y}, \tag{5-2}$$

记作

$$\left.\frac{\partial z}{\partial y}\right|_{\substack{x=x_0\\y=y_0}},\quad \left.\frac{\partial f}{\partial y}\right|_{\substack{x=x_0\\y=y_0}},\quad z_y\Big|_{\substack{x=x_0\\y=y_0}}\quad 或\quad f_y(x_0,y_0).$$

注意:

(1) 这里 $\frac{\partial}{\partial x},\frac{\partial}{\partial y}$ 专用于偏导数算符,与一元函数的导数算符 $\frac{\mathrm{d}}{\mathrm{d}x}$ 相仿,但又有区别.

(2) 在上述定义中,f 在点 (x_0,y_0) 存在关于 x(或 y)的偏导数,f 至少在

$$\{(x,y)\mid y=y_0,|x-x_0|<\delta\}\quad (\{(x,y)\mid x=x_0,|y-y_0|<\delta\})$$

上必须有定义.

若函数 $z=f(x,y)$ 在区域 D 上每一点 (x,y) 都存在对 x(或对 y)的偏导数,则得到函数 $z=f(x,y)$ 在区域 D 上对 x(或对 y)的偏导函数(简称偏导数),记作

$$f_x(x,y)\,或\,\frac{\partial f(x,y)}{\partial x}\quad \left[f_y(x,y)\,或\,\frac{\partial f(x,y)}{\partial y}\right].$$

由偏导函数的定义可知,$f(x,y)$ 在点 (x_0,y_0) 处对 x 的偏导数 $f_x(x_0,y_0)$ 显然就是偏导函数 $f_x(x,y)$ 在点 (x_0,y_0) 处的函数值;$f_y(x_0,y_0)$ 就是偏导函数 $f_y(x,y)$ 在点 (x_0,y_0) 处的函数值. 由偏导数的定义还知道,函数 f 对某一个自变量求偏导数,是先把其他自变量看作常数,从而变成一元函数的求导问题. 因此,一元函数的基本求导法则,多元函数仍然适用.

例 1 求 $x^3+x^2y-3y^3$ 在点 $(1,2)$ 处关于 x 和关于 y 的偏导数.

解 先求 $f_x(x,y)$,把 y 看作常量,得到以 x 为自变量的偏导函数

$$f_x(x,y)=3x^2+2xy,$$

故

$$f_x(1,2)=3\times 1^2+2\times 1\times 2=7.$$

再求 $f_y(x,y)$,把 x 看作常量,得到以 y 为自变量的偏导函数

$$f_y(x,y)=x^2-9y^2,$$

故

$$f_y(1,2)=1^2-9\times 2^2=-35.$$

例 2 求 $z=x^3\sin(xy^2)$ 关于 x 的偏导数.

解
$$\frac{\partial z}{\partial x}=x^3\frac{\partial}{\partial x}[\sin(xy^2)]+\sin(xy^2)\frac{\partial}{\partial x}(x^3)$$

$$=x^3\cos(xy^2)\frac{\partial}{\partial x}(xy^2)+\sin(xy^2)\cdot 3x^2$$
$$=x^3\cos(xy^2)\cdot y^2+3x^2\sin(xy^2)$$
$$=x^3y^2\cos(xy^2)+3x^2\sin(xy^2).$$

二、偏导数的几何意义

二元函数 $z=f(x,y)$ 在点 (x_0,y_0) 处的偏导数有如下几何意义：

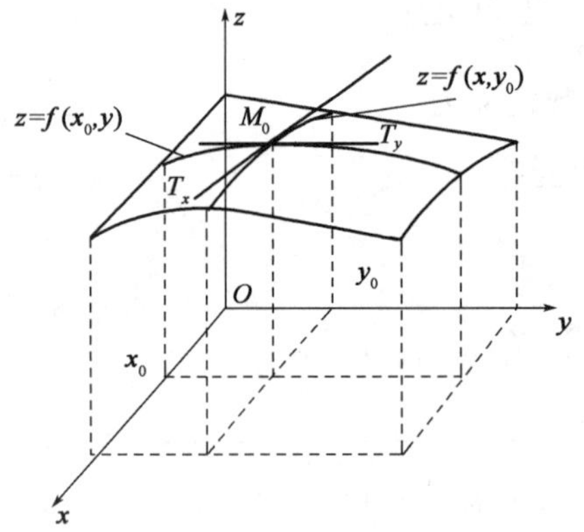

图 5-4

设 $M_0(x_0,y_0,f(x_0,y_0))$ 为曲面 $z=f(x,y)$ 上一点，过点 M_0 作平面 $y=y_0$，截此曲面得一曲线，此曲线在平面 $y=y_0$ 上的方程为 $z=f(x,y_0)$，则导数 $\left.\frac{\mathrm{d}}{\mathrm{d}x}f(x,y_0)\right|_{x=x_0}$，即偏导数 $f_x(x_0,y_0)$ 就是此曲线在点 M_0 处的切线 M_0T_x 对 x 轴的斜率. 同样，偏导数 $f_y(x_0,y_0)$ 的几何意义是曲面被平面 $x=x_0$ 所截得的曲线在点 M_0 处的切线 M_0T_y 对 y 轴的斜率（图 5-4）.

三、高阶偏导数

设 $z=f(x,y)$ 在区域 D 内有偏导数

$$\frac{\partial z}{\partial x}=f_x(x,y),\quad \frac{\partial z}{\partial y}=f_y(x,y).$$

由于 $z=f(x,y)$ 的偏导数 $f_x(x,y)$，$f_y(x,y)$ 仍然是自变量 x 与 y 的函数，如果它们关于 x 与 y 的偏导数也存在，那么说函数 f 具有二阶偏导数. 按照对自变量求导次序的不同，二元函数的二阶偏导数有如下四种情形：

$$\frac{\partial}{\partial x}\left(\frac{\partial z}{\partial x}\right)=\frac{\partial^2 z}{\partial x^2}=f_{xx}(x,y),\quad \frac{\partial}{\partial y}\left(\frac{\partial z}{\partial x}\right)=\frac{\partial^2 z}{\partial x\partial y}=f_{xy}(x,y),$$
$$\frac{\partial}{\partial x}\left(\frac{\partial z}{\partial y}\right)=\frac{\partial^2 z}{\partial y\partial x}=f_{yx}(x,y),\quad \frac{\partial}{\partial y}\left(\frac{\partial z}{\partial y}\right)=\frac{\partial^2 z}{\partial y^2}=f_{yy}(x,y),$$

其中偏导数 $f_{xy}(x,y)$，$f_{yx}(x,y)$ 称为混合偏导数. 同样可得三阶及以上偏导数. 二阶及二阶以上的偏导数称为高阶偏导数.

例 3 求函数 $z=x^3y^2-3xy^3-xy+1$ 的所有二阶偏导数及 $\frac{\partial^3 z}{\partial x^3}$.

解
$$\frac{\partial z}{\partial x}=3x^2y^2-3y^3-y,\quad \frac{\partial z}{\partial y}=2x^3y-9xy^2-x,$$
$$\frac{\partial^2 z}{\partial x^2}=6xy^2,\quad \frac{\partial^2 z}{\partial y\partial x}=6x^2y-9y^2-1,$$
$$\frac{\partial^2 z}{\partial x\partial y}=6x^2y-9y^2-1,\quad \frac{\partial^2 z}{\partial y^2}=2x^3-18xy,$$
$$\frac{\partial^3 z}{\partial x^3}=6y^2.$$

从例 3 中可以看出，函数的两个混合偏导数相等，即$\frac{\partial^2 z}{\partial x \partial y}=\frac{\partial^2 z}{\partial y \partial x}$. 这并非偶然，事实上，有下述定理：

定理 如果函数 $z=f(x,y)$ 的两个二阶混合偏导数$\frac{\partial^2 z}{\partial x \partial y}$及$\frac{\partial^2 z}{\partial y \partial x}$在区域 D 内连续，那么在该区域内这两个二阶混合偏导数必相等.

换句话说，二阶混合偏导数在连续的条件下与求导的次序无关.

例 4 验证函数 $z=\ln\sqrt{x^2+y^2}$ 满足方程

$$\frac{\partial^2 z}{\partial x^2}+\frac{\partial^2 z}{\partial y^2}=0.$$

证明 因为 $z=\ln\sqrt{x^2+y^2}=\frac{1}{2}\ln(x^2+y^2)$，所以

$$\frac{\partial z}{\partial x}=\frac{x}{x^2+y^2},\quad \frac{\partial z}{\partial y}=\frac{y}{x^2+y^2},$$

$$\frac{\partial^2 z}{\partial x^2}=\frac{(x^2+y^2)-x\cdot 2x}{(x^2+y^2)^2}=\frac{y^2-x^2}{(x^2+y^2)^2},$$

$$\frac{\partial^2 z}{\partial y^2}=\frac{(x^2+y^2)-y\cdot 2y}{(x^2+y^2)^2}=\frac{x^2-y^2}{(x^2+y^2)^2},$$

因此

$$\frac{\partial^2 z}{\partial x^2}+\frac{\partial^2 z}{\partial y^2}=\frac{y^2-x^2}{(x^2+y^2)^2}+\frac{x^2-y^2}{(x^2+y^2)^2}=0.$$

上式称为拉普拉斯方程.

习题 5-2

1. 求下列函数的偏导数：

(1) $z=x^3y-xy^3$； (2) $z=\sin\frac{y}{x}$；

(3) $z=\sqrt{\ln(xy)}$； (4) $z=(1+xy)^y$.

2. 求下列函数的二阶偏导数：

(1) $z=x^3+y^3-3x^2y^2$； (2) $z=\frac{x-y}{x+y}$；

(3) $z=\cos^2(x+2y)$； (4) $z=x^y$.

3. 求函数 $f(x,y)=x+y-\sqrt{x^2+y^2}$ 在点(3,4)处的偏导数.

4. 二元函数 $f(x,y)$ 在点 (x_0,y_0) 处两个偏导数 $f'_x(x_0,y_0)$，$f'_y(x_0,y_0)$ 存在是 $f(x,y)$ 在该点处连续的(　　).

A. 充分条件　　B. 必要条件

C. 充分必要条件　　D. 既不充分也不必要条件

第三节　全微分及其应用

一、全微分的概念

由偏导数的定义可知,二元函数对某个自变量的偏导数表示当另一个自变量固定时,因变量相对于该自变量的变化率. 根据一元函数微分学中增量与微分的关系,可得

$$f(x+\Delta x,y)-f(x,y)\approx f_x(x,y)\Delta x,$$
$$f(x,y+\Delta y)-f(x,y)\approx f_y(x,y)\Delta y.$$

以上两式的左边分别称为二元函数对 x 和对 y 的偏增量,而右边分别称为二元函数对 x 和对 y 的偏微分. 在实际生活中,有时需要研究多元函数中各个自变量都取得增量时因变量所获得的增量,即全增量的问题.

定义 1　对于二元函数 $z=f(x,y)$,当自变量 x,y 在点 (x_0,y_0) 处分别有增量 $\Delta x,\Delta y$ 时,称

$$\Delta z=f(x_0+\Delta x,y_0+\Delta y)-f(x_0,y_0)$$

为函数 $z=f(x,y)$ 在点 (x_0,y_0) 处的全增量.

定义 2　设函数 $z=f(x,y)$ 在点 $P_0(x_0,y_0)$ 的某邻域 $U(P_0)$ 内有定义,对于 $U(P_0)$ 中的点 $P(x,y)=(x_0+\Delta x,y_0+\Delta y)$,若函数 f 在点 P_0 处的全增量

$$\begin{aligned}\Delta z&=f(x_0+\Delta x,y_0+\Delta y)-f(x_0,y_0)\\&=A\Delta x+B\Delta y+o(\rho),\end{aligned}\tag{5-3}$$

其中 A 和 B 为仅与点 P_0 有关的常数,$\rho=\sqrt{\Delta x^2+\Delta y^2}$,$o(\rho)$ 为 ρ 的高阶无穷小,那么称函数 f 在点 P_0 处可微. 称式(5-3)中关于 $\Delta x,\Delta y$ 的线性函数 $A\Delta x+B\Delta y$ 为函数 f 在点 P_0 处的全微分,记作

$$\mathrm{d}z\Big|_{P_0}=\mathrm{d}f(x_0,y_0)=A\Delta x+B\Delta y.$$

如果函数在区域 D 内各点处都可微,那么称该函数在 D 内可微. 由上述定义可知,如果函数 $z=f(x,y)$ 在点 (x,y) 处可微,那么该函数在该点处必定连续. 由式(5-3)可得

$$\lim_{(\Delta x,\Delta y)\to(0,0)}\Delta z=0,$$

从而

$$\lim_{(\Delta x,\Delta y)\to(0,0)}f(x+\Delta x,y+\Delta y)=\lim_{(\Delta x,\Delta y)\to(0,0)}[f(x,y)+\Delta z]=f(x,y),$$

因此函数 $z=f(x,y)$ 在点 (x,y) 处连续.

二、全微分的计算

定理 1　(必要条件)如果函数 $z=f(x,y)$ 在点 (x,y) 可微,那么该函数在点 (x,y) 的偏导数 $\frac{\partial z}{\partial x}$ 与 $\frac{\partial z}{\partial y}$ 必定存在,且函数 $z=f(x,y)$ 在点 (x,y) 的全微分为

$$\mathrm{d}z=\frac{\partial z}{\partial x}\mathrm{d}x+\frac{\partial z}{\partial y}\mathrm{d}y.$$

定理 1 说明,若函数在某点可微,则在该点的偏导数必存在. 如果函数在某点的偏导数存在,那么函数在该点是否可微呢?

例如

$$f(x,y)=\begin{cases}\dfrac{xy}{\sqrt{x^2+y^2}}, & x^2+y^2\neq 0,\\ 0, & x^2+y^2=0,\end{cases}$$

显然$f_x(0,0)=f_y(0,0)=0$,但

$$\Delta z-[f_x(0,0)\Delta x+f_y(0,0)\Delta y]=\frac{\Delta x\Delta y}{\sqrt{(\Delta x)^2+(\Delta y)^2}}.$$

现在考察$\dfrac{\Delta x\Delta y}{\sqrt{(\Delta x)^2+(\Delta y)^2}}$是否为$\rho$的高阶无穷小. 因为

$$\frac{\dfrac{\Delta x\cdot\Delta y}{\sqrt{(\Delta x)^2+(\Delta y)^2}}}{\rho}=\frac{\Delta x\cdot\Delta y}{(\Delta x)^2+(\Delta y)^2}=\frac{\Delta x\cdot\Delta x}{(\Delta x)^2+(\Delta x)^2}=\frac{1}{2},$$

它不能随$\rho\to 0$而趋近于0,这表示当$\rho\to 0$时,

$$\Delta z-[f_x(0,0)\Delta x+f_y(0,0)\Delta y]$$

并不是较ρ的高阶无穷小,因此函数在点(0,0)处的全微分并不存在,即函数在点(0,0)处是不可微的.

由定理1及上面的例子可以看出,偏导数存在是可微的必要条件而不是充分条件. 但是,如果再假定函数的各个偏导数连续,那么可以证明函数是可微的,得到下面的定理:

定理2 (充分条件)如果函数$z=f(x,y)$的偏导数$\dfrac{\partial z}{\partial x},\dfrac{\partial z}{\partial y}$在点$(x,y)$处连续,那么函数在该点处可微.

证明 由假定,函数的偏导数$\dfrac{\partial z}{\partial x},\dfrac{\partial z}{\partial y}$在点$P(x,y)$的某邻域内存在,设点$(x+\Delta x,y+\Delta y)$为该邻域内任意一点,考察函数的全增量

$$\begin{aligned}\Delta z&=f(x+\Delta x,y+\Delta y)-f(x,y)\\&=[f(x+\Delta x,y+\Delta y)-f(x,y+\Delta y)]+[f(x,y+\Delta y)-f(x,y)].\end{aligned}$$

由于第一个方括号内的表达式中$y+\Delta y$不变,因而可以看作是x的一元函数$f(x,y+\Delta y)$的增量. 于是,应用拉格朗日中值定理,得

$$f(x+\Delta x,y+\Delta y)-f(x,y+\Delta y)=f_x(x+\theta_1\Delta x,y+\Delta y)\Delta x\quad(0<\theta_1<1).$$

又依假设,$f_x(x,y)$在点(x,y)处连续,所以上式可写为

$$f(x+\Delta x,y+\Delta y)-f(x,y+\Delta y)=f_x(x,y)\Delta x+\varepsilon_1\Delta x,\tag{5-4}$$

其中ε_1为Δx与Δy的函数,且当$\Delta x\to 0,\Delta y\to 0$时,$\varepsilon_1\to 0$.

同理可证第二个方括号内的表达式可写为

$$f(x,y+\Delta y)-f(x,y)=f_y(x,y)\Delta y+\varepsilon_2\Delta y,\tag{5-5}$$

其中ε_2为Δy的函数,且当$\Delta y\to 0$时,$\varepsilon_2\to 0$.

由式(5-4)和式(5-5)可知,在偏导数连续的假定下,全增量Δz可以表示为

$$\Delta z=f_x(x,y)\Delta x+f_y(x,y)\Delta y+\varepsilon_1\Delta x+\varepsilon_2\Delta y.\tag{5-6}$$

容易看出

$$\left|\frac{\varepsilon_1\Delta x+\varepsilon_2\Delta y}{\rho}\right|\leqslant|\varepsilon_1|+|\varepsilon_2|$$

是随着$(\Delta x,\Delta y)\to(0,0)$即$\rho\to 0$而趋近于零的.

这就证明了$z=f(x,y)$在点$P(x,y)$处是可微的.

通常把二元函数的全微分等于它的两个偏微分之和称为二元函数的微分叠加原理.微分叠加原理也适用于二元以上的函数.例如,如果三元函数$u=f(x,y,z)$可微,那么它的全微分就等于它的三个偏微分之和,即

$$du=\frac{\partial u}{\partial x}dx+\frac{\partial u}{\partial y}dy+\frac{\partial u}{\partial z}dz.$$

例1 计算函数$z=x^3y+y^2$的全微分.

解 因为$\frac{\partial z}{\partial x}=3x^2y,\frac{\partial z}{\partial y}=x^3+2y$,所以

$$dz=3x^2ydx+(x^3+2y)dy.$$

例2 计算函数$u=e^x\sin y+xe^{yz}$的全微分.

解 因为$\frac{\partial u}{\partial x}=e^x\sin y+e^{yz},\frac{\partial u}{\partial y}=e^x\cos y+xze^{yz},\frac{\partial u}{\partial z}=xye^{yz}$,所以

$$du=(e^x\sin y+e^{yz})dx+(e^x\cos y+xze^{yz})dy+xye^{yz}dz.$$

例3 计算函数$z=e^{xy}$在点$(2,1)$处的全微分.

解 因为$\frac{\partial z}{\partial x}=ye^{xy},\frac{\partial z}{\partial y}=xe^{xy},\left.\frac{\partial z}{\partial x}\right|_{\substack{x=2\\y=1}}=e^2,\left.\frac{\partial z}{\partial y}\right|_{\substack{x=2\\y=1}}=2e^2$,所以

$$dz\big|_{(2,1)}=e^2dx+2e^2dy.$$

习题5-3

1. 设$z=\arctan\frac{x+y}{x-y}$,求dz.

2. 函数$f(x,y)=\sqrt{|xy|}$在点$(0,0)$处(　　).

A. 连续但不可导　B. 可导但不连续　C. 可导且连续但不可微　D. 可微

第四节　多元复合函数微分法

在讨论一元函数的复合求导时,讨论了链式求导法则,二元函数及多元函数的复合函数,同样有链式求导法则,其具体形式取决于有多少个变量.在多元函数中,只要出现复合变量就可以考虑使用链式求导法则.

一、多元复合函数的求导法则

多元复合函数的中间变量均为同一自变量的一元函数类型.

定理1 函数$z=f(u,v)$在对应点(u,v)具有连续偏导数,且$u=\varphi(t)$及$v=\psi(t)$都在点t可导,那么复合函数$z=f[\varphi(t),\psi(t)]$在点t可导,且有

$$\frac{dz}{dt}=\frac{\partial z}{\partial u}\frac{du}{dt}+\frac{\partial z}{\partial v}\frac{dv}{dt},$$

树形图是记忆链式求导法则非常有效的方法,z既是u和v的函数,又是t的函数,最终的

自变量是 t,u 和 v 是中间变量(图 5-5).

定理 2 函数 $z=f(u,v)$ 在对应点(u,v)具有连续偏导数,且 $u=\varphi(x,y)$ 及 $v=\psi(x,y)$ 都在点(x,y)具有对 x 及对 y 的偏导数,那么复合函数 $z=f[\varphi(x,y),\psi(x,y)]$在点$(x,y)$的两个偏导数都存在,且有

$$\frac{\partial z}{\partial x}=\frac{\partial z}{\partial u}\frac{\partial u}{\partial x}+\frac{\partial z}{\partial v}\frac{\partial v}{\partial x}, \qquad (5\text{-}7)$$

$$\frac{\partial z}{\partial y}=\frac{\partial z}{\partial u}\frac{\partial u}{\partial y}+\frac{\partial z}{\partial v}\frac{\partial v}{\partial y}. \qquad (5\text{-}8)$$

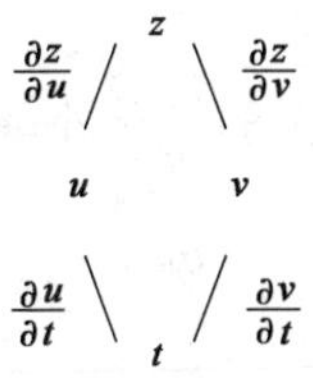

图 5-5

多元函数的复合函数求导一般比较复杂,必须特别注意复合函数中哪些是自变量,哪些是中间变量,只有这样才能正确使用链式求导法则求导.

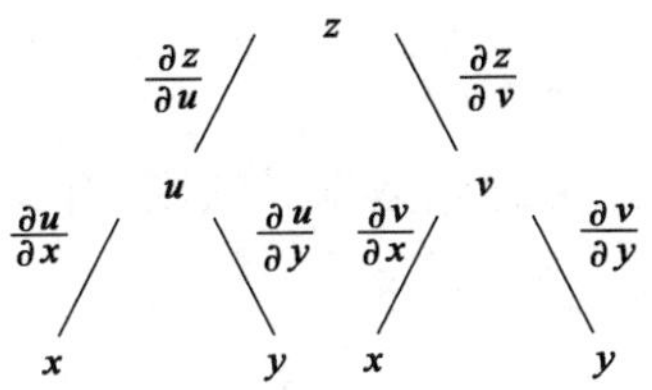

图 5-6

为了便于记忆,可以按照各变量间的复合关系,画成树状图(图 5-6). 首先从因变量 z 向中间变量 u,v 画两个分支,然后分别从中间变量向自变量 x,y 画分支,并在每个分支旁写上对应的偏导数. 求$\frac{\partial z}{\partial x}$时,只要把从 z 到 x 的每条路径上的各个偏导数相乘,再将这些乘积相加即得式(5-7).

类似地考察从 z 到 y 的路径,可写出$\frac{\partial z}{\partial y}$.

例 1 设 $z=\ln(u^2+v)$,而 $u=e^{x+y^2}$,$v=x^2+y$,求$\frac{\partial z}{\partial x},\frac{\partial z}{\partial y}$.

解 所讨论的复合函数以 x,y 为自变量,u,v 为中间变量. 由于

$$\frac{\partial z}{\partial u}=\frac{2u}{u^2+v},\quad \frac{\partial z}{\partial v}=\frac{1}{u^2+v},$$

$$\frac{\partial u}{\partial x}=e^{x+y^2},\quad \frac{\partial u}{\partial y}=2ye^{x+y^2},\quad \frac{\partial v}{\partial x}=2x,\quad \frac{\partial v}{\partial y}=1.$$

根据公式得

$$\frac{\partial z}{\partial x}=\frac{\partial z}{\partial u}\frac{\partial u}{\partial x}+\frac{\partial z}{\partial v}\frac{\partial v}{\partial x}=\frac{2u}{u^2+v}e^{x+y^2}+\frac{1}{u^2+v}2x=\frac{2}{u^2+v}(ue^{x+y^2}+x),$$

$$\frac{\partial z}{\partial y}=\frac{\partial z}{\partial u}\frac{\partial u}{\partial y}+\frac{\partial z}{\partial v}\frac{\partial v}{\partial y}=\frac{2u}{u^2+v}2ye^{x+y^2}+\frac{1}{u^2+v}=\frac{1}{u^2+v}(4uye^{x+y^2}+1).$$

例 2 设 $z=uv+\sin t$,其中 $u=e^t$,$v=\cos t$,求$\frac{dz}{dt}$.

解 根据复合关系,画出树状图(图 5-7). 于是

$$\frac{dz}{dt}=\frac{\partial z}{\partial u}\frac{du}{dt}+\frac{\partial z}{\partial v}\frac{dv}{dt}+\frac{\partial z}{\partial t}$$

$$=ve^t+u(-\sin t)+\cos t$$

$$=e^t(\cos t-\sin t)+\cos t.$$

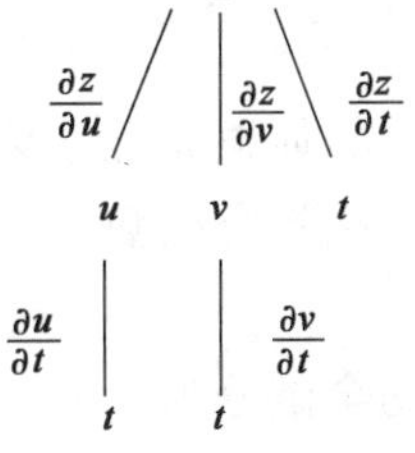

图 5-7

注意:上面第一个等式中,左边的$\frac{\mathrm{d}z}{\mathrm{d}t}$是作为一元函数的复合函数对 t 求导数,右边最后一项的$\frac{\partial z}{\partial t}$是外函数(作为 u,v,t 的三元函数)对 t 求偏导数,二者所用符号有别.

例 3 设 $\omega=f(x+y+z,xyz)$,f 具有二阶连续偏导数,求$\frac{\partial\omega}{\partial x}$及$\frac{\partial^2\omega}{\partial x\partial z}$.

解 令 $u=x+y+z,v=xyz$,则 $\omega=f(u,v)$.

所给函数由 $\omega=f(u,v)$ 及 $u=x+y+z,v=xyz$ 复合而成,根据复合函数求导法则,有

$$\frac{\partial\omega}{\partial x}=\frac{\partial f}{\partial u}\frac{\partial u}{\partial x}+\frac{\partial f}{\partial v}\frac{\partial v}{\partial x}=f_u+yzf_v,$$

$$\frac{\partial^2\omega}{\partial x\partial z}=\frac{\partial}{\partial z}(f_u+yzf_v)=\frac{\partial f_u}{\partial z}+yf_v+yz\frac{\partial f_v}{\partial z}.$$

求$\frac{\partial f_u}{\partial z}$及$\frac{\partial f_v}{\partial z}$时,应注意 $f_u(u,v)$ 及 $f_v(u,v)$ 中 u,v 是中间变量,根据复合函数求导法则,有

$$\frac{\partial f_u}{\partial z}=\frac{\partial f_u}{\partial u}\frac{\partial u}{\partial z}+\frac{\partial f_u}{\partial v}\frac{\partial v}{\partial z}=f_{uu}+xyf_{uv},$$

$$\frac{\partial f_v}{\partial z}=\frac{\partial f_v}{\partial u}\frac{\partial u}{\partial z}+\frac{\partial f_v}{\partial v}\frac{\partial v}{\partial z}=f_{vu}+xyf_{vv},$$

于是

$$\begin{aligned}\frac{\partial^2\omega}{\partial x\partial z}&=f_{uu}+xyf_{uv}+yf_v+yzf_{vu}+xy^2zf_{vv}\\&=f_{uu}+y(x+z)f_{uv}+xy^2zf_{vv}+yf_v.\end{aligned}$$

有时,为表达简便起见,引入以下记号:

$$f'_1(u,v)=f_u(u,v),\quad f'_2(u,v)=f_v(u,v),\quad f''_{12}(u,v)=f_{uv}(u,v)$$

这里下标 1 表示对第一个变量 u 求偏导数,下标 2 表示对第二个变量 v 求偏导数. 同理有 $f''_{11},f''_{22},f''_{21}$等. 利用这种记号,例 3 的结果可表示成

$$\frac{\partial\omega}{\partial x}=f'_1+yzf'_2,$$

$$\frac{\partial^2\omega}{\partial x\partial z}=f''_{11}+y(x+z)f''_{12}+xy^2zf''_{22}+yf'_2.$$

二、全微分形式不变性

设函数 $z=f(u,v)$ 具有连续偏导数,则有全微分

$$\mathrm{d}z=\frac{\partial z}{\partial u}\mathrm{d}u+\frac{\partial z}{\partial v}\mathrm{d}v.$$

如果 u 和 v 又是中间变量,即 $u=\varphi(x,y),v=\psi(x,y)$,且这两个函数也具有连续偏导数,那么复合函数

$$z=f[\varphi(x,y),\psi(x,y)]$$

的全微分为

$$\mathrm{d}z=\frac{\partial z}{\partial x}\mathrm{d}x+\frac{\partial z}{\partial y}\mathrm{d}y.$$

将式(5-7)和式(5-8)代入上式,得

$$\begin{aligned}dz&=\left(\frac{\partial z}{\partial u}\frac{\partial u}{\partial x}+\frac{\partial z}{\partial v}\frac{\partial v}{\partial x}\right)dx+\left(\frac{\partial z}{\partial u}\frac{\partial u}{\partial y}+\frac{\partial z}{\partial v}\frac{\partial v}{\partial y}\right)dy\\&=\frac{\partial z}{\partial u}\left(\frac{\partial u}{\partial x}dx+\frac{\partial u}{\partial y}dy\right)+\frac{\partial z}{\partial v}\left(\frac{\partial v}{\partial x}dx+\frac{\partial v}{\partial y}dy\right)\\&=\frac{\partial z}{\partial u}du+\frac{\partial z}{\partial v}dv.\end{aligned}$$

由此可见,无论 u 和 v 是自变量还是中间变量,函数 $z=f(u,v)$ 的全微分形式是一样的. 这个性质称为全微分形式不变性.

例 4 设 $z=e^{xy}\sin(x+y)$,利用全微分形式不变性求 dz,并由此导出$\frac{\partial z}{\partial x}$与$\frac{\partial z}{\partial y}$.

解 令 $z=e^u\sin v,u=xy,v=x+y$. 由于

$$dz=z_u du+z_v dv=e^u\sin v du+e^u\cos v dv,$$
$$du=ydx+xdy,$$
$$dv=dx+dy,$$

因此

$$\begin{aligned}dz&=e^u\sin v(ydx+xdy)+e^u\cos v(dx+dy)\\&=e^{xy}[y\sin(x+y)+\cos(x+y)]dx+e^{xy}[x\sin(x+y)+\cos(x+y)]dy,\end{aligned}$$

并由此得到

$$\frac{\partial z}{\partial x}=e^{xy}[y\sin(x+y)+\cos(x+y)],$$
$$\frac{\partial z}{\partial y}=e^{xy}[x\sin(x+y)+\cos(x+y)].$$

习题 5-4

1. 已知 $z=a^{\sqrt{x^2-y^2}}$,其中 $a>0,a\neq1$,求 dz.
2. 设 $f(u,v)$ 是二元可微函数,$z=f\left(\frac{y}{x},\frac{x}{y}\right)$,则 $x\frac{\partial z}{\partial x}-y\frac{\partial z}{\partial y}=$ ________.
3. 若函数 $z=z(x,y)$ 由方程 $e^z+xyz+x+\cos x=2$ 确定,则 $dz\big|_{(0,1)}=$ ________.

第五节 隐函数的求导公式

第二章已经介绍了隐函数 $F(x,y)=0$ 的求导方法,即对方程的两边同时对 x 求导,当遇到含有 y 的式子时,将 y 看作含有自变量 x 的复合函数,利用复合函数求导法则求 y',然后把方程式中的$\frac{dy}{dx}$表示出来. 下面介绍隐函数存在定理,并根据多元复合函数求导法则推导出隐函数的求导公式.

一、一个方程的情形

定理 1 (隐函数存在定理 1)设函数 $F(x,y)$ 在点 $P(x_0,y_0)$ 的某邻域内具有连续偏导数,

且 $F(x_0,y_0)=0$，$F_y(x_0,y_0)\neq0$，则方程 $F(x,y)=0$ 在点 (x_0,y_0) 的某邻域内恒能唯一确定一个连续且具有连续导数的函数 $y=f(x)$，它满足条件 $y_0=f(x_0)$，并有

$$\frac{dy}{dx}=-\frac{F_x}{F_y}. \tag{5-9}$$

式(5-9)就是隐函数的求导公式.

将方程 $F(x,y)=0$ 所确定的函数 $y=f(x)$ 代入 $F(x,y)=0$，得恒等式

$$F[x,f(x)]\equiv0,$$

其左边可以看作是 x 的一个复合函数，求这个函数的全导数，由于恒等式两边求导后仍然恒等，即得

$$\frac{\partial F}{\partial x}+\frac{\partial F}{\partial y}\frac{dy}{dx}=0.$$

因为 F_y 连续，且 $F_y(x_0,y_0)\neq0$，所以存在点 (x_0,y_0) 的一个邻域，在这个邻域内 $F_y\neq0$，于是

$$\frac{dy}{dx}=-\frac{F_x}{F_y}.$$

如果 $F(x,y)$ 的二阶偏导数也都连续，可以把等式(5-9)的两边看作 x 的复合函数再一次求导，即得

$$\begin{aligned}\frac{d^2y}{dx^2}&=\frac{\partial}{\partial x}\left(-\frac{F_x}{F_y}\right)+\frac{\partial}{\partial x}\left(-\frac{F_x}{F_y}\right)\frac{dy}{dx}\\&=-\frac{F_{xx}F_y-F_{yx}F_x}{F_y^2}-\frac{F_{xy}F_y-F_{yx}F_x}{F_y^2}\left(-\frac{F_x}{F_y}\right)\\&=-\frac{F_{xx}F_y^2-2F_{xy}F_xF_y+F_{yy}F_x^2}{F_y^3}.\end{aligned}$$

定理 2 （隐函数存在定理 2）设函数 $F(x,y,z)$ 在点 $P(x_0,y_0,z_0)$ 的某邻域内具有连续偏导数，且 $F(x_0,y_0,z_0)=0$，$F_z(x_0,y_0,z_0)\neq0$，则方程 $F(x,y,z)=0$ 在点 (x_0,y_0,z_0) 的某邻域内恒能唯一确定一个连续且具有连续偏导数的函数 $z=f(x,y)$，它满足条件 $z_0=f(x_0,y_0)$，并有

$$\frac{\partial z}{\partial x}=-\frac{F_x}{F_z},\quad \frac{\partial z}{\partial y}=-\frac{F_y}{F_z}. \tag{5-10}$$

例 1 求由方程 $e^{xy}+3z=e^{2z}$ 所确定的隐函数的偏导数.

解 令 $F(x,y,z)=e^{xy}+3z-e^{2z}$，则 $F_x=ye^{xy}$，$F_y=xe^{xy}$，$F_z=3-2e^{2z}$，因此

$$\frac{\partial z}{\partial x}=-\frac{F_x}{F_z}=-\frac{ye^{xy}}{3-2e^{2z}}=\frac{ye^{xy}}{2e^{2z}-3},$$

$$\frac{\partial z}{\partial y}=-\frac{F_y}{F_z}=-\frac{xe^{xy}}{3-2e^{2z}}=\frac{xe^{xy}}{2e^{2z}-3}.$$

MATLAB 程序如下：

```
dz1 = maple('implicitdiff(exp(x * y) +3 * z - exp(2 * z) =0,z,x)')
dz2 = maple('implicitdiff(exp(x * y) +3 * z - exp(2 * z) =0,z,x)')
```

运行语句后输出：

```
dz1 =
y * exp(x * y)/( -3 +2 * exp(2 * z))
dz2 =
x * exp(x * y)/( -3 +2 * exp(2 * z))
```

例 2 验证方程 $x^2+y^2-1=0$ 在点(0,1)的某邻域内能唯一确定一个有连续导数，当$x=0,y=1$ 时的隐函数 $y=f(x)$，并求该函数的一阶导数与二阶导数在 $x=0$ 的值.

解 设 $F(x,y)=x^2+y^2-1$，则 $F_x=2x,F_y=2y,F(0,1)=0,F_y(0,1)=2\neq0$. 因此由定理 1 可知，方程 $x^2+y^2-1=0$ 在点(0,1)的某邻域内能唯一确定一个有连续导数，当 $x=0$ 时 $y=1$ 的函数 $y=f(x)$.

下面求这个函数的一阶导数及二阶导数.

$$\frac{\mathrm{d}y}{\mathrm{d}x}=-\frac{F_x}{F_y}=-\frac{x}{y},\quad \left.\frac{\mathrm{d}y}{\mathrm{d}x}\right|_{\substack{x=0\\y=1}}=0,$$

$$\frac{\mathrm{d}^2y}{\mathrm{d}x^2}=-\frac{y-xy'}{y^2}=-\frac{y-x\left(-\dfrac{x}{y}\right)}{y^2}=-\frac{y^2+x^2}{y^3}=-\frac{1}{y^3},\quad \left.\frac{\mathrm{d}^2y}{\mathrm{d}x^2}\right|_{\substack{x=0\\y=1}}=-1.$$

二、方程组的情形

下面将隐函数存在定理作推广，不仅增加方程中变量的个数，而且增加方程的个数. 例如，考虑方程组

$$\begin{cases}F(x,y,u,v)=0,\\G(x,y,u,v)=0,\end{cases}\tag{5-11}$$

这时，在四个变量中，一般只能有两个变量独立变化，因此方程组(5-11)就有可能确定两个二元函数. 在这种情况下，可以由函数 F,G 的性质来断定由方程组(5-11)所确定的两个二元函数的存在性以及它们的性质，即有下面的定理：

定理 3 （隐函数存在定理 3）设 $F(x,y,u,v),G(x,y,u,v)$ 在点 $P(x_0,y_0,u_0,v_0)$ 的某邻域内具有对各个变量的连续偏导数，$F(x_0,y_0,u_0,v_0)=0,G(x_0,y_0,u_0,v_0)=0$，且偏导数所组成的函数行列式（或称雅可比式）

$$J=\frac{\partial(F,G)}{\partial(u,v)}=\begin{vmatrix}\dfrac{\partial F}{\partial u}&\dfrac{\partial F}{\partial v}\\[2mm]\dfrac{\partial G}{\partial u}&\dfrac{\partial G}{\partial v}\end{vmatrix}$$

在点 $P(x_0,y_0,u_0,v_0)$ 不等于零，则方程组$\begin{cases}F(x,y,u,v)=0,\\G(x_0,y_0,u_0,v_0)=0\end{cases}$在点$(x_0,y_0,u_0,v_0)$的某邻域内恒能唯一确定一组连续且具有连续偏导数的函数 $u=u(x,y),v=v(x,y)$，它们满足条件$u_0=u(x_0,y_0),v_0=v(x_0,y_0)$，并有

$$\frac{\partial u}{\partial x}=-\frac{1}{J}\frac{\partial(F,G)}{\partial(x,v)}=-\frac{\begin{vmatrix}F_x&F_v\\G_x&G_v\end{vmatrix}}{\begin{vmatrix}F_u&F_v\\G_u&G_v\end{vmatrix}},$$

$$\frac{\partial v}{\partial x}=-\frac{1}{J}\frac{\partial(F,G)}{\partial(u,v)}=-\frac{\begin{vmatrix}F_u & F_x\\ G_u & G_x\end{vmatrix}}{\begin{vmatrix}F_u & F_v\\ G_u & G_v\end{vmatrix}},$$

$$\frac{\partial u}{\partial y}=-\frac{1}{J}\frac{\partial(F,G)}{\partial(y,v)}=-\frac{\begin{vmatrix}F_y & F_v\\ G_y & G_v\end{vmatrix}}{\begin{vmatrix}F_u & F_v\\ G_u & G_v\end{vmatrix}},$$

$$\frac{\partial v}{\partial y}=-\frac{1}{J}\frac{\partial(F,G)}{\partial(u,y)}=-\frac{\begin{vmatrix}F_u & F_y\\ G_u & G_y\end{vmatrix}}{\begin{vmatrix}F_u & F_v\\ G_u & G_v\end{vmatrix}}.$$

例 3 设 $xu-yv=0, yu+xv=1$,求$\frac{\partial u}{\partial x},\frac{\partial u}{\partial y},\frac{\partial v}{\partial x}$和$\frac{\partial v}{\partial y}$.

解 将所给方程的两边对 x 求导并移项,得

$$\begin{cases}x\frac{\partial u}{\partial x}-y\frac{\partial v}{\partial x}=-u,\\ y\frac{\partial u}{\partial x}+x\frac{\partial v}{\partial x}=-v.\end{cases}$$

在 $J=\begin{vmatrix}x & -y\\ y & x\end{vmatrix}=x^2+y^2\neq 0$ 的条件下,有

$$\frac{\partial u}{\partial x}=\frac{\begin{vmatrix}-u & -y\\ -v & x\end{vmatrix}}{\begin{vmatrix}x & -y\\ y & x\end{vmatrix}}=-\frac{xu+yv}{x^2+y^2},$$

$$\frac{\partial v}{\partial x}=\frac{\begin{vmatrix}x & -u\\ y & -v\end{vmatrix}}{\begin{vmatrix}x & -y\\ y & x\end{vmatrix}}=\frac{yu-xv}{x^2+y^2}.$$

将所给方程的两边对 y 求导,用同样方法在 $J=x^2+y^2\neq 0$ 的条件下可得

$$\frac{\partial u}{\partial y}=\frac{xv-yu}{x^2+y^2},\quad \frac{\partial v}{\partial y}=-\frac{xu+yv}{x^2+y^2}.$$

习题 5-5

1. 设 $u+\mathrm{e}^u=xy$,求$\frac{\partial^2 u}{\partial x\partial y}$.

2. 设 $u=f(x,y,z)$有连续偏导数,$y=y(x)$和 $z=z(x)$分别由方程 $\mathrm{e}^{xy}-y=0$ 和 $\mathrm{e}^z-xz=0$ 所确定,求$\frac{\mathrm{d}u}{\mathrm{d}x}$.

第六节　多元函数微分学的几何应用

本节中所讨论的曲线和曲面,由于它们的方程是以隐函数(组)的形式出现的,因此在求它们的切线(或切平面)时要用到隐函数(组)的微分法.

一、平面曲线的切线与法线

设平面曲线由方程

$$F(x,y)=0 \tag{5-12}$$

给出,它在点 $P_0(x_0,y_0)$ 的某邻域内满足隐函数存在定理 1 的条件,于是在点 P_0 附近所确定的连续可微隐函数 $y=f(x)$ [或 $x=g(y)$]和方程(5-12)在点 P_0 附近表示的曲线为同一曲线,从而该曲线在点 P_0 存在切线和法线,其方程分别为

$$y-y_0=f'(x_0)(x-x_0)\quad [x-x_0=g'(y_0)(y-y_0)],$$

$$y-y_0=-\frac{1}{f'(x_0)}(x-x_0)\quad \left[x-x_0=-\frac{1}{g'(y_0)}(y-y_0)\right].$$

由于

$$f'(x)=-\frac{F_x}{F_y}\quad \left[g'(y)=-\frac{F_y}{F_x}\right],$$

所以曲线(5-12)在点 P_0 的切线方程与法线方程分别为

$$F_x(x_0,y_0)(x-x_0)+F_y(x_0,y_0)(y-y_0)=0,$$

$$F_y(x_0,y_0)(x-x_0)-F_x(x_0,y_0)(y-y_0)=0.$$

例 1　求笛卡儿叶形线 $x^3+y^3-3axy=0$(图 5-8)所确定的隐函数 $2(x^3+y^3)-9xy=0$ 在点(2,1)处的切线方程与法线方程.

解　设 $F(x,y)=2(x^3+y^3)-9xy$,于是 $F_x=6x^2-9y$,$F_y=6y^2-9x$ 在全平面连续,且 $F_x(2,1)=15\neq0$,$F_y(2,1)=-12\neq0$. 因此,求得曲线在点(2,1)的切线方程与法线方程分别为

$$15(x-2)-12(y-1)=0\quad 即\quad 5x-4y-6=0,$$

$$-12(x-2)-15(y-1)=0\quad 即\quad 4x+5y-13=0.$$

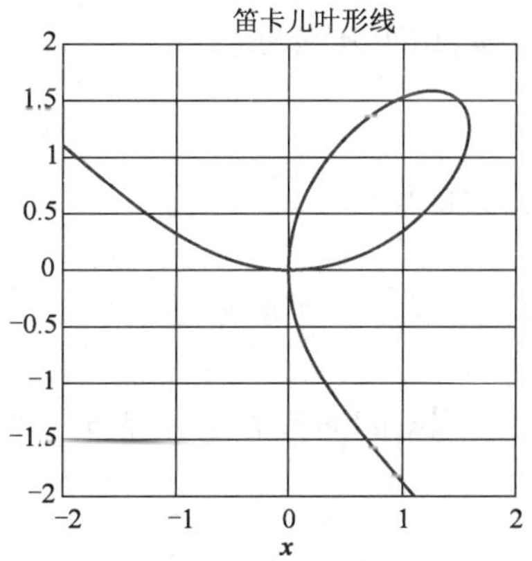

图 5-8

二、空间曲线的切线与法平面

下面讨论由参数方程

$$L:x=x(t),\quad y=y(t),\quad z=z(t)\quad (\alpha\leqslant t\leqslant\beta) \tag{5-13}$$

表示的空间曲线 L 上某一点 $P_0(x_0,y_0,z_0)$ 处的切线方程和法平面方程,这里 $x_0=x(t_0)$,$y_0=y(t_0)$,$z_0=z(t_0)$ $(\alpha\leqslant t_0\leqslant\beta)$,并假定式(5-13)中的三个函数在 t_0 处可导,且

$$[x'(t_0)]^2+[y'(t_0)]^2+[z'(t_0)]^2\neq0.$$

在曲线 L 上点 P_0 某邻域选取一点 $P(x,y,z)=P(x_0+\Delta x,y_0+\Delta y,z_0+\Delta z)$,于是连接点 P_0

与点 P 的割线方程为

$$\frac{x-x_0}{\Delta x}=\frac{y-y_0}{\Delta y}=\frac{z-z_0}{\Delta z},$$

其中 $\Delta x=x(t_0+\Delta t)-x(t_0)$，$\Delta y=y(t_0+\Delta t)-y(t_0)$，$\Delta z=z(t_0+\Delta t)-z(t_0)$. 以 Δt 除上式各分母，得

$$\frac{x-x_0}{\frac{\Delta x}{\Delta t}}=\frac{y-y_0}{\frac{\Delta y}{\Delta t}}=\frac{z-z_0}{\frac{\Delta z}{\Delta t}}.$$

当 $\Delta t\to 0$ 时，$P\to P_0$，且

$$\frac{\Delta x}{\Delta t}\to x'(t_0),\quad \frac{\Delta y}{\Delta t}\to y'(t_0),\quad \frac{\Delta z}{\Delta t}\to z'(t_0),$$

即得曲线 L 在点 P_0 处的切线方程为

$$\frac{x-x_0}{x'(t_0)}=\frac{y-y_0}{y'(t_0)}=\frac{z-z_0}{z'(t_0)}.$$

由此可见，当 $x'(t_0)$，$y'(t_0)$，$z'(t_0)$ 不全为零时，它们是该切线的方向数.

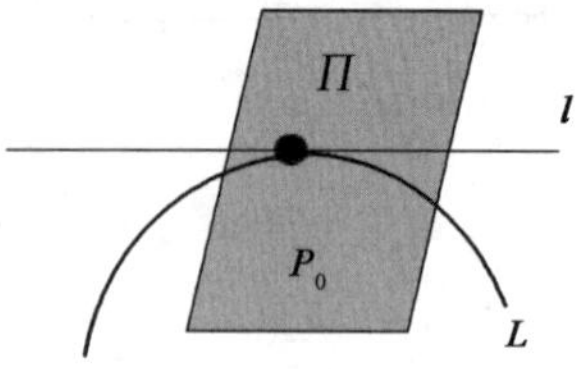

图 5-9

过点 P_0 可以作无穷多条直线与切线 l 垂直，所有这些直线都在同一平面上，称该平面为曲线 L 在点 P_0 的法平面 Π（图 5-9）. 它通过点 P_0，且以 L 在点 P_0 的切线 l 为它的法线，所以法平面 Π 的方程为

$$x'(t_0)(x-x_0)+y'(t_0)(y-y_0)+z'(t_0)(z-z_0)=0.$$

例 2 求曲线 $x=t$，$y=t^2$，$z=t^3$ 在点 $(1,1,1)$ 处的切线方程及法平面方程.

解 因为 $x_t'=1$，$y_t'=2t$，$z_t'=3t^2$，而点 $(1,1,1)$ 所对应的参数 $t_0=1$，所以 $T=(1,2,3)$. 于是，切线方程为

$$\frac{x-1}{1}=\frac{y-1}{2}=\frac{z-1}{3},$$

法平面方程为

$$(x-1)+2(y-1)+3(z-1)=0,$$

即

$$x+2y+3z=6.$$

当空间曲线 L 由方程组

$$L:\begin{cases}F(x,y,z)=0,\\G(x,y,z)=0.\end{cases}\tag{5-14}$$

给出时，若它在点 $P_0(x_0,y_0,z_0)$ 的某邻域内满足隐函数存在定理 2 的条件，则方程组 (5-14) 在点 P_0 附近能确定唯一连续可微的隐函数组

$$x=\varphi(z),\quad y=\psi(z),\tag{5-15}$$

使得 $x_0=\varphi(z_0)$，$y_0=\psi(z_0)$，且

$$\frac{\mathrm{d}x}{\mathrm{d}z}=-\frac{\frac{\partial(F,G)}{\partial(z,y)}}{\frac{\partial(F,G)}{\partial(x,y)}},\quad \frac{\mathrm{d}y}{\mathrm{d}z}=-\frac{\frac{\partial(F,G)}{\partial(x,z)}}{\frac{\partial(F,G)}{\partial(x,y)}}.$$

由于在点 P_0 附近方程组(5-14)与隐函数组(5-15)表示同一空间曲线,因此以 z 为参量时,就得到点 P_0 附近曲线 L 的参量方程

$$x=\varphi(z),\quad y=\psi(z),\quad z=z.$$

于是由式(5-12),曲线在点 P_0 处的切线方程为

$$\frac{x-x_0}{\left.\frac{\mathrm{d}x}{\mathrm{d}z}\right|_{P_0}}=\frac{y-y_0}{\left.\frac{\mathrm{d}y}{\mathrm{d}z}\right|_{P_0}}=\frac{z-z_0}{1},$$

即

$$\frac{x-x_0}{\left.\frac{\partial(F,G)}{\partial(y,z)}\right|_{P_0}}=\frac{y-y_0}{\left.\frac{\partial(F,G)}{\partial(z,x)}\right|_{P_0}}=\frac{z-z_0}{\left.\frac{\partial(F,G)}{\partial(x,y)}\right|_{P_0}}$$

按式(5-13),曲线在点 P_0 处的法平面方程为

$$\left.\frac{\partial(F,G)}{\partial(y,z)}\right|_{P_0}(x-x_0)+\left.\frac{\partial(F,G)}{\partial(z,x)}\right|_{P_0}(y-y_0)+\left.\frac{\partial(F,G)}{\partial(x,y)}\right|_{P_0}(z-z_0)=0$$

同样可推导出:当$\frac{\partial(F,G)}{\partial(z,y)}$或$\frac{\partial(F,G)}{\partial(z,x)}$在点 P_0 处不等于零时,曲线在点 P_0 处的切线方程与法平面方程仍分别与式(5-13)具有相同的形式. 由此可见,当

$$\left.\frac{\partial(F,G)}{\partial(y,z)}\right|_{P_0},\ \left|\frac{\partial(F,G)}{\partial(z,x)}\right|_{P_0},\ \left.\frac{\partial(F,G)}{\partial(x,y)}\right|_{P_0}$$

不全为零时,它们是空间曲线(5-13)在点 P_0 处的切线的方向数.

例 3 求球面 $x^2+y^2+z^2=50$ 与锥面 $x^2+y^2=z^2$ 所截出的曲线在点(3,4,5)处的切线与法平面方程.

解 设

$$F(x,y,z)=x^2+y^2+z^2-50,$$
$$G(x,y,z)=x^2+y^2-z^2,$$

它们在点(3,4,5)处的偏导数和雅可比行列式之值分别为

$$\frac{\partial F}{\partial x}=6,\quad \frac{\partial F}{\partial y}=8,\quad \frac{\partial F}{\partial z}=10,$$

$$\frac{\partial G}{\partial x}=6,\quad \frac{\partial G}{\partial y}=8,\quad \frac{\partial G}{\partial z}=10,$$

$$\frac{\partial(F,G)}{\partial(y,z)}=-160,\quad \frac{\partial(F,G)}{\partial(z,x)}=120,\quad \frac{\partial(F,G)}{\partial(x,y)}=0,$$

所以曲线在点(3,4,5)处的切线方程为

$$\frac{x-3}{-160}=\frac{y-4}{120}=\frac{z-5}{0},$$

即

$$\begin{cases}3(x-3)+4(y-4)=0,\\ z=5.\end{cases}$$

法平面方程为

$$-4(x-3)+3(y-4)+0(z-5)=0,$$

即

$$4x-3y=0.$$

三、曲面的切平面与法线

设曲面由方程

$$F(x,y,z)=0 \tag{5-16}$$

给出，它在点 $P_0(x_0,y_0,z_0)$ 的某邻域内满足隐函数存在定理 2 的条件[这里设 $F_z(x_0,y_0,z_0)\neq 0$].于是方程(5-16)在点 P_0 附近确定唯一连续可微的隐函数 $z=f(x,y)$ 使得 $z_0=f(x_0,y_0)$，且

$$\frac{\partial z}{\partial x}=-\frac{F_x(x,y,z)}{F_z(x,y,z)},\quad \frac{\partial z}{\partial y}=-\frac{F_y(x,y,z)}{F_z(x,y,z)}.$$

由于在点 P_0 附近方程(5-16)与 $z=f(x,y)$ 表示同一曲面，从而该曲面在点 P_0 处有切平面与法线，它们的方程分别为

$$z-z_0=-\frac{F_x(x_0,y_0,z_0)}{F_z(x_0,y_0,z_0)}(x-x_0)-\frac{F_y(x_0,y_0,z_0)}{F_z(x_0,y_0,z_0)}(y-y_0),$$

$$\frac{(x-x_0)}{-\frac{F_x(x_0,y_0,z_0)}{F_z(x_0,y_0,z_0)}}=\frac{(y-y_0)}{-\frac{F_y(x_0,y_0,z_0)}{F_z(x_0,y_0,z_0)}}=\frac{z-z_0}{-1}.$$

它们也可写成如下形式：

$$F_x(x_0,y_0,z_0)(x-x_0)+F_y(x_0,y_0,z_0)(y-y_0)+F_z(x_0,y_0,z_0)(z-z_0)=0 \tag{5-17}$$

$$\frac{x-x_0}{F_x(x_0,y_0,z_0)}=\frac{y-y_0}{F_y(x_0,y_0,z_0)}=\frac{z-z_0}{F_z(x_0,y_0,z_0)}. \tag{5-18}$$

这种形式对于 $F_x(x_0,y_0,z_0)\neq 0$ 或 $F_y(x_0,y_0,z_0)\neq 0$ 也同样适用.

注意：由上面的讨论可知，函数 $F(x,y,z)$ 在点 $P(x,y,z)$ 的梯度 $\mathbf{grad}F(P)$ 就是等值面 $F(x,y,z)=c$ 在点 P 的法向量 $\boldsymbol{n}=(F_x(P),F_y(P),F_z(P))$.

例 4 求椭球面 $x^2+2y^2+3z^2=6$ 在点 $(1,1,1)$ 处的切平面方程与法线方程.

解 设 $F(x,y,z)=x^2+2y^2+3z^2-6$. 由于 $F_x=2x,F_y=4y,F_z=6z$ 在全空间上处处连续，在点 $(1,1,1)$ 处 $F_x=2,F_y=4,F_z=6$，因此由式(5-17)和式(5-18)得切平面方程

$$2(x-1)+4(y-1)+6(z-1)=0,$$

即

$$x+2y+3z=6,$$

得法线方程

$$\frac{x-1}{1}=\frac{y-1}{2}=\frac{z-1}{3}.$$

例 5 证明曲面 $f\left(\frac{x-a}{z-c},\frac{y-b}{z-c}\right)=0$ 的任一切平面都过某个定点，其中 f 是连续可微函数.

证明 令 $F(x,y,z)=f\left(\frac{x-a}{z-c},\frac{y-b}{z-c}\right)$，因为

$$(F_x,F_y,F_z)=\left(\frac{f_1}{z-c},\frac{f_2}{z-c},-\frac{(x-a)f_1+(y-b)f_2}{(z-c)^2}\right),$$

所以曲面在其上任意一点 $P_0(x_0,y_0,z_0)$ 处的法向量可取为

$$\boldsymbol{n}=\left(f_1(P_0),f_2(P_0),-\frac{(x_0-a)f_1(P_0)+(y_0-b)f_2(P_0)}{z_0-c}\right),$$

由此得到切平面方程

$$f_1(P_0)(x-x_0)+f_2(P_0)(y-y_0)-\frac{(x_0-a)f_1(P_0)+(y_0-b)f_2(P_0)}{z_0-c}(z-z_0)=0.$$

将$(x,y,z)=(a,b,c)$代入上式,就得到一个恒等式

$$f_1(P_0)(a-x_0)+f_2(P_0)(b-y_0)-\frac{(x_0-a)f_1(P_0)+(y_0-b)f_2(P_0)}{z_0-c}(c-z_0)\equiv 0,$$

这说明定点(a,b,c)在曲面的任一切平面上.

习题 5-6

1. 求曲线$\begin{cases}x^2+y^2+z^2=a^2,\\ x^2+y^2=ax\end{cases}$在点$M_0(0,0,a)$处的切线方程及法平面方程.

2. 曲面$x^2+\cos(xy)+yz+x=0$在点$(0,1,-1)$处的切平面方程为( ).

A. $x-y+z=-2$ B. $x+y+z=2$

C. $x-2y+z=-3$ D. $x-y-z=0$

第七节 方向导数与梯度

在许多函数问题求解中,不仅要知道函数在坐标轴方向上的变化率(即偏导数),还要设法求得函数在其他特定方向上的变化率,例如热空气要向冷的地方流动,气象学中就要确定大气温度、气压沿着某些方向的变化率,这就是本节所要讨论的方向导数.

定义1 设三元函数f在点$P_0(x_0,y_0,z_0)$的某邻域$U(P_0)\subset\mathbf{R}^3$内有定义,$l$为从点$P_0$出发的射线,$P(x,y,z)$在$l$上且含有$U(P_0)$内的任一点,以$\rho$表示$P$与$P_0$两点间的距离.若极限

$$\lim_{\rho\to0^+}\frac{f(P)-f(P_0)}{\rho}=\lim_{\rho\to0^+}\frac{\Delta f}{\rho}$$

存在,则称此极限为函数f在点P_0沿方向$\boldsymbol{l}$的方向导数,记作

$$\left.\frac{\partial f}{\partial \boldsymbol{l}}\right|_{P_0},f_l(P_0)\quad 或\quad f_l(x_0,y_0,z_0).$$

容易看到,若f在点P_0存在关于x的偏导数,则f在点P_0沿x轴正向的方向导数恰为

$$\left.\frac{\partial f}{\partial \boldsymbol{l}}\right|_{P_0}=\left.\frac{\partial f}{\partial x}\right|_{P_0},$$

若$\boldsymbol{l}$的方向为x轴的负方向,则有

$$\left.\frac{\partial f}{\partial \boldsymbol{l}}\right|_{P_0}=-\left.\frac{\partial f}{\partial x}\right|_{P_0}.$$

沿任一方向的方向导数与偏导数的关系由下述定理给出:

定理 若函数f在点$P_0(x_0,y_0,z_0)$处可微,则f在点P_0沿任一方向$\boldsymbol{l}$的方向导数都存在,且

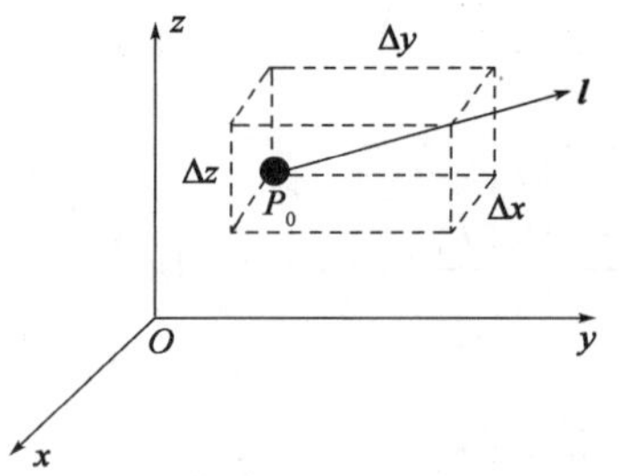

图 5-10

$$f_l(P_0)=f_x(P_0)\cos\alpha+f_y(P_0)\cos\beta+f_z(P_0)\cos\gamma,\tag{5-19}$$

其中 $\cos\alpha,\cos\beta,\cos\gamma$ 为方向 $\boldsymbol{l}$ 的方向余弦.

证明 如图 5-10 所示,设 $P(x,y,z)$ 为 $\boldsymbol{l}$ 上任一点,于是

$$\begin{cases}x-x_0=\Delta x=\rho\cos\alpha,\\ y-y_0=\Delta y=\rho\cos\beta,\\ z-z_0=\Delta z=\rho\cos\gamma,\end{cases}\tag{5-20}$$

由假设 f 在点 P_0 可微,有

$$f(P)-f(P_0)=f_x(P_0)\Delta x+f_y(P_0)\Delta y+f_z(P_0)\Delta z+o(\rho).$$

上式两边皆除以 ρ,根据式(5-19)可得

$$\begin{aligned}\frac{f(P)-f(P_0)}{\rho}&=f_x(P_0)\frac{\Delta x}{\rho}+f_y(P_0)\frac{\Delta y}{\rho}+f_z(P_0)\frac{\Delta y}{\rho}+\frac{o(\rho)}{\rho}\\&=f_x(P_0)\cos\alpha+f_y(P_0)\cos\beta+f_z(P_0)\cos\gamma+\frac{o(\rho)}{\rho},\end{aligned}$$

因为当 $\rho\to0$ 时,上式右边末项 $\frac{o(\rho)}{\rho}\to0$,于是左边极限存在且有

$$f_l(P_0)=\lim_{\rho\to0^+}\frac{f(P)-f(P_0)}{\rho}=f_x(P_0)\cos\alpha+f_y(P_0)\cos\beta+f_z(P_0)\cos\gamma.$$

对于二元函数 $f(x,y)$ 来说,相应于式(5-19)的结果是

$$f_l(P_0)=f_x(x_0,y_0)\cos\alpha+f_y(x_0,y_0)\cos\beta,$$

其中 α,β 为 $\boldsymbol{l}$ 的方向角.

例 1 设 $f(x,y,z)=x+y^2+z^3$,求 f 在点 $P_0(1,1,1)$ 沿方向 $\boldsymbol{l}=(2,-2,1)$ 的方向导数.

解 易见 f 在点 P_0 可微. 故由 $f_x(P_0)=1,f_y(P_0)=2,f_z(P_0)=3$ 及方向 $\boldsymbol{l}$ 的方向余弦

$$\cos\alpha=\frac{2}{\sqrt{2^2+(-2)^2+1^2}}=\frac{2}{3},$$

$$\cos\beta=\frac{-2}{\sqrt{2^2+(-2)^2+1^2}}=-\frac{2}{3},$$

$$\cos\gamma=\frac{1}{\sqrt{2^2+(-2)^2+1^2}}=\frac{1}{3},$$

按式(5-19)求得 f 沿方向 $\boldsymbol{l}$ 的方向导数为

$$f_l(P_0)=1\cdot\frac{2}{3}+2\left(-\frac{2}{3}\right)+3\cdot\frac{1}{3}=\frac{1}{3}.$$

例 2 设

$$f(x,y)=\begin{cases}1, & 0<y<x^2,\ -\infty<x<+\infty,\\ 0, & 其他,\end{cases}$$

这个函数在原点不连续(当然也不可微),但在始于原点的任何射线上,都存在包含原点的充分小的一段,在这一段上 f 的函数值恒为零. 于是由方向导数的定义,在原点处沿任意方向 $\boldsymbol{l}$ 都有

$$\left.\frac{\partial f}{\partial \boldsymbol{l}}\right|_{(0,0)}=0.$$

这个例子说明：

(1)函数在一点可微是方向导数存在的充分条件而不是必要条件；

(2)函数在一点连续同样不是方向导数存在的必要条件，当然也不是充分条件.

定义2 若$f(x,y,z)$在点$P_0(x_0,y_0,z_0)$存在对所有自变量的偏导数，则称向量$(f_x(P_0),f_y(P_0),f_z(P_0))$为函数$f$在点$P_0$的梯度，记作

$$\mathbf{grad}f=f_x(P_0)\boldsymbol{i}+f_y(P_0)\boldsymbol{j}+f_z(P_0)\boldsymbol{k},$$

向量$\mathbf{grad}f$的长度（或模）为

$$|\mathbf{grad}f|=\sqrt{f_x(P_0)^2+f_y(P_0)^2+f_z(P_0)^2}.$$

在定理1的条件下，若记$\boldsymbol{l}$方向上的单位向量为$\boldsymbol{l}_0=(\cos\alpha,\cos\beta,\cos\gamma)$，则方向导数又可写成

$$f_l(P_0)=\mathbf{grad}f(P_0)\cdot\boldsymbol{l}_0=|\mathbf{grad}f(P_0)|\cos\theta$$

其中θ为梯度向量$\mathbf{grad}f(P_0)$与$\boldsymbol{l}_0$的夹角.

因此当$\theta=0$时，$f_l(P_0)$取得最大值$|\mathbf{grad}f(P_0)|$. 这就是说，当f在点P_0可微时，f在点P_0的梯度方向是f的值增长最快的方向，且沿这一方向的变化率就是梯度的模；而当$\boldsymbol{l}$与梯度向量反方向($\theta=\pi$)时，方向导数取得最小值$-|\mathbf{grad}f(P_0)|$.

例3 设$f(x,y,z)=xy^2+yz^3$，求f在点$P_0(2,-1,1)$的梯度及它的模.

解 由于$f_x(P_0)=1,f_y(P_0)=-3,f_z(P_0)=-3$，所以

$$\mathbf{grad}f(P_0)=1\boldsymbol{i}-3\boldsymbol{j}-3\boldsymbol{k},$$

$$|\mathbf{grad}f(P_0)|=\sqrt{1^2+(-3)^2+(-3)^2}=\sqrt{19}.$$

习题5-7

1. 求函数$z=3x^2y-xy^3+8$在点$A(1,2)$处沿从点A到点$B(3,0)$的方向导数.

2. 求函数$u=xyz$在点$A(5,1,2)$处沿从点A到点$B(9,4,14)$的方向导数.

3. 求函数$u=f(x,y,z)=xy^2+yz^3+3$在点$P_0(2,-1,1)$处的梯度及在点P_0处沿向量$\boldsymbol{l}=(1,2,2)$的方向导数.

4. 求函数$u=x^2+2y^2+3z^3+xy+3x-2y-6z$在点$O(0,0,0)$及点$A(2,2,1)$处的梯度及其大小.

5. 求函数$u=\ln(x+\sqrt{y^2+z^2})$在点$A(1,0,1)$处从点A指向点$B(3,-2,2)$的方向导数.

6. $\mathbf{grad}\left(xy+\dfrac{z}{y}\right)\bigg|_{(2,1,1)}=$________.

第八节 多元函数的极值、最值及其求法

一、多元函数的极值问题

多元函数的极值问题是多元函数微分学的重要应用，这里仍以二元函数为例进行讨论.

定义 设函数$z=f(x,y)$的定义域为D，点$P_0(x_0,y_0)$为D的内点. 若存在点P_0的某邻域

$U(P_0) \subset D$，使得 $P(x,y) \in U(P_0)$，且

$$f(P) \leqslant f(P_0) \quad [\text{或} f(P) \geqslant f(P_0)],$$

则称函数 f 在点 P_0 取得极大值（或极小值），点 P_0 称为 f 的极大值点（或极小值点）. 极大值、极小值统称为极值. 极大值点、极小值点统称为极值点.

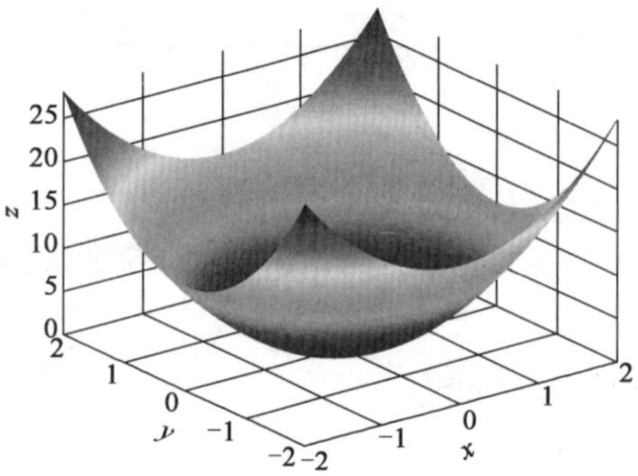

图 5-11

例 1 函数 $z=3x^2+4y^2$ 在点 $(0,0)$ 处取极小值. 因为对于点 $(0,0)$ 的任一邻域内异于 $(0,0)$ 的点，函数值都为正，而在点 $(0,0)$ 处的函数值为零. 从几何上看这是显然的，因为点 $(0,0,0)$ 是开口朝上的椭圆抛物面 $z=3x^2+4y^2$ 的顶点（图 5-11）.

定理 1 （必要条件）设函数 $z=f(x,y)$ 在点 (x_0,y_0) 具有偏导数，且在点 (x_0,y_0) 处有极值，则有

$$f_x(x_0,y_0)=0, f_y(x_0,y_0)=0.$$

证明 不妨设 $z=f(x,y)$ 在点 (x_0,y_0) 处取极大值. 依照极大值的定义，在点 (x_0,y_0) 的某邻域内异于 (x_0,y_0) 的点 (x,y) 都满足不等式

$$f(x,y) < f(x_0,y_0).$$

特殊地，在该邻域内取 $y=y_0$ 而 $x \neq x_0$ 的点，也应满足不等式

$$f(x,y_0) < f(x_0,y_0),$$

这表明一元函数 $f(x,y_0)$ 在 $x=x_0$ 处取得最大值，因而必有 $f_x(x_0,y_0)=0$.

类似可证 $f_y(x_0,y_0)=0$.

参考一元函数，凡是能使 $f_x(x,y)=0, f_y(x,y)=0$ 同时成立的点 (x_0,y_0) 称为函数 $z=f(x,y)$ 的驻点. 由定理 1 可知，具有偏导数的函数的极值点必定是驻点. 但函数的驻点不一定是极值点，例如，点 $(0,0)$ 是函数 $z=xy$ 的驻点，但函数在该点并无极值. 怎么判定一个驻点是不是极值点呢？下面的定理回答了这个问题.

定理 2 （充分条件）设函数 $z=f(x,y)$ 在点 (x_0,y_0) 的某邻域内连续且有一阶及二阶连续偏导数，又 $f_x(x_0,y_0)=0, f_y(x_0,y_0)=0$，令

$$f_{xx}(x_0,y_0)=A, \quad f_{xy}(x_0,y_0)=B, \quad f_{yy}(x_0,y_0)=C,$$

则 $f(x,y)$ 在点 (x_0,y_0) 处是否取得极值的条件如下：

（1）当 $AC-B^2>0$ 时有极值，且当 $A<0$ 时有极大值，当 $A>0$ 时有极小值；

（2）当 $AC-B^2<0$ 时没有极值；

（3）当 $AC-B^2=0$ 时可能有极值，也可能没有极值，还需另作讨论.

定理 2 说明，如果判别式在点 (x_0,y_0) 为正值，那么曲面在所有方向以同样的方式弯曲. 若 $A<0$，则曲面向下弯曲，函数在该点取得极大值；若 $A>0$，则曲面向上弯曲，函数在该点取得极小值. 如果判别式在点 (x_0,y_0) 为负值，那么曲面在某些方向向上弯曲，而在其他方向向下弯曲，所以不存在极值.

对于二元函数的极值问题，可根据定理 1 和定理 2，分以下三个步骤来解决：

第一步：解方程组

$$\begin{cases} f_x(x,y)=0, \\ f_y(x,y)=0, \end{cases}$$

求得一切实数解,即可求得一切驻点.

第二步:对于每一个驻点(x_0,y_0),求出二阶偏导数的值A,B和C.

第三步:定出$AC-B^2$的符号,由定理2的结论判定$f(x_0,y_0)$是不是极值,是极大值还是极小值.

例2 求函数$f(x,y)=x^3-y^3+3x^2+3y^2-9x$的极值.

解 先解方程组

$$\begin{cases}f_x(x,y)=3x^2+6x-9=0,\\ f_y(x,y)=-3y^2+6y=0,\end{cases}$$

求得驻点为$(1,0)$,$(1,2)$,$(-3,0)$,$(-3,2)$.

再求出二阶偏导数

$$f_{xx}(x,y)=6x+6,\quad f_{xy}(x,y)=0,\quad f_{yy}(x,y)=-6y+6.$$

在点$(1,0)$处,因为$AC-B^2=12\cdot 6>0$,又$A>0$,所以函数在点$(1,0)$处取极小值$f(1,0)=-5$;

在点$(1,2)$处,因为$AC-B^2=12\cdot(-6)<0$,所以$f(1,2)$不是极值;

在点$(-3,0)$处,因为$AC-B^2=-12\cdot 6<0$,所以$f(-3,0)$不是极值;

在点$(-3,2)$处,因为$AC-B^2=-12\cdot(-6)>0$,又$A<0$,所以函数在点$(-3,2)$处取极大值$f(-3,2)=31$.

讨论函数的极值问题时,如果函数在所讨论的区域内具有偏导数,那么由定理1可知,极值只可能在驻点处取得.然而,如果函数在个别点处的偏导数不存在,这些点当然不是驻点,但可能是极值点.

二、多元函数的最值问题

由极值的定义还可以知道,极值只是函数f在某一点的局部性概念.要想获得函数f在区域D上的最大值和最小值(有界闭区域上的连续函数一定能取得最大值和最小值),与一元函数的问题一样,必须考察函数f在所有稳定点、无偏导点以及属于区域的界点上的函数值.比较这些值,其中最大(小)者即为函数f在D上的最大(小)值.但这种做法需要求出$f(x,y)$在D的边界上的最大(小)值,所以往往相当复杂.在通常的实际问题中,如果根据问题的性质,知道函数$f(x,y)$的最大(小)值一定在D的内部取得,而函数在D内只有一个驻点,那么可以肯定该驻点处的函数值就是函数$f(x,y)$在D上的最大(小)值.

例3 一家纸箱公司计划制作体积为2m^3的快递纸箱,问当长、宽、高各取怎样的尺寸时,才能使用料最省?

解 设纸箱的长为x m,宽为y m,则其高为$\frac{2}{xy}$ m.此纸箱所用材料的面积为

$$S=2\left(xy+y\cdot\frac{2}{xy}+x\cdot\frac{2}{xy}\right),$$

即

$$S=2\left(xy+\frac{2}{x}+\frac{2}{y}\right)\quad(x>0,y>0).$$

可见材料面积 $S=S(x,y)$ 是 x 和 y 的二次函数,这就是目标函数,下面求使该函数取得最小值的点 (x,y).

令 $S_x=2\left(y-\dfrac{2}{x^2}\right)=0, S_y=2\left(x-\dfrac{2}{y^2}\right)=0$,解方程组得

$$x=\sqrt[3]{2},\quad y=\sqrt[3]{2}.$$

根据题意可知,纸箱所用材料面积的最小值一定存在,并在开区域 $D=\{(x,y)\mid x>0,y>0\}$ 内取得. 又函数在 D 内只有唯一的驻点 $(\sqrt[3]{2},\sqrt[3]{2})$,因此可断定当 $x=\sqrt[3]{2}, y=\sqrt[3]{2}$ 时,S 取得最小值. 也就是说,当纸箱的长为 $\sqrt[3]{2}$ m、宽为 $\sqrt[3]{2}$ m、高为 $\sqrt[3]{2}$ m 时,纸箱用料最省.

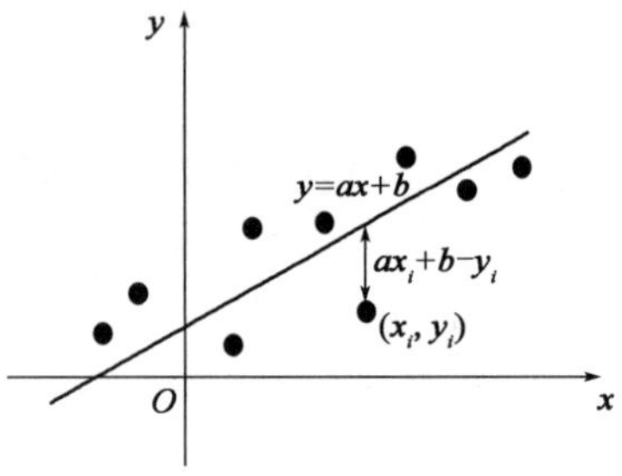

图 5-12

例 4 (最小二乘法问题)设通过观测或实验得到一列点 $(x_i,y_i)(i=1,2,\cdots,n)$. 它们大体在一条直线上(图 5-12),即可用直线方程来反映变量 x 与 y 之间的对应关系. 现要确定一直线使得与这 n 个点的偏差平方和最小.

解 设所求直线的方程为

$$y=ax+b,$$

所测得的 n 个点为 $(x_i,y_i)(i=1,2,\cdots,n)$. 现要确定 a,b,使得

$$f(a,b)=\sum_{i=1}^{n}(ax_i+b-y_i)^2$$

最小. 为此,令

$$\begin{cases} f_a=2\sum\limits_{i=1}^{n}x_i(ax_i+b-y_i)=0, \\ f_b=2\sum\limits_{i=1}^{n}(ax_i+b-y_i)=0, \end{cases}$$

把这组关于 a,b 的线性方程组加以整理,得

$$\begin{cases} a\sum\limits_{i=1}^{n}x_i^2+b\sum\limits_{i=1}^{n}x_i=\sum\limits_{i=1}^{n}x_iy_i, \\ a\sum\limits_{i=1}^{n}x_i+bn=\sum\limits_{i=1}^{n}y_i, \end{cases}$$

求此方程组的解,即得 $f(a,b)$ 的驻点

$$\bar{a}=\frac{n\sum\limits_{i=1}^{n}x_iy_i-\left(\sum\limits_{i=1}^{n}x_i\right)\left(\sum\limits_{i=1}^{n}y_i\right)}{n\sum\limits_{i=1}^{n}x_i^2-\left(\sum\limits_{i=1}^{n}x_i\right)^2},$$

$$\bar{b}=\frac{\left(\sum\limits_{i=1}^{n}x_i^2\right)\left(\sum\limits_{i=1}^{n}y_i\right)-\left(\sum\limits_{i=1}^{n}x_iy_i\right)\left(\sum\limits_{i=1}^{n}x_i\right)}{n\sum\limits_{i=1}^{n}x_i^2-\left(\sum\limits_{i=1}^{n}x_i\right)^2}.$$

为进一步确定该点是否为极小值点，计算得

$$A = f_{aa} = 2\sum_{i=1}^{n} {x_i}^2 > 0,$$

$$B = f_{ab} = 2\sum_{i=1}^{n} x_i,$$

$$C = f_{bb} = 2n,$$

$$AC - B^2 = 4n\sum_{i=1}^{n} {x_i}^2 - 4\left(\sum_{i=1}^{n} x_i\right)^2 > 0,$$

因此，$f(a,b)$在点$(\overline{a},\overline{b})$处取得极小值. 由实际问题可知该极小值即为最小值.

习题 5-8

1. 已知函数$f(x,y)$在点$(0,0)$的某邻域内连续，且

$$\lim_{(x,y)\to(0,0)}\frac{f(x,y)-xy}{(x^2+y^2)^2}=1,$$

则下述四个选项中正确的是(　　).

A. 点$(0,0)$不是$f(x,y)$的极值点

B. 点$(0,0)$是$f(x,y)$的极大值点

C. 点$(0,0)$是$f(x,y)$的极小值点

D. 根据所给条件无法判断点$(0,0)$是否为$f(x,y)$的极值点

2. 求函数$f(x,y)=4(x-y)-x^2-y^2$的极值.

3. 求函数$f(x,y)=e^{2x}(x+y^2+2y)$的极值.

4. 求由方程$x^2+y^2+z^2-2x+2y-4z-10=0$所确定的函数$z=f(x,y)$的极值.

5. 设有一圆板占有平面闭区域$\{(x,y)\mid x^2+y^2\leqslant 1\}$. 该圆板被加热，使得点$(x,y)$处的温度是$T=x^2+2y^2-x$. 求该圆板的最热点和最冷点.

总习题五

一、基础题

（一）选择题

1. 函数$z=\sqrt{x}+\ln y$的定义域为(　　).

A. $\{(x,y)\mid xy>0\}$　　B. $\{(x,y)\mid xy\geqslant 0\}$

C. $\{(x,y)\mid x>0,y>0\}$　　D. $\{(x,y)\mid x\geqslant 0,y>0\}$

2. 设$f(x,y)=\ln(x-\sqrt{x^2-y^2})$，其中$x>y>0$，则$f(x+y,x-y)=$(　　).

A. $2\ln(\sqrt{x}-\sqrt{y})$　　B. $\ln(\sqrt{x}-\sqrt{y})$

C. $\frac{1}{2}(\ln\sqrt{x}-\ln\sqrt{y})$　　D. $2\ln(x-y)$

3. $\lim\limits_{\substack{x\to 0\\ y\to 0}}\dfrac{3\tan(x^2+y^2)}{x^2+y^2}=($　　$)$.

4. 设$f(x,y)$在点(a,b)处有偏导数，则$\lim\limits_{h\to 0}\dfrac{f(a+2h,b)-f(a-5h,b)}{h}=($　　$)$.

A. $3f_y(a,b)$　　B. $7f_x(a,b)$　　C. $3f_x(a,b)$　　D. $7f_y(a,b)$

(二)计算题

1. 函数 $z=e^x\cos y$，求$\dfrac{\partial^2 z}{\partial x\partial y}$.

2. 已知 $z=\ln(3x^2+y^4)$，求$\left.\dfrac{\partial z}{\partial x}\right|_{(2,1)}$，$\left.\dfrac{\partial z}{\partial y}\right|_{(2,1)}$.

3. 求 $z=x^2y+y^2e^x$ 的全微分.

4. 求函数 $u(x,y,z)=1+\dfrac{x^2}{6}+\dfrac{y^2}{12}+\dfrac{z^2}{18}$在点$(1,2,3)$处沿单位向量 $\boldsymbol{n}=\dfrac{1}{\sqrt{3}}(1,1,1)$的方向导数.

5. 设球面方程为 $x^2+(y-1)^2+(z+1)^2=4$，求它在点$(0,1,1)$处的切平面方程和法线方程.

6. 求函数$f(x,y)=e^{2x}(x+y^2+2y)$的极值.

二、提高题

1. 讨论函数$f(x,y)=\begin{cases}(x^2+y^2)\ln(x^2+y^2), & x^2+y^2\neq 0,\\ 0, & x^2+y^2=0\end{cases}$在点$(0,0)$处的连续性.

2. 已知 $du(x,y)=[axy^3+\cos(x+2y)]dx+[3x^2y^2+b\cos(x+2y)]dy$，且 $u(x,y)$具有二阶连续偏导数，求 a,b.

3. 某工厂生产甲、乙两种型号的精密机床，其产量分别为 x,y 台，总成本函数为 $C(x,y)=x^2+2y^2-2xy$(单位：万元). 根据市场调查知，这两种型号的机床的需求量共 10 台. 问应如何安排生产，才能使总成本最小？

引 例 解 答

引例1　厂房面积问题

问题见本章开头引例1.

引例1MATLAB计算

解　设该长方体形状的厂房长为 x m，宽为 y m，高为 z m，则有

$$xyz=10000\quad(x>0,y>0,z>0).\tag{5-21}$$

又设后墙及侧墙每单位面积的造价为 k 元，则前墙造价为 $4kxz$ 元，后墙造价为 kxz 元，两侧墙造价分别为 kyz 元，屋顶造价为 $3kxy$ 元，总价为

$$s=4kxz+kxz+2kyz+3kxy\quad(x>0,y>0,z>0).\tag{5-22}$$

由式(5-21)得 $z=\dfrac{10000}{xy}$，代入式(5-22)得

$$s=\frac{50000k}{y}+\frac{20000k}{x}+3kxy\quad(x>0,y>0,z>0).$$

令

$$\begin{cases}\dfrac{\partial s}{\partial x}=\left(\dfrac{50000k}{y}+\dfrac{20000k}{x}+3kxy\right)'_x=3ky-\dfrac{20000k}{x^2}=0,\\ \dfrac{\partial s}{\partial y}=\left(\dfrac{50000k}{y}+\dfrac{20000k}{x}+3kxy\right)'_y=3kx-\dfrac{5000k}{y^2},\end{cases}$$

解之得 $x\approx 13.87$ m，$y\approx 34.67$ m，将其代入式(5-21)得 $z\approx 20.8$ m.

因此，当厂房的长为 13.87 m、宽为 34.67 m、高为 20.8 m 时，厂房的总造价最小.

引例 2 梯子长度问题

问题见本章开头引例 2.

解 这个问题可以看作是一个直角三角形的问题，梯子为直线形状且不考虑由于受到重力而产生的弯曲. 如图 5-13 所示，花园的截面为矩形，温室的宽和高构成了直角三角形的两条直角边，梯子的长度就是斜边.

引例 2MATLAB 计算

根据勾股定理 $BE^2+CE^2=BC^2$.

建立梯子长度的数学模型：

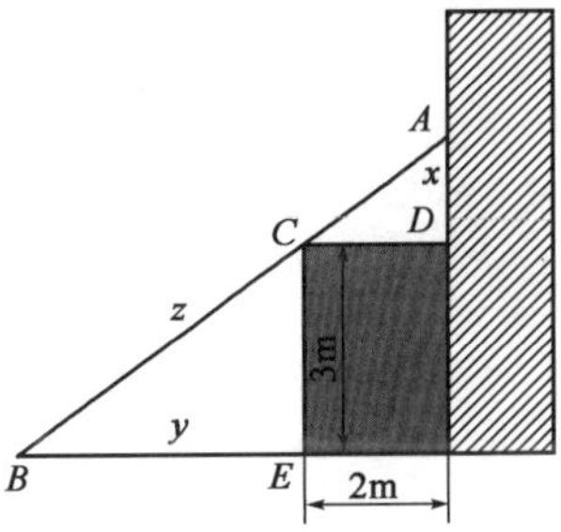

图 5-13

$$\begin{cases}z=\sqrt{(x+3)^2+(y+2)^2},\\ xy=6.\end{cases}$$

构造拉格朗日函数：

$$L(x,y)=\sqrt{(x+3)^2+(y+2)^2}+\lambda(xy-6),$$

则

$$\begin{cases}L'_x(x,y)=\dfrac{x+3}{\sqrt{(x+3)^2+(y+2)^2}}+\lambda y=0,\\ L'_x(x,y)=\dfrac{y+2}{\sqrt{(x+3)^2+(y+2)^2}}+\lambda x=0,\\ xy-6=0,\end{cases}$$

整理得

$$x^4+3x^3-6x-36=0,$$

求得

$x_1=-3.3979$，$x_2=2.1191$，$x_3=-0.8606+2.0637\mathrm{i}$，$x_4=-0.8606-2.0637\mathrm{i}$.

当 $x=2.1191$ 时，z 取得最小值 7.0390m，与清洁工的唯一一架 7m 的梯子相差非常小，但还是不符合要求，因为还需要考虑清洁工使用梯子时其体重对梯子的影响，梯子无法保持直线形状，实际使用梯子长度必须超过 7.0390m.

数学文化——探索和创新精神

多元函数微分法及其应用是高等数学的一个重要内容，它涉及多元函数的基本概念、极限、连续性、偏导数、全微分、方向导数、梯度、极值、条件极值等知识点. 多元函数微分法及其应用具有重要性和广泛性，如求解空间曲线的切线方程和法平面方程. 通过求向量函数的导数，可以得到空间曲线在某点的切向量,这个切向量决定了曲线在该点的切线方向.法平面则可以通过切向量和曲面的法向量计算得出.在工程设计中,多元微分学常用于分析结构的应力分布、变形情况等,通过求导数和微分,可以计算出结构在不同载荷下的响应,从而优化设计.在经济学中,多元微分学常用于分析成本、收益和市场需求之间的关系,通过求偏导数,可以计算出边际成本、边际收益等重要经济指标,帮助企业做出决策.

如何利用数学让我们更加科学有效地认识问题、解决问题,需要我们年轻一代肩负使命,开拓创新.

第六章
重积分

引例1 传染病传播模型

在研究传染病的传播时,假设患者将疾病传染给健康者的概率是两者之间距离的函数,现考虑一个半径为10 km的圆形城市,假设城中的健康者和患者都是均匀分布的(每平方千米有k名患者),又设点A处的健康者被位于点P处的患者传染的概率为$f(P)=\frac{1}{20}[20-d(P,A)]$,其中$d(P,A)$为点$P$与点$A$之间的距离.假设位于点$A$处的健康者患上该病的概率(称为被感染率)等于城市中所有患者将疾病传染给他的概率之和,试计算居住在市中心的健康者与居住在城市边缘的健康者的被感染率各是多少?两者比较,居住在哪里较为安全?

引例2 卫星信号覆盖地球表面模型

设有一颗地球同步轨道通信卫星,距地面的高度为$h=36000$ km,运行的角速度与地球自转的角速度相同.试计算该通信卫星的覆盖面积与地球表面积的比值.(地球半径$h=6400$ km)

在一元函数积分学中,定积分是某种确定形式的和的极限.这种和的极限的概念推广到定义在区域、曲线及曲面上的多元函数的情形,便得到重积分、曲线积分及曲面积分的概念.本章将介绍重积分(包括二重积分和三重积分)的概念、计算方法以及它们的一些应用.

第一节 二重积分的定义与性质

一、二重积分的定义

1. 曲顶柱体的体积

设有一立体,它的底是xOy面上的闭区域D,它的侧面是以D的边界曲线为准线而母线平行于z轴的柱面,它的顶是曲面$z=f(x,y)$,其中$f(x,y)\geqslant 0$且在D上连续(图6-1),这种立体

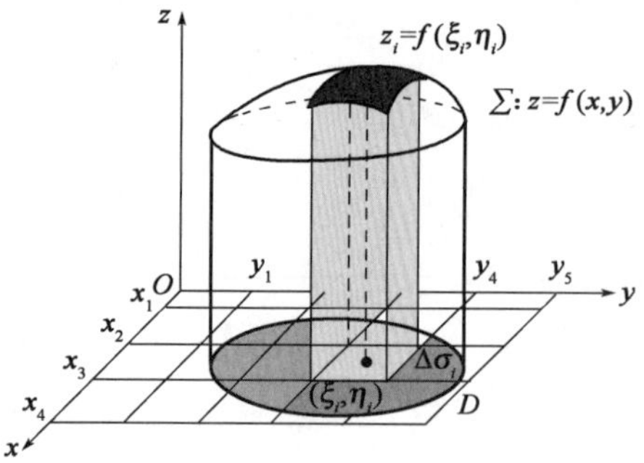

图 6-1

称为曲顶柱体. 现在来讨论如何定义并计算上述曲顶柱体的体积 V.

平顶柱体的高是不变的,它的体积可以用公式

$$体积 = 高 \times 底面积$$

来定义和计算. 关于曲顶柱体,当点(x,y)在区域 D 上变动时,高 $f(x,y)$ 是个变量,因此它的体积不能直接用上式来定义和计算. 利用第五章中求曲边梯形面积的方法,可以类似地解决该问题.

用一组曲线网把 D 分成 n 个小闭区域: $\Delta\sigma_1$, $\Delta\sigma_2$, $\cdots$, $\Delta\sigma_n$. 分别以这些小闭区域的边界曲线为准线,作母线平行于 z 轴的柱面,这些柱面把原来的曲顶柱体分为 n 个细曲顶柱体. 当这些小闭区域的直径很小时,由于$f(x,y)$连续,对同一个小闭区域来说,$f(x,y)$变化很小,这时细曲顶柱体可近似看作平顶柱体. 在每个 $\Delta\sigma_i$(这个小闭区域的面积也记作 $\Delta\sigma_i$)中任取一点(ξ_i,η_i),以$f(\xi_i,\eta_i)$为高、$\Delta\sigma_i$ 为底的平顶柱体的体积为$f(\xi_i,\eta_i)\Delta\sigma_i(i=1,2,\cdots,n)$.

这 n 个平顶柱体体积之和

$$\sum_{i=1}^{n} f(\xi_i,\eta_i)\Delta\sigma_i$$

可以认为是整个曲顶柱体体积的近似值. 令 n 个小闭区域的直径中的最大值(记作 λ)趋近于零,取上述和的极限,所得的极限便自然地定义为曲顶柱体的体积 V,即

$$V=\lim_{\lambda\to 0}\sum_{i=1}^{n} f(\xi_i,\eta_i)\Delta\sigma_i.$$

2. 平面薄片的质量

设有一平面薄片占有(x,y)面上的闭区域 D(图 6-2),它在点(x,y)处的面密度为$\mu(x,y)$,其中$\mu(x,y)\geqslant 0$ 且在 D 上连续. 现在要计算该薄片的质量 m,如果薄片是均匀的,即面密度是常数,那么薄片的质量可以用公式

$$质量 = 面密度 \times 面积$$

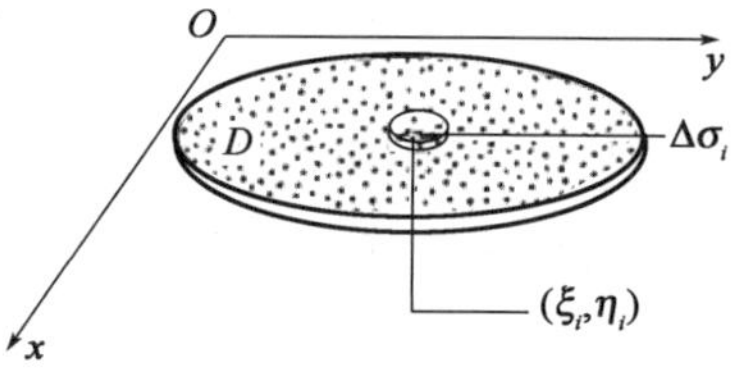

图 6-2

来计算. 如果面密度$\mu(x,y)$是变量,薄片的质量就不能直接用上式来计算. 处理曲顶柱体体积问题的方法完全适用于本问题,由于$\mu(x,y)$连续,把薄片分成许多小块后,只要小块所占的小闭区域 $\Delta\sigma_i$ 的直径很小,这些小块就可以近似地看作均匀薄片. 在 $\Delta\sigma_i$ 上任取一点(ξ_i,η_i),则$\mu(\xi_i,\eta_i)\Delta\sigma_i(i=1,2,\cdots,n)$可看作第 i 个小块的质量的近似值(图 6-2). 通过取和的极限,便得出薄片的质量为

$$m=\lim_{\lambda\to 0}\sum_{i=1}^{n}\mu(\xi_i,\eta_i)\Delta\sigma_i.$$

上面两个问题的实际意义虽然不同,但所求量都归结为同一形式的和的极限. 在物理、几何计算中,有许多物理量或几何量都可归结为这一形式的和的极限. 一般地,研究这种和的极限,并抽象出下述二重积分的定义:

定义 设$f(x,y)$是有界闭区域 D 上的有界函数,将闭区域 D 任意分成 n 个小闭区域 $\Delta\sigma_1,\Delta\sigma_2,\cdots,\Delta\sigma_n$,其中 $\Delta\sigma_i$ 表示第 i 个小闭区域,也表示它的面积. 在每个 $\Delta\sigma_i$ 上任取一点

(ξ_i,η_i),作乘积$f(\xi_i,\eta_i)\Delta\sigma_i(i=1,2,\cdots,n)$,并作和 $\sum\limits_{i=1}^{n}f(\xi_i,\eta_i)\Delta\sigma_i$. 如果当各小闭区域直径中的最大值 $\lambda\to 0$ 时,该和的极限总存在,那么称此极限为函数$f(x,y)$在闭区域 D 上的二重积分,记作 $\iint\limits_D f(x,y)\,\mathrm{d}\sigma$,即

$$\iint\limits_D f(x,y)\,\mathrm{d}\sigma=\lim_{\lambda\to 0}\sum_{i=1}^{n}f(\xi_i,\eta_i)\Delta\sigma_i, \tag{6-1}$$

其中$f(x,y)$称为被积函数,$f(x,y)\,\mathrm{d}\sigma$ 称为被积表达式,$\mathrm{d}\sigma$ 称为面积元素,x 与 y 称为积分变量,D 称为积分区域, $\sum\limits_{i=1}^{n}f(\xi_i,\eta_i)\Delta\sigma_i$ 称为积分和.

在二重积分的定义中,对闭区域 D 的划分是任意的,如果在直角坐标系中用平行于坐标轴的直线网来划分 D,那么除了包含边界点的一些小闭区域外,其余的小闭区域都是矩形闭区域. 设矩形闭区域 $\Delta\sigma_i$ 的长和宽分别为 Δx_j 和 Δy_k,则 $\Delta\sigma_i=\Delta x_j\cdot\Delta y_k$,因此在直角坐标系中,有时也把面积元素 $\mathrm{d}\sigma$ 记作 $\mathrm{d}x\mathrm{d}y$,而把二重积分记作

$$\iint\limits_D f(x,y)\,\mathrm{d}x\mathrm{d}y, \tag{6-2}$$

其中 $\mathrm{d}x\mathrm{d}y$ 称为直角坐标系中的面积元素.

这里需要指出,当$f(x,y)$在闭区域 D 上连续时,式(6-1)右边的和的极限必定存在,也就是说,函数$f(x,y)$在 D 上的二重积分必定存在. 总假定函数$f(x,y)$在闭区域 D 上连续,则$f(x,y)$在 D 上的二重积分都是存在的,以后就不再加以说明了.

由二重积分的定义可知,曲顶柱体的体积是函数$f(x,y)$在闭区域 D 上的二重积分

$$V=\iint\limits_D f(x,y)\,\mathrm{d}\sigma.$$

平面薄片的质量是它的面密度$\mu(x,y)$在薄片所占闭区域 D 上的二重积分

$$m=\iint\limits_D \mu(x,y)\,\mathrm{d}\sigma.$$

一般地,如果$f(x,y)\geqslant 0$,被积函数$f(x,y)$可以解释为曲顶柱体的顶在点(x,y)处的竖坐标,所以二重积分的几何意义就是柱体的体积. 如果$f(x,y)$是负的,柱体就在 xOy 面的下方,二重积分的绝对值仍等于柱体的体积,但二重积分的值是负的. 如果$f(x,y)$在 D 的若干部分区域上是正的,而在其他部分区域上是负的,那么$f(x,y)$在 D 上的二重积分就等于 xOy 面上方的柱体体积减去 xOy 面下方的柱休体积之差.

二、二重积分的性质

比较定积分与二重积分的定义可知,二重积分与定积分有类似的性质,现叙述如下:

性质 1 设 α 与 β 为常数,则

$$\iint\limits_D[\alpha f(x,y)+\beta g(x,y)]\,\mathrm{d}\sigma=\alpha\iint\limits_D f(x,y)\,\mathrm{d}\sigma+\beta\iint\limits_D g(x,y)\,\mathrm{d}\sigma.$$

性质 2 如果闭区域 D 被有限条曲线分为有限个部分闭区域,那么在 D 上的二重积分等于在各部分闭区域上二重积分的和.

例如 D 分为两个闭区域 D_1 与 D_2,则

$$\iint_D f(x,y)\,\mathrm{d}\sigma = \iint_{D_1} f(x,y)\,\mathrm{d}\sigma + \iint_{D_2} f(x,y)\,\mathrm{d}\sigma.$$

这个性质表示二重积分对积分区域具有可加性.

性质 3 如果在 D 上,$f(x,y)=1$,σ 为 D 的面积,那么

$$\sigma = \iint_D 1\cdot \mathrm{d}\sigma = \iint_D \mathrm{d}\sigma.$$

性质 3 的几何意义是很明显的,因为高为 1 的平顶柱体的体积在数值上就等于柱体的底面积.

性质 4 如果在 D 上,$f(x,y)\leqslant g(x,y)$,那么有

$$\iint_D f(x,y)\,\mathrm{d}\sigma \leqslant \iint_D g(x,y)\,\mathrm{d}\sigma.$$

特殊地,由于

$$-|f(x,y)| \leqslant f(x,y) \leqslant |f(x,y)|,$$

有

$$\left|\iint_D f(x,y)\,\mathrm{d}\sigma\right| \leqslant \iint_D |f(x,y)|\,\mathrm{d}\sigma.$$

性质 5 设 M 和 m 分别为 $f(x,y)$ 在闭区域 D 上的最大值和最小值,σ 为 D 的面积,则有

$$m\sigma \leqslant \iint_D f(x,y)\,\mathrm{d}\sigma \leqslant M\sigma.$$

上述不等式是对二重积分估值的不等式. 因为 $m\leqslant f(x,y)\leqslant M$,所以由性质 4 有

$$\iint_D m\,\mathrm{d}\sigma \leqslant \iint_D f(x,y)\,\mathrm{d}\sigma \leqslant \iint_D M\,\mathrm{d}\sigma.$$

再应用性质 1 和性质 3,便得该估值不等式.

性质 6 证明

性质 6 (二重积分的中值定理)设函数 $f(x,y)$ 在闭区域 D 上连续,σ 是 D 的面积,则在 D 上至少存在一点 (ξ,η),使得

$$\iint_D f(x,y)\,\mathrm{d}\sigma = f(\xi,\eta)\,\mathrm{d}\sigma.$$

习题 6-1

1. 设有一平面薄板(不计其厚度)占有 xOy 面上的闭区域 D,薄板上分布有面密度为 $\mu(x,y)$ 的电荷,且 $\mu(x,y)$ 在 D 上连续,试用二重积分表达该薄板上的全部电荷 Q.

2. 设 $I_1=\iint_{D_1}(x^2+y^2)^3\,\mathrm{d}\sigma$,其中 $D_1=\{(x,y)\mid -1\leqslant x\leqslant 1,-2\leqslant y\leqslant 2\}$,又 $I_2=\iint_{D_2}(x^2+y^2)^3\,\mathrm{d}\sigma$,其中 $D_2=\{(x,y)\mid 0\leqslant x\leqslant 1,0\leqslant y\leqslant 2\}$,试利用二重积分的几何意义说明 I_1 与 I_2 之间的关系.

3. 根据二重积分的性质,比较下列积分的大小:

(1) $\iint_D (x+y)^2\,\mathrm{d}\sigma$ 与 $\iint_D (x+y)^3\,\mathrm{d}\sigma$,其中积分区域 D 是由 x 轴、y 轴与直线 $x+y=1$ 所围成;

(2) $\iint\limits_D (x+y)^2 \mathrm{d}\sigma$ 与 $\iint\limits_D (x+y)^3 \mathrm{d}\sigma$,其中积分区域 D 是由圆 $(x-2)^2+(y-1)^2=2$ 所围成.

第二节 二重积分的计算方法

按照二重积分的定义来计算二重积分,对于少数特别简单的被积函数和积分区域来说是可行的,但对于一般的函数和积分区域来说,这不是一种切实可行的方法.本节介绍一种计算二重积分的方法,这种方法是把二重积分化为两次单积分(即两次定积分)来计算.

一、利用直角坐标计算二重积分

下面用几何观点来讨论二重积分 $\iint\limits_D f(x,y)\mathrm{d}\sigma$ 的计算问题.在讨论中假定 $f(x,y)>0$.

1. 积分区域 D 为 X 型

设积分区域 D 可以用不等式

$$\varphi_1(x) \leqslant y \leqslant \varphi_2(x) \quad (a \leqslant x \leqslant b)$$

来表示(图 6-3),其中函数 $\varphi_1(x)$,$\varphi_2(x)$ 在区间 $[a,b]$ 上连续.

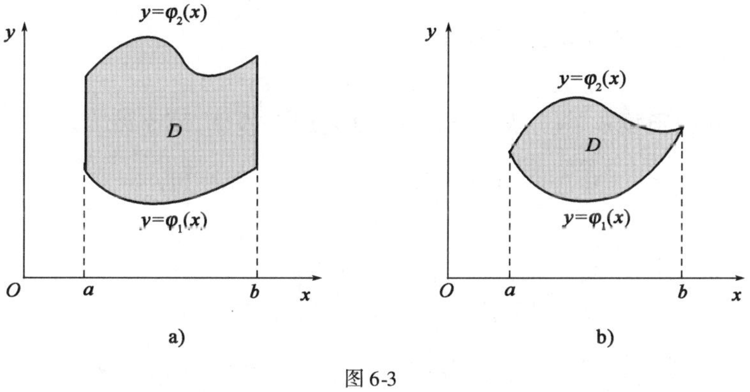

图 6-3

按照二重积分的几何意义,二重积分 $\iint\limits_D f(x,y)\mathrm{d}\sigma$ 的值等于以 D 为底、以曲面 $z=f(x,y)$ 为顶的曲顶柱体的体积.

先计算截面面积.为此,在区间 $[a,b]$ 上任意取定一点 x_0,作平行于 yOz 面的平面 $x=x_0$.该平面截曲顶柱体所得的截面是一个以区间 $[\varphi_1(x_0),\varphi_2(x_0)]$ 为底、曲线 $z=f(x_0,y)$ 为曲边的曲边梯形(图 6-4 中阴影部分).该截面的面积为

$$A(x_0)=\int_{\varphi_1(x_0)}^{\varphi_2(x_0)} f(x_0,y)\mathrm{d}y.$$

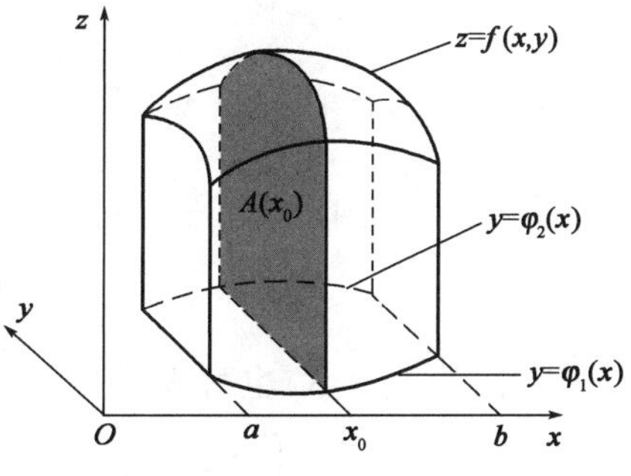

图 6-4

一般地,过区间 $[a,b]$ 上任一点 x 且平行于 yOz 面

的平面截曲顶柱体所得截面的面积为

$$A(x)=\int_{\varphi_1(x)}^{\varphi_2(x)} f(x,y)\,\mathrm{d}y.$$

于是,应用计算“平行截面面积为已知的立体体积”的方法,得曲顶柱体体积为

$$V=\int_a^b A(x)\,\mathrm{d}x=\int_a^b\left[\int_{\varphi_1(x)}^{\varphi_2(x)} f(x,y)\,\mathrm{d}y\right]\mathrm{d}x,$$

这个体积也就是所求二重积分的值,从而有等式

$$\iint_D f(x,y)\,\mathrm{d}\sigma=\int_a^b\left[\int_{\varphi_1(x)}^{\varphi_2(x)} f(x,y)\,\mathrm{d}y\right]\mathrm{d}x. \tag{6-3}$$

式(6-3)右边的积分称为先对 y、后对 x 的二次积分. 也就是说,先把 x 看作常数,把 $f(x,y)$ 只看作 y 的函数,并对 y 计算从 $\varphi_1(x)$ 到 $\varphi_2(x)$ 的定积分;然后把算得的结果(是 x 的函数)再对 x 计算在区间[a,b]上的定积分. 这个先对 y、后对 x 的二次积分也常记作

$$\int_a^b \mathrm{d}x\int_{\varphi_1(x)}^{\varphi_2(x)} f(x,y)\,\mathrm{d}y,$$

因此,等式(6-3)也写成

$$\iint_D f(x,y)\,\mathrm{d}\sigma=\iint_D f(x,y)\,\mathrm{d}x\mathrm{d}y=\int_a^b \mathrm{d}x\int_{\varphi_1(x)}^{\varphi_2(x)} f(x,y)\,\mathrm{d}y, \tag{6-4}$$

这就是把二重积分化为先对 y、后对 x 的二次积分的公式.

在上述讨论中,假定 $f(x,y)\geqslant 0$,但实际上公式(6-4)的成立并不受此条件限制.

2. 积分区域 D 为 Y 型

类似地,如果积分区域 D 可以用不等式

$$\psi_1(y)\leqslant x\leqslant\psi_2(y)\quad(c\leqslant y\leqslant d)$$

来表示(图 6-5),其中函数 $\psi_1(y)$,$\psi_2(y)$ 在区间 $[a,b]$ 上连续,那么就有

$$\iint_D f(x,y)\,\mathrm{d}\sigma=\int_c^d\left[\int_{\psi_1(y)}^{\psi_2(y)} f(x,y)\,\mathrm{d}x\right]\mathrm{d}y. \tag{6-5}$$

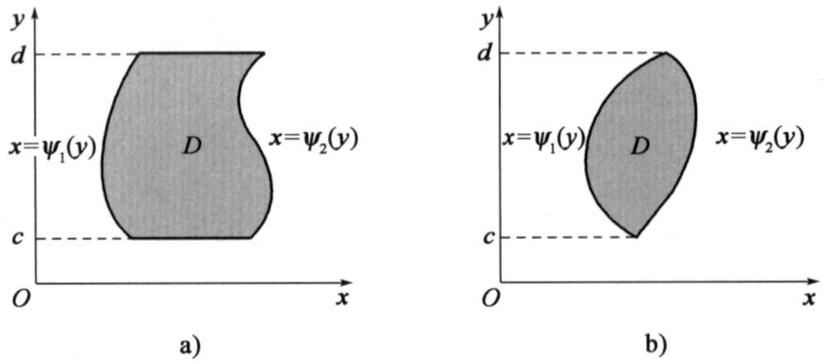

图 6-5

式(6-5)右边的积分称为先对 x、后对 y 的二次积分,这个积分也常记作

$$\int_c^d \mathrm{d}y\int_{\psi_1(y)}^{\psi_2(y)} f(x,y)\,\mathrm{d}x.$$

因此,等式(6-5)也写成

$$\iint_D f(x,y)\,\mathrm{d}\sigma=\iint_D f(x,y)\,\mathrm{d}x\mathrm{d}y=\int_c^d \mathrm{d}y\int_{\psi_1(y)}^{\psi_2(y)} f(x,y)\,\mathrm{d}x. \tag{6-6}$$

这就是把二重积分化为先对 x、后对 y 的二次积分的公式.

如果积分区域 D 既是 X 型,可用不等式 $\varphi_1(x)\leqslant y\leqslant\varphi_2(x)$ $(a\leqslant x\leqslant b)$ 表示,又是 Y 型,可用不等式 $\psi_1(y)\leqslant x\leqslant\psi_2(y)$ $(c\leqslant y\leqslant d)$ 表示,那么由式(6-4)及式(6-6)得

$$\iint\limits_D f(x,y)\,\mathrm{d}\sigma=\int_a^b \mathrm{d}x\int_{\varphi_1(x)}^{\varphi_2(x)} f(x,y)\,\mathrm{d}y=\int_c^d \mathrm{d}y\int_{\psi_1(y)}^{\psi_2(y)} f(x,y)\,\mathrm{d}x.$$

上式表明,这两个不同次序的二次积分相等,因为它们都等于同一个二重积分.

例 1 计算 $\iint\limits_D xy\,\mathrm{d}\sigma$,其中 D 是由直线 $y=1$, $x=2$, $y=x$ 所围成的闭区域.

解法 1 首先画出积分区域 D(图 6-6). D 是 X 型,D 上的点的横坐标的变动范围是区间[1,2]. 在区间[1,2]上任意取定一个 x 值,则 D 上以这个 x 值为横坐标的点在一线段上,这条线段平行于 Y 轴,该线段上点的纵坐标从 $y=1$ 变到 $y=x$. 利用式(6-4)得

$$\iint\limits_D f(x,y)\,\mathrm{d}\sigma=\iint\limits_D f(x,y)\,\mathrm{d}x\mathrm{d}y=\int_1^2\left(\int_1^x xy\,\mathrm{d}y\right)\mathrm{d}x=\int_1^2\left(x\cdot\frac{y^2}{2}\right)\Bigg|_1^x\mathrm{d}x$$

$$=\int_1^2\left(\frac{x^3}{2}-\frac{x}{2}\right)\mathrm{d}x=\left(\frac{x^4}{8}-\frac{x^2}{4}\right)\Bigg|_1^2=\frac{9}{8}.$$

MATLAB 程序如下:

```
syms x y
I = int(int(x * y,y,1,x),x,1,2)
I =
9/8
```

解法 2 如图 6-7 所示,积分区域 D 是 Y 型,D 上的点的纵坐标的变动范围是区间[1,2]. 在区间[1,2]上任意取定一个 y 值,则 D 上以这个值为纵坐标的点在一线段上,这条线段平行于 x 轴,该线段上点的横坐标从 $x=y$ 变到 $x=2$. 于是,利用式(6-6)得

$$\iint\limits_D f(x,y)\,\mathrm{d}\sigma=\iint\limits_D f(x,y)\,\mathrm{d}y\mathrm{d}x=\int_1^2\left(\int_y^2 xy\,\mathrm{d}x\right)\mathrm{d}y=\int_1^2\left(y\cdot\frac{x^2}{2}\right)\Bigg|_y^2\mathrm{d}x$$

$$=\int_1^2\left(2y-\frac{y^3}{2}\right)\mathrm{d}x-\left(y^2-\frac{y^4}{8}\right)\Bigg|_1^2=\frac{9}{8}.$$

MATLAB 程序如下:

```
syms x y
I = int(int(x * y,x,y,2),y,1,2)
I =
9/8
```

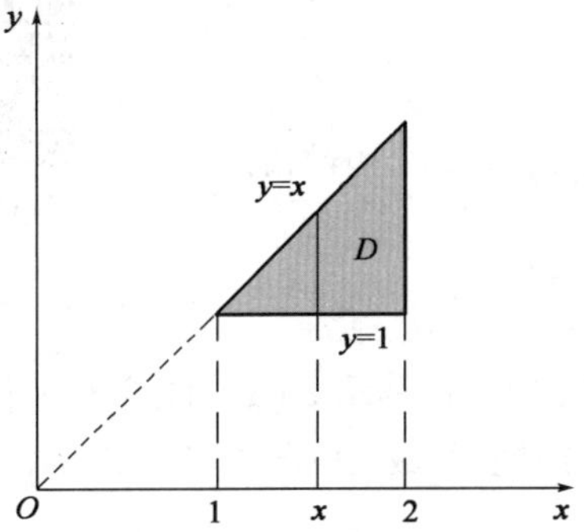

图 6-6

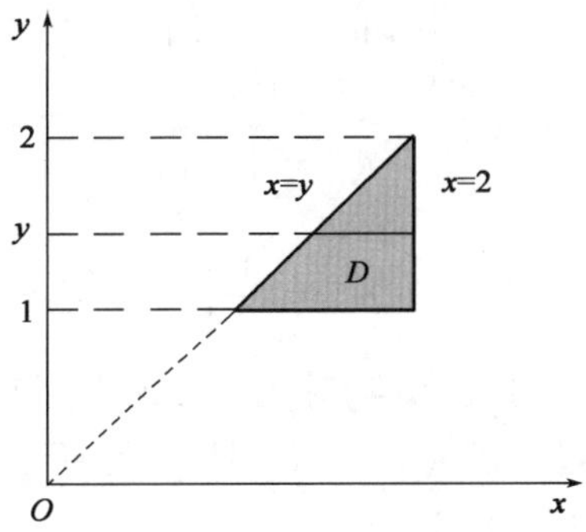

图 6-7

例 2 计算 $\iint\limits_D y\sqrt{1+x^2-y^2}\,\mathrm{d}\sigma$，其中 D 是由直线 $y=x,x=-1,y=1$ 所围成的闭区域.

解 画出积分区域 D，D 既是 X 型，又是 Y 型. 若利用式(6-4)(图 6-8)得

$$\begin{aligned}\iint\limits_D y\sqrt{1+x^2-y^2}\,\mathrm{d}\sigma &= \int_{-1}^{1}\left[\int_{x}^{1} y\sqrt{1+x^2-y^2}\,\mathrm{d}y\right]\mathrm{d}x \\ &= -\frac{1}{3}\int_{-1}^{1}\left[(1+x^2-y^2)^{\frac{3}{2}}\right]_x^1\mathrm{d}x \\ &= -\frac{1}{3}\int_{-1}^{1}(|x|^3-1)\,\mathrm{d}x \\ &= -\frac{2}{3}\int_{0}^{1}(x^3-1)\,\mathrm{d}x = \frac{1}{2}.\end{aligned}$$

例 2MATLAB 计算

若利用式(6-6)(图 6-9)，得

$$\iint\limits_D y\sqrt{1+x^2-y^2}\,\mathrm{d}\sigma = \int_{-1}^{1} y\left[\int_{-1}^{y}\sqrt{1+x^2-y^2}\,\mathrm{d}x\right]\mathrm{d}y\,.$$

其中关于 x 的积分计算比较麻烦，所以这里用式(6-4)计算较为方便.

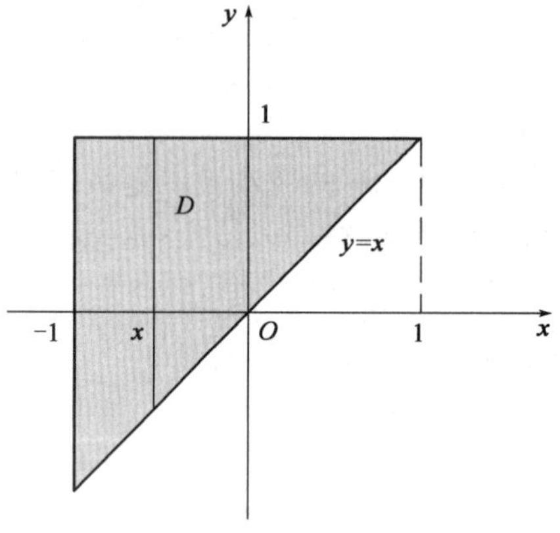

图 6-8

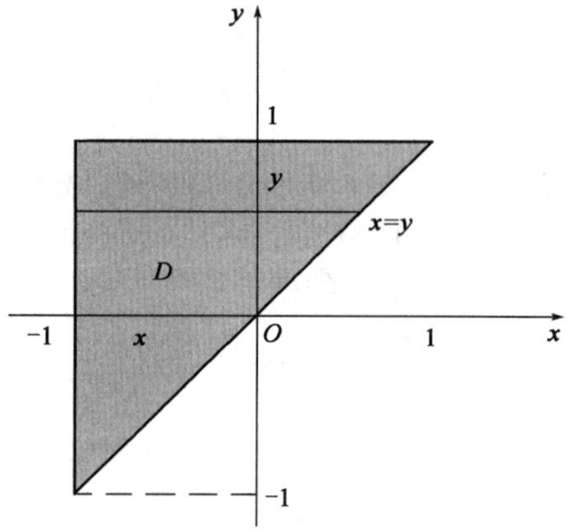

图 6-9

例 3 计算 $\iint\limits_D xy\,\mathrm{d}\sigma$，其中 D 是由抛物线 $y^2=x$ 及直线 $y=x-2$ 所围成的闭区域.

解 画出积分区域 D，D 既是 X 型，又是 Y 型. 若利用式(6-6)(图 6-10)，得

$$\begin{aligned}\iint\limits_D xy\,\mathrm{d}\sigma &= \int_{-1}^{2}\left(\int_{y^2}^{y+2} xy\,\mathrm{d}x\right)\mathrm{d}y \\ &= \int_{-1}^{2}\left[y\cdot\frac{x^2}{2}\right]\Bigg|_{y^2}^{y+2}\mathrm{d}y = \frac{1}{2}\int_{-1}^{2}\left[y(y+2)^2-y^5\right]\mathrm{d}y \\ &= \frac{1}{2}\left[\frac{y^4}{4}+\frac{4y^3}{3}+2y^2-\frac{y^6}{6}\right]\Bigg|_{-1}^{2} = \frac{45}{8}.\end{aligned}$$

例 3MATLAB 计算

若利用式(6-4)来计算，则由于在区间 $[0,1]$ 及 $[1,4]$ 上表示 $\varphi(x)$ 的式子不同，所以要用经过交点 $(1,-1)$ 且平行于 y 轴的直线 $x=1$ 把区域 D 分成 D_1 和 D_2 两部分(图 6-11)，其中

$$D_1=\{(x,y)\mid -\sqrt{x}\leqslant y\leqslant\sqrt{x},0\leqslant x\leqslant 1\},$$
$$D_2=\{(x,y)\mid x-2\leqslant y\leqslant\sqrt{x},1\leqslant x\leqslant 4\}.$$

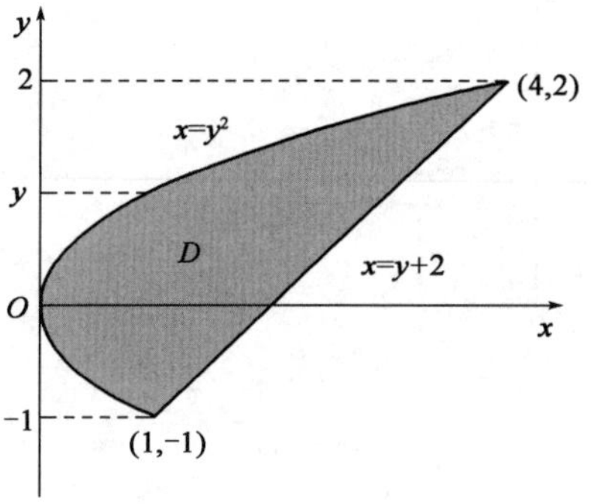

图 6-10

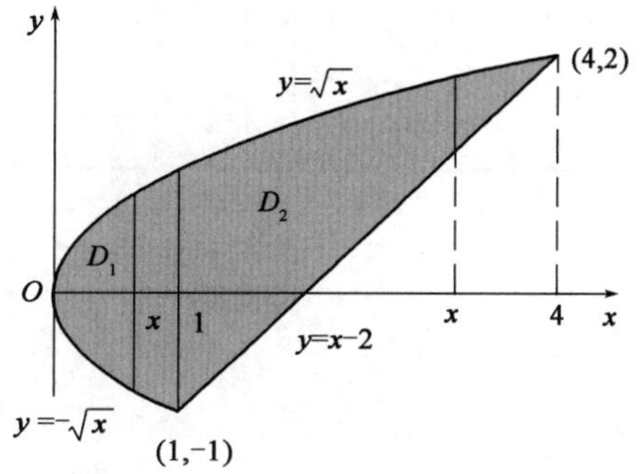

图 6-11

因此，根据二重积分的性质 2，有

$$\iint_D xy\mathrm{d}\sigma=\iint_{D_1}xy\mathrm{d}\sigma+\iint_{D_2}xy\mathrm{d}\sigma$$
$$=\int_0^1\left(\int_{-\sqrt{x}}^{\sqrt{x}}xy\mathrm{d}y\right)\mathrm{d}x+\int_1^4\left(\int_{x-2}^{\sqrt{x}}xy\mathrm{d}y\right)\mathrm{d}x.$$

由此可见，这里用式(6-4)来计算需要化为两个二次积分.

上述几个例子说明，在化二重积分 $\iint\limits_D xy\mathrm{d}\sigma$ 为二次积分时，为了计算简便，需要选择恰当的二次积分的次序，这时，既要考虑积分区域 D 的形状，又要考虑被积函数 $f(x,y)$ 的特性.

例 4 求两个底圆半径都等于 R 的直交圆柱面所围成的立体的体积.

解 设这两个圆柱面的方程分别为

$$x^2+y^2=R^2 \text{ 及 } x^2+z^2=R^2.$$

利用立体关于坐标平面的对称性，只要算出它在第Ⅰ卦限部分[图 6-12a)]的体积 V_1，然后乘 8 就行了.

所求立体在第Ⅰ卦限部分可以看成是一个曲顶柱体，它的底为

$$D=\{(x,y)\mid 0\leqslant y\leqslant\sqrt{R^2-x^2},0\leqslant x\leqslant R\}.$$

例 4MATLAB 计算

如图 6-12b)所示，它的顶是柱面 $z=\sqrt{R^2-x^2}$，于是

$$V_1=\iint_D\sqrt{R^2-x^2}\mathrm{d}\sigma.$$

利用式(6-4)，得

$$V_1=\iint_D\sqrt{R^2-x^2}\mathrm{d}\sigma=\int_0^R\left(\int_0^{\sqrt{R^2-x^2}}\sqrt{R^2-x^2}\mathrm{d}y\right)\mathrm{d}x$$
$$=\int_0^R(R^2-x^2)\mathrm{d}x=\left[R^2x-\frac{1}{3}x^3\right]\Big|_0^R=\frac{2}{3}R^3,$$

从而所求立体的体积为

$$V=8V_1=\frac{16}{3}R^3.$$

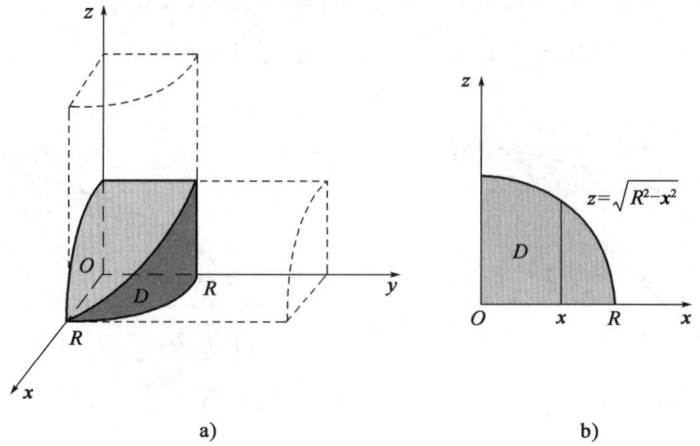

图 6-12

二、利用极坐标计算二重积分

有些二重积分,积分区域 D 的边界曲线用极坐标方程来表示比较方便,且被积函数用极坐标变量 ρ,θ 表达也比较简单,这时,就可以考虑利用极坐标来计算二重积分 $\iint\limits_D f(x,y)\,\mathrm{d}\sigma$.

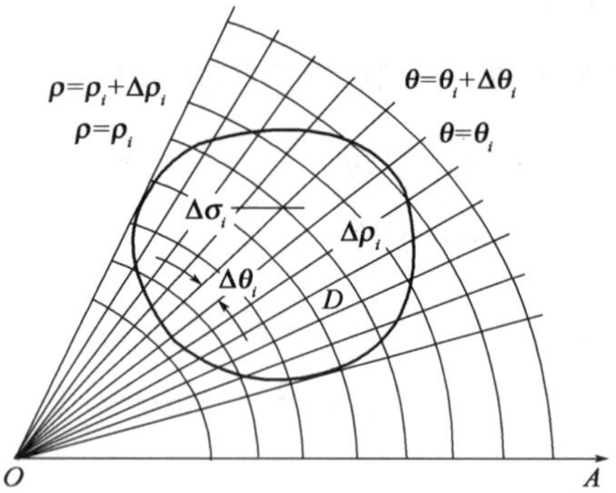

图 6-13

按二重积分的定义

$$\iint\limits_D f(x,y)\,\mathrm{d}\sigma = \lim_{\lambda\to 0}\sum_{i=1}^{n} f(\xi_i,\eta_i)\,\Delta\sigma_i$$

来研究这个和的极限在极坐标系中的形式.

假定从极点 O 出发且穿过闭区域 D 内部的射线与 D 的边界曲线相交不多于两点. 用以极点为中心的一族同心圆 $\rho=$ 常数,以及从极点出发的一族射线 $\theta=$ 常数,把 D 分成 n 个小闭区域(图 6-13). 除了包含边界点的一些小闭区域外,小闭区域的面积 $\Delta\sigma_i$ 可计算如下:

$$\begin{aligned}\Delta\sigma_i &= \frac{1}{2}(\rho_i+\Delta\rho_i)^2\cdot\Delta\theta_i-\frac{1}{2}\rho_i^{\ 2}\cdot\Delta\theta_i=\frac{1}{2}(2\rho_i+\Delta\rho_i)\Delta\rho_i\cdot\Delta\theta_i\\ &=\frac{\rho_i+(\rho_i+\Delta\rho)}{2}\cdot\Delta\rho_i\cdot\Delta\theta_i=\bar{\rho_i}\cdot\Delta\rho_i\cdot\Delta\theta_i\ ,\end{aligned}$$

其中$\bar{\rho_i}$为相邻两圆弧的半径的平均值. 在这小闭区域内取圆周 $\rho=\bar{\rho_i}$上的一点$(\bar{\rho_i},\bar{\theta_i})$,该点的直角坐标设为$(\xi_i,\eta_i)$,则由直角坐标与极坐标之间的关系有

$$\xi_i=\bar{\rho_i}\cos\bar{\theta_i},\quad \eta_i=\bar{\rho_i}\sin\bar{\theta_i},$$

于是

$$\iint\limits_D f(x,y)\,\mathrm{d}\sigma = \lim_{\lambda\to 0}\sum_{i=1}^{n} f(\xi_i,\eta_i)\,\Delta\sigma_i = \lim_{\lambda\to 0}\sum_{i=1}^{n} f(\bar{\rho_i}\cos\bar{\theta_i},\bar{\rho_i}\sin\bar{\theta_i})\,\bar{\rho_i}\cdot\Delta\rho_i\cdot\Delta\theta_i\ ,$$

即

$$\iint_D f(x,y)\mathrm{d}\sigma = \iint_D f(x,y)\mathrm{d}x\mathrm{d}y = \iint_D f(\rho\cos\theta,\rho\sin\theta)\rho\mathrm{d}\rho\mathrm{d}\theta. \tag{6-7}$$

这就是二重积分的变量从直角坐标变换为极坐标的变换公式，其中 $\rho\mathrm{d}\rho\mathrm{d}\theta$ 就是极坐标系中的面积元素.

式(6-7)表明，要把二重积分中的变量从直角坐标变换为极坐标，只要把被积函数中的 x 与 y 分别换成 $\rho\cos\theta$ 与 $\rho\sin\theta$，并把直角坐标系中的面积元素 $\mathrm{d}x\mathrm{d}y$ 换成极坐标系中的面积元素 $\rho\mathrm{d}\rho\mathrm{d}\theta$.

极坐标系中的二重积分，同样可以化为二次积分来计算.

设积分区域 D 可以用不等式

$$\varphi_1(\theta)\leqslant\rho\leqslant\varphi_2(\theta)\quad(\alpha\leqslant\theta\leqslant\beta)$$

来表示(图 6-14)，其中函数 $\varphi_1(\theta)$，$\varphi_2(\theta)$ 在区间 $[\alpha,\beta]$ 上连续.

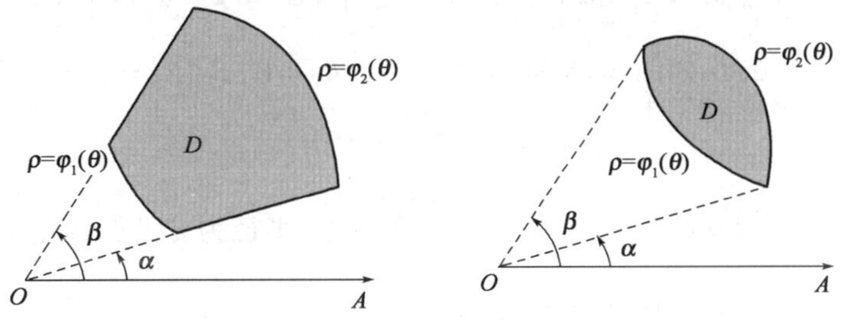

图 6-14

先在区间 $[\alpha,\beta]$ 上任意取定一个 θ 值，对应于这个 θ 值，D 上的点(图 6-15 中这些点在线段 EF 上)的极径 ρ 从 $\varphi_1(\theta)$ 变到 $\varphi_2(\theta)$. 又 θ 是在 $[\alpha,\beta]$ 上任意取定的，所以 θ 的变化范围是区间 $[\alpha,\beta]$. 这样就可看出，极坐标系中的二重积分化为二次积分的公式为

$$\iint_D f(\rho\cos\theta,\rho\sin\theta)\rho\mathrm{d}\rho\mathrm{d}\theta = \int_\alpha^\beta\left[\int_{\varphi_1(\theta)}^{\varphi_2(\theta)} f(\rho\cos\theta,\rho\sin\theta)\rho\mathrm{d}\rho\right]\mathrm{d}\theta. \tag{6-8}$$

式(6-8)也可写成

$$\iint_D f(\rho\cos\theta,\rho\sin\theta)\rho\mathrm{d}\rho\mathrm{d}\theta = \int_\alpha^\beta \mathrm{d}\theta\int_{\varphi_1(\theta)}^{\varphi_2(\theta)} f(\rho\cos\theta,\rho\sin\theta)\rho\mathrm{d}\rho. \tag{6-9}$$

如果积分区域 D 是图 6-16 所示的曲边扇形，那么可以把它看作图 6-14a)中当 $\varphi_1(\theta)\equiv 0$，$\varphi_2(\theta)=\varphi(\theta)$ 时的特例. 这时闭区域 D 可以用不等式

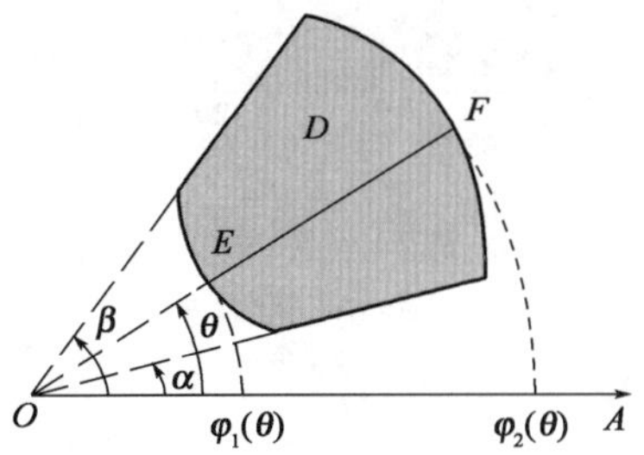

图 6-15

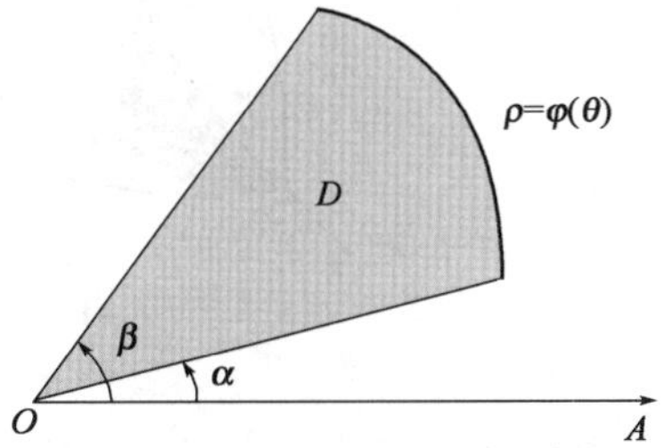

图 6-16

$$0 \leqslant \rho \leqslant \varphi(\theta) \quad (\alpha \leqslant \theta \leqslant \beta)$$

来表示，而式(6-9)成为

$$\iint_D f(\rho\cos\theta, \rho\sin\theta)\rho d\rho d\theta = \int_\alpha^\beta d\theta \int_0^{\varphi(\theta)} f(\rho\cos\theta, \rho\sin\theta)\rho d\rho .$$

由二重积分的性质3，闭区域 D 的面积 σ 可以表示为

$$\sigma = \iint_D d\sigma .$$

在极坐标系中，面积元素 $d\sigma = \rho d\rho d\theta$，上式成为

$$\sigma = \iint_D \rho d\rho d\theta .$$

如果闭区域 D 如图6-14a)所示，那么由式(6-9)有

$$\sigma = \iint_D d\sigma = \int_\alpha^\beta d\theta \int_{\varphi_1(\theta)}^{\varphi_2(\theta)} \rho d\rho = \frac{1}{2}\int_\alpha^\beta [\varphi_2^2(\theta) - \varphi_1^2(\theta)] d\theta .$$

特别地，如果闭区域 D 如图6-16所示，那么 $\varphi_1(\theta) \equiv 0, \varphi_2(\theta) = \varphi(\theta)$，于是

$$\sigma = \frac{1}{2}\int_\alpha^\beta \varphi^2(\theta) d\theta .$$

例5 计算 $\iint_D e^{-x^2-y^2} dxdy$，其中 D 是由圆心在原点、半径为 a 的圆周所围成的闭区域.

解 在极坐标系中，闭区域 D 可表示为

$$0 \leqslant \rho \leqslant a \quad (0 \leqslant \theta \leqslant 2\pi).$$

由式(6-7)有

$$\begin{aligned}\iint_D e^{-x^2-y^2} dxdy &= \iint_D e^{-\rho^2} \rho d\rho d\theta = \int_0^{2\pi} \left(\int_0^a e^{-\rho^2} \rho d\rho\right) d\theta \\ &= \int_0^{2\pi} \left(-\frac{1}{2} e^{-\rho^2}\right)\Big|_0^a d\theta = \frac{1}{2}(1 - e^{-a^2}) \int_0^{2\pi} d\theta \\ &= \pi(1 - e^{-a^2}).\end{aligned}$$

例6 求球体 $x^2 + y^2 + z^2 \leqslant 4a^2$ 被圆柱面 $x^2 + y^2 = 2ax(a > 0)$ 所截得的(含在圆柱面内的部分)立体的体积[图6-17a)].

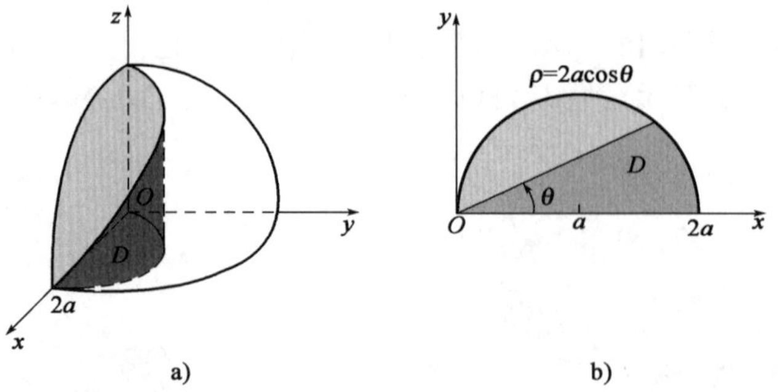

图6-17

解 由对称性知

$$V = 4\iint_D \sqrt{4a^2 - x^2 - y^2} dxdy ,$$

其中 D 为半圆周 $y=\sqrt{2ax-x^2}$ 及 x 轴所围成的闭区域[图 6-17b)]. 在极坐标系中,闭区域 D 可用不等式

$$0\leqslant\rho\leqslant 2a\cos\theta \quad (0\leqslant\theta\leqslant\frac{\pi}{2})$$

来表示,于是

$$V=4\iint_D\sqrt{4a^2-\rho^2}\rho\mathrm{d}\rho\mathrm{d}\theta=4\int_0^{\frac{\pi}{2}}\mathrm{d}\theta\int_0^{2a\cos\theta}\sqrt{4a^2-\rho^2}\rho\mathrm{d}\rho$$

$$=\frac{32}{3}a^3\int_0^{\frac{\pi}{2}}(1-\sin^3\theta)\mathrm{d}\theta=\frac{32}{3}a^3\left(\frac{\pi}{2}-\frac{2}{3}\right).$$

习题 6-2

1. 计算下列二重积分:

(1) $\iint\limits_D(x^2+y^2)\mathrm{d}\sigma$,其中 $D=\{(x,y)\mid |x|\leqslant 1,|y|\leqslant 1\}$;

(2) $\iint\limits_D(x^3+3x^2y+y^3)\mathrm{d}\sigma$,其中 $D=\{(x,y)\mid 0\leqslant x\leqslant 1,0\leqslant y\leqslant 1\}$;

(3) $\iint\limits_D(3x+2y)\mathrm{d}\sigma$,其中 D 是由两坐标轴及直线 $x+y=2$ 所围成的闭区域;

(4) $\iint\limits_D x\cos(x+y)\mathrm{d}\sigma$,其中 D 是顶点分别为 $(0,0)$,$(\pi,0)$,(π,π) 的三角形闭区域.

2. 画出积分区域,并计算下列二重积分:

(1) $\iint\limits_D x\sqrt{y}\mathrm{d}\sigma$,其中 D 是由两条抛物线 $y=\sqrt{x}$,$y=x^2$ 所围成的闭区域;

(2) $\iint\limits_D xy^2\mathrm{d}\sigma$,其中 D 是由直线 $y=2$,$y=x$,$y=2x$ 所围成的闭区域;

(3) $\iint\limits_D xy^2\mathrm{d}\sigma$,其中 D 是由圆 $x^2+y^2=4$ 及 y 轴所围成的右半闭区域;

(4) $\iint\limits_D \mathrm{e}^{x+y}\mathrm{d}\sigma$,其中 $D=\{(x,y)\mid |x|+|y|\leqslant 1\}$.

3. 改换下列二次积分的积分次序:

(1) $\int_0^1\mathrm{d}y\int_0^y f(x,y)\mathrm{d}x$;

(2) $\int_0^2\mathrm{d}y\int_{y^2}^{2y} f(x,y)\mathrm{d}x$;

(3) $\int_{-1}^2\mathrm{d}y\int_{y^2}^{y+2} f(x,y)\mathrm{d}x$;

(4) $\int_1^2\mathrm{d}x\int_{2-x}^{\sqrt{2x-x^2}} f(x,y)\mathrm{d}y$;

(5) $\int_1^{\mathrm{e}}\mathrm{d}x\int_0^{\ln x} f(x,y)\mathrm{d}y$;

(6) $\int_{-1}^1\mathrm{d}x\int_0^{\sqrt{1-x^2}} f(x,y)\mathrm{d}y$.

4. 将下列二次积分化为极坐标形式:

(1) $\int_0^1\mathrm{d}x\int_0^1 f(x,y)\mathrm{d}y$;

(2) $\int_0^2\mathrm{d}x\int_x^{\sqrt{3}x} f(x^2+y^2)\mathrm{d}y$;

(3) $\int_0^1\mathrm{d}x\int_{1-x}^{\sqrt{1-x^2}} f(x,y)\mathrm{d}y$;

(4) $\int_0^1\mathrm{d}x\int_0^{x^2} f(x,y)\mathrm{d}y$.

5. 设平面薄片所占的闭区域 D 由直线 $x+y=2$，$y=x$ 和 x 轴所围成，它的面密度 $\mu(x,y)=x^2+y^2$，求该薄片的质量.

6. 计算由四个平面 $x=0$，$y=0$，$x=1$，$y=1$ 所围成的柱体被平面 $z=0$ 及 $2x+3y+z=6$ 截得的立体的体积.

7. 选用适当的坐标系计算下列各题：

（1）$\iint\limits_D \frac{x^2}{y^2}\mathrm{d}\sigma$，其中 D 是由直线 $x=2$，$y=x$ 及曲线 $xy=1$ 所围成的闭区域；

（2）$\iint\limits_D \frac{\sqrt{1-x^2-y^2}}{\sqrt{1+x^2+y^2}}\mathrm{d}\sigma$，其中 D 是由圆 $x^2+y^2=1$ 及坐标轴所围成的在第一象限内的闭区域.

第三节　三重积分的定义与计算

一、三重积分的定义

定积分及二重积分作为和的极限的概念，可以很自然地推广到三重积分.

定义　设 $f(x,y,z)$ 是空间有界闭区域 Ω 上的有界函数. 将 Ω 任意分成 n 个小闭区域 Δv_1，Δv_2，$\cdots$，Δv_n，其中 Δv_i 表示第 i 个小闭区域，也表示它的体积. 在每个 Δv_i 上任取一点 (ξ_i,η_i,ζ_i)，作乘积 $f(\xi_i,\eta_i,\zeta_i)\Delta v_i(i=1,2,\cdots,n)$，并作和 $\sum\limits_{i=1}^{n}f(\xi_i,\eta_i,\zeta_i)\Delta v_i$. 如果当各小闭区域直径中的最大值 $\lambda\to 0$ 时，这个和的极限总存在，且与闭区域 Ω 的分法及点 (ξ_i,η_i,ζ_i) 的取法无关，那么称此极限为函数 $f(x,y,z)$ 在闭区域 Ω 上的三重积分，记作 $\iiint\limits_{\Omega}f(x,y,z)\mathrm{d}v$，即

$$\iiint\limits_{\Omega}f(x,y,z)\mathrm{d}v=\lim_{\lambda\to 0}\sum_{i=1}^{n}f(\xi_i,\eta_i,\zeta_i)\Delta v_i\ ,\tag{6-10}$$

其中 $f(x,y,z)$ 称为被积函数，$\mathrm{d}v$ 称为体积元素，Ω 称为积分区域.

在直角坐标系中，如果用平行于坐标面的平面来划分 Ω，那么除了包含 Ω 的边界点的一些不规则小闭区域外，得到的小闭区域 Δv_i 为长方体，设长方体小闭区域 Δv_i 的长、宽、高分别为 Δx_j，Δy_k，Δz_l，则 $\Delta v_i=\Delta x_j\Delta y_k\Delta z_l$，因此在直角坐标系中，有时也把体积元素 $\mathrm{d}v$ 记作 $\mathrm{d}x\mathrm{d}y\mathrm{d}z$，而把三重积分记作

$$\iiint\limits_{\Omega}f(x,y,z)\mathrm{d}x\mathrm{d}y\mathrm{d}z\ ,$$

其中 $\mathrm{d}x\mathrm{d}y\mathrm{d}z$ 称为直角坐标系的体积元素.

如果 $f(x,y,z)$ 为某物体在点 (x,y,z) 处的密度，Ω 为该物体所占有的空间闭区域，$f(x,y,z)$ 在 Ω 上连续，那么 $\sum\limits_{i=1}^{n}f(\xi_i,\eta_i,\zeta_i)\Delta v_i$ 为该物体的体积 V 的近似值，这个和当 $\lambda\to 0$ 时的极限就是该物体的体积 V，所以

$$V=\iiint\limits_{\Omega}f(x,y,z)\mathrm{d}v.$$

二、三重积分的计算

计算三重积分的基本方法是将三重积分化为三次积分来计算. 下面利用不同的坐标来分别讨论将三重积分化为三次积分的方法.

1. 利用直角坐标计算三重积分

假设平行于 z 轴且穿过闭区域 Ω 内部的直线与闭区域 Ω 的边界曲面 S 相交不多于两点. 把闭区域 Ω 投影到 xOy 面上，得一平面闭区域 D_{xy}(图 6-18). 以 D_{xy} 的边界为准线作母线平行于 z 轴的柱面. 该柱面与曲面 S 的交线从 S 中分出上、下两部分,它们的方程分别为

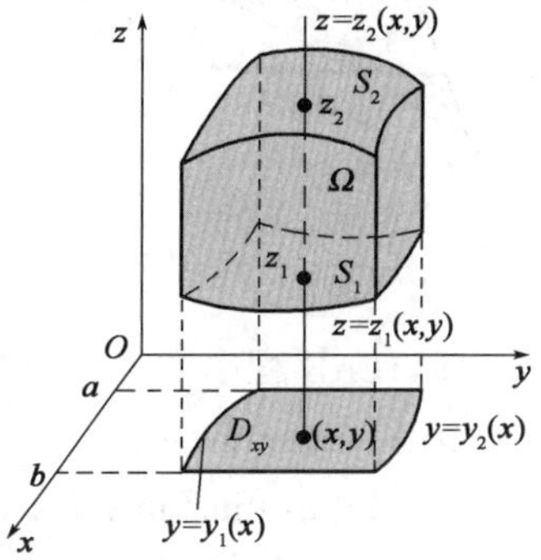

图 6-18

$$S_1: z=z_1(x,y),\quad S_2: z=z_2(x,y),$$

其中 $z_1(x,y)$ 与 $z_2(x,y)$ 都是 D_{xy} 上的连续函数,且 $z_1(x,y)\leqslant z_2(x,y)$. 过 D_{xy} 内任一点 (x,y) 作平行于 z 轴的直线,该直线通过曲面 S_1 穿入 Ω 内,然后通过曲面 S_2 穿出 Ω 外,穿入点与穿出点的竖坐标分别为 $z_1(x,y)$ 与 $z_2(x,y)$. 在这种情形下,积分区域 Ω 可表示为

$$\Omega=\{(x,y,z)\mid z_1(x,y)\leqslant z\leqslant z_2(x,y),(x,y)\in D_{xy}\}.$$

先将 x,y 看作定值,将 $f(x,y,z)$ 只看作 z 的函数,在区间 $[z_1(x,y),z_2(x,y)]$ 上对 z 积分. 积分的结果是 x,y 的函数,记作 $F(x,y)$,即

$$F(x,y)=\int_{z_1(x,y)}^{z_2(x,y)} f(x,y,z)\,\mathrm{d}z.$$

然后计算 $F(x,y)$ 在闭区域 D_{xy} 上的二重积分:

$$\iint\limits_{D_{xy}} F(x,y)\,\mathrm{d}\sigma=\iint\limits_{D_{xy}}\left[\int_{z_1(x,y)}^{z_2(x,y)} f(x,y,z)\,\mathrm{d}z\right]\mathrm{d}\sigma.$$

假如闭区域

$$D_{xy}=\{(x,y)\mid y_1(x)\leqslant y\leqslant y_2(x),a\leqslant x\leqslant b\},$$

把这个二重积分化为二次积分,于是得到三重积分的计算公式:

$$\iiint\limits_{\Omega} f(x,y,z)\,\mathrm{d}v=\iiint\limits_{\Omega} f(x,y,z)\,\mathrm{d}x\mathrm{d}y\mathrm{d}z=\int_a^b\mathrm{d}x\int_{y_1(x)}^{y_2(x)}\mathrm{d}y\int_{z_1(x,y)}^{z_2(x,y)} f(x,y,z)\,\mathrm{d}z. \tag{6-11}$$

式(6-11)把三重积分化为先对 z、次对 y、最后对 x 的三次积分.

如果平行于 x 轴或 y 轴且穿过闭区域 Ω 内部的直线与 Ω 的边界曲面 S 相交不多于两点,也可把闭区域 Ω 投影到 yOz 面上或 xOz 面上,这样便可把三重积分化为按其他顺序的三次积分. 如果平行于坐标轴且穿过闭区域 Ω 内部的直线与边界曲面 S 的交点多于两个,也可像处理二重积分那样,把 Ω 分成若干部分,使 Ω 上的三重积分化为各部分闭区域上的三重积分的和.

例 1 计算三重积分 $\iiint\limits_{\Omega} x\,\mathrm{d}x\mathrm{d}y\mathrm{d}z$, 其中 Ω 为三个坐标面及平面 $x+2y+z=1$ 所围成的闭区域.

解 作闭区域 Ω 如图 6-19 所示.

将 Ω 投影到 xOy 面上,得投影区域 D_{xy} 为三角形闭区域 OAB. 直线 OA,OB,AB 的方程依次

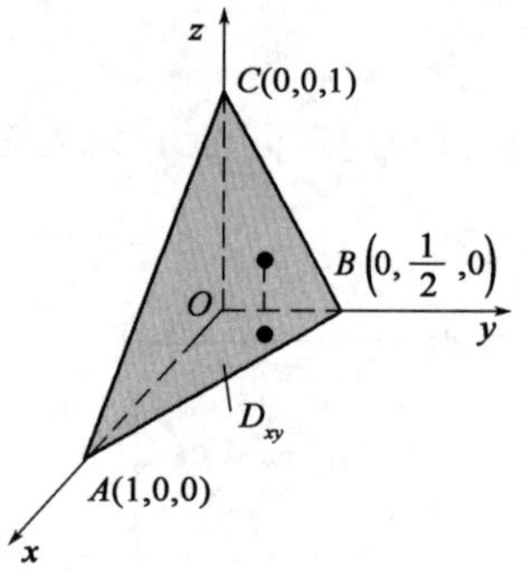

图 6-19

为 $y=0, x=0, x+2y=1$，所以

$$D_{xy}=\left\{(x,y)\,\middle|\,0\leqslant y\leqslant\frac{1-x}{2},0\leqslant x\leqslant 1\right\},$$

于是由公式(6-11)得

$$\iiint\limits_{\Omega}x\mathrm{d}x\mathrm{d}y\mathrm{d}z=\int_0^1\mathrm{d}x\int_0^{\frac{1-x}{2}}\mathrm{d}y\int_0^{1-x-2y}x\mathrm{d}z$$

$$=\int_0^1 x\mathrm{d}x\int_0^{\frac{1-x}{2}}(1-x-2y)\mathrm{d}y$$

$$=\frac{1}{4}\int_0^1(x-2x^2+x^3)\mathrm{d}x=\frac{1}{48}.$$

MATLAB 程序如下：

```
> >syms x y z
> >I = int(int(int(x,z,0,1 - x - 2 * y),y,0,(1 - x)/2),x,0,1)
```

运行语句后输出：

```
I =
1/48
```

有时，计算一个三重积分也可以化为先计算一个二重积分，再计算一个定积分，即有下述计算公式.

设空间闭区域

$$\Omega=\{(x,y,z)\mid(x,y)\in D_z,c_1\leqslant z\leqslant c_2\},$$

其中 D_z 是竖坐标为 z 的平面截闭区域 Ω 所得到的一个平面闭区域(图 6-20)，则有

$$\iiint\limits_{\Omega}f(x,y,z)\mathrm{d}v=\int_{c_1}^{c_2}\mathrm{d}z\iint\limits_{D_z}f(x,y,z)\mathrm{d}x\mathrm{d}y. \tag{6-12}$$

例 2 计算三重积分 $\iiint\limits_{\Omega}z^2\mathrm{d}x\mathrm{d}y\mathrm{d}z$，其中 Ω 是由椭球面 $\frac{x^2}{a^2}+\frac{y^2}{b^2}+\frac{z^2}{c^2}=1$ 所围成的空间闭区域.

解 空间闭区域 Ω(图 6-21)可表示为

$$\Omega=\left\{(x,y,z)\,\middle|\,\frac{x^2}{a^2}+\frac{y^2}{b^2}\leqslant 1-\frac{z^2}{c^2},-c\leqslant z\leqslant c\right\}.$$

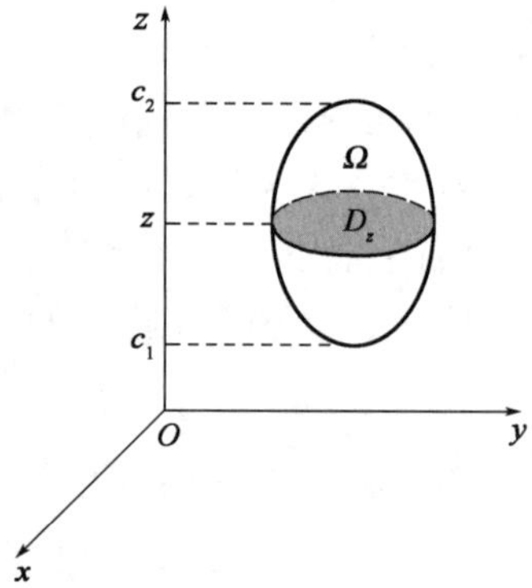

图 6-20

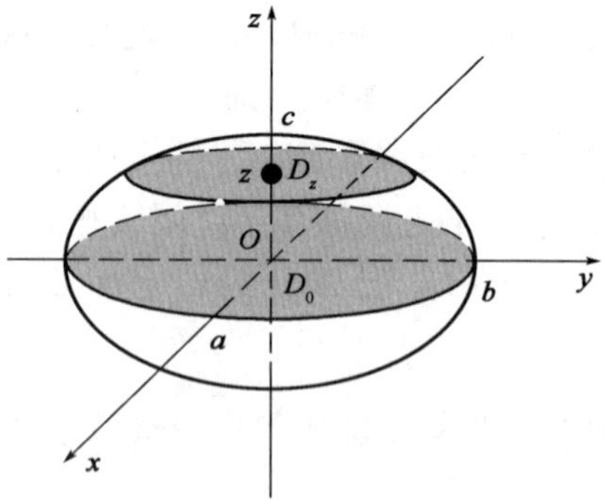

图 6-21

由式(6-12)得

$$\iiint_{\Omega} z^2 \mathrm{d}x\mathrm{d}y\mathrm{d}z = \int_{-c}^{c} z^2 \mathrm{d}z \iint_{D_z} \mathrm{d}x\mathrm{d}y$$
$$= \pi ab \int_{-c}^{c} \left(1 - \frac{z^2}{c^2}\right) z^2 \mathrm{d}z = \frac{4}{15}\pi abc^3 .$$

2. 利用柱面坐标计算三重积分

设 $M(x,y,z)$ 为空间内一点，并设点 M 在 xOy 面上的投影点 P 的极坐标为 (ρ,θ)，则这样的三个数 ρ,θ,z 就称为点 M 的柱面坐标（图 6-22），其中规定 ρ,θ,z 的变化范围分别为

$$0 \leqslant \rho < +\infty, \quad 0 \leqslant \theta \leqslant 2\pi, \quad -\infty < z < +\infty,$$

三组坐标面分别为

$\rho =$ 常数，即以 z 轴为轴的圆柱面；

$\theta =$ 常数，即过 z 轴的半平面；

$z =$ 常数，即与 xOy 面平行的平面.

显然，点 $M(x,y,z)$ 的直角坐标与柱面坐标的关系为

$$\begin{cases} x = \rho\cos\theta, \\ y = \rho\sin\theta, \\ z = z. \end{cases} \tag{6-13}$$

现在要把三重积分 $\iiint_{\Omega} f(x,y,z)\,\mathrm{d}v$ 中的变量变换为柱面坐标. 为此，用三组坐标面

$$\rho = \text{常数}, \quad \theta = \text{常数}, \quad z = \text{常数}$$

把 Ω 分成若干小闭区域，除了含 Ω 的边界点的一些不规则小闭区域外，这种小闭区域都是柱体，现考虑由 ρ,θ,z 各取得微小增量 $\mathrm{d}\rho,\mathrm{d}\theta,\mathrm{d}z$ 所围成柱体的体积（图 6-23）. 这个体积等于高与底面积的乘积. 现在高为 $\mathrm{d}z$，底面积在不计高阶无穷小时为 $\rho\mathrm{d}\rho\mathrm{d}\theta$（即极坐标系中的面积元素），于是得

$$\mathrm{d}v = \rho\mathrm{d}\rho\mathrm{d}\theta\mathrm{d}z,$$

这就是柱面坐标系中的体积元素. 注意到关系式(6-13)，有

$$\iiint_{\Omega} f(x,y,z)\,\mathrm{d}x\mathrm{d}y\mathrm{d}z = \iiint_{\Omega} F(\rho,\theta,z)\rho\mathrm{d}\rho\mathrm{d}\theta\mathrm{d}z, \tag{6-14}$$

其中 $F(\rho,\theta,z) = f(\rho\cos\theta,\rho\sin\theta,z)$. 式(6-14)就是把三重积分的变量从直角坐标变换为柱面坐标的公式. 至于变量变换为柱面坐标后的三重积分的计算，则可化为三次积分来进行. 化为三次积分时，积分限是根据 ρ,θ,z 在积分区域 Ω 中的变化范围来确定的，下面通过例子来说明.

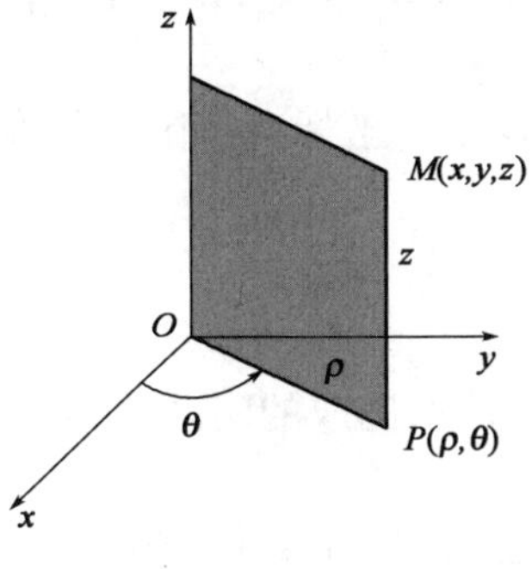

图 6-22

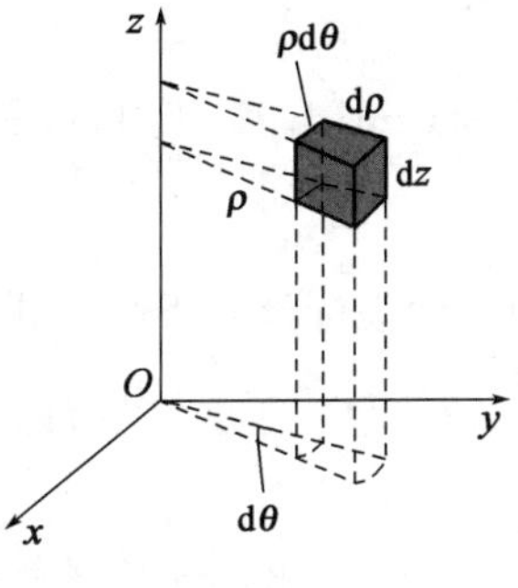

图 6-23

例 3　利用柱面坐标计算三重积分 $\iiint\limits_{\Omega} z\mathrm{d}x\mathrm{d}y\mathrm{d}z$，其中 Ω 是由曲面 $z=x^2+y^2$ 与平面 $z=4$ 所围成的闭区域.

解　把闭区域 Ω 投影到 xOy 面上，得半径为 2 的圆形闭区域

$$D_{xy}=\{(\rho,\theta)\mid 0\leqslant\rho\leqslant2,0\leqslant z\leqslant2\pi\}.$$

在 D_{xy} 内任取一点 (ρ,θ)，过此点作平行于 z 轴的直线，此直线通过曲面 $z=x^2+y^2$ 穿入 Ω 内，然后通过平面 $z=4$ 穿出 Ω 外. 因此闭区域可用不等式

$$\rho^2\leqslant z\leqslant4\quad(0\leqslant\rho\leqslant2,0\leqslant Q\leqslant2\pi)$$

来表示，于是

$$\begin{aligned}\iiint\limits_{\Omega} z\mathrm{d}x\mathrm{d}y\mathrm{d}z &= \iiint\limits_{\Omega} z\rho\mathrm{d}\rho\mathrm{d}\theta\mathrm{d}z = \int_0^{2\pi}\mathrm{d}\theta\int_0^2\rho\mathrm{d}\rho\int_{\rho^2}^4 z\mathrm{d}z\\ &= \frac{1}{2}\int_0^{2\pi}\mathrm{d}\theta\int_0^2\rho(16-\rho^4)\mathrm{d}\rho = \frac{1}{2}\cdot2\pi\left[8\rho^2-\frac{1}{6}\rho^6\right]\Big|_0^2 = \frac{64}{3}\pi.\end{aligned}$$

MATLAB 程序如下：

```
> >syms x y z
> >I = int( int( int( y * z,z,y^2,4) ,y,0,2) ,x,0,2 * pi)
```

运行语句后输出：

```
I =
(64 * pi)/3
```

习题 6-3

1. 化三重积分 $I=\iiint\limits_{\Omega} f(x,y,z)\mathrm{d}x\mathrm{d}y\mathrm{d}z$ 为三次积分，其中积分区域 Ω 分别如下：

(1) 由双曲抛物面 $xy=z$ 及平面 $x+y-1=0$，$z=0$ 所围成的闭区域；

(2) 由曲面 $z=x^2+y^2$ 及平面 $z=1$ 所围成的闭区域；

(3) 由曲面 $z=x^2+2y^2$ 及 $z=2-x^2$ 所围成的闭区域；

(4) 由曲面 $cz=xy(c>0)$，$\dfrac{x^2}{a^2}+\dfrac{y^2}{b^2}=1$ 及平面 $z=0$ 所围成的在第 I 卦限内的闭区域.

2. 计算 $\iiint\limits_{\Omega} xy^2z^3\mathrm{d}x\mathrm{d}y\mathrm{d}z$，其中 Ω 是由曲面 $z=xy$ 与平面 $y=x$，$x=1$，$z=0$ 所围成的闭区域.

3. 计算 $\iiint\limits_{\Omega} xyz\mathrm{d}x\mathrm{d}y\mathrm{d}z$，其中 Ω 是由球面 $x^2+y^2+z^2=1$ 及三个坐标面所围成的在第 I 卦限内的闭区域.

4. 利用柱面坐标计算下列三重积分：

(1) $\iiint\limits_{\Omega} z\mathrm{d}v$，其中 Ω 是由曲面 $z=\sqrt{2-x^2-y^2}$ 及 $z=x^2+y^2$ 所围成的闭区域；

(2) $\iiint\limits_{\Omega}(x^2+y^2)\mathrm{d}v$，其中 Ω 是由曲面 $x^2+y^2=2z$ 及平面 $z=2$ 所围成的闭区域.

第四节　重积分的应用

由前面的讨论可知,曲顶柱体的体积、平面薄片的质量可用二重积分计算,空间物体的体积可用三重积分计算.本节中把定积分应用中的元素法推广到重积分的应用中,利用重积分的元素法来讨论重积分在几何、物理上的一些其他应用.

一、曲面积分

设曲面 S 由方程

$$z=f(x,y)$$

给出,D 为曲面 S 在 xOy 面上的投影区域,函数 $f(x,y)$ 在 D 上具有连续偏导数 $f_x(x,y)$ 和 $f_y(x,y)$.计算曲面 S 的面积 A.

在闭区域 D 上任取一直径很小的闭区域 $d\sigma$(该小闭区域的面积也记作 $d\sigma$).在 $d\sigma$ 上取一点 $P(x,y)$,曲面 S 上对应地有一点 $M(x,y,f(x,y))$,点 M 在 xOy 面上的投影即点 P,点 M 处曲面 S 的切平面设为 T(图6-24).以小闭区域 $d\sigma$ 的边界为准线作母线平行于 z 轴的柱面,该柱面在曲面 S 上截下一小片曲面,在切平面 T 上截下一小片平面.由于 $d\sigma$ 的直径很小,切平面 T 上的那一小片平面的面积 dA 可以近似代替相应的那一小片曲面的面积.设点 M 处曲面 S 上的法线(指向朝上)与 z 轴所成的角为 γ,则

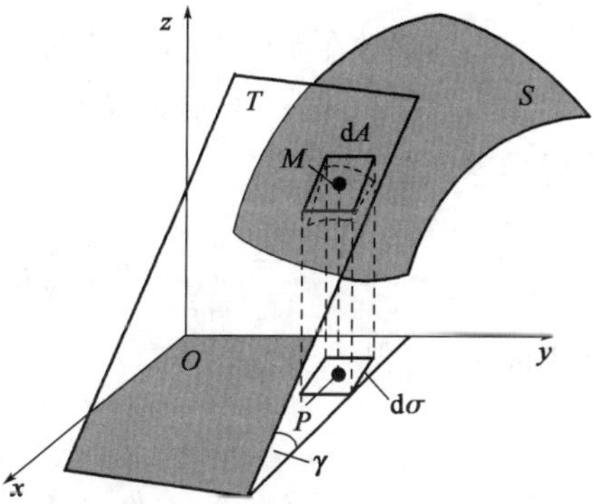

图 6-24

$$dA=\frac{d\sigma}{\cos\gamma},$$

因为

$$\cos\gamma=\frac{1}{\sqrt{1+f_x^2(x,y)+f_y^2(x,y)}},$$

所以

$$dA=\sqrt{1+f_x^2(x,y)+f_y^2(x,y)}\,d\sigma,$$

这就是曲面 S 的面积元素,以它为被积表达式在闭区域 D 上积分,得

$$A=\iint_D\sqrt{1+f_x^2(x,y)+f_y^2(x,y)}\,d\sigma.$$

上式也可写成

$$A=\iint_D\sqrt{1+\left(\frac{\partial z}{\partial x}\right)^2+\left(\frac{\partial z}{\partial y}\right)^2}\,dxdy. \tag{6-15}$$

这就是计算曲面面积的公式.

设曲面的方程为 $x=g(y,z)$ 或 $y=h(z,x)$,可分别把曲面投影到 yOz 面(投影区域记作 D_{yz})或 zOx 面(投影区域记作 D_{zx})上,类似地可得

$$A=\iint_{D_{yz}}\sqrt{1+\left(\frac{\partial x}{\partial y}\right)^2+\left(\frac{\partial x}{\partial z}\right)^2}\mathrm{d}y\mathrm{d}z\,, \tag{6-16}$$

或

$$A=\iint_{D_{zx}}\sqrt{1+\left(\frac{\partial y}{\partial z}\right)^2+\left(\frac{\partial y}{\partial x}\right)^2}\mathrm{d}z\mathrm{d}x\,. \tag{6-17}$$

例 1 求半径为 a 的球的表面积.

解 取上半球面方程为 $z=\sqrt{a^2-x^2-y^2}$,则它在 xOy 面上的投影区域 $D=\{(x,y)\mid x^2+y^2\leqslant a^2\}$.

由$\frac{\partial z}{\partial x}=\frac{-x}{\sqrt{a^2-x^2-y^2}},\frac{\partial z}{\partial y}=\frac{-y}{\sqrt{a^2-x^2-y^2}}$,得

$$\sqrt{1+\left(\frac{\partial z}{\partial x}\right)^2+\left(\frac{\partial z}{\partial y}\right)^2}=\frac{a}{\sqrt{a^2-x^2-y^2}}.$$

因为该函数在闭区域 D 上无界,不能直接应用曲面面积公式,所以先取区域 $D_1=\{(x,y)\mid x^2+y^2\leqslant b^2,0<b<a\}$ 为积分区域,算出相应于 D_1 上的球面面积 A_1 后,令 $b\to a$,取 A_1 的极限就得半球面的面积.

$$A_1=\iint_{D_1}\sqrt{1+\left(\frac{\partial z}{\partial x}\right)^2+\left(\frac{\partial z}{\partial y}\right)^2}\mathrm{d}x\mathrm{d}y=\iint_{D_1}\frac{a}{\sqrt{a^2-x^2-y^2}}\mathrm{d}x\mathrm{d}y\,,$$

利用极坐标,得

$$\begin{aligned}A_1&=\iint_{D_1}\frac{a}{\sqrt{a^2-\rho^2}}\rho\mathrm{d}\rho\mathrm{d}\theta=a\int_0^{2\pi}\mathrm{d}\theta\int_0^b\frac{1}{\sqrt{a^2-\rho^2}}\rho\mathrm{d}\rho\\&=2\pi a\cdot\left(-\frac{1}{2}\right)\int_0^b\frac{1}{\sqrt{a^2-\rho^2}}\mathrm{d}(a^2-\rho^2)=-2\pi a\cdot\left[\sqrt{a^2-\rho^2}\right]\Big|_0^b\\&=2\pi a(a-\sqrt{a^2-b^2})\,,\end{aligned}$$

于是

$$A_1=\lim_{b\to a}2\pi a(a-\sqrt{a^2-b^2})=2\pi a^2\,,$$

这就是半个球面的面积,因此整个球面的面积为

$$A=4\pi a^2.$$

二、质心

先讨论平面薄片的质心.

设在 xOy 面上有 n 个质点,它们分别位于点$(x_1,y_1),(x_2,y_2),\cdots,(x_n,y_n)$处,质量分别为 $m_1,m_2,\cdots,m_n$,由力学可知,该质点系的质心的坐标为

$$\bar{x}=\frac{M_y}{M}=\frac{\sum_{i=1}^n m_ix_i}{\sum_{i=1}^n m_i}\,,\quad \bar{y}=\frac{M_x}{M}=\frac{\sum_{i=1}^n m_iy_i}{\sum_{i=1}^n m_i}\,,$$

其中 $M=\sum_{i=1}^{n} m_i$ 为该质点系的总质量，且

$$M_y=\sum_{i=1}^{n} m_i x_i,\quad M_x=\sum_{i=1}^{n} m_i y_i$$

分别为该质点系对 y 轴和 x 轴的静矩.

设有一平面薄片，占有 xOy 面上的闭区域 D，其在点 (x,y) 处的面密度为 $\mu(x,y)$，假定 $\mu(x,y)$ 在 D 上连续，现在要找该薄片的质心的坐标.

在闭区域 D 上任取一直径很小的闭区域 $\mathrm{d}\sigma$（该小闭区域的面积也记作 $\mathrm{d}\sigma$），(x,y) 是该小闭区域上的一个点，因为 $\mathrm{d}\sigma$ 的直径很小，且 $\mu(x,y)$ 在 D 上连续，所以薄片中相应于 $\mathrm{d}\sigma$ 的部分的质量近似等于 $\mu(x,y)\mathrm{d}\sigma$，这部分质量可近似看作集中在点 (x,y) 上，于是可写出静矩元素 $\mathrm{d}M_y$ 及 $\mathrm{d}M_x$：

$$\mathrm{d}M_y=x\mu(x,y)\mathrm{d}\sigma,\quad \mathrm{d}M_x=y\mu(x,y)\mathrm{d}\sigma.$$

以这些元素为被积表达式，在闭区域 D 上积分，得

$$M_y=\iint_D x\mu(x,y)\mathrm{d}\sigma,\quad M_x=\iint_D y\mu(x,y)\mathrm{d}\sigma,$$

又由本章第一节知，薄片的质量为

$$M=\iint_D \mu(x,y)\mathrm{d}\sigma,$$

所以，薄片的质心的坐标为

$$\bar{x}=\frac{M_y}{M}=\frac{\iint_D x\mu(x,y)\mathrm{d}\sigma}{\iint_D \mu(x,y)\mathrm{d}\upsilon},\quad \bar{y}=\frac{M_x}{M}=\frac{\iint_D y\mu(x,y)\mathrm{d}\sigma}{\iint_D \mu(x,y)\mathrm{d}\sigma}.$$

如果薄片是均匀的，即面密度为常量，那么上式中可把 μ 提到积分符号外面，这样便得均匀薄片的质心的坐标为

$$\bar{x}=\frac{1}{A}\iint_D x\mathrm{d}\sigma,\quad \bar{y}=\frac{1}{A}\iint_D y\mathrm{d}\sigma, \tag{6-18}$$

其中 $A=\iint_D \mathrm{d}\sigma$ 为闭区域 D 的面积. 这时薄片的质心完全由闭区域 D 的形状所决定. 称均匀平面薄片的质心为该平面薄片所占的平面图形的形心. 因此，平面图形 D 的形心的坐标可用式(6-18)来计算.

例 2 求位于两圆 $\rho=2\sin\theta$ 和 $\rho=4\sin\theta$ 之间的均匀薄片的质心（图 6-25）.

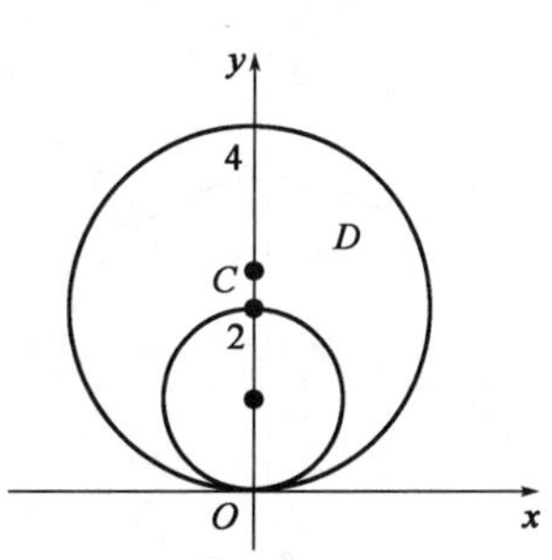

图 6-25

解 因为闭区域 D 关于 y 轴对称，所以质心 $C(\bar{x},\bar{y})$ 必位于 y 轴上，于是 $\bar{x}=0$.

再按公式

$$\bar{y}=\frac{1}{A}\iint_D y\mathrm{d}\sigma$$

计算 $\bar{y}$. 由于闭区域 D 位于半径为 1 与半径为 2 的两圆之间，所以它

的面积等于这两个圆的面积之差，即 $A=3\pi$.

再利用极坐标计算积分：

$$\iint_D y\mathrm{d}\sigma=\iint_D \rho^2\sin\theta\mathrm{d}\rho\mathrm{d}\theta=\int_0^{\pi}\sin\theta\mathrm{d}\theta\int_{2\sin\theta}^{4\sin\theta}\rho^2\mathrm{d}\rho$$

$$=\frac{56}{3}\int_0^{\pi}\sin^4\theta\mathrm{d}\theta=7\pi,$$

得 $\bar{y}=\dfrac{7\pi}{3\pi}$，所求质心坐标为 $C\left(0,\dfrac{7}{3}\right)$.

类似地，占有空间有界闭区域 Ω、在点 (x,y,z) 处的密度为 $\rho(x,y,z)$［假定 $\rho(x,y,z)$ 在 Ω 上连续］的物体的质心坐标是

$$\bar{x}=\frac{1}{M}\iiint_\Omega x\rho(x,y,z)\mathrm{d}v,\quad \bar{y}=\frac{1}{M}\iiint_\Omega y\rho(x,y,z)\mathrm{d}v,\quad \bar{z}=\frac{1}{M}\iiint_\Omega z\rho(x,y,z)\mathrm{d}v,$$

其中 $M=\iiint_\Omega \rho(x,y,z)\mathrm{d}v$.

三、转动惯量

先讨论平面薄片的转动惯量.

设在 xOy 面上有 n 个质点，它们分别位于点 $(x_1,y_1),(x_2,y_2),\cdots,(x_n,y_n)$ 处，质量分别为 $m_1,m_2,\cdots,m_n$. 由力学可知，该质点系对于 x 轴以及对于 y 轴的转动惯量分别为

$$I_x=\sum_{i=1}^{n}y_i^2m_i,\quad I_y=\sum_{i=1}^{n}x_i^2m_i.$$

设有一薄片，占有 xOy 面上的闭区域 D，在点 (x,y) 处的面密度为 $\mu(x,y)$，假定 $\mu(x,y)$ 在 D 上连续. 现在要求该薄片对于 x 轴的转动惯量 I_x 以及对于 y 轴的转动惯量 I_y.

应用元素法，在闭区域 D 上任取一直径很小的闭区域 $\mathrm{d}\sigma$（该小闭区域的面积也记作 $\mathrm{d}\sigma$），(x,y) 是该小闭区域上的一个点. 因为 $\mathrm{d}\sigma$ 的直径很小，且 $\mu(x,y)$ 在 D 上连续，所以薄片中对应于 $\mathrm{d}\sigma$ 部分的质量近似等于 $\mu(x,y)\mathrm{d}\sigma$，这部分质量可近似看作集中在点 (x,y) 上，于是可写出薄片对于 x 轴以及对于 y 轴的转动惯量元素分别为

$$\mathrm{d}I_x=y^2\mu(x,y)\mathrm{d}\sigma,\quad \mathrm{d}I_y=x^2\mu(x,y)\mathrm{d}\sigma,$$

以这些元素为被积表达式，在闭区域 D 上积分，得

$$I_x=\iint_D y^2\mu(x,y)\mathrm{d}\sigma,\quad I_y=\iint_D x^2\mu(x,y)\mathrm{d}\sigma.$$

例 3 求半径为 a 的均匀半圆薄片（面密度为常量 μ）对于其直径边的转动惯量.

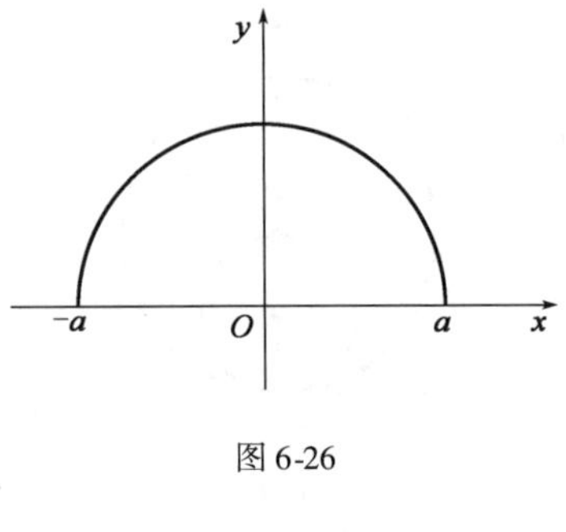

图 6-26

解 取坐标系如图 6-26 所示，则薄片所占闭区域

$$D=\{(x,y)\mid x^2+y^2\leqslant a^2,y\geqslant 0\},$$

而所求转动惯量即半圆薄片对于 x 轴的转动惯量

$$I_x=\iint_D \mu y^2\mathrm{d}\sigma=\mu\iint_D \rho^3\sin^2\theta\mathrm{d}\rho\mathrm{d}\theta=\mu\int_0^{\pi}\mathrm{d}\theta\int_0^a\rho^3\sin^2\theta\mathrm{d}\rho$$

$$=\mu\cdot\frac{1}{4}a^4\int_0^{\pi}\sin^2\theta\mathrm{d}\theta=\frac{1}{4}\mu a^4\cdot\frac{\pi}{2}=\frac{1}{4}Ma^2,$$

其中 $M=\dfrac{1}{2}\pi a^2\mu$ 为半圆薄片的质量.

类似地,占有空间有界闭区域Ω在点(x,y,z)处的密度为$\rho(x,y,z)$[假定$\rho(x,y,z)$在Ω上连续]的物体对于x轴,y轴,z轴的转动惯量分别为

$$I_x = \iiint_{\Omega}(y^2+z^2)\rho(x,y,z)\,\mathrm{d}v,$$

$$I_y = \iiint_{\Omega}(z^2+x^2)\rho(x,y,z)\,\mathrm{d}v,$$

$$I_z = \iiint_{\Omega}(x^2+y^2)\rho(x,y,z)\,\mathrm{d}v.$$

四、引力

下面讨论空间一物体对物体外一点$P_0(x_0,y_0,z_0)$处单位质量的质点的引力问题.

设物体占有空间有界闭区域Ω,它在点(x,y,z)处的密度为$\rho(x,y,z)$,并假定$\rho(x,y,z)$在Ω上连续.在物体内任取一直径很小的闭区域$\mathrm{d}v$(该闭区域的体积也记作$\mathrm{d}v$),(x,y,z)为这一小块中的一点.把这一小块物体的质量$\rho\mathrm{d}v$近似地看作集中在点(x,y,z)处,于是按两质点间的引力公式可得这一小块物体对位于$P_0(x_0,y_0,z_0)$处的单位质量的质点的引力近似为

$$\begin{aligned}\mathrm{d}F &= (\mathrm{d}F_x,\mathrm{d}F_y,\mathrm{d}F_z)\\ &= \left(G\frac{\rho(x,y,z)(x-x_0)}{r^3}\mathrm{d}v, G\frac{\rho(x,y,z)(y-y_0)}{r^3}\mathrm{d}v, G\frac{\rho(x,y,z)(z-z_0)}{r^3}\mathrm{d}v\right),\end{aligned}$$

其中$\mathrm{d}F_x,\mathrm{d}F_y,\mathrm{d}F_z$为引力元素$\mathrm{d}F$在三个坐标轴上的分量,$r=\sqrt{(x-x_0)^2+(y-y_0)^2+(y-y_0)^2}$,$G$为引力常数,将$\mathrm{d}F_x,\mathrm{d}F_y,\mathrm{d}F_z$在$\Omega$上分别积分,得

$$\begin{aligned}F &= (F_x,F_y,F_z)\\ &= \left(\iiint_{D}\frac{G\rho(x,y,z)(x-x_0)}{r^3}\mathrm{d}v, \iiint_{D}\frac{G\rho(x,y,z)(y-y_0)}{r^3}\mathrm{d}v, \iiint_{D}\frac{G\rho(x,y,z)(z-z_0)}{r^3}\mathrm{d}v\right).\end{aligned}$$

如果考虑平面薄片对薄片外一点$P_0(x_0,y_0,z_0)$处单位质量的质点的引力,设平面薄片占有xOy面上的有界闭区域D,其面密度为$\mu(x,y)$,那么只要将上式中的密度$\rho(x,y,z)$换成面密度$\mu(x,y)$,将Ω上的三重积分换成D上的二重积分,就可得到相应的计算公式.

例 4 设半径为R的质量均匀的球占有空间闭区域$\Omega=\{(x,y,z)\mid x^2+y^2+z^2\leqslant R^2\}$.求它对位于$M_0(0,0,a)(a>R)$处的单位质量的质点的引力.

解 设球的密度为ρ_0,由球的对称性及质量分布的均匀性知$F_x=F_y=0$,所求引力沿z轴的分量为

$$\begin{aligned}F_z &= \iiint_{D}G\rho_0\frac{z-a}{[x^2+y^2+(z-a)^2]^{\frac{3}{2}}}\mathrm{d}v\\ &= G\rho_0\int_{-R}^{R}(z-a)\mathrm{d}z\iint_{x^2+y^2\leqslant R^2-z^2}\frac{1}{[x^2+y^2+(z-a)^2]^{\frac{3}{2}}}\mathrm{d}x\mathrm{d}y\\ &= G\rho_0\int_{-R}^{R}(z-a)\mathrm{d}z\int_0^{2\pi}\mathrm{d}\theta\int_0^{\sqrt{R^2-z^2}}\frac{\rho}{[\rho^2+(z-a)^2]^{\frac{3}{2}}}\mathrm{d}\rho\\ &= 2\pi G\rho_0\int_{-R}^{R}(z-a)\left(\frac{1}{a-z}-\frac{1}{\sqrt{R^2-2az+a^2}}\right)\mathrm{d}z\end{aligned}$$

$$= 2\pi G\rho_0\left[-2R + \frac{1}{a}\int_{-R}^{R}(z-a)\,\mathrm{d}\sqrt{R^2-2az+a^2}\right]$$

$$= 2\pi G\rho_0\left(-2R + 2R - \frac{2R^3}{3a^2}\right) = -G\frac{4\pi R^3}{3}\rho_0\cdot\frac{1}{a^2} = -G\frac{M}{a^2},$$

其中$\frac{4\pi R^3}{3}\rho_0$为球的质量.

上述结果表明:质量均匀的球对球外一质点的引力如同球的质量集中于球心时两质点间的引力.

习题 6-4

1. 求锥面 $z=\sqrt{x^2+y^2}$ 被柱面 $z^2=2x$ 所割下部分的曲面面积.

2. 设薄片所占的闭区域 D 由 $y=\sqrt{2px}, x=x_0, y=0$ 所围成,求均匀薄片的质心.

3. 设均匀薄片(面密度为常数 1)所占闭区域 D 由抛物线 $y^2=\frac{9}{2}x$ 与直线 $x=2$ 所围成,求转动惯量 I_x 和 I_y.

4. 一均匀物体(密度 ρ 为常量)占有空间有界闭区域 Ω 由曲面 $z=\sqrt{x^2+y^2}$ 和平面 $z=0$, $|x|=a, |y|=a$ 所围成. 求:

(1)物体的体积;

(2)物体的质心;

(3)物体关于 z 轴的转动惯量.

5. 设均匀柱体密度为 ρ,占有空间有界闭区域 $\Omega=\{(x,y,z)\mid x^2+y^2\leqslant R^2, 0\leqslant z\leqslant h\}$,求它对位于点 $M(0,0,a)(a>h)$ 处的单位质量的质点的引力.

总习题六

一、基础题

(一)填空题

1. 积分 $\int_0^1 \mathrm{d}x\int_x^2 \mathrm{e}^{-y^2}\mathrm{d}y=$ __________.

2. 设闭区域 $D=\{(x,y)\mid -1\leqslant x\leqslant 1, -1\leqslant y\leqslant 1\}$,则 $\iint\limits_D x(y-x)\,\mathrm{d}x\mathrm{d}y=$ __________.

(二)选择题

1. 设 $f(x)$ 为连续函数, $F(t)=\int_1^t \mathrm{d}y\int_y^t f(x)\,\mathrm{d}x$,则 $F'(2)=($　　$)$.

A. $2f(2)$　　B. $f(2)$　　C. $-f(2)$　　D. 0

2. 设闭区域 $D=\{(x,y)\mid x^2+y^2\leqslant 1, x\geqslant 0, y\geqslant 0\}$,则 $\iint\limits_D \sqrt{x^2+y^2}\,\mathrm{d}x\mathrm{d}y=($　　$)$.

A. $\int_0^{\frac{\pi}{2}}d\theta\int_0^1 r^3dr$　　B. $\int_{-\frac{\pi}{2}}^{\frac{\pi}{2}}d\theta\int_0^1 r^3dr$　　C. $\int_0^{\frac{\pi}{2}}d\theta\int_0^1 r^2dr$　　D. $\int_{-\frac{\pi}{2}}^{\frac{\pi}{2}}d\theta\int_0^1 r^2dr$

(三)计算题

1. 计算下列二重积分：

(1) $\iint\limits_D y\mathrm{d}x\mathrm{d}y$，其中 D 由 $x=y^2+1, x=0, y=0, y=1$ 围成；

(2) $\iint\limits_D \frac{y}{x}\mathrm{d}x\mathrm{d}y$，其中 D 由 $y=2x, y=x, x=2, x=4$ 围成.

2. 交换下列二次积分的次序：

(1) $\int_0^2\mathrm{d}x\int_x^2 f(x,y)\mathrm{d}y$；　　(2) $\int_0^1\mathrm{d}x\int_0^{1-x} f(x,y)\mathrm{d}y$；

(3) $\int_0^1\mathrm{d}y\int_{\sqrt{y}}^{2-y} f(x,y)\mathrm{d}x$.

3. 把下列积分化为极坐标形式，并计算积分值：

(1) $\iint\limits_D e^{-x^2-y^2}\mathrm{d}x\mathrm{d}y$，其中 D 是由以坐标原点为圆点、以 R 为半径的圆围成的区域；

(2) $\iint\limits_D e^{x^2+y^2}\mathrm{d}x\mathrm{d}y$，其中 $D=\{(x,y)\mid 1\leqslant x^2+y^2\leqslant 4\}$.

二、提高题

(一)填空题

1. 设闭区域 $D=\{(x,y)\mid x^2+y^2\leqslant R^2\}$，则 $\iint\limits_D\left(\frac{x^2}{a^2}+\frac{y^2}{b^2}\right)\mathrm{d}x\mathrm{d}y=$__________.

2. 设闭区域 $D=\{(x,y)\mid x^2+y^2\leqslant a^2, a>0, y\geqslant 0\}$，在极坐标中二重积分 $\iint\limits_D(x^2+y^2)\mathrm{d}x\mathrm{d}y=$__________.

(二)选择题

1. 设有空间闭区域 $\Omega_1=\{(x,y,z)\mid x^2+y^2+z^2\leqslant R^2, z\geqslant 0\}$，$\Omega_2=\{(x,y,z)\mid x^2+y^2+z^2\leqslant R^2, x\geqslant 0, y\geqslant 0, z\geqslant 0\}$，则有(　　).

A. $\iiint\limits_{\Omega_1}x\mathrm{d}v=4\iiint\limits_{\Omega_2}x\mathrm{d}v$　　B. $\iiint\limits_{\Omega_1}y\mathrm{d}v=4\iiint\limits_{\Omega_2}y\mathrm{d}v$

C. $\iiint\limits_{\Omega_1}z\mathrm{d}v=4\iiint\limits_{\Omega_2}z\mathrm{d}v$　　D. $\iiint\limits_{\Omega_1}xyz\mathrm{d}v=4\iiint\limits_{\Omega_2}xyz\mathrm{d}v$

2. 设有平面闭区域 $D=\{(x,y)\mid -a\leqslant x\leqslant a, x\leqslant y\leqslant a\}$，$D_1=\{(x,y)\mid 0\leqslant x\leqslant a, x\leqslant y\leqslant a\}$，则 $\iint\limits_D(xy+\cos x\sin x)\mathrm{d}x\mathrm{d}y=$(　　).

A. $2\iint\limits_{D_1}\cos x\sin x\mathrm{d}x\mathrm{d}y$　　B. $2\iint\limits_{D_1}xy\mathrm{d}x\mathrm{d}y$

C. $4\iint\limits_{D_1}(xy+\cos x\sin x)\mathrm{d}x\mathrm{d}y$　　D. 0

(三)计算题

1. 计算下列二重积分:

(1) $\iint\limits_{D}(1+x)\sin y\mathrm{d}\sigma$,其中$D$是顶点分别为$(0,0)$,$(1,0)$,$(1,2)$,$(0,1)$的梯形闭区域;

(2) $\iint\limits_{D}(x^2-y^2)\mathrm{d}\sigma$,其中$D=\{(x,y)\mid 0\leqslant y\leqslant \sin x,0\leqslant x\leqslant \pi\}$;

(3) $\iint\limits_{D}\sqrt{R^2-x^2-y^2}\mathrm{d}\sigma$,其中$D$是圆$x^2+y^2=Rx$所围成的闭区域.

2. 交换下列二次积分的次序:

(1) $\int_0^4\mathrm{d}y\int_{-\sqrt{4-y}}^{\frac{1}{2}(y-4)}f(x,y)\mathrm{d}x$;　　(2) $\int_0^1\mathrm{d}y\int_0^{2y}f(x,y)\mathrm{d}x+\int_0^3\mathrm{d}y\int_0^{3-y}f(x,y)\mathrm{d}x$;

(3) $\int_0^1\mathrm{d}x\int_{\sqrt{x}}^{1+\sqrt{1-x^2}}f(x,y)\mathrm{d}y$.

3. 计算下列三重积分:

(1) $\iiint\limits_{\Omega}z^2\mathrm{d}x\mathrm{d}y\mathrm{d}z$,其中$\Omega$是两个球$x^2+y^2+z^2\leqslant R^2$和$x^2+y^2+z^2\leqslant 2Rz(R>0)$的公共部分;

(2) $\iiint\limits_{\Omega}(y^2+z^2)\mathrm{d}x\mathrm{d}y\mathrm{d}z$,其中$\Omega$是由$xOy$面上曲线$y=2x$绕$x$轴旋转而成的曲面与平面$x=5$所围成的闭区域.

引例解答

引例1　传染病传播模型

问题见本章开头引例1.

解　以市中心位置为坐标原点建立平面直角坐标系xOy. 记城市分布的区域为D:$x^2+y^2\leqslant 10^2$. 设点A的坐标为(x_0,y_0),任取面积微元$\mathrm{d}\sigma$,则其中共有患者$k\mathrm{d}\sigma$个,位于$\mathrm{d}\sigma$内的每个患者对一个位于点A处的健康者的传染概率近似为$\mathrm{d}\sigma$上位于点$P(x,y)$处的患者对位于点A处的健康者的被感染率,即$f(P)=\frac{1}{20}[20-\mathrm{d}(P,A)]$,所以$\mathrm{d}\sigma$内的患者对其总的被感染率为$f(P)k\mathrm{d}\sigma$. 因此,全市所有位于点$A$处的健康者的被感染率为

$$E(A)=\iint\limits_{D}f(P)k\mathrm{d}\sigma=k\iint\limits_{D}\left(1-\frac{\sqrt{(x-x_0)^2+(y-y_0)^2}}{20}\right)\mathrm{d}\sigma.$$

(1)居住在市中心即$A(0,0)$处的健康者的被感染率为

$$E(0,0)=k\iint\limits_{D}\left(1-\frac{\sqrt{x^2+y^2}}{20}\right)\mathrm{d}\sigma.$$

使用极坐标系积分,且D:$0\leqslant\theta\leqslant 2\pi$,$0\leqslant\rho\leqslant 10$,得

$$E(0,0)=k\int_0^{2\pi}\mathrm{d}\varphi\int_0^{10}\left(1-\frac{\rho}{20}\right)\rho\mathrm{d}\rho=\frac{200}{3}\pi k.$$

(2)居住在城市边缘健康者的被感染率,可取点 $A(10,0)$,则

$$E(10,0) = k\iint_D\left(1 - \frac{\sqrt{(x-10)^2 + y^2}}{20}\right)\mathrm{d}\sigma.$$

令 $x=10+u, y=v, J=1$,且 $D_{uv}:(u+10)^2+v^2=100$,则

$$E(10,0) = k\iint_{D_{uv}}\left(1 - \frac{\sqrt{u^2 + v^2}}{20}\right)\mathrm{d}\sigma.$$

考虑极坐标方法,可得 $(u+10)^2+v^2=1$,故

$$\rho = -20\cos\theta,\quad \theta\in\left[\frac{\pi}{2},\frac{3\pi}{2}\right],$$

于是可得

$$E(10,0) = k\int_{\frac{\pi}{2}}^{\frac{3\pi}{2}}\mathrm{d}\theta\int_0^{-20\cos\theta}\left(1-\frac{\rho}{20}\right)\cdot\rho\mathrm{d}\rho = \frac{100k}{9}(9\pi-16).$$

取 $k=9$,可得 $E(0,0)=600\pi\approx1800, E(10,0)=100(9\pi-16)\approx1100$.

所以居住在市中心的健康者比居住在城市边缘的健康者的被感染率要高,两者比较,居住在城市边缘较为安全.

引例 2 卫星信号覆盖地球表面模型

问题见本章开头引例 2.

解 取地心为坐标原点,地心到通信卫星中心的连线为 z 轴,建立直角坐标系,如图 6-27 所示.

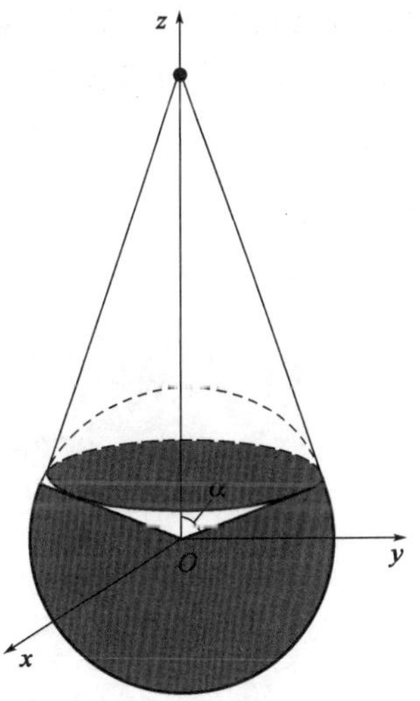

图 6-27

通信卫星覆盖的曲面 Σ 是上半球面被半顶角为 α 的圆锥面所截得的部分,Σ 的方程为

$$z=\sqrt{R^2-x^2-y^2}\quad(x^2+y^2\leqslant R^2\sin^2\alpha),$$

于是通信卫星的覆盖面积为

$$A=\iint_{D_{xy}}\sqrt{1+\left(\frac{\partial z}{\partial x}\right)^2+\left(\frac{\partial z}{\partial y}\right)^2}\mathrm{d}x\mathrm{d}y=\iint_{D_{xy}}\frac{R}{\sqrt{R^2-x^2-y^2}}\mathrm{d}x\mathrm{d}y,$$

其中 D_{xy} 为曲面 Σ 在 xOy 面上的投影区域,$D_{xy}=\{(x,y)\mid x^2+y^2\leqslant R^2\sin^2\alpha\}$.

利用极坐标方法,得

$$A=\int_0^{2\pi}\mathrm{d}\theta\int_0^{R\sin\alpha}\frac{R}{\sqrt{R^2-\rho^2}}\rho\mathrm{d}\rho=2\pi R\int_0^{R\sin\alpha}\frac{\rho}{\sqrt{R^2-\rho^2}}\mathrm{d}\rho=2\pi R^2(1-\cos\alpha),$$

由于 $\cos\alpha=\dfrac{R}{R+h}$,代入上式得

$$A=2\pi R^2\left(1-\frac{R}{R+h}\right)=2\pi R^2\cdot\frac{h}{R+h},$$

由此得这颗通信卫星的覆盖面积与地球表面积之比为

$$\frac{A}{4\pi R^2}=\frac{h}{2(R+h)}=\frac{36\times10^3}{2\times(36+6.4)\times10^3}\approx42.5\%.$$

由以上结果可知,卫星覆盖了全球三分之一以上的面积,故使用三颗相隔 $\frac{2}{3}\pi$ 角度的通信

卫星就几乎可以覆盖地球全部表面.

数学文化——角度转化、突破困局

积分的整体思想是把整体划分成很多微小的部分,然后把这些微小的部分累加起来.在这个思想下,重积分部分有一个重要的解题技巧,就是利用极坐标来计算重积分,同一组关系在直角坐标系下和极坐标系下的形式不相同.有些问题转化为极坐标会简化很多,计算也更为方便.

中国宋代诗人苏轼《题西林壁》全诗如下:

横看成岭侧成峰,
远近高低各不同.
不识庐山真面目,
只缘身在此山中.

这首诗表达了观察问题应客观全面,如果主观片面,就得不出正确的结论.诗句“横看成岭侧成峰”形象地描绘了从不同角度观察庐山,其形态各异的景象.从正面看,庐山是一道道连绵起伏的山岭;从侧面看,则是一座座高耸入云的险峰.这句诗寓意着,人们观察和处理问题时,往往因为所处的位置和角度不同,得到的结论和感受也会大相径庭.这与直角坐标和极坐标的转换有异曲同工之妙.

第七章
曲线积分

引例 1 场力做功

设有一力场(假设场力不包括重力),由一横轴正方向的恒力 F 所构成,试求当一质量为 m 的质点沿圆 $x^2+y^2=R^2(R>0)$ 按逆时针方向移过位于第一象限的一弧段场力所做的功.

引例 2 圆弧的质心

求半径为 a、中心角为 2φ 的均匀圆弧的质心(线密度 $\mu=1$).

曲线积分是微积分中的一个重要概念,它在物理和数学等领域中都有着广泛的应用.本章将用简单的数学建模思想求解曲线积分在物理学中的一些应用.

第一节 对弧长的曲线积分

一、对弧长的曲线积分的概念与性质

曲线形构件的质量:在设计曲线形构件时,为了合理使用材料,应该根据构件各部分受力情况,把构件上各点处粗细程度设计得不完全一样.因此,可以认为该构件的线密度(单位长度的质量)是变量,假设该构件所处的位置在 xOy 面内的一段弧 L 上,端点是 A,B,在 L 上任一点 (x,y) 处,线密度为 $\mu(x,y)$.计算该构件的质量 m(图 7-1).

假设构件的线密度为常量,则此构件的质量就等于它的线密度与长度的乘积.由于构件上各点处的线密度是变量,不能直接用上述方法计算构件的质量.此时,可以用 L 上的点 $M_1,M_2,\cdots,M_{n-1}$ 把 L 分成 n 个小段,取其中一小段构件 $M_{i-1}M_i$ 来分析,在线密度连续变化的前提下,只要这一小段很短,就可以用这一小段上任一点 (ξ_i,η_i) 处的线密度代替这一小段上其他各点处的线密度,从而得到这一小段构件的质量的近似

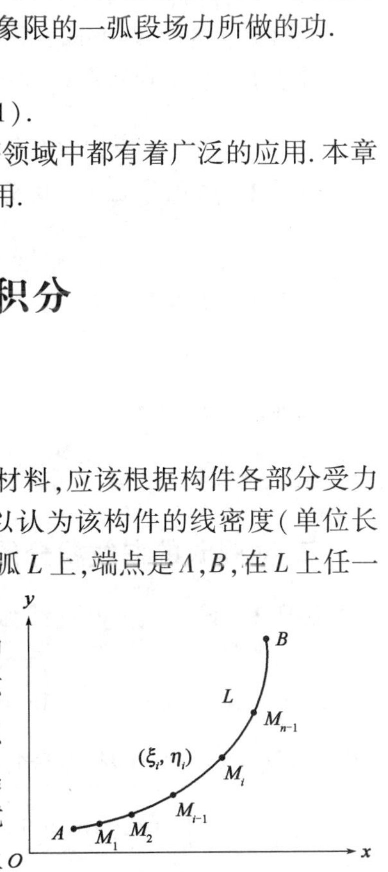

图 7-1

值 $\mu(\xi_i,\eta_i)\Delta s_i$,其中 Δs_i 为 $M_{i-1}M_i$ 的长度,于是整个曲线形构件的质量为

$$m \approx \sum_{i=1}^{n} \mu(\xi_i,\eta_i)\Delta s_i.$$

为了计算 m 的精确值,取上式右边之和当 $\lambda \to 0$ 时的极限,即

$$m = \lim_{\lambda \to 0} \sum_{i=1}^{n} \mu(\xi_i,\eta_i)\Delta s_i,$$

其中 λ 为 n 个小段的最大长度.

现在引进对弧长的曲线积分的定义:

定义 1 设 L 为 xOy 面上的一条光滑曲线弧,函数 $f(x,y)$ 在 L 上有界.在 L 上任意插入一点列 $M_1,M_2,\cdots,M_{n-1}$ 把 L 分成 n 个小段,设第 i 个小段的长度为 Δs_i.又 (ξ_i,η_i) 为第 i 个小段上任意取定的一点,作乘积 $f(\xi_i,\eta_i)\Delta s_i(i=1,2,\cdots,n)$,并作和 $\sum\limits_{i=1}^{n} f(\xi_i,\eta_i)\Delta s_i$,如果当各段小弧的长度的最大值 $\lambda \to 0$ 时,该和的极限总存在,那么称此极限为函数 $f(x,y)$ 在曲线弧 L 上对弧长的曲线积分或第一类曲线积分,记作 $\int_L f(x,y)\mathrm{d}s$,即

$$\int_L f(x,y)\mathrm{d}s = \lim_{\lambda \to 0} \sum_{i=1}^{n} f(\xi_i,\eta_i)\Delta s_i, \tag{7-1}$$

其中 $f(x,y)$ 称为被积函数,L 称为积分弧段.

从对弧长的曲线积分的定义有以下性质:

性质 1 设 α,β 为常数,则

$$\int_L [\alpha f(x,y) + \beta g(x,y)]\mathrm{d}s = \alpha\int_L f(x,y)\mathrm{d}s + \beta\int_L g(x,y)\mathrm{d}s.$$

性质 2 若积分弧段 L 可分成两段光滑曲线弧 L_1 和 L_2,则

$$\int_L f(x,y)\mathrm{d}s = \int_{L_1} f(x,y)\mathrm{d}s + \int_{L_2} f(x,y)\mathrm{d}s.$$

性质 3 假设在 L 上 $f(x,y) \leqslant g(x,y)$,则有

$$\int_L f(x,y)\mathrm{d}s \leqslant \int_L g(x,y)\mathrm{d}s.$$

特别地,有

$$\left|\int_L f(x,y)\mathrm{d}s\right| \leqslant \int_L |f(x,y)|\mathrm{d}s.$$

二、对弧长的曲线积分的计算方法

定理 1 设 $f(x,y)$ 在曲线弧 L 上有定义且连续,L 的参数方程为

$$\begin{cases} x=\varphi(t), \\ y=\psi(t), \end{cases} \quad t \in [\alpha,\beta],$$

定理 1 证明

其中 $\varphi(t),\psi(t)$ 在 $[\alpha,\beta]$ 上具有一阶连续导数,则曲线积分 $\int_L f(x,y)\mathrm{d}s$ 存在,且

$$\int_L f(x,y)\mathrm{d}s = \int_\alpha^\beta f[\varphi(t),\psi(t)]\sqrt{\varphi'^2(t)+\psi'^2(t)}\,\mathrm{d}t \quad (\alpha<\beta), \tag{7-2}$$

其中 $\varphi'^2(t)+\psi'^2(t) \neq 0$.

从式(7-2)可以得到:

(1)当曲线 L 的方程为 $y=\psi(x),x\in[x_1,x_2]$,此时可以把它看作特殊的参数方程,即

$$\begin{cases}x=t,\\ y=\psi(t),\end{cases}\quad t\in[x_1,x_2],$$

那么

$$\int_L f(x,y)\,\mathrm{d}s=\int_{x_1}^{x_2}f[x,\psi(x)]\sqrt{1+\psi'^2(x)}\,\mathrm{d}x\quad(x_1<x_2).$$

(2)当曲线 L 的方程为 $x=\varphi(y),y\in[y_1,y_2]$,此时可以把它看作特殊的参数方程,即

$$\begin{cases}y=t,\\ x=\varphi(t),\end{cases}\quad t\in[y_1,y_2],$$

那么

$$\int_L f(x,y)\,\mathrm{d}s=\int_{y_1}^{y_2}f[\varphi(y),y]\sqrt{1+\varphi'^2(y)}\,\mathrm{d}y\quad(y_1<y_2).$$

例 1 计算 $\int_L\sqrt{y}\,\mathrm{d}s$,其中 L 是 $y=x^2$ 上点 $O(0,0)$ 到点 $A(1,1)$ 之间的一段弧线,如图 7-2 所示.

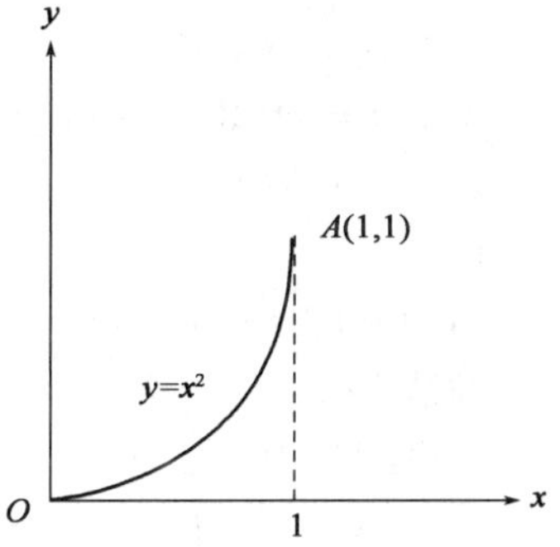

图 7-2

解 因为 L 的方程为 $y=x^2$,且 $x\in(0,2)$,所以有

$$\int_L\sqrt{y}\,\mathrm{d}s=\int_0^1\sqrt{x^2}\sqrt{1+(x^2)'^2}\,\mathrm{d}x$$
$$=\int_0^1 x\sqrt{1+4x^2}\,\mathrm{d}x=\frac{1}{8}\int_0^1\sqrt{1+4x^2}\,\mathrm{d}(1+4x^2)$$
$$=\frac{1}{12}(1+4x^2)^{\frac{3}{2}}\Big|_0^1=\frac{1}{12}(5\sqrt{5}-1).$$

解法 1:

MATLAB 程序如下:

```
>> syms x
>>I=int(x*sqrt(1+4*x^2),0,1)
```

运行语句后输出:

```
I =
(5*5^(1/2))/12-1/12
```

解法 2:

MATLAB 程序如下:

```
>> syms x
>>f= x*sqrt(1+4*x^2);
>>I=int(f,0,1)
```

运行语句后输出:

```
I =
(5*5^(1/2))/12-1/12
```

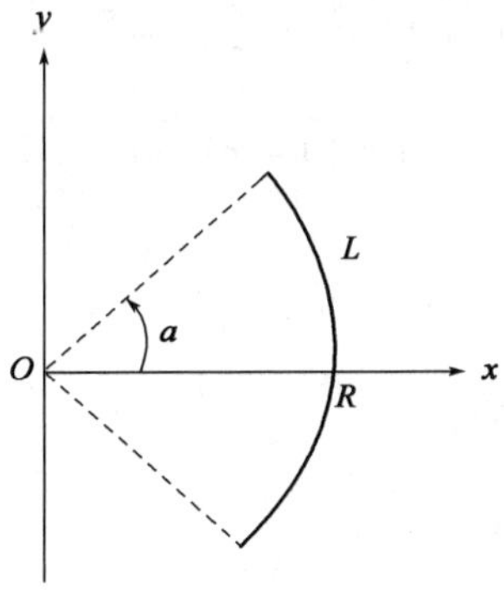

图 7-3

例 2 计算 $\int_L y^2\,\mathrm{d}s$,其中 L 的参数方程为 $\begin{cases}x=R\cos t,\\ y=R\sin t\end{cases}$ 在 $t\in[-a,a]$ 上的一段,如图 7-3 所示.

解 由题设可得

$$\begin{aligned}\int_L y^2 \mathrm{d}s &= \int_{-a}^{a} (R\sin t)^2 \sqrt{(R\cos t)'^2 + (R\sin t)'^2}\,\mathrm{d}t \\ &= \int_{-a}^{a} R^2 \sin^2 t \cdot R\mathrm{d}t = R^3 \int_{-a}^{a} \frac{1-\cos 2t}{2}\mathrm{d}t \\ &= \frac{R^3}{2}\int_{-a}^{a}(1-\cos 2t)\,\mathrm{d}t = \frac{R^3}{2}\left(t - \frac{\sin 2t}{2}\right)\Big|_{-a}^{a} \\ &= \frac{R^3}{2}(2a - \sin 2a).\end{aligned}$$

解法 1:

MATLAB 程序如下:

```
>> syms x a R
>> I = int(R^3 * (sin(x))^2, -a,a)
```

运行语句后输出:

```
I =
(R^3 * (2 * a - sin(2 * a)))/2
```

解法 2:

MATLAB 程序如下:

```
>> syms x a R
>> f = R^3 * (sin(x))^2;
>> I = int(f, -a,a)
```

运行语句后输出:

```
I =
(R^3 * (2 * a - sin(2 * a)))/2
```

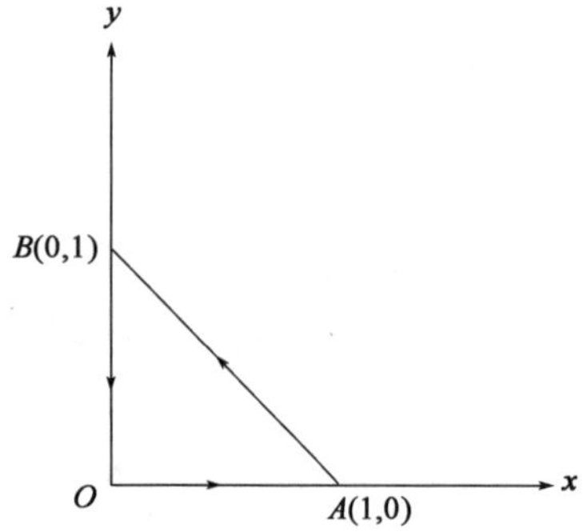

图 7-4

例 3 计算 $\oint_L (x-y+1)\mathrm{d}s$,其中 L 是顶点(0,0),(1,0),(0,1)所围成三角形的边界.

解 如图 7-4 所示,L 是封闭且光滑的闭折线,分段计算:

(1) $\overline{OA}$: $y=0, x\in[0,1]$, $\mathrm{d}s = \sqrt{1+0'^2}\,\mathrm{d}x = \mathrm{d}x$,所以

$$\int_{\overline{OA}} (x-y+1)\mathrm{d}s = \int_0^1 (x-0+1)\mathrm{d}x = \frac{3}{2}.$$

(2) $\overline{AB}$: $y = 1-x, x\in[0,1]$, $\mathrm{d}s = \sqrt{1+(1-x)'^2}\,\mathrm{d}x = \sqrt{2}\,\mathrm{d}x$,所以

$$\int_{\overline{AB}} (x-y+1)\mathrm{d}s = \int_0^1 [x-(1-x)+1]\cdot\sqrt{2}\,\mathrm{d}x = \sqrt{2}.$$

(3) $\overline{OB}$: $x=0, y\in[0,1]$, $\mathrm{d}s = \sqrt{1+0'^2}\,\mathrm{d}y = \mathrm{d}y$,所以

$$\int_{\overline{OB}} (x-y+1)\mathrm{d}s = \int_0^1 (0-y+1)\mathrm{d}y = \frac{1}{2},$$

例 3MATLAB 计算

从而可得

$$\oint_L (x-y+1)\mathrm{d}s = \int_{\overline{OA}}(x-y+1)\mathrm{d}s + \int_{\overline{AB}}(x-y+1)\mathrm{d}s + \int_{\overline{OB}}(x-y+1)\mathrm{d}s = 2+\sqrt{2}.$$

若将式(7-1)推广到空间曲线弧 Γ,并假设 Γ 的参数方程为

$$x=\varphi(t),\quad y=\psi(t),\quad z=\omega(t),\quad t\in[\alpha,\beta],$$

则有

$$\int_L f(x,y,z)\mathrm{d}s = \int_\alpha^\beta f[\varphi(t),\psi(t),\omega(t)]\sqrt{\varphi'^2(t)+\psi'^2(t)+\omega'^2(t)}\,\mathrm{d}t \quad (\alpha<\beta). \tag{7-3}$$

习题 7-1

1. 计算下列弧长的曲线积分:

(1) $\int_L y^2\mathrm{d}s$,其中 L 为摆线 $\begin{cases} x=a(t-\sin t), \\ y=a(1-\cos t) \end{cases}$ $(a>0)$ 在 $t\in[0,2\pi]$ 上的一段;

(2) $\oint_L (x+y)\mathrm{d}s$,其中 L 是顶点 $(0,0)$,$(1,0)$,$(0,1)$ 所围成三角形的边界;

(3) $\int_\Gamma xyz\mathrm{d}s$,其中 Γ 为折线 ABC,A,B,C 的坐标分别为 $(0,0,0)$,$(1,2,3)$,$(1,4,3)$.

2. 计算 $I=\int_L (x^2+y^2+z^2)\mathrm{d}s$,其中 L 为螺旋线 $\begin{cases} x=a\cos t, \\ y=a\sin t, \\ z=bt \end{cases}$ 在 $t\in[0,2\pi]$ 上的一段.

3. 求摆线 $\begin{cases} x=a(t-\sin t), \\ y=a(1-\cos t), \end{cases}$ $t\in[0,\pi]$ 的质心.(假设其质量分布是均匀的)

第二节 对坐标的曲线积分

一、对坐标的曲线积分的概念与性质

变力沿曲线所做的功:设一质点在 xOy 面内受到力 $\boldsymbol{F}(x,y)=P(x,y)\boldsymbol{i}+Q(x,y)\boldsymbol{j}$ 的作用,从点 A 沿光滑曲线弧 L 移动到点 B,其中函数 $P(x,y)$,$Q(x,y)$ 在 L 上连续,计算在上述移动过程中变力 $\boldsymbol{F}(x,y)$ 所做的功(图 7-5).

设 $\boldsymbol{F}$ 是恒力,且质点从点 A 沿直线移动到点 B,则恒力 $\boldsymbol{F}$ 所做的功 W 等于向量 $\boldsymbol{F}$ 和向量 $\overrightarrow{AB}$ 的数量积,即

$$W=\boldsymbol{F}\cdot\overrightarrow{AB}.$$

但现在 $\boldsymbol{F}(x,y)$ 是变力,且质点沿曲线 L 移动,功 W 不能直接按上式计算.

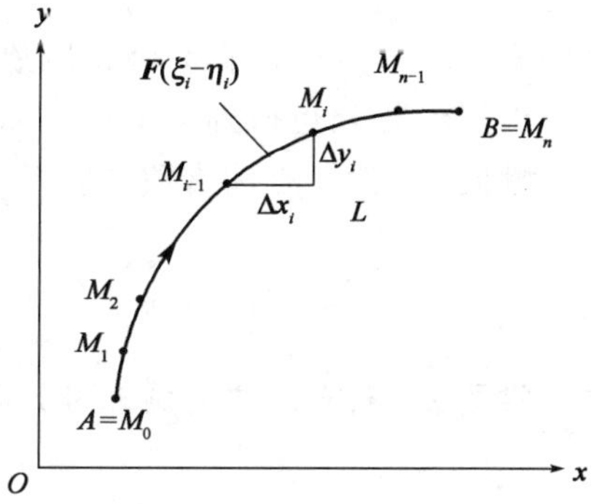

图 7-5

在 L 上插入一点列 $M_1(x_1,y_1)$,$M_2(x_2,y_2)$,$\cdots$,$M_{n-1}(x_{n-1},y_{n-1})$ 把 L 分成 n 个小弧段,取其中一个有向小弧段 $M_{i-1}M_i$,由于 $M_{i-1}M_i$ 光滑且短,可以用 $\overrightarrow{M_{i-1}M_i}=(\Delta x_i)\boldsymbol{i}+$

$(\Delta y_i)\boldsymbol{j}$ 来近似代替,其中 $\Delta x_i = x_i - x_{i-1}$,$\Delta y_i = y_i - y_{i-1}$.

又因为函数 $P(x,y)$,$Q(x,y)$ 在 L 上连续,用有向小弧段 $M_{i-1}M_i$ 上任意取定的点 (ξ_i,η_i) 处的力 $\boldsymbol{F}(\xi_i,\eta_i)=P(\xi_i,\eta_i)\boldsymbol{i}+Q(\xi_i,\eta_i)\boldsymbol{j}$ 来近似代替这个小弧段上各点的力,那么变力 $\boldsymbol{F}(x,y)$ 沿有向小弧段 $M_{i-1}M_i$ 所做的功 ΔW_i 可认为近似地等于恒力 $\boldsymbol{F}(\xi_i,\eta_i)$ 沿 $\overrightarrow{M_{i-1}M_i}$ 所做的功,即

$$\Delta W_i \approx \boldsymbol{F}(\xi_i,\eta_i)\cdot\overrightarrow{M_{i-1}M_i} \approx P(\xi_i,\eta_i)\Delta x_i + Q(\xi_i,\eta_i)\Delta y_i,$$

于是

$$W=\sum_{i=1}^{n}\Delta W_i \approx \sum_{i=1}^{n}\left[P(\xi_i,\eta_i)\Delta x_i + Q(\xi_i,\eta_i)\Delta y_i\right].$$

为了计算 W 的精确值,取上式右边之和当 $\lambda\to 0$ 时的极限,从而得到

$$W=\lim_{\lambda\to 0}\sum_{i=1}^{n}\left[P(\xi_i,\eta_i)\Delta x_i + Q(\xi_i,\eta_i)\Delta y_i\right],$$

其中 λ 为 n 个小弧段的最大长度.

定义 设 L 为 xOy 面上从点 A 移动到点 B 的一条有向光滑曲线弧,函数 $P(x,y)$,$Q(x,y)$ 在 L 上有界. 在 L 上沿 L 的方向插入一点列 $M_1(x_1,y_1)$,$M_2(x_2,y_2)$,$\cdots$,$M_{n-1}(x_{n-1},y_{n-1})$ 把 L 分成 n 个有向小弧段 $M_{i-1}M_i$,其中 $i=1,2,\cdots,n$;$M_0=A$,$M_n=B$.

设 $\Delta x_i = x_i - x_{i-1}$,$\Delta y_i = y_i - y_{i-1}$,点 (ξ_i,η_i) 为弧段 $M_{i-1}M_i$ 上任意取定的点,如果当各段小弧段的长度的最大值 $\lambda\to 0$ 时,$\sum\limits_{i=1}^{n}P(\xi_i,\eta_i)\Delta x_i$ 的极限总存在,那么称极限 $\lim\limits_{\lambda\to 0}\sum\limits_{i=1}^{n}P(\xi_i,\eta_i)\Delta x_i$ 为函数 $P(x,y)$ 在有向曲线弧 L 上对坐标 x 的曲线积分,记作 $\int_L P(x,y)\,\mathrm{d}x$,即

$$\int_L P(x,y)\,\mathrm{d}x = \lim_{\lambda\to 0}\sum_{i=1}^{n}P(\xi_i,\eta_i)\Delta x_i. \tag{7-4}$$

同理,如果极限 $\lim\limits_{\lambda\to 0}\sum\limits_{i=1}^{n}Q(\xi_i,\eta_i)\Delta y_i$ 总存在,那么称此极限为函数 $Q(x,y)$ 在有向曲线弧 L 上对坐标 y 的曲线积分,记作 $\int_L Q(x,y)\,\mathrm{d}y$,即

$$\int_L Q(x,y)\,\mathrm{d}y = \lim_{\lambda\to 0}\sum_{i=1}^{n}Q(\xi_i,\eta_i)\Delta y_i, \tag{7-5}$$

其中 $P(x,y)$,$Q(x,y)$ 称为被积函数,L 称为积分弧段,以上两个积分也称为第二类曲线积分.

根据定义 1,可得到关于对坐标的曲线积分的一些性质:

性质 1 设 α,β 为常数,则

$$\int_L\left[\alpha F_1(x,y)+\beta F_2(x,y)\right]\mathrm{d}r = \alpha\int_L F_1(x,y)\,\mathrm{d}r + \beta\int_L F_2(x,y)\,\mathrm{d}r.$$

性质 2 若有向曲线弧 L 可分为两端光滑曲线弧 L_1 和 L_2,则

$$\int_L F(x,y)\,\mathrm{d}r = \int_{L_1}F(x,y)\,\mathrm{d}r + \int_{L_2}F(x,y)\,\mathrm{d}r.$$

二、对坐标的曲线积分的计算方法

定理 设函数 $P(x,y)$，$Q(x,y)$ 在有向曲线弧 L 上有定义且连续，L 的参数方程为

$$\begin{cases} x=\varphi(t), \\ y=\psi(t), \end{cases}$$

定理 1 证明

当 t 单调地从 α 变到 β 时，点 $M(x,y)$ 从起点 A 沿光滑曲线弧 L 移动到终点 B，$\varphi(t)$ 和 $\psi(t)$ 在以 α 及 β 为端点的闭区间上具有一阶连续导数，且 $\varphi'^2+\psi'^2\neq 0$，则曲线积分

$$\int_L P(x,y)\mathrm{d}x+Q(x,y)\mathrm{d}y$$

存在，且

$$\int_L P(x,y)\mathrm{d}x+Q(x,y)\mathrm{d}y=\int_\alpha^\beta \{P[\varphi(t),\psi(t)]\varphi'(t)+Q[\varphi(t),\psi(t)]\psi'(t)\}\mathrm{d}t. \quad (7\text{-}6)$$

例 1 计算 $\int_L xy\mathrm{d}x+(y-x)\mathrm{d}y$，其中 L 分别如下：

(1)从点 $A(1,1)$ 到点 $B(2,3)$ 的线段；

(2)从点 $A(1,1)$ 到点 $B(2,3)$ 的抛物线 $y=2(x-1)^2+1$ 的一段；

(3)从点 $A((1,1)$ 到点 $D(2,1)$，再到点 $B(2,3)$，最后到点 $A(1,1)$ 的有向折线.

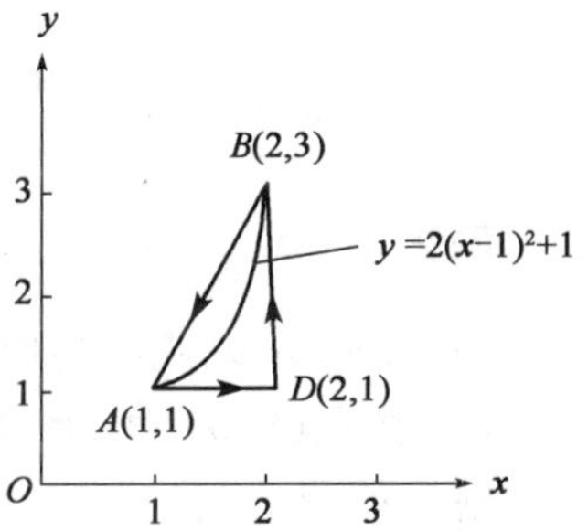

图 7-6

解 如图 7-6 所示[图中箭头方向为第(3)题有向折线的方向].

(1)直线段 AB 的方程为 $y=2x-1$，$x\in[1,2]$，其对应的参数方程为 $\begin{cases} x=1+t, \\ y=1+2t, \end{cases} t\in[0,1]$，得

$$\begin{aligned}
&\int_L xy\mathrm{d}x+(y-x)\mathrm{d}y \\
&=\int_0^1 [(1+t)(1+2t)(1+t)'+(1+2t-1-t)(1+2t)']\mathrm{d}t \\
&=\int_0^1 [(1+t)(1+2t)+2t]\mathrm{d}t \\
&=\int_0^1 (1+5t+2t^2)\mathrm{d}t=\frac{25}{6}.
\end{aligned}$$

例 1(1)MATLAB 计算

(2)曲线弧 L 的方程为 $y=2(x-1)^2+1$，$x\in[1,2]$，所以

$$\begin{aligned}
&\int_L xy\mathrm{d}x+(y-x)\mathrm{d}y \\
&=\int_1^2 \{x[2(x-1)^2+1]+[2(x-1)^2+1-x][2(x-1)^2+1]'\}\mathrm{d}x \\
&=\int_1^2 (10x^3-32x^2+35x-12)\mathrm{d}x=\frac{10}{3}.
\end{aligned}$$

例 1(2)MATLAB 计算

(3)由性质 2 可得 $\int_L xy\mathrm{d}x+(y-x)\mathrm{d}y$ 等于直线段 AD，DB，BA 上的线积分相加.

Ⅰ. 直线段 AD 的方程为 $x=x$，$y=1$，$x\in[1,2]$，线积分为

例 1(3) MATLAB 计算

$$\int_{AD} xy\mathrm{d}x + (y - x)\mathrm{d}y$$
$$= \int_1^2 [x + (1 - x)(1)']\mathrm{d}x = \int_1^2 x\mathrm{d}x = \frac{3}{2}.$$

Ⅱ. 直线段 DB 的方程为 $x = 2, y = y, y \in [1,3]$,线积分为

$$\int_{DB} xy\mathrm{d}x + (y - x)\mathrm{d}y$$
$$= \int_1^3 [2y(2)' + (y - 2)]\mathrm{d}y = \int_1^3 (y - 2)\mathrm{d}y = 0.$$

Ⅲ. 直线段 BA 的方程为 $y = 2x - 1, x \in [1,2]$,线积分由(1)可得

$$\int_{BA} xy\mathrm{d}x + (y - x)\mathrm{d}y = \frac{25}{6}.$$

综上可得

$$\int_L xy\mathrm{d}x + (y - x)\mathrm{d}y$$
$$= \int_{AD} xy\mathrm{d}x + (y - x)\mathrm{d}y + \int_{DB} xy\mathrm{d}x + (y - x)\mathrm{d}y + \int_{BA} xy\mathrm{d}x + (y - x)\mathrm{d}y$$
$$= \frac{3}{2} + 0 + \frac{25}{6} = \frac{17}{3}.$$

例 2 计算 $\int_L y^2\mathrm{d}x$,其中 L 分别如下:

(1)半径为 a、圆心为原点,按逆时针方向绕行的上半圆周;

(2)从点$(a,0)$沿 x 轴到点$(-a,0)$的线段.

解 如图 7-7 所示.

例 2(1) MATLAB 计算

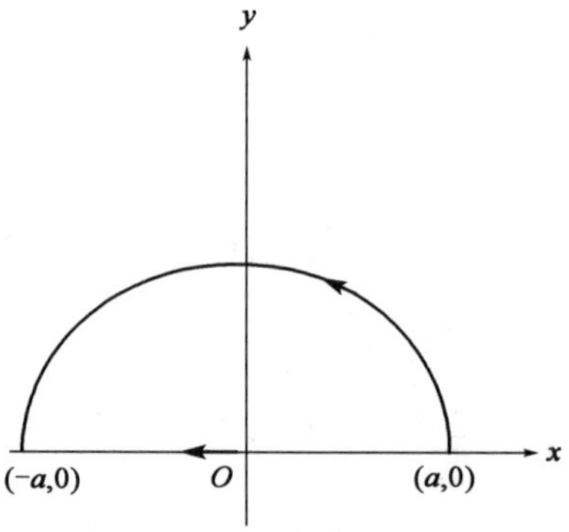

图 7-7

(1)L 是参数方程 $x = a\cos t, y = a\sin t$ 当参数 t 从 0 变到 π 的曲线弧,因此

$$\int_L y^2\mathrm{d}x = \int_0^{\pi} a^2\sin^2 t(a\cos t)'\mathrm{d}t = a^3\int_0^{\pi}(1 - \cos^2 t)\mathrm{d}(\cos t)$$
$$= a^3\left[\cos t - \frac{\cos^3 t}{3}\right]\Bigg|_0^{\pi} = -\frac{4}{3}a^3.$$

(2)L 是方程为 $y = 0, x \in (a, -a)$ 的线段,因此

$$\int_L y^2\mathrm{d}x = \int_a^{-a} 0\mathrm{d}x = 0.$$

例 3 计算 $\int_L xy\mathrm{d}x$，其中 L 为抛物线 $y^2=x$ 上从点 $A(1,-1)$ 到点 $B(1,1)$ 的一段弧.

解法 1 将 $\int_L xy\mathrm{d}x$ 化为对 x 的定积分. 如图 7-8 所示，在 $\overset{\frown}{OA}$ 上，L 的方程为 $y=-\sqrt{x}$，$x\in[1,0]$；在 $\overset{\frown}{OB}$ 上，L 的方程为 $y=\sqrt{x}$，$x\in[0,1]$. 因此，由性质 2 可得

$$\begin{aligned}\int_L xy\mathrm{d}x &= \int_{\overset{\frown}{OA}} xy\mathrm{d}x+\int_{\overset{\frown}{OB}} xy\mathrm{d}x\\ &= \int_1^0 x(-\sqrt{x})\mathrm{d}x+\int_0^1 x\sqrt{x}\mathrm{d}x = 2\int_0^1 x^{\frac{3}{2}}\mathrm{d}x=\frac{4}{5}.\end{aligned}$$

解法 2 将 $\int_L xy\mathrm{d}x$ 化为对 y 的定积分. L 的方程为 $x=y^2$，$y\in[-1,1]$，$\mathrm{d}x=(y^2)'\mathrm{d}y$，因此

$$\int_L xy\mathrm{d}x=\int_{-1}^1 y^3(y^2)'\mathrm{d}y=2\int_{-1}^1 y^4\mathrm{d}y=\frac{4}{5}.$$

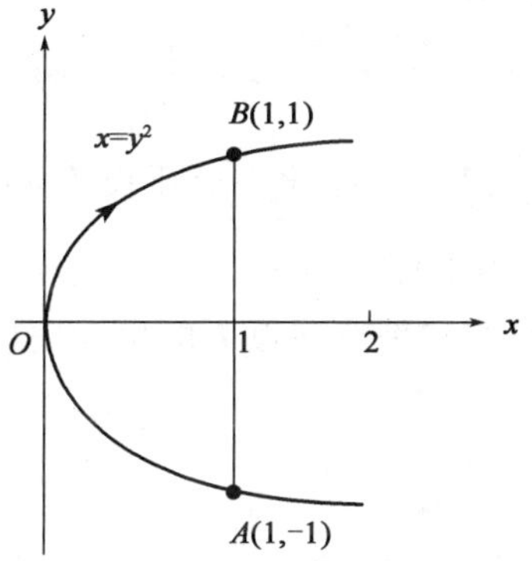

图 7-8

例 3 解法 1MATLAB 计算

例 3 解法 2MATLAB 计算

三、两类曲线积分之间的联系

利用曲线的计算公式推出两类曲线积分之间的联系.

在平面 xOy 上，设 A,B 分别为有向曲线 L 的起点和终点，曲线弧 L 的参数方程为

$$\begin{cases}x=\varphi(t),\\ y=\psi(t),\end{cases}$$

起点 A 对应参数 α，终点 B 对应参数 β，函数 $\varphi(t)$，$\psi(t)$ 在区间 $[\alpha,\beta]$ 上具有一阶连续导数，且 $\varphi'^2(t)+\psi'^2(t)\neq 0$. 又设 $P(x,y)$，$Q(x,y)$ 在 L 上连续，则对坐标的曲线积分可化为式(7-6)，与有向曲线弧 L 方向一致的切向量 $\boldsymbol{T}=\pm[\varphi'(t),\psi'(t)]$，其中，当 $\alpha<\beta$ 时参数增加的方向是有向曲线弧 L 的正向，取"+"；当 $\alpha>\beta$ 时参数增加的方向是有向曲线弧 L 的负向，取"−".

又方向余弦

$$\cos\alpha=\pm\frac{\varphi'(t)}{\sqrt{\varphi'^2(t)+\psi'^2(t)}},\quad \cos\beta=\pm\frac{\psi'(t)}{\sqrt{\varphi'^2(t)+\psi'^2(t)}},\tag{7-7}$$

弧微分

$$\mathrm{d}s=\sqrt{\varphi'^2(t)+\psi'^2(t)}\,|\mathrm{d}t|=\pm\sqrt{\varphi'^2(t)+\psi'^2(t)}\,\mathrm{d}t>0,$$

故对弧长的曲线积分可化为

$$\begin{aligned}&\int_L(P\cos\alpha+Q\cos\beta)\mathrm{d}s\\&=\int_\alpha^\beta\left\{P[\varphi(t),\psi(t)]\cdot\frac{\pm\varphi'(t)}{\sqrt{\varphi'^2(t)+\psi'^2(t)}}+Q[\varphi(t),\psi(t)]\cdot\frac{\pm\psi'(t)}{\sqrt{\varphi'^2(t)+\psi'^2(t)}}\right\}\cdot\\&\qquad\left[\pm\sqrt{\varphi'^2(t)+\psi'^2(t)}\mathrm{d}t\right]\\&=\int_\alpha^\beta\{P[\varphi(t),\psi(t)]\cdot\varphi'(t)+Q[\varphi(t),\psi(t)]\cdot\psi'(t)\}\cdot\mathrm{d}t.\end{aligned}\tag{7-8}$$

由式(7-6)和式(7-8)可得平面上两类曲线积分之间的联系,即

$$\int_L P(x,y)\mathrm{d}x+Q(x,y)\mathrm{d}y=\int_L(P\cos\alpha+Q\cos\beta)\mathrm{d}s.$$

同理可得空间中曲线 Γ 上的两类曲线积分之间的联系,即

$$\int_L P(x,y)\mathrm{d}x+Q(x,y)\mathrm{d}y+R(x,y)\mathrm{d}z=\int_L(P\cos\alpha+Q\cos\beta+R\cos\gamma)\mathrm{d}s.$$

例 4 将对坐标的曲线积分 $\int_L x\mathrm{d}x+y\mathrm{d}y$ 化为对弧长的曲线积分,其中 L 为线段 $x=t,y=t$, $t\in[0,1]$,方向是从点(1,1)到点(0,0).

解 由题意可知,参数增加的方向是有向弧 L 的负向,且 $x'(t)=y'(t)=1$,根据式(7-7),有 $\cos\alpha=\cos\beta=-\frac{1}{\sqrt{2}}$,于是

$$\int_L x\mathrm{d}x+y\mathrm{d}y=-\frac{1}{\sqrt{2}}\int_L(x+y)\mathrm{d}s.$$

习题 7-2

1. 计算 $\int_L xy\mathrm{d}x$,其中 L 分别如下:

(1)从点(0,0)到点(1,1)的线段;

(2)从点(0,0)到点(1,1)的抛物线 $y=x^2$ 的一段;

(3)从点(0,0)到点(1,0),再从点(1,0)到点(1,1)的有向折线.

2. 计算 $\int_L 2xy\mathrm{d}x+x^2\mathrm{d}y$,其中 L 分别如下:

(1)抛物线 $y=x^2$ 上从点(0,0)到点(1,1)的一段弧;

(2)抛物线 $x=y^2$ 上从点(0,0)到点(1,1)的一段弧.

3. 计算下列对坐标的曲线积分:

(1) $\oint_L(x^2+y^2)^2\mathrm{d}y$,其中 L 为圆 $x^2+y^2=2ax(a>0)$,取逆时针方向;

(2) $\int_L(1+2xy)\mathrm{d}x+x^2\mathrm{d}y$,其中 L 是从点(1,0)到点(0,1)上半椭圆 $x^2+2y^2=1$ 的曲线;

(3) $\int_\Gamma x\mathrm{d}x+y\mathrm{d}y+(x+y-1)\mathrm{d}z$,其中 Γ 是从点(1,1,1)到点(2,3,4)的一条线段.

第三节　格林公式及其应用

一、格林公式

对平面区域 D 的边界曲线 L 规定其正向如下：当人沿 L 的方向行走时，区域 D 总在它的左边. 例如 D 是曲线 L 与 l 所围成的区域(图 7-9)，作为 D 的正向边界曲线，L 的正向为逆时针方向，l 的正向为顺时针方向.

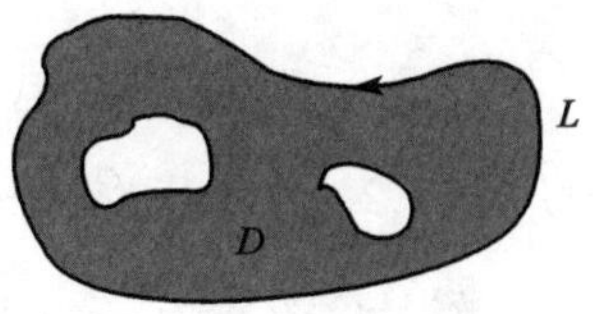

图 7-9

定理 1　设闭区域 D 由分段光滑的曲线 L 围成，函数 $P(x,y)$，$Q(x,y)$ 在 D 上具有一阶连续偏导数，则有

$$\iint_D\left(\frac{\partial Q}{\partial x}-\frac{\partial P}{\partial y}\right)\mathrm{d}x\mathrm{d}y=\oint_L P\mathrm{d}x+Q\mathrm{d}y, \tag{7-9}$$

此式称为格林公式.

定理 1 证明

例 1　计算 $I=\oint_L(2xy-x^2)\mathrm{d}x+(x+y^2)\mathrm{d}y$，其中 L 是由 $y=x^2$，$x=y^2$ 所围成的区域的正向边界曲线.

例 1 解法 1 MATLAB 计算

解法 1　令 $P=2xy-x^2$，$Q=x+y^2$，$\dfrac{\partial Q}{\partial x}=1$，$\dfrac{\partial P}{\partial y}=2x$，由格林公式得

$$\begin{aligned}&\oint_L(2xy-x^2)\mathrm{d}x+(x+y^2)\mathrm{d}y\\&=\iint_D\left(\frac{\partial Q}{\partial x}-\frac{\partial P}{\partial y}\right)\mathrm{d}x\mathrm{d}y=\iint_D(1-2x)\mathrm{d}x\mathrm{d}y\\&=\int_0^1(1-2x)\mathrm{d}x\int_{x^2}^{\sqrt{x}}\mathrm{d}y=\int_0^1(1-2x)(\sqrt{x}-x^2)\mathrm{d}x\\&=\int_0^1(x^{\frac{1}{2}}-2x^{\frac{3}{2}}-x^2+2x^3)\mathrm{d}x=\frac{1}{30}.\end{aligned}$$

例 1 解法 2 MATLAB 计算

解法 2　如图 7-10 所示，L_1 的方程为 $y=x^2$，$x\in[0,1]$，L_2 的方程为 $x=y^2$，$y\in[0,1]$，于是

$$\begin{aligned}&\oint_L(2xy-x^2)\mathrm{d}x+(x+y^2)\mathrm{d}y\\&=\int_{L_1}(2xy-x^2)\mathrm{d}x+(x+y^2)\mathrm{d}y+\int_{L_2}(2xy-x^2)\mathrm{d}x+(x+y^2)\mathrm{d}y\\&=\int_0^1[(2x\cdot x^2-x^2)+(x+x^4)(x^2)']\mathrm{d}x+\int_1^0[(2y^2\cdot y-\\&\quad y^4)\cdot(y^2)'+(y^2+y^2)]\mathrm{d}y\\&=\int_0^1(2x^5+2x^3+x^2)\mathrm{d}x+2\int_1^0(-y^5+2y^4+y^2)\mathrm{d}y\\&=\frac{7}{6}-\frac{17}{15}=\frac{1}{30}.\end{aligned}$$

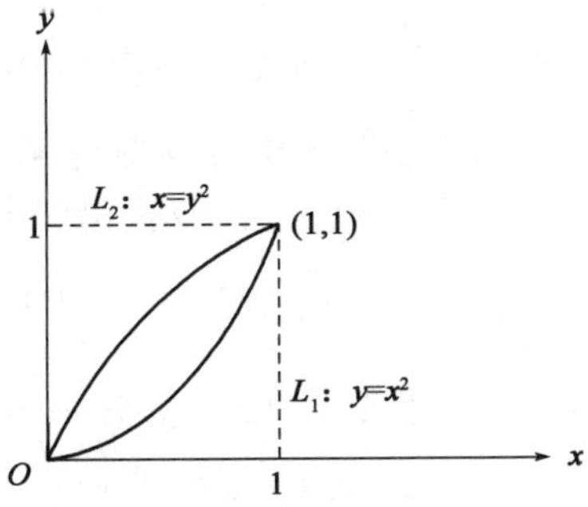

图 7-10

例 2　计算 $I=\oint_L\dfrac{x\mathrm{d}y-y\mathrm{d}x}{x^2+y^2}$，其中 L 为任一不包含原点的

闭区域的边界曲线,分段光滑.

解 令 $P=\dfrac{-y}{x^2+y^2},Q=\dfrac{x}{x^2+y^2}$,则

$$\frac{\partial P}{\partial y}=\frac{\partial}{\partial x}\left(\frac{-y}{x^2+y^2}\right)=\frac{y^2-x^2}{(x^2+y^2)^2},\quad \frac{\partial Q}{\partial x}=\frac{\partial}{\partial x}\left(\frac{x}{x^2+y^2}\right)=\frac{y^2-x^2}{(x^2+y^2)^2}.$$

由定理 1 可得

$$I=\oint_L\frac{x\mathrm{d}y-y\mathrm{d}x}{x^2+y^2}=\iint_D\left(\frac{\partial Q}{\partial x}-\frac{\partial P}{\partial y}\right)\mathrm{d}x\mathrm{d}y=0.$$

例 3 利用格林公式计算 $\oint_L(2x-y+4)\mathrm{d}x+(5y+3x-6)\mathrm{d}y$,其中 L 是以 $A(0,0)$,$B(3,0)$,$C(3,2)$ 为顶点的三角形,方向取正向.

解 令 $P=2x-y+4,Q=5y+3x-6,\dfrac{\partial Q}{\partial x}=3,\dfrac{\partial P}{\partial y}=-1$,由格林公式得

$$\begin{aligned}&\oint_L(2x-y+4)\mathrm{d}x+(5y+3x-6)\mathrm{d}y\\&=\iint_D\left(\frac{\partial Q}{\partial x}-\frac{\partial P}{\partial y}\right)\mathrm{d}x\mathrm{d}y=\iint_D(3+1)\mathrm{d}x\mathrm{d}y\\&=4\times3\times2\times\frac{1}{2}=12.\end{aligned}$$

二、平面上曲线积分与路径无关的条件

设 D 是一个区域,函数 $P(x,y)$,$Q(x,y)$ 在 D 上具有一阶连续偏导数,若对于 D 内任意指定的两个点 A,B 以及 D 内从点 A 到点 B 的任意两条曲线 L_1,L_2(图 7-11),等式

$$\int_{L_1}P\mathrm{d}x+Q\mathrm{d}y=\int_{L_2}P\mathrm{d}x+Q\mathrm{d}y \tag{7-10}$$

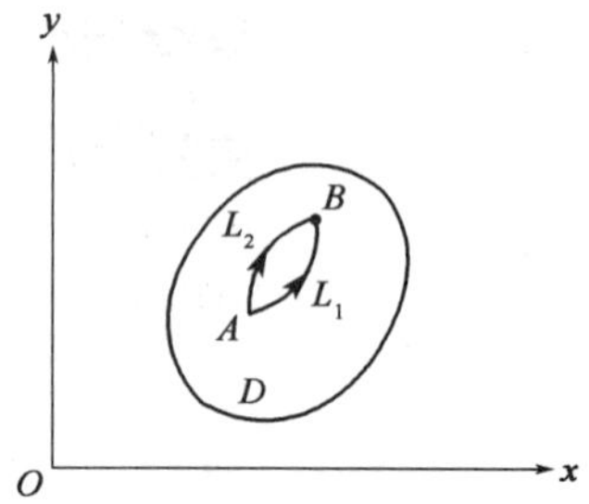

图 7-11

恒成立,则说明曲线 $\int_L P\mathrm{d}x+Q\mathrm{d}y$ 在 D 内与积分路径无关.

从以上可以得到,若曲线积分与路径无关,则

$$\int_{L_1}P\mathrm{d}x+Q\mathrm{d}y=\int_{L_2}P\mathrm{d}x+Q\mathrm{d}y,$$

由于 $\int_{L_1}P\mathrm{d}x+Q\mathrm{d}y=-\int_{L_2^-}P\mathrm{d}x+Q\mathrm{d}y$,移项得

$$\int_{L_1}P\mathrm{d}x+Q\mathrm{d}y+\int_{L_2^-}P\mathrm{d}x+Q\mathrm{d}y=0,$$

从而 $\int_{L_1+L_2^-}P\mathrm{d}x+Q\mathrm{d}y=0$.其中 $L_1+L_2^-$ 是一条有向闭曲线.

从上述等式中可以得到,在区域 D 内由曲线积分与路径无关可推得在 D 内沿闭曲线的曲线积分为 0;反之,在 D 内沿闭曲线的曲线积分为 0 也可推得区域 D 内曲线积分与路径无关.因此,可得结论:曲线积分 $\int_L P\mathrm{d}x+Q\mathrm{d}y$ 在区域 D 内与路径无关,相当于沿区域 D 内任意闭曲线的曲线积分 $\oint_L P\mathrm{d}x+Q\mathrm{d}y=0$.

接下来,介绍单连通域的概念.

设 D 为平面区域,若 D 内任一封闭曲线所围的部分均属于 D,则称 D 为平面单连通域,否

则称为复连通域. 换句话说,平面单连通域就是不含有“洞”(包括点“洞”)的区域,复连通域是含有“洞”(包括点“洞”)的区域. 如图 7-12 所示,D_1 与 D_2 是单连通域,D_3 与 D_4 是复连通域.

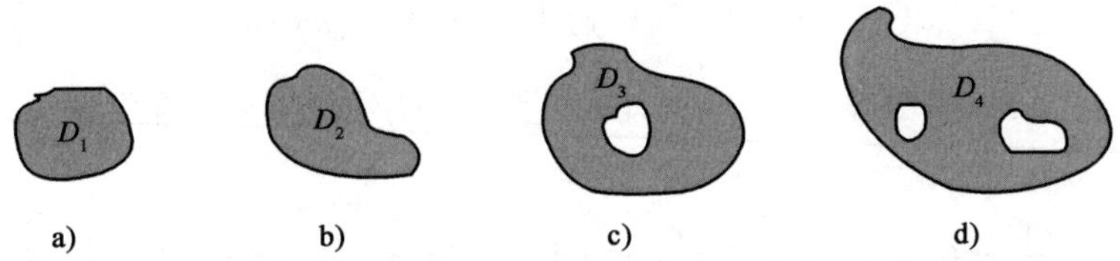

图 7-12

定理 2 假设 D 是一个单连通域,函数 $P(x,y)$,$Q(x,y)$ 在 D 上具有一阶连续偏导数,则曲线 $\int_L P\mathrm{d}x + Q\mathrm{d}y$ 在 D 内与积分路径无关(或沿 D 内任意闭曲线的曲线积分为 0)的充分必要条件是

$$\frac{\partial P}{\partial y}=\frac{\partial Q}{\partial x}$$

在 D 内恒成立.

定理 2 证明

三、二元函数的全微分求积

现讨论函数 $Q(x,y)$,$P(x,y)$ 满足什么条件,表达式 $P(x,y)\mathrm{d}x+Q(x,y)\mathrm{d}y$ 才是某个二元函数 $u(x,y)$ 的全微分,当这个二元微分存在时把它求出来.

定理 3 设区域 D 是一个单连通域,函数 $Q(x,y)$,$P(x,y)$ 在 D 内具有一阶连续偏导数,则 $P(x,y)\mathrm{d}x+Q(x,y)\mathrm{d}y$ 在 D 内为某一函数 $u(x,y)$ 的全微分的充分必要条件是

$$\frac{\partial P}{\partial y}=\frac{\partial Q}{\partial x}. \tag{7-11}$$

定理 3 证明

由定理 2 和定理 3 可得

$$u(x,y)=\int_{(x_0,y_0)}^{(x,y)} P(x,y)\mathrm{d}x+Q(x,y)\mathrm{d}y, \tag{7-12}$$

其中起点为(x_0,y_0)、终点为(x,y)的曲线积分在区域 D 内与路径无关,且可得以下推论:

推论 设区域 D 是一个单连通域,函数 $Q(x,y)$,$P(x,y)$ 在 D 内具有一阶连续偏导数,则曲线积分 $P(x,y)\mathrm{d}x+Q(x,y)\mathrm{d}y$ 在 D 内与路径无关的充分必要条件是在区域 D 内存在函数 $u(x,y)$,使得 $\mathrm{d}u=P(x,y)\mathrm{d}x+Q(x,y)\mathrm{d}y$.

根据上述定理 3,如果函数 $Q(x,y)$,$P(x,y)$ 在 D 内具有一阶连续偏导数,且满足式(7-11),那么 $P(x,y)\mathrm{d}x+Q(x,y)\mathrm{d}y$ 是某个函数的全微分,且可用式(7-12)求出.

又式(7-12)的曲线积分在区域 D 内与路径无关,可以选择平行于坐标轴的线段连成折线 M_0CD 或 M_0ED 作为积分路线(图 7-13),则有

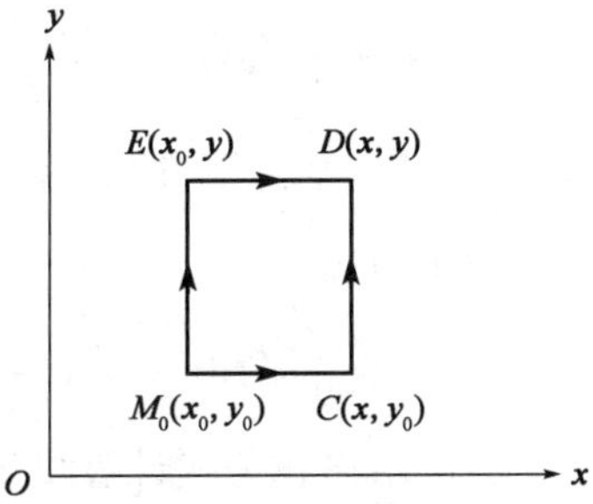

图 7-13

(1)在式(7-12)中取折线 M_0CD 为积分路径,得

$$u(x,y) = \int_{x_0}^{x} P(x,y_0)\,dx + \int_{y_0}^{y} Q(x,y)\,dy .$$

(2)在式(7-12)中取折线 M_0ED 为积分路径,得

$$u(x,y) = \int_{x_0}^{x} P(x,y)\,dx + \int_{y_0}^{y} Q(x_0,y)\,dy .$$

例 4 验证$(x^3+3xy^2)\,dx+(3x^2y-y^3)\,dy$ 在整个 xOy 面是某一函数 $u(x,y)$ 的全微分,并求 $u(x,y)$.

解 因为$\frac{\partial P}{\partial y}=\frac{\partial Q}{\partial x}=6xy$,所以$(x^3+3xy^2)\,dx+(3x^2y-y^3)\,dy$ 在整个 xOy 面是某一函数 $u(x,y)$的全微分,且

$$\int P(x,y)\,dx = \int(3xy^2+x^3)\,dx = \frac{3}{2}x^2y^2+\frac{1}{4}x^4 ,$$

$$\int Q(x,y)\,dx = \int(3x^2y-y^3)\,dy = \frac{3}{2}x^2y^2-\frac{1}{4}x^4 ,$$

故 $K(x,y)=\frac{3}{2}x^2y^2$,于是由定理 3 得

$$u(x,y) = \int P(x,y)\,dx+\int Q(x,y)\,dy-K(x,y) = \frac{3}{2}x^2y^2+\frac{1}{4}x^4-\frac{1}{4}y^4+C\ (C\text{ 为任意常数}).$$

例 5 计算积分$\int_{(1,2)}^{(3,4)}(6xy^2-y^3)\,dx+(6x^2y-3xy^2)\,dy$.

解 因为$\frac{\partial P}{\partial y}=\frac{\partial Q}{\partial x}=12xy-3y^2$,所以积分在整个 xOy 面与路径无关,且

$$\int P(x,y)\,dx = \int(6xy^2-y^3)\,dx = 3x^2y^2-xy^3,$$

$$\int Q(x,y)\,dx = \int(6x^2y-3xy^2)\,dy = 3x^2y^2-xy^3 .$$

故 $K(x,y)=3x^2y^2-xy^3$,于是由定理 3 得

$$u(x,y) = \int P(x,y)\,dx+\int Q(x,y)\,dy-K(x,y) = 3x^2y^2-xy^3 ,$$

$$\int_{(1,2)}^{(3,4)}(6xy^2-y^3)\,dx+(6x^2y-3xy^2)\,dy = u(3,4)-u(1,2) = 240-4 = 236 .$$

习题 7-3

1. 应用格林公式计算下列曲线积分:

(1) $I=\oint_L x^2y\,dx+y^2\,dy$,其中 L 为 $y^2=x^2$ 与 $y=x$ 所围成的正向边界曲线;

(2) $I=\oint_L (y^2+1)\,dx+y\,dy$,其中 L 为正弦曲线 $y=\sin x$ 与 $y=\sin 2x\,(0\leqslant x\leqslant\pi)$所围区域,方向取正向;

(3) $I=\oint_L x^2y\,dx+y^2x\,dy$,其中 L 是圆 $x^2+y^2=2x$ 的正向边界.

2. 应用格林公式计算星形线 $x=a\cos^3 t,y=a\sin^3 t$ 所围平面图形的面积.

3. 证明下列曲线积分与积分路径无关,并计算积分值:

(1) $\int_{(0,1)}^{(2,3)}(x+y)\mathrm{d}x+(x-y)\mathrm{d}y$；　　(2) $\int_{(1,0)}^{(6,8)}\frac{x}{\sqrt{x^2+y^2}}\mathrm{d}x+\frac{y}{\sqrt{x^2+y^2}}\mathrm{d}y$.

4. 验证$\left(\cos x+\frac{1}{y}\right)\mathrm{d}x+\left(\frac{1}{y}-\frac{x}{y^2}\right)\mathrm{d}y$ 在整个 xOy 面上是某一函数 $u(x,y)$ 的全微分，并求$u(x,y)$.

总习题七

一、基础题

(一)填空题

1. $I=\oint_L(x^2+y^2)\mathrm{d}s$ 的定积分形式为________，其中 L 为圆周 $x^2+y^2=1$.

2. $\oint_L\mathrm{d}s=$________，其中 L 是以$(0,0)$，$(1,1)$，$(1,0)$为顶点的三角形的边界.

3. $\int_L x\mathrm{d}s=$________，其中 L 为抛物线 $y=x^2$ 在 $0\leqslant x\leqslant 1$ 的弧段.

4. 曲线 L 为$\begin{cases}x=2t^2+t+1,\\ y=t^2+1\end{cases}$上从点$(1,1)$到$(4,2)$的一段弧，$I=\int_L(x+y)\mathrm{d}x+(y-x)\mathrm{d}y$ 的定积分形式为________，且 $I=$________.

(二)计算题

1. 计算下列对弧长的曲线积分：

(1) $\int_L(x^2+y^2)\mathrm{d}s$，其中 L 为圆周 $x^2+y^2=16$；

(2) $\oint_L x\mathrm{d}s$，其中 L 为直线 $y=x$ 及抛物线 $y=x^2$ 所围成区域的整个边界；

(3) $\int_L y\mathrm{d}s$，其中 L 为抛物线 $y^2=4x$ 从点$(0,0)$到点$(1,2)$的弧段.

2. 计算下列对坐标的曲线积分：

(1) $\int_L(x^2+y^2)\mathrm{d}x-2xy^2\mathrm{d}y$，其中 L 为从点$(0,0)$到点$(1,2)$的线段；

(2) $\int_L xy\mathrm{d}x+(y-x)\mathrm{d}y$，其中 L 为抛物线 $y^2=x$ 从点$(0,0)$到点$(1,1)$的弧段；

(3) $\int_L(x+y)\mathrm{d}x+(x-y)\mathrm{d}y$，其中 L 为抛物线 $y=x^2$ 从点$(-1,1)$到点$(1,1)$的弧段；

(4) $I=\int_L 2xy^3\mathrm{d}x+3x^2y^2\mathrm{d}y$，其中 L 的起点为 $O(0,0)$，终点为 $A(1,1)$，积分路径为：

Ⅰ. 抛物线 $y=x^2$；

Ⅱ. 线段OA：$y=x$；

Ⅲ. 有向折线段 OBA，$B(1,0)$.

3. 利用格林公式计算下列曲线积分：

(1) $I=\oint_L xy^2\mathrm{d}x-x^2y\mathrm{d}y$，其中 L 为圆 $x^2+y^2=a^2$ 的正向边界曲线；

(2) $I=\oint_L (x^2-xy^3)\mathrm{d}x+(y^2-2xy)\mathrm{d}y$,其中 L 是正方形(0,0),(2,0),(2,2),(0,2)的正向边界.

4. 证明下列曲线积分与积分路径无关,并计算积分值:

(1) $\int_{(0,0)}^{(1,1)} (x-y)\mathrm{d}x-(x-y)\mathrm{d}y$;　　(2) $\int_{(1,0)}^{(2,1)} (2xy-y^4+3)\mathrm{d}x+(x^2-4xy^3)\mathrm{d}y$.

5. 验证下列微分式在整个 xOy 面上是某一函数 $u(x,y)$ 的全微分,并求 $u(x,y)$:

(1) $(x+2y)\mathrm{d}x+(2x+y)\mathrm{d}y$;　　(2) $xy^2\mathrm{d}x+x^2y\mathrm{d}y$.

二、提高题

1. 计算下列对弧长的曲线积分:

(1) $\oint_L (x^2+y^2)^n\mathrm{d}s$,其中 L 为圆周 $x^2+y^2=a^2$;

(2) $\oint_L \sqrt{x^2+y^2}\mathrm{d}s$,其中 L 为圆周 $x^2+y^2=ax$;

(3) $\int_L (x^2+y^2)\mathrm{d}s$,其中 L 为下半圆周 $y=-\sqrt{1-x^2}$;

(4) $\int_\Gamma z\mathrm{d}s$,其中 Γ 为曲线 $\begin{cases}x=a\cos t,\\ y=a\sin t,\ t\in[0,2\pi];\\ z=at,\end{cases}$

(5) $I=\int_L xyz\mathrm{d}s$,其中 L 为曲线 $x=t,y=\dfrac{2}{3}\sqrt{2t^3},z=\dfrac{1}{2}t^2(0\leqslant t\leqslant 1)$的一段;

(6) $\oint_L \mathrm{e}^{\sqrt{x^2+y^2}}\mathrm{d}s$,其中 L 为圆 $x^2+y^2=a^2$、直线 $y=x$ 及 x 轴在第一象限内所围成扇形区域的整个边界.

2. 计算下列对坐标的曲线积分:

(1) $\int_L x^2\mathrm{d}x+y^2\mathrm{d}y$,其中 L 为 $x=a\cos t,y=a\sin t$ 的上半部分顺时针方向弧段;

(2) $\oint_L y\mathrm{d}x+x\mathrm{d}y$,其中 L 是圆 $x^2+y^2=a^2(a>0)$按顺时针方向绕行一周;

(3) $\int_L (x^2-2xy)\mathrm{d}x+(y^2-2xy)\mathrm{d}y$,其中 L 为抛物线 $y=x^2$ 从点(-1,1)到点(1,1)的弧段;

(4) $\oint_L y^2\mathrm{d}x+x^2\mathrm{d}y$,其中 L 为逆时针方向的椭圆 $\dfrac{x^2}{a^2}+\dfrac{y^2}{b^2}=1$;

(5) $\int_\Gamma (y^2-z^2)\mathrm{d}x+2yz\mathrm{d}y-x^2\mathrm{d}z$,其中 Γ 为曲线 $x=t,y=t^2,z=t^3$ 上由 $t_1=0$ 到 $t_2=1$ 的一段弧.

3. 利用格林公式计算下列曲线积分:

(1) $I=\oint_L (x+y)^2\mathrm{d}x-(x^2+y^2)\mathrm{d}y$,其中 L 是以 $A(1,1)$,$B(3,2)$,$C(2,5)$为顶点的三角形,方向取正向;

(2) $\oint_L xy^2\mathrm{d}x - x^2y\mathrm{d}y$,其中 L 是以 $A(1,0)$,$B(0,1)$,$C(-1,0)$ 为顶点的正向三角形(逆时针方向为正向);

(3) $I = \iint_D \mathrm{e}^{-\frac{2}{y}}\mathrm{d}x\mathrm{d}y$,其中 D 是以 $O(0,0)$,$A(1,1)$,$B(0,1)$ 为顶点的三角形闭区域.

4. 证明下列曲线积分与积分路径无关,并计算积分值:

(1) $\int_{(2,1)}^{(1,2)} \frac{y\mathrm{d}x - x\mathrm{d}y}{x^2}$;　　(2) $\int_{(0,0)}^{(a,b)} \mathrm{e}^x\cos y\mathrm{d}x - \mathrm{e}^x\sin y\mathrm{d}y$.

5. 验证下列微分式在整个 xOy 面上是某一函数 $u(x,y)$ 的全微分,并求 $u(x,y)$:

(1) $2\sin 2x\sin 3y\mathrm{d}x - 3\cos 3y\cos 2x\mathrm{d}y$;

(2) $(3x^2y + 8xy^2)\mathrm{d}x + (x^3 + 8x^2y + 12y\mathrm{e}^y)\mathrm{d}y$;

(3) $(2x\cos y + y^2\cos x)\mathrm{d}x + (2y\sin x - x^2\sin y)\mathrm{d}y$;

(4) $\frac{x\mathrm{d}y - y\mathrm{d}x}{x^2 + y^2}$.

6. 用数学建模的思想求解下列问题:

(1) 设有一力场,由一横轴正方向的场力 $\boldsymbol{F}$ 所构成,试求当一质量为 m 的质点沿曲线 $\frac{x^2}{a^2} + \frac{y^2}{b^2} = 1$ 按逆时针方向移过位于第一象限的一弧段场力所做的功($a > 0, b > 0$).

(2) 设 z 轴与重力的方向一致,求质量为 m 的质点从位置 (x_1, y_1, z_1) 沿直线移动到位置 (x_2, y_2, z_2) 时重力所做的功.

(3) 设有一力场,场力的大小与作用点到 z 轴的距离成正比(比例系数为 k),方向垂直于 z 轴,并指向 z 轴,试求一单位质点沿圆弧 $x = \cos t, y = 1, z = \sin t$ 上从点 $(1,1,0)$ 依 t 增加的方向移动到点 $(0,1,1)$ 时场力所做的功.

引例解答

引例 1　场力做功

1. 问题提出

问题见本章开头引例 1.

引例 1MATLAB 计算

2. 问题分析

此题中提到的力 $\boldsymbol{F}$ 是向量,且力有大小和方向,力的大小也是力的模,可表示为 $|\boldsymbol{F}|$(此处不是绝对值),方向沿横轴(x 轴)正方向,因此力 $\boldsymbol{F}$ 的坐标可表示为 $(|\boldsymbol{F}|, 0)$.

3. 问题解决

由题意得,$\boldsymbol{F} = (|\boldsymbol{F}|, 0)$,根据第二类曲线积分的物理意义,得 L 的参数方程为 $\begin{cases} x = R\cos t, \\ y = R\sin t \end{cases}$ 在 $t \in \left[0, \frac{\pi}{2}\right]$ 上的一段弧,因此

$$W = \int_L |\boldsymbol{F}|\mathrm{d}x + 0\mathrm{d}y = \int_0^{\frac{\pi}{2}} |\boldsymbol{F}|(-R\sin t)\mathrm{d}t = -|\boldsymbol{F}|R.$$

引例2MATLAB计算

引例2　圆弧的质心

1. 问题提出

问题见本章开头引例2.

2. 问题分析

对于曲线 L,设线密度公式为 $F(x,y)$,则质心的公式为

$$\bar{x}=\frac{\int_L Fx\mathrm{d}s}{\int_L F\mathrm{d}s}.$$

这是求质心的 x 坐标,求 y 坐标与上述公式类似,即

$$\bar{y}=\frac{\int_L Fy\mathrm{d}s}{\int_L F\mathrm{d}s}.$$

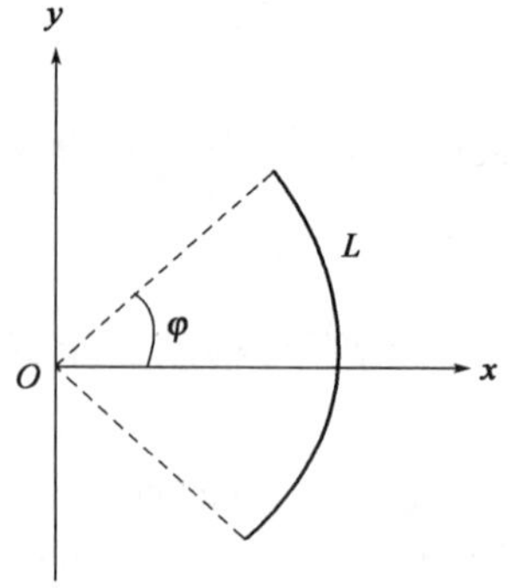

图 7-14

3. 问题解决

如图 7-14 所示,曲线 L 的参数方程为 $\begin{cases}x=a\cos t,\\ y=a\sin t\end{cases}$ 在 $t\in[-\varphi,\varphi]$ 上的一段弧,设质心的坐标为 $(\bar{x},\bar{y})$,根据对称性得

$$\bar{y}=0,\quad \bar{x}=\frac{\int_L \rho x\mathrm{d}s}{\int_L \rho\mathrm{d}s}=\frac{\int_L x\mathrm{d}s}{\int_L \mathrm{d}s}=\frac{\int_{-\varphi}^{\varphi} a\cos t\cdot a\mathrm{d}t}{2a\varphi}=\frac{a\sin\varphi}{\varphi}.$$

数学文化——服务社会

曲线积分和曲面积分转化为定积分形式求解的思路应用广泛,例如曲线积分在电场中的应用(电场是电荷周围的物理量,描述了电荷对其他电荷的作用力),曲线积分可以用于计算电场对电荷做功的情况. 又如流体流量与曲面积分应用(流体力学中,流量是描述单位时间内流体通过某个平面的量),曲面积分可以用于计算流体流量的情况.

从这些例子可以看出,数学不仅是理论研究的工具,也是解决实际问题的桥梁. 随着科技的进步,数学在各个领域的应用将越来越广泛和深入. 数学的学习不仅仅是人对科学理性精神的追求,也是人探求服务社会、解决问题的重要工具.

第八章

无穷级数

引例1 无限个实数相加问题

有限个实数相加,其结果是一个实数,那么“无限个实数相加”结果是什么呢?在《庄子·天下》中有这么一句话:“一尺之棰,日取其半,万世不竭.”这句话的意思是说,如果把一尺长的木棒每天截去一半,那么把每天截下的那部分木棒都加起来,其长度应等于

$$\frac{1}{2}+\frac{1}{2^2}+\frac{1}{2^3}+\cdots+\frac{1}{2^n}+\cdots.$$

这就是“无限个数相加”的例子.

引例2 基金问题

若某基金会与一个学校签约,合同规定该基金会每年支付300万元人民币用以资助教育,有效期为10年,总资助金额为3000万元人民币.自签约之日起支付第一笔款,以后每年支付一笔,所有资助款都由银行兑付.银行储蓄规定年利率为5%,每年计息一次,以复利进行计算.试问在签订合同之日,基金会应该在银行存入多少钱才能保证合同正常履行?

由此提出问题:“无限个数相加”是否存在“和”;如果存在,“和”等于什么?这就是本章要研究的问题.

第一节 常数项级数的概念和性质

一、常数项级数的概念

一般地,如果给定一个数列

$$u_1,u_2,u_3,\cdots,u_n,\cdots,$$

则由这个数列构成的表达式

$$u_1+u_2+u_3+\cdots+u_n+\cdots \tag{8-1}$$

称为(常数项)无穷级数,简称(常数项)级数,记作 $\sum_{i=1}^{\infty} u_i$, 即

$$\sum_{i=1}^{\infty} u_i = u_1 + u_2 + u_3 + \cdots + u_i + \cdots,$$

其中第 n 项 u_n 称为级数的一般项.

作(常数项)级数(8-1)的前 n 项的和

$$s_n = u_1 + u_2 + u_3 + \cdots + u_n = \sum_{i=1}^{n} u_i, \tag{8-2}$$

s_n 称为级数(8-1)的部分和. 当 n 依次取 1,2,3,…时,它们构成一个新的数列

$$s_1 = u_1, \quad s_2 = u_1 + u_2, \quad s_3 = u_1 + u_2 + u_3, \cdots,$$

$$s_n = u_1 + u_2 + u_3 + \cdots + u_n, \cdots.$$

根据这个数列是否有极限,引进无穷级数(8-1)的收敛与发散的概念.

定义 如果级数 $\sum_{i=1}^{\infty} u_i$ 的部分和数列$\{s_n\}$有极限 s,即

$$\lim_{n\to\infty} s_n = s,$$

那么称无穷级数 $\sum_{i=1}^{\infty} u_i$ 收敛,这时极限 s 称为这个级数的和,并写成

$$s = u_1 + u_2 + u_3 + \cdots + u_i + \cdots,$$

如果$\{s_n\}$没有极限,那么称无穷级数 $\sum_{i=1}^{\infty} u_i$ 发散.

显然,当级数收敛时,其部分和 s_n 是级数的和 s 的近似值,它们之间的差值称为级数的余项. 用近似值 s_n 代替和 s 所产生的误差是这个余项的绝对值,即误差是$|r_n|$.

由定义 1 可知,级数与数列极限有着紧密的联系. 给定级数 $\sum_{i=1}^{\infty} u_i$,就有部分和数列 $\left\{s_n = \sum_{i=1}^{\infty} u_i\right\}$;反之,给定数列$\{s_n\}$,就有以$\{s_n\}$为部分和数列的级数

$$s_1 + (s_2 - s_1) + \cdots + (s_i - s_{i-1}) + \cdots = s_1 + \sum_{i=2}^{\infty} (s_i - s_{i-1}) = \sum_{i=1}^{\infty} u_i,$$

其中 $u_1 = s_1, u_n = s_n - s_{n-1} (n \geqslant 2)$. 按定义 1,级数 $\sum_{i=1}^{\infty} u_i$ 与数列$\{s_n\}$同时收敛或同时发散,且在收敛时,有

$$\sum_{i=1}^{\infty} u_i = \lim_{n\to\infty} s_n,$$

即

$$\sum_{i=1}^{\infty} u_i = \lim_{n\to\infty} \sum_{i=1}^{n} u_i .$$

例 1 无穷级数

$$\sum_{i=0}^{\infty} aq^i = a + aq + aq^2 + \cdots + aq^i + \cdots, \tag{8-3}$$

称为等比级数(又称为几何级数),其中 $a \neq 0$, q 称为级数的公比. 试讨论级数(8-3)的敛散性.

解 若 $q \neq 1$，则部分和

$$s_n = a + aq + \cdots + aq^{n-1} = \frac{a - aq^n}{1-q} = \frac{a}{1-q} - \frac{aq^n}{1-q}.$$

当 $|q| < 1$ 时，由于 $\lim\limits_{n\to\infty} q^n = 0$，从而 $\lim\limits_{n\to\infty} s_n = \frac{a}{1-q}$，这时级数(8-3)收敛，其和为 $\frac{a}{1-q}$；

当 $|q| > 1$ 时，由于 $\lim\limits_{n\to\infty} q^n = \infty$，从而 $\lim\limits_{n\to\infty} s_n = \infty$，这时级数(8-3)发散.

若 $|q| = 1$，则当 $q = 1$ 时，$s_n = na \to \infty$，因此级数(8-3)发散；当 $q = -1$ 时，级数(8-3)成为 $a - a + a - a + \cdots$，显然 s_n 随着 n 为奇数或偶数而等于 a 或等于 0，从而 s_n 的极限不存在，这时级数(8-3)也发散.

综上所述，若等比级数(8-3)的公比的绝对值 $|q| < 1$，则级数收敛；若 $|q| \geqslant 1$，则级数发散.

例 2 证明级数 $1 + 2 + 3 + \cdots + n + \cdots$ 是发散的.

证明 该级数的部分和为

$$s_n = 1 + 2 + 3 + \cdots + n = \frac{n(n+1)}{2},$$

显然，$\lim\limits_{n\to\infty} s_n = \infty$，因此所给级数发散.

例 3 判定无穷级数 $\frac{1}{1 \cdot 2} + \frac{1}{2 \cdot 3} + \cdots + \frac{1}{n(n+1)} + \cdots$ 的敛散性.

解 由于

$$u_n = \frac{1}{n(n+1)} = \frac{1}{n} - \frac{1}{n+1},$$

因此

$$\begin{aligned} s_n &= \frac{1}{1 \cdot 2} + \frac{1}{2 \cdot 3} + \cdots + \frac{1}{n(n+1)} \\ &= \left(1 - \frac{1}{2}\right) + \left(\frac{1}{2} - \frac{1}{3}\right) + \cdots + \left(\frac{1}{n} - \frac{1}{n+1}\right) = 1 - \frac{1}{n+1}, \end{aligned}$$

从而

$$\lim_{n\to\infty} s_n = \lim_{n\to\infty}\left(1 - \frac{1}{n+1}\right) = 1,$$

所以该级数收敛，它的和是 1.

二、收敛级数的基本性质

根据无穷级数收敛、发散以及和的概念，可以得出收敛级数的几个基本性质：

性质 1 如果级数 $\sum\limits_{n=1}^{\infty} u_n$ 收敛于和 s，那么级数 $\sum\limits_{n=1}^{\infty} ku_n$ 也收敛，且其和为 ks.

注意：级数的每一项同乘一个不为零的常数后，它的敛散性不会改变.

性质 2 如果级数 $\sum\limits_{n=1}^{\infty} u_n$ 与 $\sum\limits_{n=1}^{\infty} v_n$ 分别收敛于和 s 与 σ，那么级数 $\sum\limits_{n=1}^{\infty} (u_n \pm v_n)$ 也收敛，且其和为 $s \pm \sigma$.

性质 2 也说成：两个收敛级数可以逐项相加或逐项相减.

性质 3　在级数中去掉、加上或改变有限项,不会改变级数的敛散性.

性质 4　如果级数 $\sum_{n=1}^{\infty} u_n$ 收敛,那么对这个级数的项任意加括号后所成的级数仍收敛.

注意:如果加括号后所成的级数收敛,那么不能断定去括号后原来的级数也收敛.例如,级数

$$(1-1)+(1-1)+\cdots$$

收敛于零,但级数

$$1-1+1-1+\cdots$$

是发散的.

根据性质 4 可得如下推论:

推论　如果加括号后所成的级数发散,那么原来的级数也发散.

事实上,倘若原来的级数收敛,则根据性质 4 可知,加括号后的级数就应该收敛.

性质 5　(级数收敛的必要条件)如果级数 $\sum_{n=1}^{\infty} u_n$ 收敛,那么它的一般项 u_n 趋近于零,即

$$\lim_{n\to\infty} u_n=0.$$

例 4　判定级数 $\sum_{n=1}^{\infty} \frac{3n}{5n+4}$的敛散性.

解　级数的一般项 $u_n=\frac{3n}{5n+4}$. 因为

$$\lim_{n\to\infty} u_n=\lim_{n\to\infty}\frac{3n}{5n+4}=\frac{3}{5}\neq 0,$$

所以,由级数收敛的必要条件知该级数发散.

习题 8-1

1. 写出下列级数的前 5 项:

(1) $\sum_{n=1}^{\infty} \frac{1+n}{1+n^2}$;　　(2) $\sum_{n=1}^{\infty} \frac{1\cdot 3\cdot \cdots \cdot (2n-1)}{2\cdot 4\cdot \cdots \cdot 2n}$;

(3) $\sum_{n=1}^{\infty} \frac{(-1)^{n-1}}{5^n}$;　　(4) $\sum_{n=1}^{\infty} \frac{n!}{n^n}$.

2. 根据级数收敛与发散的定义判定下列级数的敛散性:

(1) $\sum_{n=1}^{\infty} (\sqrt{n+1}-\sqrt{n})$;

(2) $\frac{1}{1\cdot 3}+\frac{1}{3\cdot 5}+\frac{1}{5\cdot 7}+\cdots+\frac{1}{(2n-1)(2n+1)}+\cdots$;

(3) $\sin\frac{\pi}{6}+\sin\frac{2\pi}{6}+\cdots+\sin\frac{n\pi}{6}+\cdots$;

(4) $\sum_{n=1}^{\infty} \ln\left(1+\frac{1}{n}\right)$.

3. 判定下列级数的敛散性:

(1) $-\frac{8}{9}+\frac{8^2}{9^2}-\frac{8^3}{9^3}+\cdots+(-1)^n\frac{8^n}{9^n}+\cdots$;

(2) $\frac{1}{3}+\frac{1}{6}+\frac{1}{9}+\cdots+\frac{1}{3n}+\cdots$;

(3) $\frac{1}{3}+\frac{1}{\sqrt{3}}+\frac{1}{\sqrt[3]{3}}+\cdots+\frac{1}{\sqrt[n]{3}}+\cdots$;

(4) $\frac{3}{2}+\frac{3^2}{2^2}+\frac{3^3}{2^3}+\cdots+\frac{3^n}{2^n}+\cdots$;

(5) $\left(\frac{1}{2}+\frac{1}{3}\right)+\left(\frac{1}{2^2}+\frac{1}{3^2}\right)+\left(\frac{1}{2^3}+\frac{1}{3^3}\right)+\cdots+\left(\frac{1}{2^n}+\frac{1}{3^n}\right)+\cdots$.

第二节　常数项级数的审敛法

一、正项级数及其审敛法

一般的常数项级数，它的各项可以是正数、负数或者零. 现在先讨论各项都是正数或零的级数，这种级数称为正项级数. 正项级数特别重要，以后将看到许多级数的敛散性问题可归结为正项级数的敛散性问题.

对于正项级数，有下列判定其敛散性的判别法：

定理 1　正项级数 $\sum_{n=1}^{\infty}u_n$ 收敛的充分必要条件是：它的部分和数列 $\{s_n\}$ 有界.

由定理 1 可知，如果正项级数 $\sum_{n=1}^{\infty}u_n$ 发散，那么它的部分和数列 $s_n\to+\infty\ (n\to\infty)$，即 $\sum_{n=1}^{\infty}u_n=+\infty$.

根据定理 1 可得关于正项级数的一个基本审敛法：

定理 2　（比较审敛法）设 $\sum_{n=1}^{\infty}u_n$ 和 $\sum_{n=1}^{\infty}v_n$ 都是正项级数，且 $u_n\leqslant v_n\ (n=1,2,\cdots)$. 若级数 $\sum_{n=1}^{\infty}v_n$ 收敛，则级数 $\sum_{n=1}^{\infty}u_n$ 收敛；反之，若级数 $\sum_{n=1}^{\infty}u_n$ 发散，则级数 $\sum_{n=1}^{\infty}v_n$ 发散.

结合级数的性质可知，设 $\sum_{n=1}^{\infty}u_n$ 和 $\sum_{n=1}^{\infty}v_n$ 都是正项级数，若级数 $\sum_{n=1}^{\infty}v_n$ 收敛，且存在正整数 N，使得当 $n\geqslant N$ 时有 $u_n\leqslant kv_n\ (k>0)$ 成立，则级数 $\sum_{n=1}^{\infty}u_n$ 收敛；若级数 $\sum_{n=1}^{\infty}v_n$ 发散，且当 $n\geqslant N$ 时有 $u_n\geqslant kv_n\ (k>0)$ 成立，则级数 $\sum_{n=1}^{\infty}u_n$ 发散.

定理 2 证明

例 1　讨论 p 级数

$$1+\frac{1}{2^p}+\frac{1}{3^p}+\frac{1}{4^p}+\cdots+\frac{1}{n^p}+\cdots, \tag{8-4}$$

的敛散性，其中常数 $p>0$.

解 设 $p\leqslant 1$. 这时级数的各项不小于调和级数的对应项,即 $\frac{1}{n^p}\geqslant\frac{1}{n}$,但调和级数发散,因此根据比较审敛法可知,当 $p\leqslant 1$ 时级数(8-4)发散.

设 $p>1$,因为当 $k-1\leqslant x\leqslant k$ 时,有 $\frac{1}{k^p}\leqslant\frac{1}{x^p}$,所以

$$\frac{1}{k^p}=\int_{k-1}^{k}\frac{1}{k^p}\mathrm{d}x\leqslant\int_{k-1}^{k}\frac{1}{x^p}\mathrm{d}x\quad(k=2,3,\cdots),$$

从而级数(8-4)的部分和

$$\begin{aligned}s_n&=1+\sum_{k=2}^{n}\frac{1}{k^p}\leqslant 1+\sum_{k=2}^{n}\int_{k-1}^{k}\frac{1}{x^p}\mathrm{d}x=1+\int_{1}^{n}\frac{1}{x^p}\mathrm{d}x\\&=1+\frac{1}{p-1}\left(1-\frac{1}{n^{p-1}}\right)<1+\frac{1}{p-1}\quad(n=2,3,\cdots),\end{aligned}$$

这表明数列 $\{s_n\}$ 有界,因此级数(8-4)收敛.

综上所述,p 级数(8-4)当 $p>1$ 时收敛,当 $p\leqslant 1$ 时发散.

例 2 证明级数 $\sum\limits_{n=1}^{\infty}\frac{1}{\sqrt{n(n+1)}}$ 发散.

证明 因为 $n(n+1)<(n+1)^2$,所以 $\frac{1}{\sqrt{n(n+1)}}>\frac{1}{n+1}$. 而级数

$$\sum_{n=1}^{\infty}\frac{1}{n+1}=\frac{1}{2}+\frac{1}{3}+\cdots+\frac{1}{n+1}+\cdots,$$

是发散的,根据比较审敛法可知所给级数也是发散的.

为应用上的方便,下面给出比较审敛法的极限形式.

定理 3 证明

定理 3 (比较审敛法的极限形式)设 $\sum\limits_{n=1}^{\infty}u_n$ 和 $\sum\limits_{n=1}^{\infty}v_n$ 都是正项级数:

(1)若 $\lim\limits_{n\to\infty}\frac{u_n}{v_n}=l(0\leqslant l<+\infty)$,且级数 $\sum\limits_{n=1}^{\infty}v_n$ 收敛,则级数 $\sum\limits_{n=1}^{\infty}u_n$ 收敛;

(2)若 $\lim\limits_{n\to\infty}\frac{u_n}{v_n}=l>0$ 或 $\lim\limits_{n\to\infty}\frac{u_n}{v_n}=+\infty$,且级数 $\sum\limits_{n=1}^{\infty}v_n$ 发散,则级数 $\sum\limits_{n=1}^{\infty}u_n$ 发散.

极限形式的比较审敛法,在两个正项级数的一般项均趋近于零的情况下,其实是比较它们的一般项作为无穷小的阶. 定理 3 表明,当 $n\to\infty$ 时,若 u_n 与 v_n 同阶或是比 v_n 高阶的无穷小,而级数 $\sum\limits_{n=1}^{\infty}v_n$ 收敛,则级数 $\sum\limits_{n=1}^{\infty}u_n$ 收敛;若 u_n 与 v_n 同阶或是比 v_n 低阶的无穷小,而级数 $\sum\limits_{n=1}^{\infty}v_n$ 发散,则级数 $\sum\limits_{n=1}^{\infty}u_n$ 发散.

例 3 判定级数 $\sum\limits_{n=1}^{\infty}\sin\frac{1}{n}$ 的敛散性.

解 因为

$$\lim_{n\to\infty}\frac{\sin\frac{1}{n}}{\frac{1}{n}}=1>0,$$

而级数 $\sum_{n=1}^{\infty}\frac{1}{n}$ 发散,根据定理 3 知该级数发散.

用比较审敛法审敛时,需要适当地选取一个已知其敛散性的级数 $\sum_{n=1}^{\infty}v_n$ 作为比较的基准.最常选用作基准级数的有等比级数和 p 级数.

将所给正项级数与等比级数比较,能得到使用方便的比值审敛法和根值审敛法.

定理 4 (比值审敛法,达朗贝尔判别法)设有正项级数 $\sum_{n=1}^{\infty}u_n$,若

$$\lim_{n\to\infty}\frac{u_{n+1}}{u_n}=\rho,$$

定理 4 证明

则当 $\rho<1$ 时级数收敛,当 $\rho>1$ $\left(\text{或}\lim_{n\to\infty}\frac{u_{n+1}}{u_n}=\infty\right)$时级数发散,当 $\rho=1$ 时级数可能收敛也可能发散.

例 4 证明级数 $1+\frac{1}{1}+\frac{1}{1\cdot 2}+\frac{1}{1\cdot 2\cdot 3}+\cdots+\frac{1}{(n-1)!}+\cdots$ 收敛,并估计以级数的部分和 s_n 近似代替和 s 所产生的误差.

解 因为

$$\lim_{n\to\infty}\frac{u_{n+1}}{u_n}=\lim_{n\to\infty}\frac{(n-1)!}{n!}=\lim_{n\to\infty}\frac{1}{n}=0<1,$$

所以根据比值审敛法可知所给级数收敛.

以该级数的部分和 s_n 近似代替和 s 所产生的误差为

$$\begin{aligned}|r_n|&=\frac{1}{n!}+\frac{1}{(n+1)!}+\frac{1}{(n+2)!}+\cdots\\&=\frac{1}{n!}\left[1+\frac{1}{n+1}+\frac{1}{(n+1)(n+2)}+\cdots\right]\\&<\frac{1}{n!}\left(1+\frac{1}{n}+\frac{1}{n^2}+\cdots\right)\\&=\frac{1}{n!}\,\frac{1}{1-\frac{1}{n}}=\frac{1}{(n-1)(n-1)!}.\end{aligned}$$

例 5 判定级数 $\frac{1}{10}+\frac{1\cdot 2}{10^2}+\frac{1\cdot 2\cdot 3}{10^3}+\cdots+\frac{n!}{10^n}+\cdots$ 的敛散性.

解 因为

$$\frac{u_{n+1}}{u_n}=\frac{(n+1)!}{10^{n+1}}\cdot\frac{10^n}{n!}=\frac{n+1}{10},$$

$$\frac{u_{n+1}}{u_n}=\lim_{n\to\infty}\frac{n+1}{10}=\infty,$$

所以根据比值审敛法可知所给级数发散.

定理 5 （根值审敛法，柯西判别法）设 $\sum_{n=1}^{\infty} u_n$ 为正项级数，若

$$\lim_{n\to\infty}\sqrt[n]{u_n}=\rho,$$

则当 $\rho<1$ 时级数收敛，当 $\rho>1$ $\left(\text{或}\lim_{n\to\infty}\sqrt[n]{u_n}=+\infty\right)$ 时级数发散，当 $\rho=1$ 时级数可能收敛也可能发散.

例 6 判定级数 $\sum_{n=1}^{\infty}\frac{2+(-1)^n}{2^n}$ 的敛散性.

证明 $$\lim_{n\to\infty}\sqrt[n]{u_n}=\lim_{n\to\infty}\frac{1}{2}\sqrt[n]{2+(-1)^n}=\lim_{n\to\infty}\frac{1}{2}e^{\frac{1}{n}\ln[2+(-1)^n]}.$$

因 $\ln[2+(-1)^n]$ 有界，故 $\lim_{n\to\infty}\frac{1}{n}\ln[2+(-1)^n]=0$，从而

$$\lim_{n\to\infty}\sqrt[n]{u_n}=\frac{1}{2},$$

因此，根据根值审敛法知所给级数收敛.

将所给正项级数与 p 级数作比较，可得使用较方便的极限审敛法.

定理 6 （极限审敛法）设 $\sum_{n=1}^{\infty} u_n$ 为正项级数.

(1) 若 $\lim_{n\to\infty} nu_n=l>0$ 或 $\lim_{n\to\infty} nu_n=+\infty$，则级数 $\sum_{n=1}^{\infty} u_n$ 发散；

(2) 若 $p>1$，而 $\lim_{n\to\infty} n^p u_n=l(0\leqslant l<+\infty)$，则级数 $\sum_{n=1}^{\infty} u_n$ 收敛.

例 7 判定级数 $\sum_{n=1}^{\infty}\ln\left(1+\frac{1}{n^2}\right)$ 的敛散性.

解 因 $\ln\left(1+\frac{1}{n^2}\right)\sim\frac{1}{n^2}(n\to\infty)$，故

$$\lim_{n\to\infty} n^2u_n=\lim_{n\to\infty} n^2\ln\left(1+\frac{1}{n^2}\right)=\lim_{n\to\infty} n^2\cdot\frac{1}{n^2}=1.$$

根据极限审敛法知所给级数收敛.

例 8 判定级数 $\sum_{n=1}^{\infty}\sqrt{n+1}\left(1-\cos\frac{\pi}{n}\right)$ 的敛散性.

解 $$\begin{aligned}\lim_{n\to\infty} n^{\frac{3}{2}}u_n&=\lim_{n\to\infty} n^{\frac{3}{2}}\sqrt{n+1}\left(1-\cos\frac{\pi}{n}\right)\\&=\lim_{n\to\infty} n^2\sqrt{\frac{n+1}{n}}\cdot\frac{1}{2}\left(\frac{\pi}{n}\right)^2=\frac{1}{2}\pi^2.\end{aligned}$$

根据极限审敛法知所给级数收敛.

二、交错级数及其审敛法

交错级数的各项是正负交错的，可以写成下面的形式：

$$u_1 - u_2 + u_3 - u_4 + \cdots \tag{8-5}$$

或

$$-u_1 + u_2 - u_3 + u_4 + \cdots, \tag{8-6}$$

其中 $u_1, u_2, \cdots$ 都是正数.

定理 7 （莱布尼茨定理）若交错级数 $\sum_{n=1}^{\infty}(-1)^{n-1}u_n$ 满足条件：

(1) $u_n \geqslant u_{n+1}(n=1,2,\cdots)$；

(2) $\lim_{n\to\infty} u_n = 0$.

则级数收敛，且其和 $s \leqslant u_1$，其余项 r_n 的绝对值 $|r_n| \leqslant u_{n+1}$.

定理 7 证明

例如，交错级数

$$1 - \frac{1}{2} + \frac{1}{3} - \frac{1}{4} + \cdots + (-1)^{n-1}\frac{1}{n} + \cdots$$

满足条件：

(1) $u_n = \frac{1}{n} > \frac{1}{n+1} = u_{n+1}(n=1,2,\cdots)$；

(2) $\lim_{n\to\infty} u_{2n} = \lim_{n\to\infty}\frac{1}{n} = 0$.

所以，它是收敛的，且其和 $s<1$. 如果取前 n 项的和

$$s_n = 1 - \frac{1}{2} + \frac{1}{3} - \cdots + (-1)^{n-1}\frac{1}{n}$$

作为 s 的近似值，所产生的误差 $|r_n| \leqslant \frac{1}{n+1}(=u_{n+1})$.

三、绝对收敛与条件收敛

现在讨论一般级数

$$u_1 + u_2 + \cdots + u_n + \cdots,$$

它的各项为任意实数. 若级数 $\sum_{n=1}^{\infty} u_n$ 各项的绝对值所构成的正项级数 $\sum_{n=1}^{\infty}|u_n|$ 收敛，则称级数 $\sum_{n=1}^{\infty} u_n$ 绝对收敛；若级数 $\sum_{n=1}^{\infty} u_n$ 收敛，而级数 $\sum_{n=1}^{\infty}|u_n|$ 发散，则称级数 $\sum_{n=1}^{\infty} u_n$ 条件收敛. 容易知道，级数 $\sum_{n=1}^{\infty}(-1)^{n-1}\frac{1}{n^2}$ 是绝对收敛级数，而级数 $\sum_{n=1}^{\infty}(-1)^{n-1}\frac{1}{n}$ 是条件收敛级数.

级数绝对收敛与级数收敛有以下重要关系：

定理 8 若级数 $\sum_{n=1}^{\infty}|u_n|$ 绝对收敛，则级数 $\sum_{n=1}^{\infty} u_n$ 必定收敛.

定理 8 说明，对于一般的级数 $\sum_{n=1}^{\infty} u_n$，若用正项级数的审敛法判定级数 $\sum_{n=1}^{\infty}|u_n|$ 收敛，则该级数收敛. 这就使得一大类级数的敛散性判定问题转化为正项级数的敛散性判定问题.

一般地，如果级数 $\sum_{n=1}^{\infty}|u_n|$ 发散，不能断定级数 $\sum_{n=1}^{\infty} u_n$ 也发散. 但是，如果用比值审敛法或

根值审敛法根据$\lim\limits_{n\to\infty}\left|\dfrac{u_{n+1}}{u_n}\right|=\rho>1$或$\lim\limits_{n\to\infty}\sqrt[n]{u_n}=\rho>1$判定级数$\sum\limits_{n=1}^{\infty}|u_n|$发散,那么可以断定级数$\sum\limits_{n=1}^{\infty}u_n$必定发散.这是因为由$\rho>1$可推知$|u_n|\not\to 0(n\to\infty)$,所以级数$\sum\limits_{n=1}^{\infty}u_n$发散.

例 9 判定级数$\sum\limits_{n=1}^{\infty}\dfrac{\sin n\alpha}{n^2}$的敛散性.

解 因为$\left|\dfrac{\sin n\alpha}{n^2}\right|\leqslant\dfrac{1}{n^2}$,而级数$\sum\limits_{n=1}^{\infty}\dfrac{1}{n^2}$收敛,所以级数$\sum\limits_{n=1}^{\infty}\left|\dfrac{\sin n\alpha}{n^2}\right|$也收敛.由定理 8 知,级数$\sum\limits_{n=1}^{\infty}\dfrac{\sin n\alpha}{n^2}$收敛.

例 10 判定级数$\sum\limits_{n=1}^{\infty}(-1)^n\dfrac{1}{2^n}\left(1+\dfrac{1}{n}\right)^{n^2}$的敛散性.

解 这是交错级数.记$u_n=\dfrac{1}{2^n}\left(1+\dfrac{1}{n}\right)^{n^2}$,有$\sqrt[n]{u_n}=\dfrac{1}{2}\left(1+\dfrac{1}{n}\right)^n\to\dfrac{1}{2}\mathrm{e}(n\to\infty)$,而$\dfrac{1}{2}\mathrm{e}>1$,可知$|u_n|\not\to 0(n\to\infty)$,因此所给级数发散.

习题 8-2

1. 用比较审敛法或它的极限形式判别下列级数的敛散性:

(1) $\sum\limits_{n=1}^{\infty}\dfrac{1}{\sqrt{2n(2n+1)}}$;　(2) $\sum\limits_{n=1}^{\infty}\dfrac{n+1}{n(n+2)}$;　(3) $\sum\limits_{n=1}^{\infty}\dfrac{1}{n}\sin\dfrac{1}{n}$;　(4) $\sum\limits_{n=1}^{\infty}\dfrac{3^n}{2^n-1}$.

2. 用比值审敛法判别下列级数的敛散性:

(1) $\sum\limits_{n=1}^{\infty}\dfrac{2^{n-1}}{(n-1)!}$;　(2) $\sum\limits_{n=1}^{\infty}\dfrac{n^2}{\mathrm{e}^n}$;　(3) $\sum\limits_{n=1}^{\infty}\dfrac{n!}{3^n}$.

3. 用根值审敛法判别下列级数的敛散性:

(1) $\sum\limits_{n=1}^{\infty}\dfrac{2^{n-1}}{n^n}$;　(2) $\sum\limits_{n=1}^{\infty}\dfrac{1}{n^n}$;

(3) $\sum\limits_{n=2}^{\infty}\left(\dfrac{n}{3n+1}\right)^n$;　(4) $\sum\limits_{n=1}^{\infty}\dfrac{(2n^3-1)^n}{n^{3n}}$.

4. 判别下列交错级数的敛散性:

(1) $\sum\limits_{n=1}^{\infty}\dfrac{(-1)^n}{n^4}$;　(2) $\sum\limits_{n=0}^{\infty}\cos n\pi$;

(3) $\sum\limits_{n=2}^{\infty}\dfrac{(-1)^n}{\ln n}$;　(4) $\sum\limits_{n=1}^{\infty}(-1)^{n-1}\dfrac{n}{3^{n-1}}$.

5. 判别下列级数的敛散性及绝对敛散性:

(1) $\sum\limits_{n=1}^{\infty}(-1)^n\dfrac{2^n+1}{3^n-1}$;　(2) $\sum\limits_{n=1}^{\infty}\sin\left[(n-1)\pi+\dfrac{\pi}{3}\right]\dfrac{n}{n^2+n-1}$.

第三节 函数项级数及幂级数

一、函数项级数的概念

如果给定一个定义在区间上的函数列

$$u_1(x), u_2(x), u_3(x), \cdots, u_n(x), \cdots,$$

那么由这个函数列构成的表达式

$$u_1(x) + u_2(x) + u_3(x) + \cdots + u_n(x) + \cdots, \tag{8-7}$$

称为定义在区间 I 上的函数项无穷级数,简称函数项级数.

对于每一个确定的值 $x_0 \in I$,函数项级数(8-7)成为常数项级数

$$u_1(x_0) + u_2(x_0) + u_3(x_0) + \cdots + u_n(x_0) + \cdots, \tag{8-8}$$

级数(8-8)可能收敛也可能发散. 如果级数(8-8)收敛,就称点 x_0 是函数项级数(8-7)的收敛点;如果级数(8-8)发散,就称点 x_0 是函数项级数(8-7)的发散点. 函数项级数(8-7)的收敛点的全体称为它的收敛域,发散点的全体称为它的发散域.

对应于收敛域内的任意一个数 x,函数项级数成为一收敛的常数项级数,因而有一确定的和 s. 这样,在收敛域上,函数项级数的和是 x 的函数 $s(x)$,通常称 $s(x)$ 为函数项级数的和函数,和函数的定义域就是级数的收敛域,并写成

$$s(x) = u_1(x) + u_2(x) + u_3(x) + \cdots + u_n(x) + \cdots,$$

把函数项级数(8-7)的前 n 项的部分和记作 $s_n(x)$,则在收敛域上有

$$\lim_{n\to\infty} s_n(x) = s(x),$$

记 $r_n(x) = s(x) - s_n(x)$, $r_n(x)$ 称为函数项级数的余项[当然,只有 x 在收敛域上 $r_n(x)$ 才有意义],并有

$$\lim_{n\to\infty} r_n(x) = 0.$$

二、幂级数及其敛散性

形如

$$\sum_{n=0}^{\infty} a_n x^n = a_0 + a_1 x + a_2 x^2 + \cdots + a_n x^n + \cdots, \tag{8-9}$$

的函数项级数称为幂级数,其中常数 $a_0, a_1, a_2, \cdots, a_n, \cdots$ 称为幂级数的系数.

例如

$$1 + x + x^2 + \cdots + x^n + \cdots,$$

$$1 + x + \frac{1}{2!}x^2 + \cdots + \frac{1}{n!}x^n + \cdots$$

都是幂级数.

现在来讨论:对于一个给定的幂级数,它的收敛域与发散域是怎样的? 即 x 取数轴上哪些点时幂级数收敛,取哪些点时幂级数发散? 这就是幂级数的敛散性问题.

先看一个例子,考察幂级数

$$1+x+x^2+\cdots+x^n+\cdots$$

的敛散性. 由第一节例1知,当 $|x|<1$ 时,该级数收敛于 $\frac{1}{1-x}$;当 $|x|\geqslant 1$ 时,该级数发散. 因此,该幂级数的收敛域是开区间 $(-1,1)$,发散域是 $(-\infty,-1]$ 及 $[1,+\infty)$,有

$$\frac{1}{1-x}=1+x+x^2+\cdots+x^n+\cdots \quad (-1<x<1).$$

从这个例子可以看到,这个幂级数的收敛域是一个区间. 事实上,这个结论对于一般的幂级数也是成立的,有如下定理:

定理1证明

定理1 (阿贝尔定理)若级数 $\sum_{n=0}^{\infty}a_nx^n$ 当 $x=x_0(x_0\neq 0)$ 时收敛,则满足不等式 $|x|<|x_0|$ 的一切 x 使得该幂级数绝对收敛;反之,若级数 $\sum_{n=0}^{\infty}a_nx^n$ 当 $x=x_0$ 时发散,则满足不等式 $|x|>|x_0|$ 的一切 x 使得该幂级数发散.

定理1表明,若幂级数在点 $x=x_0$ 处收敛,则对于开区间 $(-|x_0|,|x_0|)$ 内的任意 x,幂级数都收敛;若幂级数在点 $x=x_0$ 处发散,则对于闭区间 $[-|x_0|,|x_0|]$ 外的任意 x,幂级数都发散.

设已给幂级数在数轴上既有收敛点(不仅是原点)也有发散点. 现在从原点沿数轴向右方走,最初只遇到收敛点,然后就只遇到发散点. 这两部分的界点可能是收敛点也可能是发散点. 从原点沿数轴向左方走情形也是如此. 两个界点 P 与 P' 在原点的两侧,且由定理1可以证明它们到原点的距离 R 是一样的(图8-1).

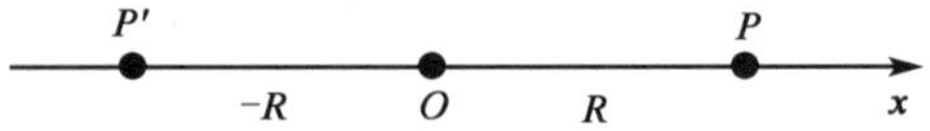

图 8-1

从上面的几何说明,得到下述重要推论:

推论 如果幂级数 $\sum_{n=0}^{\infty}a_nx^n$ 不是仅在 $x=0$ 一点收敛,也不是在整个数轴上都收敛,那么必有一个确定的正数 R 存在,使得

(1)当 $|x|<R$ 时,幂级数绝对收敛;

(2)当 $|x|>R$ 时,幂级数发散;

(3)当 $x=R$ 或 $x=-R$ 时,幂级数可能收敛也可能发散.

正数 R 通常称为幂级数(8-9)的收敛半径. 开区间 $(-R,R)$ 称为幂级数(8-9)的收敛区间. 再由幂级数在点 $x=\pm R$ 处的敛散性就可以确定它的收敛域是 $(-R,R)$,$[-R,R)$,$(-R,R]$ 或 $[-R,R]$ 这4个区间之一.

若幂级数(8-9)只在点 $x=0$ 处收敛,这时收敛域只有一点 $x=0$,但为了方便起见,规定这时收敛半径 $R=0$;若幂级数(8-9)对一切 x 都收敛,则规定收敛半径 $R=+\infty$,这时收敛域是 $(-\infty,+\infty)$. 这两种情形确实都是存在的,见下面的例2及例3.

关于幂级数的收敛半径求法,有下面的定理:

定理 2 如果

$$\lim_{n\to\infty}\left|\frac{a_{n+1}}{a_n}\right|=\rho,$$

其中 a_{n+1},a_n 是幂级数 $\sum\limits_{n=0}^{\infty}a_nx^n$ 的相邻两项的系数,那么该幂级数的收敛半径

$$R=\begin{cases}\dfrac{1}{\rho}, & \rho\neq 0,\\ +\infty, & \rho=0,\\ 0, & \rho=+\infty.\end{cases}$$

例 1 求幂级数

$$x-\frac{x^2}{2}+\frac{x^3}{3}-\cdots+(-1)^{n-1}\frac{x^n}{n}+\cdots$$

的收敛半径与收敛域.

解 因为

$$\rho=\lim_{n\to\infty}\left|\frac{a_{n+1}}{a_n}\right|=\lim_{n\to\infty}\frac{\dfrac{1}{n+1}}{\dfrac{1}{n}}=1,$$

所以收敛半径

$$R=\frac{1}{\rho}=1.$$

对于端点 $x=-1$,级数成为交错级数

$$-1-\frac{1}{2}\quad\frac{1}{3}-\cdots-\frac{1}{n}-\cdots,$$

该级数收敛;对于端点 $x=1$,级数成为

$$1-\frac{1}{2}+\frac{1}{3}-\cdots+(-1)^{n-1}\frac{1}{n}+\cdots,$$

该级数发散. 因此,收敛域是 $(-1,1]$.

例 2 求幂级数

$$1+x+\frac{1}{2!}x^2+\cdots+\frac{1}{n!}x^n+\cdots$$

的收敛域.

解 因为

$$\rho=\lim_{n\to\infty}\left|\frac{a_{n+1}}{a_n}\right|=\lim_{n\to\infty}\frac{\dfrac{1}{(n+1)!}}{\dfrac{1}{n!}}=\lim_{n\to\infty}\frac{1}{n+1}=0,$$

所以收敛半径 $R=+\infty$,从而收敛域是 $(-\infty,+\infty)$.

例 3 求幂级数 $\sum_{n=0}^{\infty} n!x^n$ 的收敛半径(规定 $0!=1$).

解 因为

$$\rho=\lim_{n\to\infty}\left|\frac{a_{n+1}}{a_n}\right|=\lim_{n\to\infty}\frac{(n+1)!}{n!}=+\infty,$$

所以收敛半径 $R=0$,即幂级数仅在点 $x=0$ 处收敛.

例 4 求幂级数 $\sum_{n=0}^{\infty}\frac{(2n)!}{(n!)^2}x^{2n}$ 的收敛半径.

解 幂级数缺少奇次幂的项,不能直接应用定理 2. 根据比值审敛法来求收敛半径:

$$\lim_{n\to\infty}\left|\frac{\frac{(2n+1)!}{[(n+1)!]^2}x^{2(n+1)}}{\frac{(2n)!}{(n!)^2}x^{2n}}\right|=4|x|^2.$$

当 $4|x|^2<1$ 即 $|x|<\frac{1}{2}$ 时,级数收敛;当 $4|x|^2>1$ 即 $|x|>\frac{1}{2}$ 时,级数发散. 所以,收敛半径 $R=\frac{1}{2}$.

三、幂级数的性质

幂级数的和函数在收敛域上有下列重要性质:

性质 1 幂级数 $\sum_{n=0}^{\infty}a_nx^n$ 的和函数 $s(x)$ 在其收敛域 I 上连续.

性质 2 幂级数 $\sum_{n=0}^{\infty}a_nx^n$ 的和函数 $s(x)$ 在其收敛域 I 上可积,并有逐项积分公式

$$\int_0^x s(t)\,\mathrm{d}t=\int_0^x\left[\sum_{n=0}^{\infty}a_nt^n\right]\mathrm{d}t=\sum_{n=0}^{\infty}\int_0^x a_nt^n\,\mathrm{d}t$$
$$=\sum_{n=0}^{\infty}\frac{a_n}{n+1}x^{n+1}\quad(x\in I),\tag{8-10}$$

逐项积分后所得到的幂级数和原级数有相同的收敛半径.

性质 3 幂级数 $\sum_{n=0}^{\infty}a_nx^n$ 的和函数 $s(x)$ 在其收敛域 $(-R,R)$ 内可导,且有逐项求导公式

$$s'(x)=\left(\sum_{n=0}^{\infty}a_nx^n\right)'=\sum_{n=0}^{\infty}(a_nx^n)'=\sum_{n=0}^{\infty}na_nx^{n-1}\quad(|x|<R),\tag{8-11}$$

逐项求导后所得到的幂级数和原级数有相同的收敛半径.

反复应用性质 3 可得:幂级数 $\sum_{n=0}^{\infty}a_nx^n$ 的和函数 $s(x)$ 在其收敛区间 $(-R,R)$ 内具有任意阶导数.

例 5 求幂级数 $\sum_{n=0}^{\infty}\frac{x^n}{n+1}$ 的和函数.

解 先求收敛域. 由

$$\lim_{n\to\infty}\left|\frac{a_{n+1}}{a_n}\right| = \lim_{n\to\infty}\frac{n+1}{n+2} = 1$$

得收敛半径 $R = 1$.

在端点 $x = -1$ 处,幂级数成为交错级数 $\sum\limits_{n=0}^{\infty}\dfrac{(-1)^n}{n+1}$,收敛;在端点 $x = 1$ 处,幂级数成为 $\sum\limits_{n=0}^{\infty}\dfrac{1}{n+1}$,发散. 因此收敛域为 $I = [-1,1)$.

设和函数为 $s(x)$,即

$$s(x) = \sum_{n=0}^{\infty}\frac{x^n}{n+1}, \quad x \in [-1,1),$$

则

$$xs(x) = \sum_{n=0}^{\infty}\frac{x^{n+1}}{n+1}.$$

利用性质 3,逐项求导,并由

$$\frac{1}{1-x} = 1 + x + x^2 + \cdots + x^n + \cdots \quad (-1 \leqslant x < 1)$$

得

$$[xs(x)]' = \sum_{n=0}^{\infty}\left(\frac{x^{n+1}}{n+1}\right)' = \sum_{n=0}^{\infty}x^n = \frac{1}{1-x} \quad (-1 \leqslant x < 1).$$

对上式从 0 到 x 积分,得

$$xs(x) = \int_0^x \frac{1}{1-t}\mathrm{d}t = -\ln(1-x) \quad (-1 \leqslant x < 1),$$

于是,当 $x \neq 0$ 时,有 $s(x) = -\dfrac{1}{x}\ln(1-x)$. 而 $s(0)$ 可由 $s(0) = a_0 = 1$ 得出,也可由和函数的连续性得

$$s(0) = \lim_{x\to\infty}s(x) = \lim_{x\to\infty}\left[-\frac{1}{x}\ln(1\quad x)\right] = 1,$$

故

$$s(x) = \begin{cases} -\dfrac{1}{x}\ln(1-x), & x \in [-1,0) \cup (0,1), \\ 1, & x = 0. \end{cases}$$

习题 8-3

1. 求下列幂级数的收敛半径和收敛区间:

(1) $\sum\limits_{n=1}^{\infty}\dfrac{(-1)^{n-1}}{n}x^n$; (2) $\sum\limits_{n=1}^{\infty}\dfrac{x^n}{n\cdot 2^n}$; (3) $\sum\limits_{n=1}^{\infty}nx^n$; (4) $\sum\limits_{n=1}^{\infty}\dfrac{n!x^n}{n^2}$.

2. 求下列幂级数的收敛区间:

(1) $\sum\limits_{n=1}^{\infty}\dfrac{x^n}{n!}$; (2) $\sum\limits_{n=1}^{\infty}(-1)^n(2n+1)^2x^n$; (3) $\sum\limits_{n=1}^{\infty}\dfrac{x^{2n}}{2n}$; (4) $\sum\limits_{n=1}^{\infty}\dfrac{x^n}{n^n}$.

3. 求下列幂级数的和函数:

(1) $\sum\limits_{n=1}^{\infty}\dfrac{x^{2n-1}}{2n-1}$; (2) $\sum\limits_{n=1}^{\infty}\dfrac{x^n}{3^n\cdot n}$.

第四节　函数展开成幂级数

前面讨论了幂级数的收敛域及和函数的性质，但在许多应用中遇到的却是相反的问题：给定函数$f(x)$，要考虑它是否能在某个区间内"展开成幂级数"，也就是说，是否能找到这样一个幂级数，它在某区间内收敛，且其和恰好就是给定的函数$f(x)$.

一、泰勒级数和麦克劳林级数

假设函数$f(x)$在点x_0的某邻域$U(x_0)$内能展开成幂级数，即有

$$f(x)=a_0+a_1(x-x_0)+a_2(x-x_0)^2+\cdots+a_n(x-x_0)^n+\cdots,\quad x\in U(x_0),\qquad(8\text{-}12)$$

则根据和函数的性质可知，$f(x)$在$U(x_0)$内应具有任意阶导数，且

$$f^{(n)}(x)=n!\,a_n+(n+1)!\,a_{n+1}(x-x_0)+\frac{(n+2)!}{2!}a_{n+2}(x-x_0)^2+\cdots,$$

由此可得

$$f^{(n)}(x_0)=n!\,a_n.$$

于是

$$a_n=\frac{1}{n!}f^{(n)}(x_0)\quad(n=0,1,2,\cdots).\qquad(8\text{-}13)$$

这就表明，如果函数$f(x)$有幂级数展开式(8-12)，那么该幂级数的系数a_n由式(8-13)确定，即该幂级数必为

$$f(x_0)+f'(x_0)(x-x_0)+\cdots+\frac{1}{n!}f^{(n)}(x_0)(x-x_0)^n+\cdots=\sum_{n=0}^{\infty}\frac{1}{n!}f^{(n)}(x_0)(x-x_0)^n,\qquad(8\text{-}14)$$

而展开式必为

$$f(x)=\sum_{n=0}^{\infty}\frac{1}{n!}f^{(n)}(x_0)(x-x_0)^n,\quad x\in U(x_0)\qquad(8\text{-}15)$$

幂级数(8-14)称为函数$f(x)$在点x_0处的泰勒级数. 展开式(8-15)称为函数$f(x)$在点x_0处的泰勒展开式.

由以上讨论可知，函数$f(x)$在$U(x_0)$内能展开成幂级数的充分必要条件是泰勒展开式(8-15)成立，也就是泰勒级数(8-14)在$U(x_0)$内收敛，且收敛到$f(x)$.

下面讨论泰勒展开式(8-15)成立的条件.

定理　设函数$f(x)$在点x_0的某邻域$U(x_0)$内具有各阶导数，则$f(x)$在该邻域内能展开成泰勒级数的充分必要条件是：在该邻域内$f(x)$的泰勒公式中的余项$r_n(x)$当$n\to\infty$时的极限为零，即

$$\lim_{n\to\infty}r_n(x)=0,\quad x\in U(x_0),$$

$$f(x)=p_n(x)+r_n(x),$$

其中

$$p_n(x)=f(x_0)+f'(x_0)(x-x_0)+\cdots+\frac{1}{n!}f^{(n)}(x_0)(x-x_0)^n$$

称为函数$f(x)$的 n 次泰勒多项式，而

$$r_n(x)=f(x)-p_n(x)$$

就是定理 1 中所指的余项.

由于 n 次泰勒多项式 $p_n(x)$ 就是级数(8-14)的前 $n+1$ 项部分和，根据级数收敛的定义，即有

$$\begin{aligned}&\sum_{n=0}^{\infty}\frac{1}{n!}f^{(n)}(x_0)(x-x_0)^n=f(x),x\in U(x_0)\\ \Leftrightarrow&\lim_{n\to\infty}p_n(x)=f(x),x\in U(x_0)\\ \Leftrightarrow&\lim_{n\to\infty}[f(x)-p_n(x)]=0,x\in U(x_0)\\ \Leftrightarrow&\lim_{n\to\infty}r_n(x)=0,x\in U(x_0).\end{aligned}$$

下面着重讨论 $x_0=0$ 的情形. 在级数(8-14)中，取 $x_0=0$ 得

$$f(0)+f'(0)x+\cdots+\frac{1}{n!}f^{(n)}(0)x^n+\cdots=\sum_{n=0}^{\infty}\frac{1}{n!}f^{(n)}(0)x^n, \tag{8-16}$$

级数(8-16)称为函数$f(x)$的麦克劳林级数. 若$f(x)$能在$(-r,r)$内展开成 x 的幂级数，则有

$$f(x)=\sum_{n=0}^{\infty}\frac{1}{n!}f^{(n)}(0)x^{(n)}\quad(|x|<r), \tag{8-17}$$

式(8-17)称为函数$f(x)$的麦克劳林展开式.

二、函数展开成幂级数的步骤

要把函数$f(x)$展开成 x 的幂级数，可以按照下列步骤进行：

第一步：求出$f(x)$的各阶导数$f'(x),f''(x),\cdots,f^{(n)}(x),\cdots$，如果在点 $x=0$ 处某阶导数不存在，就停止进行，例如在点 $x=0$ 处，$f(x)=x^{7/3}$的三阶导数不存在，它就不能展开为 x 的幂级数.

第二步：求出函数及其各阶导数在点 $x=0$ 处的值

$$f(0),f'(0),f''(0),\cdots,f^{(n)}(0),\cdots.$$

第三步：写出幂级数

$$f(0)+f'(0)x+\frac{f''(0)}{2!}x^2+\cdots+\frac{f^{(n)}(0)}{n!}x^n+\cdots,$$

并求出收敛半径 R.

第四步：利用余项 $r_n(x)$的表达式 $r_n(x)=\frac{1}{(n+1)!}f^{(n+1)}(\theta x)x^{n+1}(0<\theta<1)$，考察当 x 在区间$(-R,R)$内时余项 $r_n(x)$的极限是否为零. 如果为零，那么函数$f(x)$在区间$(-R,R)$内的幂级数展开式为

$$f(x)=f(0)+f'(0)x+\frac{f''(0)}{2!}x^2+\cdots+\frac{f^{(n)}(0)}{n!}x^n+\cdots\quad(-R<x<R).$$

例 1 将函数$f(x)=e^x$ 展开成 x 的幂级数.

解 所给函数的各阶导数为$f^{(n)}(x)=e^x(n=1,2,\cdots)$，因此$f^{(n)}(0)=1(n=0,1,2,\cdots)$，这里$f^{(0)}(0)=f(0)$，于是得级数

$$1+x+\frac{x^2}{2!}+\cdots+\frac{x^n}{n!}+\cdots,$$

它的收敛半径 $R=+\infty$.

对于任意有限的数 x 与 ξ(ξ 在 0 与 x 之间),余项的绝对值

$$|r_n(x)|=\left|\frac{e^{\xi}}{(n+1)!}x^{n+1}\right|<e^{|x|}\cdot\frac{|x|^{n+1}}{(n+1)!}.$$

因为 $e^{|x|}$ 有限,而 $\frac{|x|^{n+1}}{(n+1)!}$ 是收敛级数 $\sum\limits_{n=0}^{\infty}\frac{|x|^{n+1}}{(n+1)!}$ 的一般项,所以当 $n\to\infty$ 时,$e^{|x|}\cdot\frac{|x|^{n+1}}{(n+1)!}\to 0$,即当 $n\to\infty$ 时,有 $|r_n(x)|\to 0$,于是得展开式

$$e^x=1+x+\frac{x^2}{2!}+\cdots+\frac{x^n}{n!}+\cdots\quad(-\infty<x<\infty).\tag{8-18}$$

如果在点 $x=0$ 附近,用级数的部分和(即多项式)来近似代替 e^x,那么随着项数的增加,它们就越来越接近于 e^x,如图 8-2 所示.

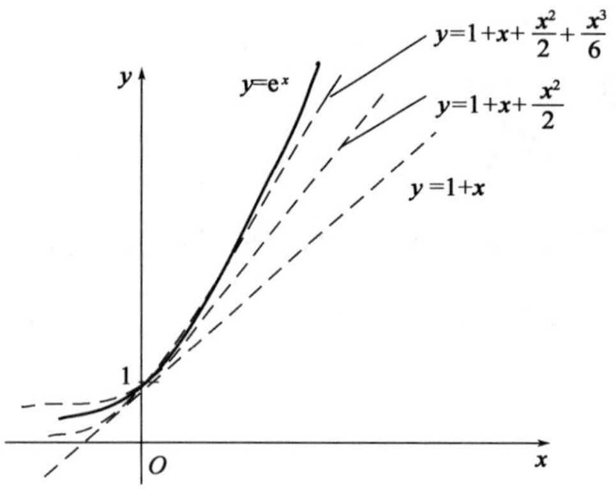

图 8-2

例 2 将函数 $f(x)=\sin x$ 展开成 x 的幂级数.

解 所给函数的各阶导数为

$$f^{(n)}(x)=\sin\left(x+n\cdot\frac{\pi}{2}\right)\quad(n=1,2,\cdots),$$

$f^{(n)}(0)$ 顺序循环地取 $0,1,0,-1,\cdots(n=0,1,2,3,\cdots)$,于是得级数

$$x-\frac{x^3}{3!}+\frac{x^5}{5!}-\cdots+(-1)^n\frac{x^{2n+1}}{(2n+1)!}+\cdots$$

的收敛半径 $R=+\infty$.

对于任意有限的数 x 与 ξ(ξ 在 0 与 x 之间),余项的绝对值当 $n\to\infty$ 时的极限为零:

$$|r_n(x)|=\left|\frac{\sin\left[\xi+\frac{(n+1)\pi}{2}\right]}{(n+1)!}x^{n+1}\right|<\frac{|x|^{n+1}}{(n+1)!}\to 0\quad(n\to\infty),$$

因此得展开式

$$\sin x=x-\frac{x^3}{3!}+\frac{x^5}{5!}-\cdots+(-1)^n\frac{x^{2n+1}}{(2n+1)!}+\cdots\quad(-\infty<x<+\infty).\tag{8-19}$$

以上将函数展开成幂级数的例子,是直接按公式 $a_n=\frac{f^{(n)}(0)}{n!}$ 计算幂级数的系数,最后考察余项 $r_n(x)$ 是否趋近于零. 这种直接展开的方法计算量较大,而且即使在初等函数中研究余项也不是一件容易的事. 下面介绍间接展开的方法,这就是利用一些已知的函数展开式,通过幂级数的运算(如四则运算、逐项求导、逐项积分)以及变量代换等,将所给函数展开成幂级数. 这样做不但计算简单,而且可以避免研究余项. 常用的幂级数展开式有

$$e^x=\sum_{n=0}^{\infty}\frac{1}{n!}x^n\quad(-\infty<x<+\infty),\tag{8-20}$$

$$\sin x=\sum_{n=0}^{\infty}\frac{(-1)^n}{(2n+1)!}x^{2n+1}\quad(-\infty<x<+\infty),\tag{8-21}$$

$$\frac{1}{1+x}=\sum_{n=0}^{\infty}(-1)^n x^n\quad(-1\leqslant x\leqslant 1).\tag{8-22}$$

利用这三个展开式,可以求得许多函数的幂级数展开式.例如对式(8-22)两边从0到 x 积分,可得

$$\ln(1+x)=\sum_{n=0}^{\infty}\frac{(-1)^n}{n+1}x^{n+1}=\sum_{n=1}^{\infty}\frac{(-1)^{n-1}}{n}x^n\quad(-1\leqslant x\leqslant 1),\tag{8-23}$$

对式(8-21)两边求导,即得

$$\cos x=\sum_{n=0}^{\infty}\frac{(-1)^n}{(2n)!}x^{2n}\quad(-\infty<x<+\infty),\tag{8-24}$$

把式(8-20)中的 x 换成 $x\ln a$,可得

$$a^x=\mathrm{e}^{x\ln a}=\sum_{n=0}^{\infty}\frac{(\ln a)^n}{n!}x^n\quad(-\infty<x<+\infty),$$

把式(8-22)中的 x 换成 x^2,可得

$$\frac{1}{1+x^2}=\sum_{n=0}^{\infty}(-1)^n x^{2n}\quad(-1\leqslant x\leqslant 1),$$

对上式从0到 x 积分,可得

$$\arctan x=\sum_{n=0}^{\infty}\frac{(-1)^n}{2n+1}x^{2n+1}\quad(-1\leqslant x\leqslant 1).$$

式(8-20)~式(8-24)这5个幂级数展开式是最常用的,记住前三个,后两个也就掌握了.

下面再举几个用间接法把函数展开成幂级数的例子.

例3 把函数 $f(x)=(1-x)\ln(1+x)$ 展开成 x 的幂级数.

解 由 $\ln(1+x)=\sum\limits_{n=1}^{\infty}\frac{(-1)^{n-1}}{n}x^n\,(-1\leqslant x\leqslant 1)$ 得

$$f(x)=(1-x)\sum_{n=1}^{\infty}\frac{(-1)^{n-1}}{n}x^n=\sum_{n=1}^{\infty}\frac{(-1)^{n-1}}{n}x^n-\sum_{n=1}^{\infty}\frac{(-1)^{n-1}}{n}x^{n+1}$$

$$=\sum_{n=1}^{\infty}\frac{(-1)^{n-1}}{n}x^n-\sum_{n=2}^{\infty}\frac{(-1)^n}{n}x^n=x+\sum_{n=2}^{\infty}\frac{(-1)^{n-1}(2n-1)}{n(n-1)}x^n\quad(-1\leqslant x\leqslant 1).$$

例4 将函数 $f(x)=(1+x)^m$ 展开成 x 的幂级数,其中 m 为任意实数.

解 $f(x)$ 的各阶导数分别为

$$f'(x)=m(1+x)^{m-1},$$
$$f''(x)=m(m-1)(1+x)^{m-2},$$
$$\cdots\cdots$$
$$f^{(n)}(x)=m(m-1)(m-2)\cdots(m-n+1)(1+x)^{m-n},$$
$$\cdots\cdots$$

所以

$$f(0)=1,f'(0)=m,f''(0)=m(m-1),$$
$$\cdots\cdots$$
$$f^{(n)}(0)=m(m-1)\cdots(m-n+1),$$
$$\cdots\cdots$$

于是得级数

$$1+mx+\frac{m(m-1)}{2!}x^2+\cdots+\frac{m(m-1)\cdots(m-n+1)}{n!}x^n+\cdots,$$

该级数相邻两项的系数之比的绝对值

$$\frac{|a_{n+1}|}{|a_n|}=\left|\frac{m-n}{n+1}\right|\to 1\quad (n\to\infty).$$

因此,对于任意实数 m 该级数在开区间$(-1,1)$内收敛.

为了避免直接研究余项,设该级数在开区间$(-1,1)$内收敛到函数 $F(x)$:

$$F(x)=1+mx+\frac{m(m-1)}{2!}x^2+\cdots+\frac{m(m-1)\cdots(m-n+1)}{n!}x^n+\cdots\quad(-1<x<1).$$

下面证明 $F(x)=(1+x)^m(-1<x<1)$.

逐项求导,得

$$F'(x)=m\left[1+\frac{m-1}{1}x+\cdots+\frac{(m-1)\cdots(m-n+1)}{(n-1)!}x^{n-1}+\cdots\right],$$

两边各乘$(1+x)$,并把含有 $x^n(n=1,2,\cdots)$的两项合并起来. 根据恒等式

$$\frac{(m-1)\cdots(m-n+1)}{(n-1)!}+\frac{(m-1)\cdots(m-n)}{n!}=\frac{m(m-1)\cdots(m-n+1)}{n!}\quad(n=1,2,\cdots)$$

可得

$$\begin{aligned}&(1+x)F'(x)\\&=m\left[1+mx+\frac{m(m-1)}{2!}x^2+\cdots+\frac{m(m-1)\cdots(m-n+1)}{n!}x^n+\cdots\right]\\&=mF(x)\quad(-1<x<1).\end{aligned}$$

现在令 $\varphi(x)=\dfrac{F(x)}{(1+x)^m}$,于是 $\varphi(0)=F(0)=1$,且

$$\begin{aligned}\varphi'(x)&=\frac{(1+x)^mF'(x)-m(1+x)^{m-1}F(x)}{(1+x)^{2m}}\\&=\frac{(1+x)^{m-1}[(1+x)F'(x)-mF(x)]}{(1+x)^{2m}}=0,\end{aligned}$$

所以 $\varphi(x)=c$(c 为任意常数). 但是 $\varphi(0)=1$,从而 $\varphi(x)=1$,即

$$F(x)=(1+x)^m,$$

因此在区间$(-1,1)$内有展开式

$$(1+x)^m=1+mx+\frac{m(m-1)}{2!}x^2+\cdots+\frac{m(m-1)\cdots(m-n+1)}{n!}x^n+\cdots\quad(-1<x<1).\tag{8-25}$$

在区间的端点,展开式是否成立要看 m 的数值而定.

式(8-25)称为二项展开式. 特殊地,当 m 为正整数时,级数为 x 的 m 次项式,这就是代数学中的二项式定理.

对应于 $m=\dfrac{1}{2}$与$-\dfrac{1}{2}$的二项展开式分别为

$$\begin{aligned}\sqrt{1+x}=1+\frac{1}{2}x-\frac{1}{2\cdot 4}x^2+\frac{1\cdot 3}{2\cdot 4\cdot 6}x^3-\frac{1\cdot 3\cdot 5}{2\cdot 4\cdot 6\cdot 8}x^4+\cdots+\\(-1)^{n-1}\frac{1\cdot 3\cdot 5\cdot\cdots\cdot(2n-3)}{2\cdot 4\cdot 6\cdot 8\cdot\cdots\cdot(2n)}x^n+\cdots\quad(-1\leqslant x\leqslant 1),\end{aligned}$$

$$\frac{1}{\sqrt{1+x}}=1-\frac{1}{2}x+\frac{1\cdot 3}{2\cdot 4}x^2-\frac{1\cdot 3\cdot 5}{2\cdot 4\cdot 6}x^3+\frac{1\cdot 3\cdot 5\cdot 7}{2\cdot 4\cdot 6\cdot 8}x^4-\cdots+$$
$$(-1)^n\frac{1\cdot 3\cdot 5\cdot\cdots\cdot(2n-1)}{2\cdot 4\cdot 6\cdot 8\cdot\cdots\cdot(2n)}x^n+\cdots\quad(-1<x\leqslant 1).$$

例 5 用 MATLAB 语言,将函数 $f(x)=x^2\ln(1+2x)$ 展开成 $x-2$ 的幂级数,并显示前 7 项.

MATLAB 程序如下:

```
>>syms  x y
>>f=x^2*log(1+2*x);
>>Taylor(f,7,2)
```

运行语句后输出:

```
ans =
4*log(5)+(8/5+4*log(5))*(x-2)+(32/25+log(5))*(x-2)^2+62/375*
(x-2)^3-38/1875*(x-2)^4+184/46875*(x-2)^5-44/46875*(x-2)^6
```

习题 8-4

1. 将下列函数展开成 x 的幂函数:

(1) $f(x)=\dfrac{1}{1-x^2}$; (2) $f(x)=e^{x^2}$; (3) $f(x)=\cos 2x$; (4) $f(x)=\dfrac{1}{2+x}$;

(5) $f(x)=\sin^2 x$; (6) $f(x)=(1+x)e^x$; (7) $f(x)=\dfrac{1}{x^2+3x+2}$; (8) $f(x)=\ln\dfrac{1+x}{1-x}$.

2. 应用幂级数的展开式求和:

(1) $\sum\limits_{n=0}^{\infty}\dfrac{(-1)^n}{(2n+1)!}\left(\dfrac{\pi}{6}\right)^{2n+1}$; (2) $\sum\limits_{n=1}^{\infty}\dfrac{(-1)^n}{2^n}$.

第五节 函数的幂级数展开式的应用

一、近似计算

有了函数的幂级数展开式,就可用它来进行近似计算,即在展开式有效的区间上,利用这个级数按精确度要求对函数值进行近似计算.

例 1 计算 $\sqrt[5]{240}$ 的近似值,要求误差不超过 0.0001.

解 因为

$$\sqrt[5]{240}=\sqrt[5]{243-3}=3\left(1-\frac{1}{3^4}\right)^{1/5},$$

所以,在二项展开式[式(8-25)]中取 $m=\dfrac{1}{5}$,$x=-\dfrac{1}{3^4}$,即得

$$\sqrt[5]{240}=3\left(1-\frac{1}{5}\cdot\frac{1}{3^4}-\frac{1\cdot 4}{5^2\cdot 2!}\cdot\frac{1}{3^8}-\frac{1\cdot 4\cdot 9}{5^3\cdot 3!}\cdot\frac{1}{3^{12}}-\cdots\right).$$

这个级数收敛很快.取前两项的和作为$\sqrt[5]{240}$的近似值,其误差(也称为截断误差)为

$$\begin{aligned}|r_2| &= 3\left(\frac{1\cdot 4}{5^2\cdot 2!}\cdot\frac{1}{3^8}+\frac{1\cdot 4\cdot 9}{5^3\cdot 3!}\cdot\frac{1}{3^{12}}+\frac{1\cdot 4\cdot 9\cdot 14}{5^4\cdot 4!}\cdot\frac{1}{3^{16}}+\cdots\right)\\ &< 3\cdot\frac{1\cdot 4}{5^2\cdot 2!}\cdot\frac{1}{3^8}\left[1+\frac{1}{81}+\left(\frac{1}{81}\right)^2+\cdots\right]\\ &= \frac{6}{25}\cdot\frac{1}{3^8}\cdot\frac{1}{1-\frac{1}{81}}=\frac{1}{25\cdot 27\cdot 40}<\frac{1}{20000},\end{aligned}$$

于是取近似值为

$$\sqrt[5]{240}\approx 3\left(1-\frac{1}{5}\cdot\frac{1}{3^4}\right).$$

为了使四舍五入引起的误差(称为舍入误差)与截断误差之和不超过10^{-4},计算时应取五位小数,再四舍五入.因此,最后得

$$\sqrt[5]{240}\approx 2.9926.$$

例 2 利用$\sin x\approx x-\frac{x^3}{3!}$求$\sin 9°$的近似值,并估计误差.

解 把角度化成弧度:

$$9°=\frac{\pi}{180}\times 9(\text{rad})=\frac{\pi}{20}(\text{rad}),$$

从而

$$\sin\frac{\pi}{20}\approx\frac{\pi}{20}-\frac{1}{3!}\left(\frac{\pi}{20}\right)^3.$$

估计这个近似值的精确度.在$\sin x$的幂级数展开式[式(8-21)]中令$x=\frac{\pi}{20}$,得

$$\sin\frac{\pi}{20}=\frac{\pi}{20}-\frac{1}{3!}\left(\frac{\pi}{20}\right)^3+\frac{1}{5!}\left(\frac{\pi}{20}\right)^5-\frac{1}{7!}\left(\frac{\pi}{20}\right)^7+\cdots+\frac{(-1)^n}{(2n+1)!}\left(\frac{\pi}{20}\right)^{2n+1}+\cdots,$$

等式右边是一个收敛的交错级数,且各项的绝对值单调递减.取它的前两项之和作为$\sin\frac{\pi}{20}$的近似值,其误差为

$$|r_2|\leqslant\frac{1}{5!}\left(\frac{\pi}{20}\right)^5<\frac{1}{120}\cdot 0.2^5<\frac{1}{300000},$$

因此取

$$\frac{\pi}{20}\approx 0.157080,\quad \frac{1}{3!}\left(\frac{\pi}{20}\right)^3\approx 0.000646,$$

于是得

$$\sin 9°\approx 0.15643,$$

这时误差不超过10^{-5}.

利用幂级数不仅可以计算一些函数值的近似值,而且可以计算一些定积分的近似值.具体来说,如果被积函数在积分区间上能展开成幂级数,那么把这个幂级数逐项积分,用积分后的级数就可算出定积分的近似值.

例 3 计算积分

$$\int_0^1 \frac{\sin x}{x} \mathrm{d}x$$

的近似值,要求误差不超过 0.0001.

解 由于 $\lim\limits_{x \to 0} \frac{\sin x}{x} = 1$,因此所给积分不是反常积分. 如果定义被积函数在点 $x=0$ 处的值为 1,那么它在积分区间[0,1]上连续.

展开被积函数,有

$$\frac{\sin x}{x} = 1 - \frac{x^2}{3!} + \frac{x^4}{5!} - \frac{x^6}{7!} + \cdots + (-1)^n \frac{x^{2n}}{(2n+1)!} + \cdots \quad (-\infty < x < +\infty),$$

在区间[0,1]上逐项积分,得

$$\int_0^1 \frac{\sin x}{x} \mathrm{d}x = 1 - \frac{1}{3 \cdot 3!} + \frac{1}{5 \cdot 5!} - \frac{1}{7 \cdot 7!} + \cdots + (-1)^n \frac{1}{(2n+1)(2n+1)!} + \cdots,$$

因为第四项的绝对值

$$\frac{1}{7 \cdot 7!} < \frac{1}{30000},$$

所以取前三项的和作为定积分的近似值:

$$\int_0^1 \frac{\sin x}{x} \mathrm{d}x = 1 - \frac{1}{3 \cdot 3!} + \frac{1}{5 \cdot 5!},$$

算得

$$\int_0^1 \frac{\sin x}{x} \mathrm{d}x \approx 0.9461.$$

二、微分方程的幂级数解法

这里简单介绍一阶微分方程和二阶齐次线性微分方程的幂级数解法.

为求一阶微分方程

$$\frac{\mathrm{d}y}{\mathrm{d}x} = f(x, y) \tag{8-26}$$

满足初始条件 $y|_{x=x_0} = y_0$ 的特解,如果其中函数 $f(x,y)$ 是 $(x-x_0)$,(y,y_0) 的多项式

$$f(x,y) = a_{00} + a_{10}(x-x_0) + a_{01}(y-y_0) + \cdots + a_{lm}(x-x_0)^l (y-y_0)^m,$$

那么设所求特解可展开为 $(x-x_0)$ 的幂级数:

$$y = y_0 + a_1(x-x_0) + a_2(x-x_0)^2 + \cdots + a_n(x-x_0)^n + \cdots, \tag{8-27}$$

其中 $a_1, a_2, \cdots, a_n, \cdots$ 是待定系数. 把式(8-27)代入式(8-26)中,便得一恒等式,比较所得恒等式两边 $(x-x_0)$ 的同次幂的系数,就可定出常数 $a_1, a_2, \cdots$,以这些常数为系数的幂级数(8-27)在其收敛区间内就是方程(8-26)满足初始条件 $y|_{x=x_0} = y_0$ 的特解.

例 4 求方程 $\frac{\mathrm{d}y}{\mathrm{d}x} = -y - x$ 满足 $y|_{x=0} = 2$ 的特解.

解 这时 $x_0 = 0$, $y_0 = 2$. 故设方程的特解为

$$y = 2 + a_1 x + a_2 x^2 + \cdots + a_n x^n + \cdots,$$

由此,得

$$y' = a_1 + 2a_2x + \cdots + na_nx^{n-1} + \cdots.$$

把 y 及 y' 的幂级数展开式代入原方程,得

$$a_1 + 2a_2x + \cdots + na_nx^{n-1} + \cdots = -2 - (a_1 + 1)x - a_2x^2 - \cdots - a_nx^n - \cdots.$$

上式为恒等式,比较上式两边 x 的同次幂的系数,得

$$a_1 = -2, 2a_2 = -(a_1 + 1), 3a_3 = -a_2, \cdots, na_n = -a_{n-1}, \cdots,$$

故 $a_1 = -2, a_2 = \dfrac{1}{2}, a_3 = -\dfrac{1}{3!}, \cdots$. 由数学归纳法可得

$$a_n = (-1)^n \frac{1}{n!} \quad (n \geqslant 2),$$

于是

$$\begin{aligned} y &= 2 - 2x + \frac{1}{2!}x^2 - \frac{1}{3!}x^3 + \cdots + (-1)n\frac{1}{n!}x^n + \cdots \\ &= 1 - x + \left[1 - x + \frac{1}{2!}x^2 - \frac{1}{3!}x^3 + \cdots + (-1)^n\frac{1}{n!}x^n + \cdots\right] \\ &= 1 - x + \mathrm{e}^{-x}, \end{aligned}$$

这就是所求的特解.

事实上,所给方程是一阶线性微分方程,容易求得它的通解为 $y = C\mathrm{e}^{-x} + 1 - x$,由条件 $y|_{x=0} = 2$ 确定常数 $C = 1$,即得方程的特解 $y = \mathrm{e}^{-x} + 1 - x$.

关于二阶齐次线性微分方程

$$y'' + P(x)y' + Q(x)y = 0 \tag{8-28}$$

用幂级数求解的问题,先给出以下定理:

定理 1 如果方程(8-28)中的系数 $P(x)$ 与 $Q(x)$ 可在 $(-R, R)$ 内展开为 x 的幂级数,那么在 $-R < x < R$ 内方程(8-28)必有形如

$$y = \sum_{n=0}^{\infty} a_nx^n$$

的解.

例 5 求微分方程

$$y'' - xy = 0$$

满足初始条件

$$y|_{x=0} = 0, \quad y'|_{x=0} = 1$$

的特解.

解 这里 $P(x) = 0, Q(x) = -x$ 在整个数轴上满足上述定理的条件,因此,所求的解可在整个数轴上展开成 x 的幂级数:

$$y = a_0 + a_1x + a_2x^2 + \cdots + a_nx^n + \cdots = \sum_{n=0}^{\infty} a_nx^n, \tag{8-29}$$

由条件 $y|_{x=0} = 0$,得 $a_0 = 0$. 对幂级数(8-29)逐项求导,有

$$y' = a_1 + 2a_2x + 3a_3x^2 + \cdots + na_nx^{n-1} + \cdots = \sum_{n=1}^{\infty} na_nx^{n-1},$$

由条件$y'|_{x=0}=1$，得 $a_1=1$. 于是所求特解 y 及 y' 的展开式分别为

$$y=x+a_2x^2+a_3x^3+\cdots+a_nx^n+\cdots=x+\sum_{n=2}^{\infty}a_nx^n\ , \tag{8-30}$$

$$y'=1+2a_2x+3a_3x^2+\cdots+na_nx^{n-1}+\cdots=1+\sum_{n=2}^{\infty}na_nx^{n-1}\ . \tag{8-31}$$

对幂级数(8-31)逐项求导，得

$$y''=2a_2+3\cdot 2a_3x+\cdots+n(n-1)a_nx^{n-2}+L=\sum_{n=2}^{\infty}n(n-1)a_nx^{n-2}\ . \tag{8-32}$$

把式(8-30)和式(8-32)代入所给方程，并按 x 的升幂集项，得

$$\begin{aligned}&2a_2+3\cdot 2a_3x+(4\cdot 3a_4-1)x^2+(5\cdot 4a_5-a_2)x^3\\&+(6\cdot 5a_6-a_3)x^4+L+[(n+2)(n+1)a_{n+2}-a_{n-1}]x^n+L=0.\end{aligned}$$

因为上式是恒等式，所以上式左边各项的系数必全为零，于是有

$$a_2=0,a_3=0,a_4=\frac{1}{4\cdot 3},a_5=0,a_6=0,\cdots\cdots,$$

一般地

$$a_{n+2}=\frac{a_{n+1}}{(n+2)(n+1)}\quad(n=3,4,\cdots).$$

从该递推公式可以推得

$$a_7=\frac{a_4}{7\cdot 6}=\frac{1}{7\cdot 6\cdot 4\cdot 3},a_8=\frac{a_5}{8\cdot 7}=0,a_9=\frac{a_6}{9\cdot 8}=0,$$

$$a_{10}=\frac{a_7}{10\cdot 9}=\frac{1}{10\cdot 9\cdot 7\cdot 6\cdot 4\cdot 3},\cdots\cdots,$$

一般地

$$a_{3m+1}=a_{3m}=0,$$

$$a_{3m+1}=\frac{1}{(3m+1)3m\cdot\cdots\cdot 7\cdot 6\cdot 4\cdot 3}\quad(m=1,2,\cdots),$$

于是所求特解为

$$\begin{aligned}y&=x+\frac{x^4}{4\cdot 3}+\frac{x^7}{7\cdot 6\cdot 4\cdot 3}+\frac{x^{10}}{10\cdot 9\cdot 7\cdot 6\cdot 4\cdot 3}+\cdots\\&=\frac{x^{3m+1}}{(3m+1)3m\cdot\cdots\cdot 10\cdot 9\cdot 7\cdot 6\cdot 4\cdot 3}+\cdots.\end{aligned}$$

习题 8-5

1. 求下列各数的近似值：

(1) $\ln 3$（误差不超过 0.0001）；　　(2) $\sqrt{e}$（误差不超过 0.001）；

(3) $\sqrt[9]{522}$（误差不超过 0.00001）；　　(4) $\cos 2°$（误差不超过 0.0001）.

2. 利用被积函数的幂级数展开式求下列定积分的近似值：

(1) $\int_0^{0.5}\frac{1}{1+x^4}dx$（误差不超过 0.0001）；　　(2) $\int_0^{0.5}\frac{\arctan x}{x}dx$（误差不超过 0.001）.

3. 试用幂级数求下列各微分方程的解：

(1) $y'-xy-x=1$；　　(2) $y''+xy'+y=0$；　　(3) $(1-x)y'=x^2-y$.

4. 试用幂级数求下列方程满足所给初始条件的特解：

(1) $y'=y^2+x^3, y|_{x=0}=\frac{1}{2}$；　　(2) $(1-x)y'+y=1+x, y|_{x=0}=0$.

第六节　傅里叶级数

在物理学及其他一些学科中，常会遇到描述周期运动的函数——周期函数，正弦函数和余弦函数就是最简单的周期函数. 因此，有必要探讨周期函数是否能够用下列级数来表示：

$$\frac{a_0}{2}+\sum_{n=1}^{\infty}\left(a_n\cos\frac{n\pi t}{l}+b_n\sin\frac{n\pi t}{l}\right). \tag{8-33}$$

形如式(8-33)的级数称为三角级数，其中 $a_0, a_n, b_n (n=1,2,3,\cdots)$ 都是常数.

令 $\frac{\pi t}{l}=x$，式(8-33)成为

$$\frac{a_0}{2}+\sum_{n=1}^{\infty}(a_n\cos nx+b_n\sin nx), \tag{8-34}$$

这就把以 $2l$ 为周期的三角级数转换成以 2π 为周期的三角级数.

一、三角函数系的正交性

下面讨论以 2π 为周期的三角级数(8-34).

如同讨论幂级数时一样，必须讨论三角级数(8-34)的敛散性问题，以及给定周期为 2π 的周期函数如何把它展开成三角级数(8-34). 为此，首先介绍三角函数系的正交性.

三角函数系

$$1, \cos x, \sin x, \cos 2x, \sin 2x, \cdots, \cos nx, \sin nx, \cdots \tag{8-35}$$

在区间 $[-\pi,\pi]$ 上正交，是指在三角函数系(8-35)中任何不同的两个函数的乘积在区间 $[-\pi,\pi]$ 上的积分等于零，即

(1) $\int_{-\pi}^{\pi}\cos nx\mathrm{d}x=0(n=1,2,3,\cdots)$；

(2) $\int_{-\pi}^{\pi}\sin nx\mathrm{d}x=0(n=1,2,3,\cdots)$；

(3) $\int_{-\pi}^{\pi}\sin kx\cos nx\mathrm{d}x=0(k,n=1,2,3,\cdots)$；

(4) $\int_{-\pi}^{\pi}\cos kx\cos nx\mathrm{d}x=0(k,n=1,2,3,\cdots;k\neq n)$；

(5) $\int_{-\pi}^{\pi}\sin kx\sin nx\mathrm{d}x=0(k,n=1,2,3,\cdots;k\neq n)$.

以上等式都可以通过计算定积分来验证，现仅将第(4)式验证如下.

利用三角函数中积化和差公式有

$$\cos kx\cos nx=\frac{1}{2}[\cos(k+n)x+\cos(k-n)x],$$

当 $k\neq n$ 时,有

$$\begin{aligned}\int_{-\pi}^{\pi}\cos kx\cos nx\mathrm{d}x&=\frac{1}{2}\int_{-\pi}^{\pi}[\cos(k+n)x+\cos(k-n)x]\mathrm{d}x\\&=\frac{1}{2}\left[\frac{\sin(k+n)x}{k+n}+\frac{\sin(k-n)x}{k-n}\right]_{-\pi}^{\pi}\\&=0\quad(k,n=1,2,3,\cdots;k\neq n).\end{aligned}$$

其余等式可自行验证.

在三角函数系(8-35)中,两个相同函数的乘积在区间$[-\pi,\pi]$上的积分不等于零,即

$$\int_{-\pi}^{\pi}1^2\mathrm{d}x=2\pi,\quad\int_{-\pi}^{\pi}\sin^2nx\mathrm{d}x=\pi,\quad\int_{-\pi}^{\pi}\cos^2nx\mathrm{d}x=\pi\quad(n=1,2,3,\cdots).$$

二、周期函数的傅里叶级数

设$f(x)$是周期为2π的周期函数,且能展开成三角级数:

$$f(x)=\frac{a_0}{2}+\sum_{k=1}^{\infty}(a_k\cos kx+b_k\sin kx),\tag{8-36}$$

那么系数$a_0,a_1,b_1,\cdots$与函数$f(x)$之间存在怎样的关系?换句话说,如何利用$f(x)$把$a_0,a_1,b_1,\cdots$表达出来?为此,进一步假设式(8-36)右边的级数可以逐项积分.

首先求a_0.对式(8-36)从$-\pi$到π积分,由于假设式(8-36)右边级数可逐项积分,因此有

$$\int_{-\pi}^{\pi}f(x)\mathrm{d}x=\int_{-\pi}^{\pi}\frac{a_0}{2}\mathrm{d}x+\sum_{k=1}^{\infty}\left(a_k\int_{-\pi}^{\pi}\cos kx\mathrm{d}x+b_k\int_{-\pi}^{\pi}\sin kx\mathrm{d}x\right).$$

根据三角函数系(8-35)的正交性,等式右边除第一项外,其余各项均为零,所以

$$\int_{-\pi}^{\pi}f(x)\mathrm{d}x=\frac{a_0}{2}\cdot2\pi,$$

于是

$$a_0=\frac{1}{\pi}\int_{-\pi}^{\pi}f(x)\mathrm{d}x.$$

然后求a_n.用$\cos nx$乘式(8-36)两边,再从$-\pi$到π积分,得

$$\begin{aligned}&\int_{-\pi}^{\pi}f(x)\cos nx\mathrm{d}x\\&=\frac{a_0}{2}\int_{-\pi}^{\pi}\cos nx\mathrm{d}x+\sum_{k=1}^{\infty}\left(a_k\int_{-\pi}^{\pi}\cos kx\cos nx\mathrm{d}x+b_k\int_{-\pi}^{\pi}\sin kx\cos nx\mathrm{d}x\right).\end{aligned}$$

根据三角函数系(8-35)的正交性,等式右边除$k=n$的一项外,其余各项均为零,所以

$$\int_{-\pi}^{\pi}f(x)\cos nx\mathrm{d}x=a_n\int_{-\pi}^{\pi}\cos^2nx\mathrm{d}x=a_n\pi,$$

于是

$$a_n=\frac{1}{\pi}\int_{-\pi}^{\pi}f(x)\cos nx\mathrm{d}x\quad(n=1,2,3,\cdots).$$

类似地,再用$\sin nx$乘式(8-36)两边,再从$-\pi$到π积分,可得

$$b_n=\frac{1}{\pi}\int_{-\pi}^{\pi}f(x)\sin nx\mathrm{d}x \quad (n=1,2,3,\cdots).$$

由于当 $n=0$ 时,a_n 的表达式正好给出 a_0,因此,已得结果可以合并写成

$$\begin{cases}a_n=\dfrac{1}{\pi}\displaystyle\int_{-\pi}^{\pi}f(x)\cos nx\mathrm{d}x \quad (n=0,1,2,3,\cdots),\\ b_n=\dfrac{1}{\pi}\displaystyle\int_{-\pi}^{\pi}f(x)\sin nx\mathrm{d}x \quad (n=1,2,3,\cdots).\end{cases} \tag{8-37}$$

最后,如果式(8-37)中的积分都存在,这时它们定出的系数 $a_0,a_1,b_1,\cdots$ 称为周期函数 $f(x)$ 的傅里叶系数,将这些系数代入式(8-36)右边,所得的三角级数

$$\frac{a_0}{2}+\sum_{n=1}^{\infty}(a_n\cos nx+b_n\sin nx)$$

称为周期函数 $f(x)$ 的傅里叶级数.

一个定义在 $(-\infty,+\infty)$ 内周期为 2π 的函数 $f(x)$,如果它在一个周期上可积,那么一定可以作出 $f(x)$ 的傅里叶级数. 然而,函数 $f(x)$ 的傅里叶级数是否一定收敛? 如果它收敛,它是否一定收敛于函数 $f(x)$? 一般说来,这两个问题的答案都不是肯定的. 那么,$f(x)$ 在怎样的条件下,它的傅里叶级数不仅收敛,而且收敛于 $f(x)$? 也就是说,$f(x)$ 满足什么条件可以展开成傅里叶级数? 这是下面将讨论的一个基本问题.

下面给出一个收敛定理(不加证明),它给出了关于上述问题的一个重要结论.

定理 (收敛定理,狄利克雷充分条件)设 $f(x)$ 是周期为 2π 的周期函数,如果它满足:

(1)在一个周期内连续或只有有限个第一类间断点;

(2)在一个周期内只有有限个极值点.

那么 $f(x)$ 的傅里叶级数收敛,并且当 x 是 $f(x)$ 的连续点时,级数收敛于 $f(x)$;当 x 是 $f(x)$ 的间断点时,级数收敛于 $\frac{1}{2}[f(x^-)+f(x^+)]$.

由收敛定理可知,只要函数在区间 $[-\pi,\pi]$ 上只有有限个第一类间断点,并且不作无限次振动,函数的傅里叶级数在连续点处就收敛于该点的函数值,在间断点处收敛于该点左极限与右极限的算术平均值. 可见,函数展开成傅里叶级数的条件比展开成幂级数的条件低得多.

记

$$C=\left\{x\,\middle|\,f(x)=\frac{1}{2}[f(x^-)+f(x^+)]\right\},$$

在 C 上就成立 $f(x)$ 的傅里叶级数展开式

$$f(x)=\frac{a_0}{2}+\sum_{n=1}^{\infty}(a_n\cos nx+b_n\sin nx),\quad x\in C. \tag{8-38}$$

例 1 设 $f(x)$ 是周期为 2π 的周期函数,它在区间 $[-\pi,\pi)$ 上的表达式为

$$f(x)=\begin{cases}-1, & -\pi\leqslant x<0,\\ 1, & 0\leqslant x<\pi,\end{cases}$$

将 $f(x)$ 展开成傅里叶级数.

解 所给函数满足收敛定理的条件,它在点 $x=k\pi(k=0,\pm1,\pm2,\cdots)$ 处不连续,在其他点处连续,因此 $f(x)$ 的傅里叶级数收敛,并且当 $x=k\pi$ 时级数收敛于

$$\frac{-1+1}{2}=\frac{1+(-1)}{2}=0,$$

当 $x\neq k\pi$ 时级数收敛于 $f(x)$.

计算傅里叶系数如下：

$$\begin{aligned}a_n&=\frac{1}{\pi}\int_{-\pi}^{\pi}f(x)\cos nx\mathrm{d}x\\&=\frac{1}{\pi}\int_{-\pi}^{0}(-1)\cos nx\mathrm{d}x+\frac{1}{\pi}\int_{0}^{\pi}1\cdot\cos nx\mathrm{d}x\\&=0\quad(n=0,1,2,\cdots),\\b_n&=\frac{1}{\pi}\int_{-\pi}^{\pi}f(x)\sin nx\mathrm{d}x\\&=\frac{1}{\pi}\int_{-\pi}^{0}(-1)\sin nx\mathrm{d}x+\frac{1}{\pi}\int_{0}^{\pi}1\cdot\sin nx\mathrm{d}x\\&=\frac{1}{\pi}\left(\frac{\cos nx}{n}\right)\bigg|_{-\pi}^{0}+\frac{1}{\pi}\left(-\frac{\cos nx}{n}\right)\bigg|_{0}^{\pi}\\&=\frac{1}{n\pi}(1-\cos n\pi-\cos n\pi+1)=\frac{2}{n\pi}[1-(-1)^n]\\&=\begin{cases}\dfrac{4}{n\pi}, & n=1,3,5,\cdots,\\0, & n=2,4,6,\cdots.\end{cases}\end{aligned}$$

将求得的系数代入式(8-38)，得到 $f(x)$ 的傅里叶级数展开式为

$$\begin{aligned}f(x)&=\frac{4}{\pi}\left[\sin x+\frac{1}{3}\sin 3x+\cdots+\frac{1}{2k-1}\sin(2k-1)x+\cdots\right]\\&=\frac{4}{\pi}\sum_{k=1}^{\infty}\frac{1}{2k-1}\sin(2k-1)x\quad(-\infty<x<+\infty;x\neq0,\pm\pi,\pm2\pi,\cdots).\end{aligned}$$

级数的和函数的图像如图 8-3 所示.

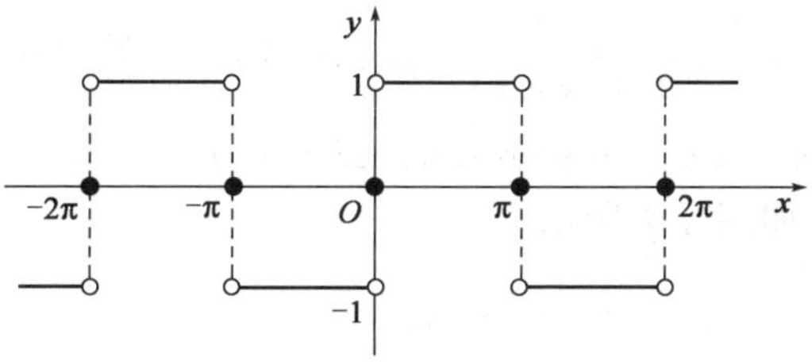

图 8-3

如果把例 1 中的函数理解为矩形波的波形函数(周期 $T=2\pi$，振幅 $E=1$，自变量 x 表示时间)，那么上面所得到的展开式表明：矩形波是由一系列不同频率的正弦波叠加而成的，这些正弦波的频率依次为基波频率的奇数倍.

例 2 设 $f(x)$ 是周期为 2π 的周期函数，它在区间 $[-\pi,\pi)$ 上的表达式为

$$f(x)=\begin{cases}x, & -\pi\leqslant x<0,\\0, & 0\leqslant x<\pi,\end{cases}$$

将 $f(x)$ 展开成傅里叶级数.

解 所给函数满足收敛定理的条件,它在点 $x=(2k+1)\pi(k=0,\pm1,\pm2,\cdots)$ 处不连续. 因此,$f(x)$ 的傅里叶级数在 $x=(2k+1)\pi$ 处收敛于

$$\frac{f(\pi^-)+f(-\pi^+)}{2}=\frac{0-\pi}{2}=-\frac{\pi}{2},$$

在连续点 $x[x\neq(2k+1)\pi]$ 处收敛于 $f(x)$.

计算傅里叶系数如下:

$$\begin{aligned}a_n&=\frac{1}{\pi}\int_{-\pi}^{\pi}f(x)\cos nx\mathrm{d}x=\frac{1}{\pi}\int_{-\pi}^{0}x\cos nx\mathrm{d}x\\&=\frac{1}{\pi}\left[\frac{x\sin nx}{n}+\frac{\cos nx}{n^2}\right]\Bigg|_{-\pi}^{0}=\frac{1}{n^2\pi}(1-\cos n\pi)\\&=\begin{cases}\dfrac{2}{n^2\pi}, & n=1,3,5,\cdots,\\0, & n=2,4,6,\cdots,\end{cases}\end{aligned}$$

$$a_0=\frac{1}{\pi}\int_{-\pi}^{\pi}f(x)\mathrm{d}x=\frac{1}{\pi}\int_{-\pi}^{0}x\mathrm{d}x=\frac{1}{\pi}\left[\frac{x^2}{2}\right]\Bigg|_{-\pi}^{0}=-\frac{\pi}{2},$$

$$\begin{aligned}b_n&=\frac{1}{\pi}\int_{-\pi}^{\pi}f(x)\sin nx\mathrm{d}x=\frac{1}{\pi}\int_{-\pi}^{0}x\sin nx\mathrm{d}x\\&=\frac{1}{\pi}\left[-\frac{x\cos nx}{n}+\frac{\sin nx}{n^2}\right]\Bigg|_{-\pi}^{0}\\&=-\frac{\cos n\pi}{n}=\frac{(-1)^{n+1}}{n}\qquad(n=1,2,3,\cdots).\end{aligned}$$

将求得的系数代入式(8-38),得到 $f(x)$ 的傅里叶级数展开式为

$$\begin{aligned}f(x)&=-\frac{\pi}{4}+\left(\frac{2}{\pi}\cos x+\sin x\right)-\frac{1}{2}\sin 2x+\left(\frac{2}{3^2\pi}\cos 3x+\frac{1}{3}\sin 3x\right)-\\&\quad\frac{1}{4}\sin 4x+\left(\frac{2}{5^2\pi}\cos 5x+\frac{1}{5}\sin 5x\right)-\cdots\\&=-\frac{\pi}{4}+\frac{2}{\pi}\sum_{k=1}^{\infty}\frac{1}{(2k-1)^2}\cos(2k-1)x+\sum_{k=1}^{\infty}\frac{(-1)^{n-1}}{n}\sin nx\\&\quad(-\infty<x<+\infty;x\neq\pm\pi,\pm3\pi,\cdots).\end{aligned}$$

级数的和函数的图像如图 8-4 所示.

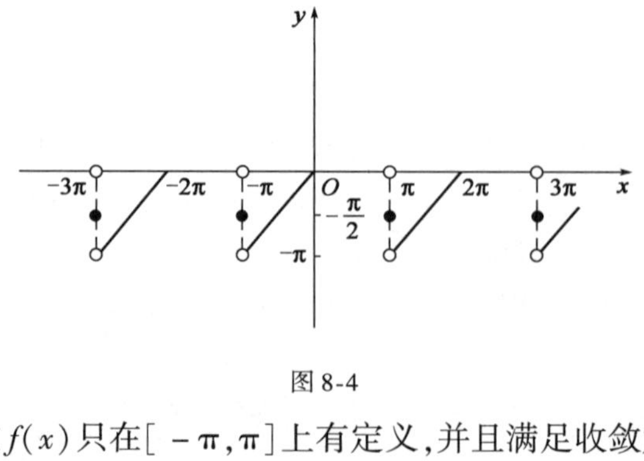

图 8-4

应该注意,如果函数 $f(x)$ 只在 $[-\pi,\pi]$ 上有定义,并且满足收敛定理的条件,那么 $f(x)$ 也可以展开成傅里叶级数. 事实上,可先在 $[-\pi,\pi)$ 或 $(-\pi,\pi]$ 外补充函数 $f(x)$ 的定义,使它拓

广成周期为 2π 的周期函数 $F(x)$. 按这种方式拓广函数的定义域的过程称为周期延拓. 再将 $F(x)$ 展开成傅里叶级数. 最后限制 x 在 $(-\pi,\pi)$ 内,此时 $F(x)\equiv f(x)$,这样便得到 $f(x)$ 的傅里叶级数展开式.

根据收敛定理,该级数在区间端点 $x=\pm\pi$ 处收敛于 $\dfrac{f(\pi^-)+f(-\pi^+)}{2}$.

三、正弦级数和余弦级数

一般说来,一个周期函数的傅里叶级数既含有正弦项,又含有余弦项(见本节例 2). 但是,也有一些周期函数的傅里叶级数只含有正弦项(见本节例 1)或者只含有常数项和余弦项,这是什么原因呢? 实际上,这些情况是与所给函数 $f(x)$ 的奇偶性有密切关系的. 对于周期为 2π 的函数 $f(x)$,它的傅里叶系数计算公式为

$$\begin{cases} a_n=\dfrac{1}{\pi}\displaystyle\int_{-\pi}^{\pi} f(x)\cos nx\mathrm{d}x \quad (n=0,1,2,\cdots), \\ b_n=\dfrac{1}{\pi}\displaystyle\int_{-\pi}^{\pi} f(x)\sin nx\mathrm{d}x \quad (n=1,2,3,\cdots), \end{cases}$$

由于奇函数在对称区间上的积分为零,偶函数在对称区间上的积分等于半区间上积分的 2 倍,因此,当 $f(x)$ 为奇函数时,$f(x)\cos nx$ 是奇函数,$f(x)\sin nx$ 是偶函数,故

$$\begin{cases} a_n=0 \quad (n=0,1,2,\cdots), \\ b_n=\dfrac{2}{\pi}\displaystyle\int_{0}^{\pi} f(x)\sin nx\mathrm{d}x \quad (n=1,2,3,\cdots), \end{cases} \tag{8-39}$$

即知奇函数的傅里叶级数是只含有正弦项的正弦级数

$$\sum_{n=1}^{\infty} b_n\sin nx. \tag{8-40}$$

当 $f(x)$ 为偶函数时,$f(x)\cos nx$ 是偶函数,$f(x)\sin nx$ 是奇函数,故

$$\begin{cases} a_n=\dfrac{2}{\pi}\displaystyle\int_{0}^{\pi} f(x)\cos nx\mathrm{d}x \quad (n=0,1,2,\cdots), \\ b_n=0 \quad (n=1,2,3,\cdots), \end{cases}$$

即知偶函数的傅里叶级数是只含常数项和余弦项的余弦级数

$$\frac{a_0}{2}+\sum_{n=1}^{\infty} a_n\cos nx.$$

例 3 设 $f(x)$ 是周期为 2π 的周期函数,它在区间 $[-\pi,\pi)$ 上的表达式为 $f(x)=x$. 将 $f(x)$ 展开成傅里叶级数,并作出级数的和函数的图像.

解 首先,所给函数满足收敛定理的条件,它在点

$$x=(2k+1)\pi \quad (k=0,\pm1,\pm2,\cdots)$$

处不连续,因此,$f(x)$ 的傅里叶级数在点 $x=(2k+1)\pi$ 处收敛于

$$\frac{f(\pi^-)+f(-\pi^+)}{2}=\frac{\pi+(-\pi)}{2}=0,$$

在连续点 $x[x\neq(2k+1)\pi]$ 处收敛于 $f(x)$.

其次,若不计 $x=(2k+1)\pi(k=0,\pm1,\pm2,\cdots)$,则 $f(x)$ 是周期为 2π 的奇函数. 显然,此时式(8-39)仍成立. 按式(8-39)有 $a_n=0(n=0,1,2,\cdots)$,而

$$\begin{aligned} b_n &= \frac{2}{\pi}\int_0^{\pi} f(x)\sin nx\mathrm{d}x = \frac{2}{\pi}\int_0^{\pi} x\sin nx\mathrm{d}x \\ &= \frac{2}{\pi}\left(-\frac{x\cos nx}{n}+\frac{\sin nx}{n^2}\right)\Bigg|_0^{\pi} \\ &= -\frac{2}{n}\cos n\pi = \frac{2}{n}(-1)^{n+1} \quad (n=1,2,3,\cdots). \end{aligned}$$

将求得的 b_n 代入正弦级数(8-40),得 $f(x)$ 的傅里叶级数展开式为

$$\begin{aligned} f(x) &= 2\left[\sin x - \frac{1}{2}\sin 2x + \frac{1}{3}\sin 3x - \cdots + \frac{(-1)^{n+1}}{n}\sin nx + \cdots\right] \\ &= 2\sum_{n=1}^{\infty}\frac{(-1)^{n+1}}{n}\sin nx \quad (-\infty < x < +\infty; x \neq \pm\pi, \pm 3\pi, \cdots). \end{aligned}$$

级数的和函数的图像如图 8-5 所示.

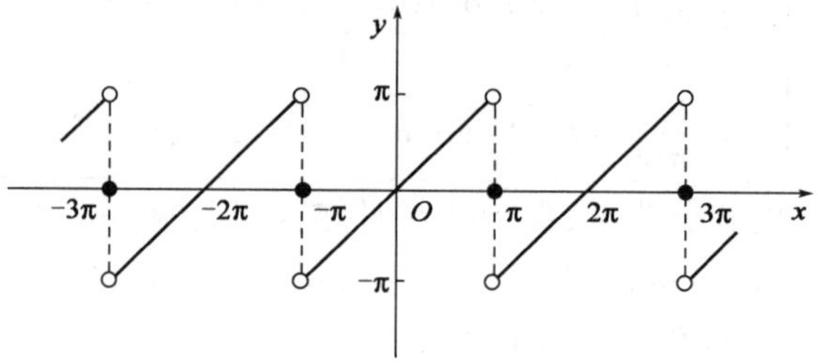

图 8-5

习题 8-6

1. 设 $f(x)$ 是以 2π 为周期的周期函数,它在区间 $[-\pi,\pi)$ 上的表达式为

$$f(x)=\begin{cases} -1, & -\pi \leqslant x < 0, \\ 1, & 0 \leqslant x < \pi, \end{cases}$$

将 $f(x)$ 展开成傅里叶级数.

2. 设 $f(x)$ 是以 2π 为周期的周期函数,它在区间 $[-\pi,\pi)$ 上的表达式为 $f(x)=3x^2+1$,将 $f(x)$ 展开成傅里叶级数.

3. 将函数 $f(x)=\frac{\pi-x}{2}(0\leqslant x\leqslant\pi)$ 展开成正弦级数.

4. 将函数 $f(x)=2x^2(0\leqslant x\leqslant\pi)$ 分别展开成正弦级数和余弦级数.

第七节　一般周期函数的傅里叶级数

一、周期为 2*l* 的周期函数的傅里叶级数

上节所讨论的周期函数都是以 2π 为周期的,但是在实际问题中所遇到的周期函数,它的周期不一定是 2π. 例如上节提到的矩形波,它的周期是 $T=\frac{2\pi}{\omega}$. 因此,本节讨论周期为 $2l$ 的周

期函数的傅里叶级数.根据上节讨论的结果,经过自变量的变量代换,可得下面的定理:

定理 设周期为 $2l$ 的周期函数 $f(x)$ 满足收敛定理的条件,则它的傅里叶级数展开式为

$$f(x)=\frac{a_0}{2}+\sum_{n=1}^{\infty}\left(a_n\cos\frac{n\pi x}{l}+b_n\sin\frac{n\pi x}{l}\right),\quad x\in C, \tag{8-41}$$

其中

$$\begin{cases}a_n=\dfrac{1}{l}\displaystyle\int_{-l}^{l}f(x)\cos\frac{n\pi x}{l}\mathrm{d}x\quad(n=0,1,2,\cdots),\\ b_n=\dfrac{1}{l}\displaystyle\int_{-l}^{l}f(x)\sin\frac{n\pi x}{l}\mathrm{d}x\quad(n=1,2,3,\cdots),\end{cases} \tag{8-42}$$

$$C=\left\{x\,\middle|\,f(x)=\frac{1}{2}[f(x^-)+f(x^+)]\right\}.$$

当 $f(x)$ 为奇函数时,有

$$f(x)=\sum_{n=1}^{\infty}b_n\sin\frac{n\pi x}{l},\quad x\in C, \tag{8-43}$$

其中

$$b_n=\frac{2}{l}\int_0^l f(x)\sin\frac{n\pi x}{l}\mathrm{d}x\quad(n=1,2,3,\cdots). \tag{8-44}$$

当 $f(x)$ 为偶函数时,有

$$f(x)=\frac{a_0}{2}+\sum_{n=1}^{\infty}a_n\cos\frac{n\pi x}{l},\quad x\in C, \tag{8-45}$$

其中

$$a_n=\frac{2}{l}\int_0^l f(x)\cos\frac{n\pi x}{l}\mathrm{d}x\quad(n=0,1,2,\cdots). \tag{8-46}$$

例 1 设 $f(x)$ 是周期为 4 的周期函数,它在 $[-2,2)$ 上的表达式为

$$f(x)=\begin{cases}0, & -2\leqslant x<0,\\ h, & 0\leqslant x<2\end{cases}\quad(\text{常数 } h\neq 0),$$

将 $f(x)$ 展开成傅里叶级数,并作出级数的和函数的图像.

解 这时 $l=2$,按式(8-42)有

$$a_n=\frac{1}{2}\int_0^2 h\cos\frac{n\pi x}{2}\mathrm{d}x=\left[\frac{h}{n\pi}\sin\frac{n\pi x}{2}\right]\Bigg|_0^2=0\quad(n\neq 0),$$

$$a_0=\frac{1}{2}\int_{-2}^{0}0\mathrm{d}x+\frac{1}{2}\int_0^2 h\mathrm{d}x=h,$$

$$b_n=\frac{1}{2}\int_0^2 h\sin\frac{n\pi x}{2}\mathrm{d}x=\left[-\frac{h}{n\pi}\cos\frac{n\pi x}{2}\right]\Bigg|_0^2$$

$$=\frac{h}{n\pi}(1-\cos n\pi)=\begin{cases}\dfrac{2h}{n\pi} & (n=1,3,5,\cdots),\\ 0 & (n=2,4,6,\cdots).\end{cases}$$

将求得的系数 a_n,b_n 代入式(8-41),得

$$f(x)=\frac{h}{2}+\frac{2h}{\pi}\left[\sin\frac{\pi x}{2}+\frac{1}{3}\sin\frac{3\pi x}{2}+\frac{1}{5}\sin\frac{5\pi x}{2}+\cdots+\frac{1}{2n-1}\sin\frac{(2n-1)\pi x}{2}+\cdots\right]$$

$$(-\infty<x<+\infty;x\neq 0,\pm 2,\pm 4,\cdots).$$

$f(x)$的傅里叶级数的和函数的图像如图 8-6 所示.

例 2 将如图 8-7 所示的函数

$$M(x)=\begin{cases}\dfrac{px}{2}, & 0\leqslant x<\dfrac{l}{2},\\ \dfrac{p(l-x)}{2}, & \dfrac{l}{2}\leqslant x\leqslant l\end{cases}$$

分别展开成正弦级数和余弦级数.

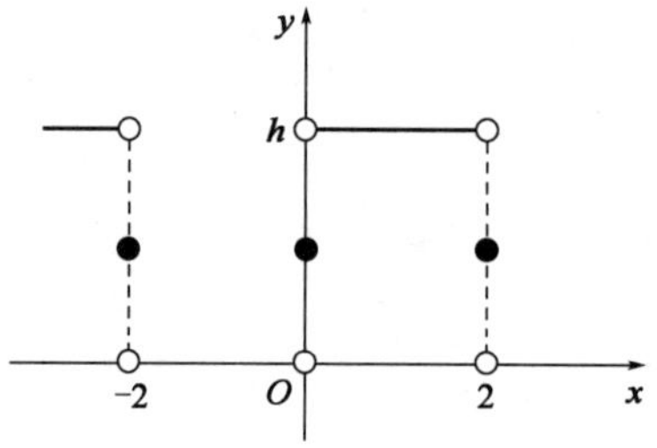

图 8-6

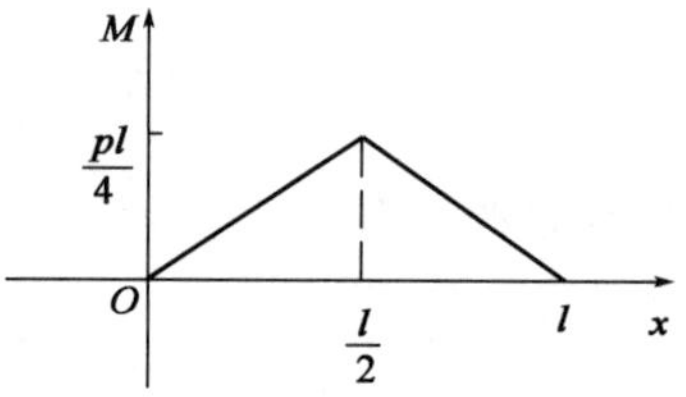

图 8-7

解 $M(x)$是定义在$[0,l]$上的函数,要将它展开成正弦级数,必须对$M(x)$进行奇延拓. 按式(8-44)计算奇延拓后的函数的傅里叶系数

$$\begin{aligned}b_n&=\frac{2}{l}\int_0^l M(x)\sin\frac{n\pi x}{l}\mathrm{d}x\\&=\frac{2}{l}\left[\int_0^{\frac{l}{2}}\frac{px}{2}\sin\frac{n\pi x}{l}\mathrm{d}x+\int_{\frac{l}{2}}^{l}\frac{p(l-x)}{2}\sin\frac{n\pi x}{l}\mathrm{d}x\right].\end{aligned}$$

对上式右边的第二项,令 $t=l-x$,则

$$\begin{aligned}b_n&=\frac{p}{l}\left[\int_0^{\frac{l}{2}}x\sin\frac{n\pi x}{l}\mathrm{d}x+\int_{\frac{l}{2}}^{0}t\sin\frac{n\pi(l-t)}{l}(-\mathrm{d}t)\right]\\&=\frac{p}{l}\left[\int_0^{\frac{l}{2}}x\sin\frac{n\pi x}{l}\mathrm{d}x+(-1)^{n+1}\int_0^{\frac{l}{2}}t\sin\frac{n\pi t}{l}\mathrm{d}t\right].\end{aligned}$$

当 $n=2k$ 时,有 $b_{2k}=0$;当 $n=2k-1$ 时,有

$$b_{2k-1}=\frac{2p}{l}\int_0^{\frac{l}{2}}x\sin\frac{(2k-1)\pi x}{l}\mathrm{d}x=\frac{2pl}{(2k-1)^2\pi^2}\sin\frac{2k-1}{2}\pi=\frac{2pl(-1)^{k-1}}{(2k-1)^2\pi^2}.$$

将求得的 b_n 代入式(8-43),得 $M(x)$的正弦级数展开式为

$$M(x)=\frac{2pl}{\pi^2}\sum_{k=1}^{\infty}\frac{(-1)^{k-1}}{(2k-1)^2}\sin\frac{(2k-1)\pi x}{2}\quad(0\leqslant x\leqslant l).$$

再求$M(x)$的余弦级数展开式. 为此对$M(x)$作偶延拓,再作周期延拓. 注意到延拓所得周期函数的周期为 l,知$M(x)$可展开成周期为 l 的余弦级数. 按式(8-46)[(将式(8-46)中的 l 换成 $l/2$]计算傅里叶系数:

$$\begin{aligned}a_n&=\frac{4}{l}\int_0^{\frac{l}{2}}M(x)\cos\frac{2n\pi x}{l}\mathrm{d}x=\frac{4}{l}\int_0^{\frac{l}{2}}\frac{px}{2}\cos\frac{2n\pi x}{l}\mathrm{d}x\\&=\frac{2p}{l}\left[\frac{l}{2n\pi}x\sin\frac{2n\pi x}{l}+\left(\frac{l}{2n\pi}\right)^2\cos\frac{2n\pi x}{l}\right]_0^{\frac{l}{2}}\end{aligned}$$

$$=\frac{pl}{2n^2\pi^2}(\cos n\pi-1)=\begin{cases}-\dfrac{pl}{n^2\pi^2} & (n=1,3,5,\cdots),\\ 0 & (n=2,4,6,\cdots),\end{cases}$$

$$a_0=\frac{4}{l}\int_0^{\frac{l}{2}}\frac{px}{2}\mathrm{d}x=\frac{pl}{4}.$$

将求得的 a_n, a_0 代入式(8-45),得

$$M(x)=\frac{pl}{8}-\frac{pl}{\pi^2}\sum_{k=1}^{\infty}\frac{1}{(2k-1)^2}\cos\frac{2(2k-1)\pi x}{2}\quad(0\leqslant x\leqslant l).$$

二、傅里叶级数的复数形式

傅里叶级数还可以用复数形式表示. 在电子技术中,经常应用这种形式.

设周期为 $2l$ 的周期函数 $f(x)$ 的傅里叶级数为

$$\frac{a_0}{2}+\sum_{n=1}^{\infty}\left(a_n\cos\frac{n\pi x}{l}+b_n\sin\frac{n\pi x}{l}\right),\tag{8-47}$$

其中系数 a_n 与 b_n 分别为

$$\begin{cases}a_n=\dfrac{1}{l}\displaystyle\int_{-l}^{l}f(x)\cos\frac{n\pi x}{l}\mathrm{d}x & (n=0,1,2,\cdots),\\ b_n=\dfrac{1}{l}\displaystyle\int_{-l}^{l}f(x)\sin\frac{n\pi x}{l}\mathrm{d}x & (n=1,2,3,\cdots),\end{cases}\tag{8-48}$$

利用欧拉公式

$$\cos t=\frac{\mathrm{e}^{ti}+\mathrm{e}^{-ti}}{2},\quad \sin t=\frac{\mathrm{e}^{ti}-\mathrm{e}^{-ti}}{2\mathrm{i}},$$

把式(8-47)化为

$$\frac{a_0}{2}+\sum_{n=1}^{\infty}\left[\frac{a_n}{2}\left(\mathrm{e}^{\frac{n\pi x}{l}\mathrm{i}}+\mathrm{e}^{-\frac{n\pi x}{l}\mathrm{i}}\right)-\frac{b_n\mathrm{i}}{2}\left(\mathrm{e}^{\frac{n\pi x}{l}\mathrm{i}}-\mathrm{e}^{-\frac{n\pi x}{l}\mathrm{i}}\right)\right]$$

$$=\frac{a_0}{2}+\sum_{n=1}^{\infty}\left(\frac{a_n-b_n\mathrm{i}}{2}\mathrm{e}^{\frac{n\pi x}{l}\mathrm{i}}+\frac{a_n+b_n\mathrm{i}}{2}\mathrm{e}^{-\frac{n\pi x}{l}\mathrm{i}}\right).\tag{8-49}$$

记

$$\frac{a_0}{2}=c_0,\quad \frac{a_n-b_n\mathrm{i}}{2}=c_n,\quad \frac{a_n+b_n\mathrm{i}}{2}=c_{-n}\quad(n=1,2,3,\cdots),\tag{8-50}$$

则式(8-49)可表示为

$$c_0+\sum_{n=1}^{\infty}\left(c_n\mathrm{e}^{\frac{n\pi x}{l}\mathrm{i}}+c_{-n}\mathrm{e}^{-\frac{n\pi x}{l}\mathrm{i}}\right)=\left(c_n\mathrm{e}^{\frac{n\pi x}{l}\mathrm{i}}\right)_{n=0}+\sum_{n=1}^{\infty}\left(c_n\mathrm{e}^{\frac{n\pi x}{l}\mathrm{i}}+c_{-n}\mathrm{e}^{-\frac{n\pi x}{l}\mathrm{i}}\right),$$

即得傅里叶级数的复数形式为

$$\sum_{n=-\infty}^{\infty}c_n\mathrm{e}^{\frac{n\pi x}{l}\mathrm{i}}.\tag{8-51}$$

为得出系数 c_n 的表达式,把式(8-48)代入式(8-50),得

$$c_0=\frac{a_0}{2}=\frac{1}{2l}\int_{-l}^{l}f(x)\mathrm{d}x,$$

$$c_n=\frac{a_n-b_n\mathrm{i}}{2}=\frac{1}{2}\left[\frac{1}{l}\int_{-l}^{l}f(x)\cos\frac{n\pi x}{l}\mathrm{d}x-\frac{i}{l}\int_{-l}^{l}f(x)\sin\frac{n\pi x}{l}\mathrm{d}x\right]$$

$$= \frac{1}{2l}\int_{-l}^{l} f(x)\left(\cos\frac{n\pi x}{l} - \mathrm{i}\sin\frac{n\pi x}{l}\right)\mathrm{d}x$$

$$= \frac{1}{2l}\int_{-l}^{l} f(x)\mathrm{e}^{-\frac{n\pi x}{l}\mathrm{i}}\mathrm{d}x \quad (n=1,2,3,\cdots),$$

$$c_{-n} = \frac{a_n + b_n\mathrm{i}}{2} = \frac{1}{2l}\int_{-l}^{l} f(x)\mathrm{e}^{\frac{n\pi x}{l}\mathrm{i}}\mathrm{d}x \quad (n=1,2,3,\cdots).$$

将已得的结果合并写为

$$c_n = \frac{1}{2l}\int_{-l}^{l} f(x)\mathrm{e}^{\frac{n\pi x}{l}\mathrm{i}}\mathrm{d}x \quad (n=0,\pm1,\pm2,\cdots), \tag{8-52}$$

这就是傅里叶级数的复数形式.

傅里叶级数的两种形式本质上是一样的,但复数形式比较简洁,且只用一个算式计算系数.

例 3 把宽为τ、高为 h、周期为 T 的矩形波(图 8-8)展开成复数形式的傅里叶级数.

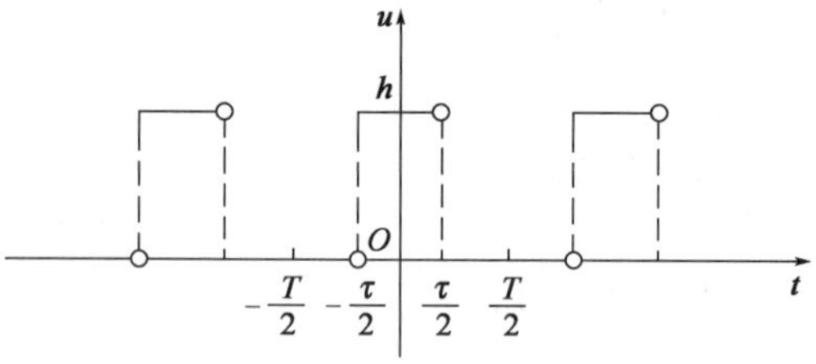

图 8-8

解 在一个周期 $\left[-\frac{T}{2},\frac{T}{2}\right)$ 内矩形波的函数表达式为

$$u(t) = \begin{cases} 0, & -\frac{T}{2}\leqslant t < -\frac{\tau}{2}, \\ h, & -\frac{\tau}{2}\leqslant t < \frac{\tau}{2}, \\ 0, & \frac{\tau}{2}\leqslant t < \frac{T}{2}, \end{cases}$$

按式(8-52)有

$$c_n = \frac{1}{T}\int_{-T/2}^{T/2} u(t)\mathrm{e}^{-\frac{2n\pi t}{T}\mathrm{i}}\mathrm{d}t = \frac{1}{T}\int_{-\tau/2}^{\tau/2} h\mathrm{e}^{-\frac{2n\pi t}{T}\mathrm{i}}\mathrm{d}t$$

$$= \frac{h}{T}\left[\frac{-T}{2n\pi\mathrm{i}}\mathrm{e}^{-\frac{2n\pi t}{T}\mathrm{i}}\right]_{-\tau/2}^{\tau/2} = \frac{h}{n\pi}\sin\frac{n\pi\tau}{T} \quad (n=\pm1,\pm2,\cdots),$$

$$c_0 = \frac{1}{T}\int_{-T/2}^{T/2} u(t)\mathrm{d}t = \frac{1}{T}\int_{-\tau/2}^{\tau/2} h\mathrm{d}t = \frac{h\tau}{T}.$$

将求得的 c_n 代入级数(8-51),得

$$u(t) = \frac{h\tau}{T} + \frac{h}{\pi}\sum_{n=-\infty}^{\infty}{}_{n\neq0}\frac{1}{n}\sin\frac{n\pi\tau}{T}\mathrm{e}^{\frac{2n\pi t}{T}\mathrm{i}}$$

$$\left(-\infty < t < +\infty; t\neq nT\pm\frac{\tau}{2}; n=0,\pm1,\pm2,\cdots\right).$$

习题 8-7

1. 将下列各周期函数展开成傅里叶级数(下面给出函数在一个周期内的表达式):

(1) $f(x) = 1 - x^2 \left(-\frac{1}{2}\leqslant x < \frac{1}{2}\right)$;

(2) $f(x) = \begin{cases} x, & -1\leqslant x < 0, \\ 1, & 0\leqslant x < \frac{1}{2}, \\ -1, & \frac{1}{2}\leqslant x < 1; \end{cases}$

(3) $f(x)=\begin{cases}2x+1, & -3\leqslant x<0,\\ 1, & 0\leqslant x<3.\end{cases}$

2. 将下列函数分别展开成正弦级数和余弦级数：

(1) $f(x)=\begin{cases}x, & 0\leqslant x<\dfrac{1}{2},\\ 1-x, & \dfrac{1}{2}\leqslant x\leqslant 1;\end{cases}$ (2) $f(x)=x^2(0\leqslant x\leqslant 2)$.

3. 设 $f(x)$ 是周期为 2 的周期函数，它在 $[-1,1)$ 上的表达式为 $f(x)=\mathrm{e}^{-x}$. 试将 $f(x)$ 展开成复数形式的傅里叶级数.

总习题八

一、基础题

1. 根据级数收敛的定义，判定下列级数的敛散性，对收敛者求出其和：

(1) $\dfrac{1}{1\times 3}+\dfrac{1}{3\times 5}+\dfrac{1}{5\times 7}+\cdots+\dfrac{1}{(2n-1)(2n+1)}+\cdots$;

(2) $\dfrac{1}{2}+\dfrac{3}{4}+\dfrac{7}{8}+\cdots+\dfrac{2^n-1}{2^n}+\cdots$.

2. 选择适当的方法判定下列级数的敛散性：

(1) $\sum\limits_{n=1}^{\infty}\dfrac{3}{8^n}$; (2) $\sum\limits_{n=1}^{\infty}\dfrac{10}{n^8}$; (3) $\sum\limits_{n=1}^{\infty}\dfrac{n+1}{n}$;

(4) $\sum\limits_{n=1}^{\infty}2^n$; (5) $\sum\limits_{n=1}^{\infty}\sin\dfrac{1}{4^n}$; (6) $\sum\limits_{n=1}^{\infty}\dfrac{n}{3^n}$.

3. 判定下列级数是否收敛，如果收敛，是绝对收敛还是条件收敛？

(1) $\sum\limits_{n=1}^{\infty}\dfrac{(-1)^n}{\sqrt{n}}$; (2) $\sum\limits_{n=1}^{\infty}\dfrac{(-1)^{n-1}}{2^n}$.

4. 把下列函数展开为麦克劳林级数，并写出收敛区间：

(1) $y=\ln(2+x)$; (2) $y=3^x$; (3) $y=\sin 2x$; (4) $y=\mathrm{e}^{x^2}$.

5. 求函数 $y=\dfrac{1}{x-3}$ 在点 $x_0=2$ 处的泰勒级数.

6. 求 π 的近似值，精确到 10^{-3}. $\left(\text{提示：在 } \arctan x \text{ 的幂级数展开式中令 } x=\dfrac{\sqrt{3}}{3}\right)$

二、提高题

1. 讨论下列级数的绝对敛散性与条件敛散性：

(1) $\sum\limits_{n=1}^{\infty}(-1)^n\dfrac{1}{n^p}$; (2) $\sum\limits_{n=1}^{\infty}(-1)^{n+1}\dfrac{\sin\dfrac{\pi}{n+1}}{\pi^{n+1}}$;

(3) $\sum\limits_{n=1}^{\infty}(-1)^n\ln\dfrac{n+1}{n}$; (4) $\sum\limits_{n=1}^{\infty}(-1)^n\dfrac{(n+1)!}{n^{n+1}}$.

2. 求下列极限：

(1) $\lim\limits_{n\to\infty}\dfrac{1}{n}\sum\limits_{k=1}^{n}\dfrac{1}{3^k}\left(1+\dfrac{1}{k}\right)^{k2}$； (2) $\lim\limits_{n\to\infty}\left[2^{\frac{1}{3}}\cdot 4^{\frac{1}{9}}\cdot\cdots\cdot(2^n)^{\frac{1}{3^n}}\right]$.

3. 求下列数项级数的和：

(1) $\sum\limits_{n=1}^{\infty}\dfrac{n^2}{n!}$； (2) $\sum\limits_{n=0}^{\infty}(-1)^n\dfrac{n+1}{(2n+1)!}$.

4. 将下列函数展开成 x 的幂级数：

(1) $\ln(x+\sqrt{x^2+1})$； (2) $\dfrac{1}{(2-x)^2}$.

5. 设 $f(x)$ 是周期为 2π 的函数，它在 $[-\pi,\pi)$ 上的表达式为

$$f(x)=\begin{cases}0, & x\in[-\pi,0),\\ e^x, & x\in[0,\pi),\end{cases}$$

将 $f(x)$ 展开成傅里叶级数.

引例解答

引例 1 无限个实数相加问题

1. 问题提出

问题见本章开头引例 1.

2. 问题分析

$$\sum_{n=1}^{\infty}\frac{1}{2^n}=\frac{1}{2}+\frac{1}{2^2}+\frac{1}{2^3}+\cdots+\frac{1}{2^n}+\cdots.$$

3. 问题解决

输入语句：

```
>>syms k
>>symsum(1/(2^k),1,inf)
```

运行语句后输出：

```
ans =1
```

引例 2 基金问题

1. 问题提出

问题见本章开头引例 2.

2. 问题分析

如果将 P(百万元)存入银行作为基金，银行储蓄年利率为 r，每年计息一次，并以复利进行计算，那么在 t 年后，银行存款余额为 $B=P(1+r)^t$，从而有 $P=\dfrac{B}{(1+r)^t}$，即为了使 t 年后能够支付 B(百万元)，首日应存入银行 P(百万元).

第 1 笔付款为签约当天兑付，$t=0$，其现值 $P_1=3$(百万元). 第 2 笔付款在 1 年后兑现，$t=1$，其现值 $P_2=\dfrac{3}{(1+0.05)^1}=\dfrac{3}{1.05}$(百万元). 第 3 笔付款在 2 年后兑现，$t=2$，其现值

$P_3=\dfrac{3}{(1+0.05)^2}=\dfrac{3}{1.05^2}$(百万元). 以此类推,第 10 笔付款在第 9 年后兑现,$t=9$,其现值 $P_{10}=\dfrac{3}{(1+0.05)^9}=\dfrac{3}{1.05^9}$(百万元).

此合同的总现值

$$P=P_1+P_2+P_3+\cdots+P_{10}$$

$$=3+\frac{3}{1.05}+\frac{3}{1.05^2}+\cdots+\frac{3}{1.05^9}=\frac{3\left(1-\dfrac{1}{(1.05)^{10}}\right)}{1-\dfrac{1}{1.05}}\approx 24.32\text{(百万元)}.$$

这表明该基金会应存入现值 24.32 百万元.

注意:如果合同规定永不停止地每年资助 300 万元,那么该基金会在签订合同之日,首日应存入银行的现金值为

$$P=P_1+P_2+\cdots+P_n+\cdots=\frac{3}{1-\dfrac{1}{1.05}}=63\text{(百万元)}.$$

3. 问题解决

输入语句:

```
>>syms k
>>symsum(3/(1.05^k),0,inf)
```

运行语句后输出:

```
ans =63
```

数学文化——爱国精神、奉献精神

我国数学家陈建功在级数方面颇有建树. 1929 年,他通过答辩取得在日本极难取得的理学博士学位,这是第一位在日本获得此殊荣的外国学者. 日本各报纸都在首版刊登了这一新闻. 为感谢恩师的教诲,陈建功在自己研究工作的基础上,综合当时国际上的最新成果,用日文撰写了专著《三角级数论》,著名的岩波书店出版了这本书,该书内容丰富,数十年后仍被列为日本基础数学的参考文献. 同年,陈建功婉言谢绝了导师留他在日本工作的美意,回到其朝思暮想的祖国,受到众多大学争相延聘. 最终浙江大学邵裴之校长请到了这位雄才,并委以数学系主任之职.

在国家羸弱之际,像陈建功这样的知识分子没有抛弃国家,选择回到祖国建设祖国,放下个人物质享受,这背后体现的是爱国情怀.

第九章

数学建模方法

第一节　MATLAB　简　介

本章实验的目的是掌握 MATLAB 的基本操作方法和基础知识，为完成数学建模打下基础.

一、MATLAB 概况

MATLAB 的名称源于 Matrix Laboratory，它的首创者是在数值线性代数领域颇有影响的 Cleve Moler 博士，他也是生产经营 MATLAB 产品的美国 The Math Works 公司的创始人之一.

MATLAB 是一种科学计算软件，专门以矩阵的形式处理数据. MATLAB 将高性能的数值计算和强大的数据可视化功能集成，并提供了大量的内置函数，因此被广泛地应用于科学计算、控制系统、信息处理等领域的分析、仿真和设计工作. 利用 MATLAB 产品的开放式结构，可以非常容易地对 MATLAB 的功能进行扩充，从而不断深化对问题的认识.

安装 MATLAB 之后，安装程序默认会在 Windows 的开始菜单下创建快捷方式，也会在 Windows 桌面上创建快捷方式. 双击桌面上的 MATLAB 图标，或者执行开始菜单下 MATLAB 的快捷方式，都将启动 MATLAB 的图形桌面工具环境.

默认启动的 MATLAB 的桌面环境(图 9-1)包含了多个窗体，这些窗体分别为历史命令窗体(Command History)，其位于 MATLAB 界面的左下侧，用于保存用户输入过的所有命令，为用户下一次使用同一命令提供方便；命令行窗口(Command Window)是 MATLAB 的主窗口，默认位于 MATLAB 界面的中央，用于输入命令、运行命令并显示结果；当前目录浏览器(Current Directory Browser)位于 MATLAB 界面的左上侧，默认为前台显示，该窗口用于显示当前目录和目录中的所有文件；工作空间浏览器(Workspace Browser)默认位于 MATLAB 界面的左上侧后台，可以通过点击左上方的“Workspace”按钮使之在前台展现.

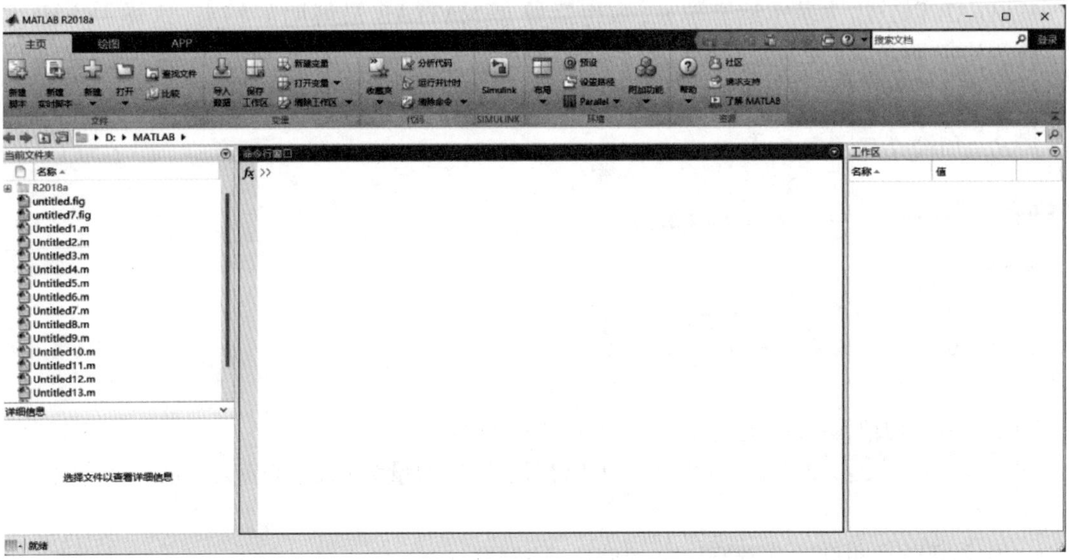

图 9-1　默认界面

二、数组及其运算

MATLAB 可以进行一些简易的数学运算. 在命令提示符“ > > ”后输入命令语句,MATLAB 将计算结果以“ans”语句显示.

例 1　计算算术表达式$\frac{-5}{(4.8+5.32)^2}$.

```
> > -5/(4.8+5.32)^2
ans =
-0.0488
```

例 2　调用余弦函数.

```
> > cos(pi/2)
ans =
6.1232e-017
```

MATLAB 提供的基本运算有加(+)、减(-)、乘(*)、除(/)、幂次方(^). 所有 MATLAB 的计算结果和数值都默认使用双精度类型显示. 设置数据的显示格式可以使用 format 指令,示例数据为自然对数的底数.

MATLAB 命令行窗体数据显示格式如表 9-1 所示.

表 9-1

指令	说明	示例
format	默认的数据格式,同 short 格式一致	271.82 显示为 271.8200
format short	具有固定的小数点后 4 位有效数字,对于大于 1000 的数值,使用科学记数法表示	2718.2 显示为 2.7182e+003
format long	具有固定的小数点后 14 位或者 15 位有效数字(取决于符号位),如果是单精度数据类型的数据,显示 7 位有效数字	2.71828182845905
format bank	使用金融的数据显示方法,小数点后只有 2 位有效数字	2.72
format rat	使用近似的分数表示数值	1457/536

MATLAB 以数组为基本运算单元,数组运算是 MATLAB 最鲜明的特点,这样一方面可以使计算程序简明易读,另一方面可以提高计算速度.

例 3 输入 $\boldsymbol{A}=\begin{bmatrix}1&2&3\\4&5&6\\7&8&9\end{bmatrix}$.

解 > >A = [1,2,3;4,5,6;7,8,9]

ans =

1 2 3

4 5 6

7 8 9

例 4 输入初值为 0、终值为 1、增量为 0.2 的数组.

解 > >b = [0:0.2:1] % 生成一个以初值为 0、增量为 0.2、终值为 1 的一维数组

ans =

0 0.2000 0.4000 0.6000 0.8000 1.0000

例 5 已知 $\boldsymbol{A}=\begin{bmatrix}1&2&4\\3&5&8\end{bmatrix}$,$\boldsymbol{B}=\begin{bmatrix}-1&5&-2\\3&0&8\end{bmatrix}$,求 $\boldsymbol{A}+\boldsymbol{B}$,$\boldsymbol{A}\cdot\boldsymbol{B}$,$\boldsymbol{A}^2$,$2^{\boldsymbol{A}}$.

解 > >A = [1,2,4;3,5,8];

> >B = [-1,5, -2;3,0,8];

> >A + B

ans =

0 7 2

6 5 16

> >A * B % 数组乘法

ans =

-1 10 -8

9 0 64

> >A^2

ans =

1 4 16

9 25 64

> >2^A

ans =

2 4 16

8 32 256

MATLAB 常用数学函数有 abs(x):纯量的绝对值或向量的长度;sqrt(x):开平方;exp(x):自然指数;pi:圆周率;inf:无穷大.

三、MATLAB 的图形功能

MATLAB 拥有大量简单、灵活、易用的生成二维和三维图形的语句,可以方便地用于实现数据的可视化.

1. 已知数据的图形绘制(图 9-2)

```
>>x=[1:1:10];   % 分号表示隐藏运行结果
>>y=[8,10,4,7,30,22,15,6,13,19];
plot(x,y)
```

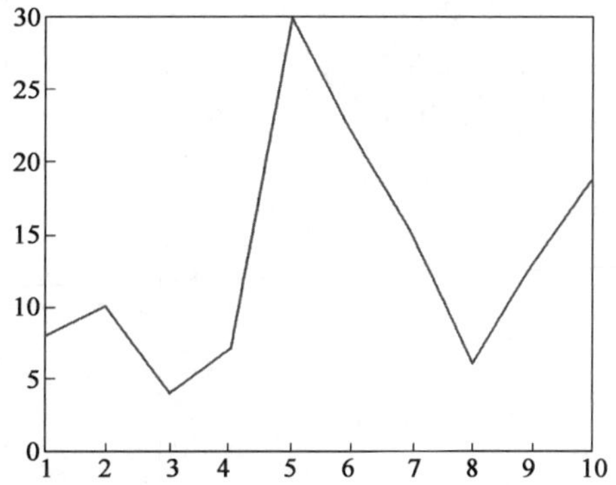

图 9-2

2. 常见二维图形的绘制(图 9-3)

```
>>x=[1:1:10];
>>y=[8,10,4,7,30,22,15,6,13,19];
>>subplot(2,2,1),bar(x,y);
>>subplot(2,2,2),area(x,y);
>>subplot(2,2,3),pie(x,y);
>>subplot(2,2,4),scatter(x,y)
```

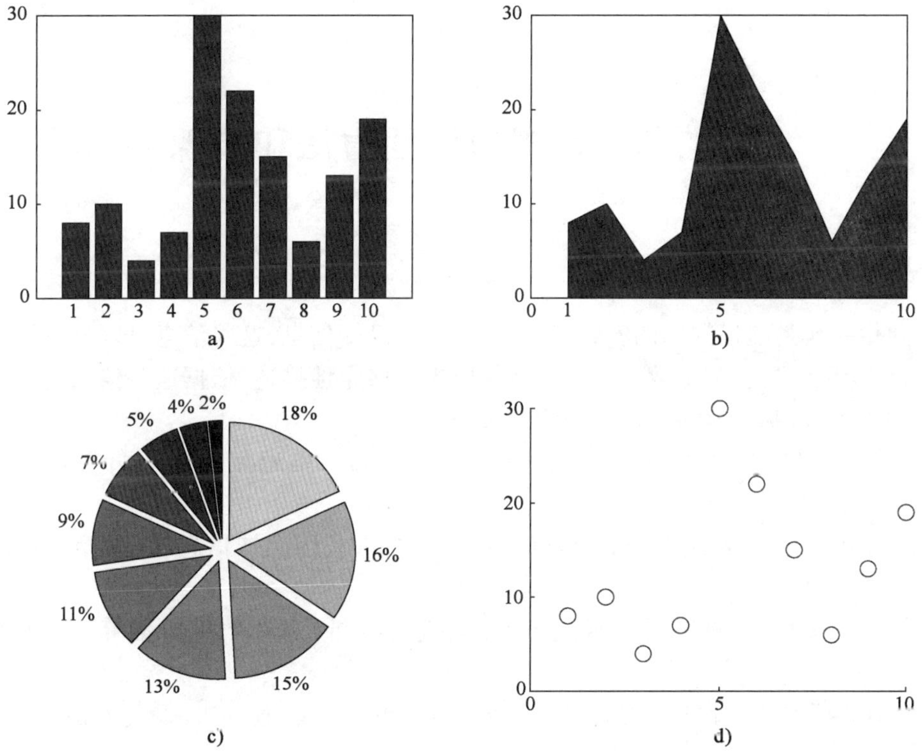

图 9-3

3. 三维图形绘制(图 9-4)

```
>>t=linspace(0,20*pi,1000)
>>x=sin(t);
>>y=cos(t);
>>z=t*sin(t)*cos(t);
>>plot3(x,y,z);
```

```
>>xlabel('x');
>>ylabel('y');
>>zlabel('z');
>>grid on
```

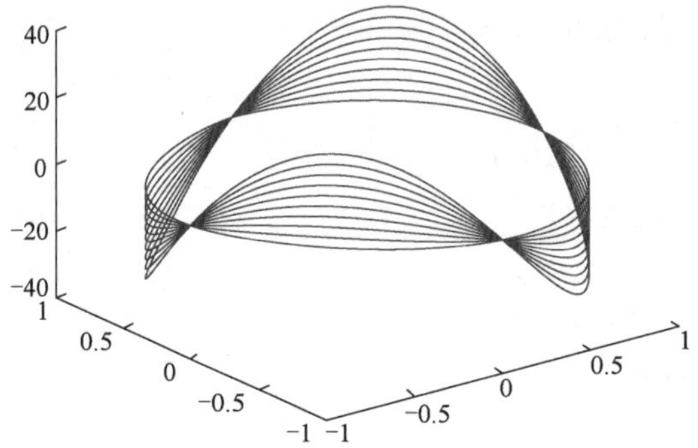

图 9-4

第二节　数学建模的方法和步骤

一、数学建模的方法

数学建模一般是通过问题的实际背景,给出一些已知信息,这些信息可以是一组实测数据或模拟数据,也可以是若干参数、图形,或者仅给出一些定性描述. 依据这些信息建立数学模型的方法有很多,但从基本解法上可以分为 5 大类:

(1)机理分析方法:主要是根据实际中的客观事实进行推理分析,用已知数据确定模型的参数,或直接用已知参数进行计算.

(2)构造分析方法:先建立一个合理的模型结构,再利用已知信息确定模型的参数,或对模型进行模拟计算.

(3)直观分析方法:通过对直观图形、数据进行分析,对参数进行估算,并对结果进行模拟.

(4)数值分析方法:对已知数据进行数值拟合,可选用插值方法、差分方法、样条函数方法、回归分析方法等.

(5)数学分析方法:用"现成"的数学方法建立模型,如图论法、微分方程、规划论、概率统计方法等.

在实际建模的过程中,根据问题的实际背景和已知信息选择适当方法,尽量使用"现成"的数学方法. 如果已知信息不明确或不完整,可以进行适当补充或舍弃,甚至可以修改题目的条件、参数和数据. 也可以先做最简单的模型,然后逐步地完善改进.

数学建模一般应具备的方法和知识:一是要掌握常用的建模方法,如机理分析法、层次分析法、差分法、图论法、插值与拟合法、统计分析法、优化方法等. 二是要有广泛的知识,特别是必备的数学知识,如微分方程、概率统计、规划论、图与网络、数值计算、排队论、对策论、决策论等.另外,还应了解一些现代应用数学的知识,如模糊数学、灰色理论、时间序列、神经网络等.这些都是数学建模的基础,数学建模所需要的知识首先是“广”,其次才是“精”.同时,还应了解一些典型的数学模型案例,以及实际的政治、经济、工业、农业、商业管理和日常生活中的建模实例等内容.

二、数学建模的步骤

数学建模是一个创造性的过程,它需要观察力、想象力和灵感.数学建模的过程是有一定阶段性的,要解决的问题都来自现实世界.数学建模的过程就是对问题进行分析、提炼,用数学语言描述,用数学方法分析、研究、解决问题的过程,最后回到实际中去,将其结果应用于解决和解释实际问题,乃至更进一步地作为一般模型来解决更广泛的问题.数学建模的流程为针对实际问题进行分析→通过抽象简化,给出模型的假设→利用数学方法建立模型→借助于计算机等方法求解模型→对模型的结果进行分析与检验→写出论文或研究报告→应用于实际.

数学建模一般步骤的流程图如图 9-5 所示.

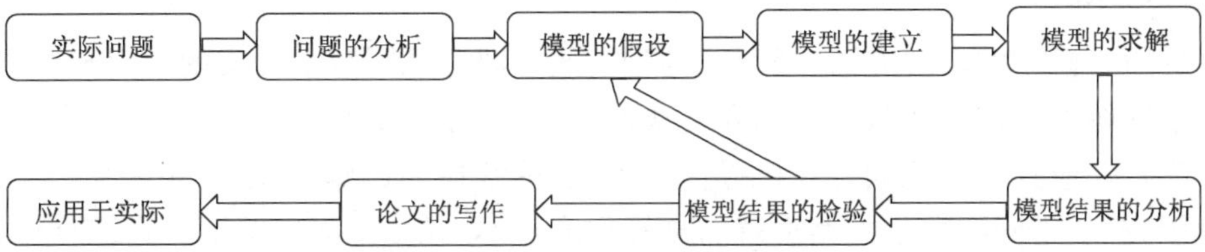

图 9-5　数学建模一般步骤的流程图

1. 问题的分析

数学建模的问题通常是来自各个领域的实际问题,没有固定的方法和标准的答案,因而既不可能明确给出该用什么方法,也不会给出恰到好处的条件,有些时候所给出的问题本身就是含糊不清的.因此,数学建模的第一步就应该是对问题所给的条件和数据进行分析,明确要解决的问题.通过对问题的分析,明确问题中所给出的信息、要完成的任务和所要做的工作、可能用到的知识和方法、问题的特点和限制条件、重点和难点、开展工作的程序和步骤等.同时,还要明确题目所给条件和数据在解决问题中的意义和作用,从而可以在建模的过程中,适当地对已有的条件和数据进行必要的简化或修改,也可以适当地补充一些必要的条件和数据.

2. 模型的假设

根据问题的实际意义,在明确建模目的的基础上,对所研究的问题进行必要的、合理的简化,用准确、简练的语言进行表述,即模型的假设,这是数学建模的重要一步.合理假设在数学建模中除了起到简化问题的作用外,还对模型的求解方法和使用范围起到限定作用.模型假设的合理性是评价一个模型优劣的重要条件之一,也是模型建立成败的关键所在,假设过于简单或过于详细,都可能使模型建立不成功.因此,实际中要做出合适的假设,需要一定的经验和探索,有时候需要在建模的过程中对已做出的假设进行不断的补充和修改.

3. 模型的建立

在建立模型之前，首先要明确建模的目的，因为对于同一个实际问题，出于不同的目的所建立的数学模型可能会有所不同. 在通常情况下，建模的目的可以是描述或解释现实世界的现象；也可以是为了预测一个事件是否会发生，或未来的发展趋势；还可以是为了优化管理、决策或控制等. 如果是为了描述或解释现实世界，一般可采用机理分析的方法去研究事物的内在规律；如果是为了预测预报，常常采用概率统计、优化理论或模拟计算等有关建模方法；如果是为了优化管理、决策或控制等目的，除了有效地利用上述方法之外，还需要合理地引入一些量化的评价指标以及评价方法. 对于实际中的一个复杂的问题，往往要综合运用多种方法和不同学科的知识来建立数学模型，才能够很好地解决这个问题，在明确建模目的的基础上和合理的假设之下，完成建立模型的任务，是数学建模工作中最重要的一个环节，根据所给的条件和数据，建立起问题中相关变量或因素之间的数学规律，可以是数学表达式、图形和表格，或者是一个算法等，这些都是数学模型的表示形式，这些形式有时可以相互转换.

4. 模型的求解

不同的数学模型的求解方法一般是不同的，通常涉及不同数学分支的专门知识和方法，这就要求除了熟练地掌握一些数学知识和方法外，还应具备在必要时针对实际问题学习新知识的能力，同时，还应具备熟练的计算机操作能力，熟练掌握一门编程语言和一两个数学工具软件包的使用方法. 不同的数学模型求解的难易程度是不同的. 一般情况下，对较简单的问题，应力求普遍性；对较复杂的问题，可用从特殊到一般的求解思路来完成.

5. 模型结果的分析与检验

对于所求出的解，必须要对其实际意义进行分析，即模型的解在实际问题中说明了什么、效果怎样、模型的适用范围如何等. 由于数学模型是在一定的假设下建立的，而且利用计算机的近似求解，其结果产生一定的误差是必然的，因此还要进行必要的误差分析和灵敏度分析等工作. 通常意义下的误差主要来自模型的假设引起的误差、近似求解方法产生的误差、计算机产生的舍入误差和问题数据本身的误差. 实际中，对这些误差很难准确地给出定量的估计，往往是针对某些主要的参数做相应的灵敏度分析，即当一个参数有很小的扰动时，对结果的影响是否也很小，由此可以确定相应变量和参数的误差允许范围.

6. 论文的写作

因为数学建模工作的目的是解决实际问题，所以数学建模工作完成后要写成论文，即研究报告. 论文要力图通俗易懂，能让人明白用什么方法解决了什么问题，结果如何，有什么特点. 为此，应尽可能使论文的表述清晰、主题明确、论述严密、层次分明、重点突出，符合科技论文的写作规范. 同时要注意，论文的写作工作是贯穿始终的，在建模的每个阶段都应该把主要思路和工作记录下来，这是论文写作时的第一手资料.

7. 应用于实际

对于所建立的数学模型以及求出的结果，只有在实际中检验成功后，才能被证明是正确的. 否则，就需要修正模型的假设或条件，重新建立模型，直到通过检验，方可应用于实际.

第三节 数学建模论文

一、格式规范

数学建模论文是参与者所有建模工作的集中体现,相应论文的结构形式、学术性、格式的规范性和表述的清晰性是论文水平的重要体现. 论文一般包括 8 个部分:题目、作者署名、摘要、关键词、引言、正文、结论和参考文献等.

题目是论文的中心和总纲,应准确恰当、简明扼要、醒目规范,能够反映论文中最重要的内容. 中文题目一般不超过 20 个字,必要时可以加副标题.

作者署名是文责自负和对论文拥有著作权的标志,同时便于读者与作者联系. 署名包括作者姓名、工作单位全称、所在城市名称及邮政编码.

摘要是重中之重,是整篇论文内容的高度压缩和全面阐述,要力求文字精练,表达准确,充分体现论文的特色和创新点. 从摘要的内容来说,针对每一个所研究的问题,都应该清晰地说明采用了什么方法、建立了什么模型、如何求解、主要结果是什么、解决了什么问题、效果怎么样、具有什么样的特色和创新点,除了解决了基本问题外还做了什么有意义的工作等.

关键词选取 3 ~ 5 个能够准确反映论文主题和核心内容的词汇. 这些词汇应该是在数学建模过程中涉及的关键概念、方法或应用领域相关的术语.

正文包括问题重述、问题分析、模型的假设与符号说明、模型的建立与求解、模型的检验与敏感性分析、模型的评价与改进.

二、数学建模范文

范文 1 飞机的降落曲线

在研究飞机的自动着陆系统时,技术人员需要分析飞机的降落曲线. 依据经验,一架水平飞行的飞机,其降落曲线是一条三次抛物线,如图 9-6 所示,飞机的飞行高度为 h,飞机着陆点为原点 O,且在降落过程中,飞机的水平速度始终保持为常数 u,出于安全考虑,飞机垂直加速度的最大绝对值不得超过$\frac{g}{10}$,此处 g 是重力加速度.

(1) 假设飞机从点 $x = x_0$ 处开始降落,试确定出飞机的降落曲线.

(2) 求开始下降时 x_0 所能允许的最小值.

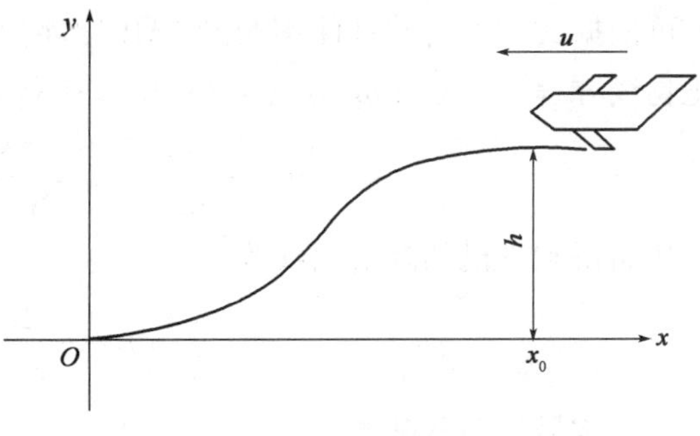

图 9-6

(一)问题概述和分析

1. 问题概述

如今飞机已经成了人们日常出行的交通工具之一,飞机着陆问题是飞机降落时的关键问题,关系着飞机上乘客的安全,那如何确定飞机的安全降落距离呢?

2. 问题分析

可以用不同的函数来模拟飞机的降落曲线.由于有4个隐蔽的假设条件,因此使用三次抛物线(方程假设如下)来模拟飞机的降落曲线.

(二)模型假设

(1)假设飞机的降落曲线为 $y=ax^3+bx^2+cx+d$.

(2)飞机开始降落时,机高为 h(机场的地面高度取作0),且 $y(0)=0, y(x_0)=h$,

(3)由于曲线是光滑的,所以 $y(x)$ 需要满足 $y'(0)=0, y''(0)=0$.

(4)在整个降落过程中,飞机的水平速度保持不变.

(三)模型建立

根据假设,建立以下模型:

$$\begin{cases} y(x)=ax^3+bx^2+cx+d, \\ y'(x)=3ax^2+2bx+c. \end{cases} \tag{9-1}$$

代入假设中的条件,有

$$\begin{cases} y(0)=d=0, \\ a{x_0}^3+b{x_0}^2+cx_0+d=h, \\ y'(0)=c=0, \\ 3a{x_0}^2+2bx_0+c=0. \end{cases} \tag{9-2}$$

(四)模型求解

1. 确定飞机降落的曲线方程

可依据式(9-2),并且使用MATLAB软件(程序见附录)即可立即求出飞机降落曲线的三次抛物线方程 $y=ax^3+bx^2+cx+d$ 中的4个待定系数 a,b,c,d,即

$$a=-\frac{2h}{{x_0}^3}, \quad b=\frac{3h}{{x_0}^2}, \quad c=0, \quad d=0.$$

从而得到飞机的降落曲线为

$$y(x)=-\frac{2h}{{x_0}^3}x^3+\frac{3h}{{x_0}^2}x^2. \tag{9-3}$$

2. 确定最佳的着陆点

飞机的垂直速度是 y 关于时间 t 的导数,即

$$\frac{\mathrm{d}y}{\mathrm{d}t}=-\frac{6h}{x_0^2}\left(\frac{x^2}{x_0}-x\right)\frac{\mathrm{d}x}{\mathrm{d}t},\tag{9-4}$$

其中 x 也是关于时间 t 的函数,且$\frac{\mathrm{d}x}{\mathrm{d}t}$是飞机的水平速度,即$\frac{\mathrm{d}x}{\mathrm{d}t}=u$,因此

$$\frac{\mathrm{d}y}{\mathrm{d}t}=-\frac{6hu}{x_0^2}\left(\frac{x^2}{x_0}-x\right).\tag{9-5}$$

由式(9-5)可求得垂直加速度 $a(x)$ 为

$$\frac{\mathrm{d}^2y}{\mathrm{d}t^2}=-\frac{6hu}{x_0^2}\left(\frac{2x}{x_0}-1\right)\frac{\mathrm{d}x}{\mathrm{d}t}=-\frac{6hu^2}{{x_0}^2}\left(\frac{2x}{x_0}-1\right),$$

故

$$|a(x)|=\frac{6hu^2}{{x_0}^2}\left|\frac{2x}{x_0}-1\right|,\quad x\in[0,x_0].$$

因此,垂直加速度的最大绝对值为

$$\max|a(x)|=\frac{6hu^2}{x_0^2},\quad x\in[0,x_0].$$

根据题设,有

$$\frac{6hu^2}{x_0^2}\leqslant\frac{g}{10},$$

所以得

$$x_0\geqslant u\sqrt{\frac{60h}{g}}.$$

注意:若知道 u 和 h 的具体数值,即可求出 x_0.例如 $u=540\mathrm{km/h}$,$h=1000\mathrm{m}$,则

$$x_0=\frac{540\times1000}{3600}\sqrt{\frac{60\times1000}{9.8}}\approx11737(\mathrm{m}).$$

即飞机所需要的降落距离不得小于11737m.

附录

```
>>syms x a b c d h
>>d=0;c=0;
>>[a b]=solve(a*x^3+b*x^2+c*x+d=h,3*a*x^2+2*b*x+c=0,'a','b')
%此处x表示等式中的x0;
ans =
a =
-(2*h)/x^3
b =
(3*h)/x^2
```

范文2 飞越北极问题

(一)问题概述

2000年6月,《扬子晚报》发布消息:“中美航线下月可飞越北极,北京至底特律可节省4

小时.”摘要如下:7 月 1 日起,加拿大和俄罗斯允许民航班机飞越北极,此改变可大幅度缩短北美与亚洲间的飞行时间,旅客可直接从休斯敦、丹佛及明尼阿波利斯直飞北京等地. 据加拿大空中交通管制局估计,如飞越北极,北京至底特律的飞行时间可节省 4 小时. 由于无须中途降落加油,实际节省的时间不止此数.

假设:飞机飞行高度约为 10km,飞行速度约为 980km/h;从北京至底特律原来的航线途经以下 10 处:

A_1(北纬 31°,东经 122°); A_2(北纬 36°,东经 140°);
A_3(北纬 53°,西经 165°); A_4(北纬 62°,西经 150°);
A_5(北纬 59°,西经 140°); A_6(北纬 55°,西经 135°);
A_7(北纬 50°,西经 130°); A_8(北纬 47°,西经 125°);
A_9(北纬 47°,西经 122°); A_{10}(北纬 42°,西经 87°).

设地球是半径 6371km 的球体,对“北京至底特律的飞行时间可节省 4 小时”从数学上作出一个合理的解释:

(二)问题分析

根据问题的实际情况,飞机保持飞行高度为 10km,作匀速飞行,忽略飞机起飞、降落和地球自转及公转的影响,则问题归结为求飞越指定球面上各点的短程线(或测地线)的航线与飞越直接联结北京上空 10km 和底特律上空 10km 的经过北极圈的新航线的时间差. 由于飞机以 980km/h 的时速匀速飞行,所以问题也就转化为求相应的航程差.

图 9-7 是关于数学建模中问题分析和模型假设的描述.

这里假设地球是一个半径为 6371km 的球体,由解析几何的知识可知,球面上任意两点(不是一条直径上的两个端点)之间的最小距离就是过这两点的大圆(即以地心为中心的圆)的劣弧长. 因此,要求指定两点间的最短航程,只需建立合适的空间直角坐标系,写出各站点所在球面的方程,求出过指定站点所在大圆上的劣弧长,即可求出航线上两站点间的最短航程.

(三)模型的假设

为了建立问题的数学模型,给出如下的假设:

(1)飞机在机场起飞与降落过程的时间忽略不计,即飞机从 A 地到 B 地的飞行时间只考虑飞越 A 地上空 10km 和 B 地上空 10km 两点之间最短航线所用的时间.

(2)飞机在飞行过程中,如果经停中途各站点,则不考虑起飞、降落及加油等待所用的时间. 事实上,这些时间是一个常数,对所考虑的问题没有影响.

(3)飞机以速度 980km/h 匀速飞行,地球的自转和公转对飞机飞行的影响忽略不计.

对下面所用主要符号的含义说明如下:

A_i 表示航线上的第 $i(i=0,1,\cdots,11)$ 个站点,A_0 表示北京,A_{11} 表示底特律,$A_1 \sim A_{10}$ 为问题中所列出的各站点;

(α_i,β_i) 表示航线上 A_i 站的地理坐标;

(φ_i,θ_i) 表示航线上 A_i 站的地理坐标 (α_i,β_i) 对应的球面坐标;

l_i 表示站点 A_i 至 A_{i+1} 之间的最短航程;

l_e 表示飞机分段飞行航程相加的总航程；
R,h 分别表示地球的半径和飞机飞行的高度.

(四)模型的建立和求解

根据问题的要求和假设，将地球看作半径为6371km的球体. 以球心为原点，以赤道平面为 xOy 面，z 轴指向北极，建立如图9-7所示的空间直角坐标系. 于是，在航线上各站点上空高度 $h=10\text{km}$ 处所在球面的参数方程为

$$\begin{cases}x=(R+h)\cos\varphi\cos\theta\\ y=(R+h)\cos\varphi\sin\theta\\ z=(R+h)\sin\varphi\end{cases}\quad(0\leqslant\theta\leqslant2\pi,0\leqslant\varphi\leqslant\pi),$$

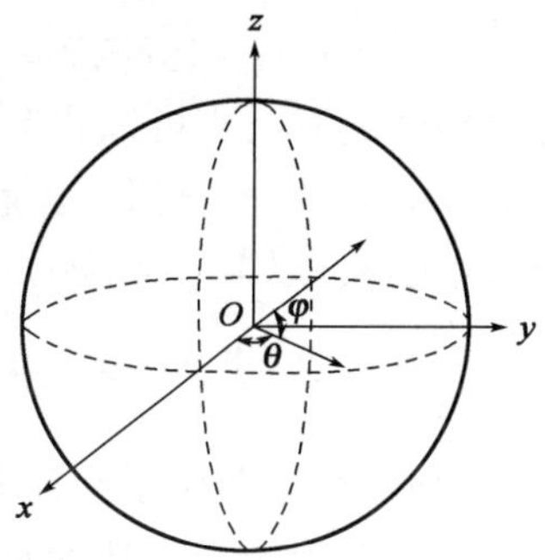

图9-7

航线上站点 $A_i(i=0,1,\cdots,11)$ 的直角坐标为

$A_i((R+h)\cos\varphi_i\cos\theta_i,(R+h)\cos\varphi_i\sin\theta_i,(R+h)\sin\varphi_i)$.

由解析几何知识可知，相邻两站点 A_i 与 A_{i+1} 间的航程为

$$\left|\overrightarrow{A_iA_{i+1}}\right|=(R+h)\cdot\arccos\frac{\overrightarrow{OA_i}\cdot\overrightarrow{OA_{i+1}}}{\left|\overrightarrow{OA_i}\right|\cdot\left|\overrightarrow{OA_{i+1}}\right|}.\quad(9\text{-}6)$$

其中 $\frac{\overrightarrow{OA_i}\cdot\overrightarrow{OA_{i+1}}}{\left|\overrightarrow{OA_i}\right|\cdot\left|\overrightarrow{OA_{i+1}}\right|}$ 的计算公式为

$$\cos\varphi_i\cos\varphi_{i+1}\cos\theta_i\cos\theta_{i+1}+\cos\varphi_i\cos\varphi_{i+1}\sin\theta_i\sin\theta_{i+1}+\sin\varphi_i\sin\varphi_{i+1}.$$

要根据式(9-6)计算两站点间的航程，首先要把各站点的地理坐标(α_i,β_i)转化为对应球面上的坐标(φ_i,θ_i). 由于航线在北半球上，取 φ_i 与北纬度一致，θ_i 与东经度一致，于是，航线上各站点的地理坐标与球面坐标之间的换算公式为

$$\varphi_i=\frac{\pi\alpha_i}{180},\quad\theta_i=\begin{cases}\dfrac{\pi\beta_i}{180}, & \text{当}\beta_i\text{为东经度时},\\ \dfrac{\pi(360-\beta_i)}{180}, & \text{当}\beta_i\text{为西经度时}.\end{cases}$$

由于 $A_1\sim A_{10}$ 的地理坐标数据是已知的，可以查到北京 A_0 和底特律 A_{11} 的地理坐标分别为(北纬40°，东经116°)和(北纬43°，西经83°). 利用上述计算公式和各点的地理坐标数据计算结果如表9-2所示.

表9-2

站点 A_i	A_0	A_1	A_2	A_3	A_4	A_5
φ_i	0.6978	0.5408	0.6280	0.9246	1.0816	1.0292
θ_i	2.0236	2.1282	2.4422	3.4017	3.6633	3.8378
站点 A_i	A_6	A_7	A_8	A_9	A_{10}	A_{11}
φ_i	0.9594	0.8722	0.8199	0.8199	0.7327	0.7501
θ_i	3.9250	4.0994	4.0994	4.1518	4.7623	4.8321

将 $R=6371\text{km},h=10\text{km}$ 及表9-2中的数据代入式(9-6)中，利用MATLAB软件编程即可求得航线上相邻两站点间的航程，结果如下：

北京 A_0 与 A_1 之间的航程为 1139.0351km,A_1 与 A_2 之间的航程为 1758.1570km,A_2 与 A_3 之间的航程为 4624.0417km,A_3 与 A_4 之间的航程为 1338.7km,A_4 与 A_5 之间的航程为641.6426km,A_5 与 A_6 之间的航程为 538.5383km,A_6 与 A_7 之间的航程为 651.1561km,A_7 与 A_8 之间的航程为 497.2388km,A_8 与 A_9 之间的航程为 228.121km,A_9 与 A_{10} 之间的航程为 2810.1955km,A_{10} 与底特律 A_{11} 之间的航程为 346.7026km.

由此可以计算出原航线的总航程为

$$l_e = \sum_{i=0}^{10} \overrightarrow{A_iA_{i+1}} \approx 14573.5287(\mathrm{km})$$

而北京 A_0 直达底特律 A_{11} 的航程为 10609.6842km,将以上两个航程分别除以飞机的飞行速度 980km/h,则可以得到原航线的飞行总时间为 14.8709h,而北京直达底特律的时间为 10.8262h. 于是,飞机沿新航线飞行节省的时间为 4.0447h,显然节省时间大于 4h,因此,沿新航线飞行可以节省 4h 的报道是真实的、有依据的.

(五)模型的结果分析

该模型主要用了几何分析方法,借助解析几何的知识,分析解决了飞越北极的飞行航线问题. 结果给出了在将地球看成球体情况下,北京至底特律的新航线比原航线省时 4h 的理论依据. 此模型的结果也说明了利用几何分析方法解决实际问题的有效性.

附　录

习题参考答案

附录Ⅰ　常用函数图像

附录Ⅱ　常用数学公式

参考文献

[1] 向红军,王金华,何艳. 飞越北极直通北美[J]. 郴州师范高等专科学校学报,2001(2):40-45,54.
[2] 同济大学数学系高等数学:上册[M]. 7 版. 北京:高等教育出版社,2014.
[3] 同济大学数学系高等数学:下册[M]. 7 版. 北京:高等教育出版社,2014.
[4] 同济大学数学系高等数学习题全解[M]. 北京:人民邮电出版社,2016.
[5] 沈跃云,马怀远. 应用高等数学[M]. 北京:高等教育出版社,2016.
[6] 杨文兰,叶迎春. 经济应用数学基础[M]. 北京:高等教育出版社,2017.
[7] 张弢,殷俊锋. 高等数学(微课版)[M]. 北京:人民邮电出版社,2020.
[8] 颜文勇,郑茂波. 数学建模[M]. 北京:高等教育出版社,2021.
[9] 韩中庚,周素静. 数学建模实用教程[M]. 北京:高等教育出版社,2020.
[10] 华东师范大学数学系. 数学分析:下册[M]. 4 版. 北京:高等教育出版社,2010.
[11] 侯风波. 高等数学[M]. 6 版. 北京:高等教育出版社,2022.
[12] 刘严. 新编高等数学(理工类)[M]. 7 版. 大连:大连理工大学出版社,2014.
[13] 蔡全领. 高等数学同步辅导及习题全解[M]. 北京:团结出版社,2017.
[14] 张威. MATLAB 基础与编程入门[M]. 西安:西安电子科技大学出版社,2008.
[15] 徐仁旭. 数学实验与建模[M]. 长沙:湖南师范大学大学出版社,2012.
[16] 韩中庚. 数学建模方法及其应用[M]. 北京:高等教育出版社,2017.
[17] 刘丽瑶,陈承欢. 高等数学及其应用[M]. 北京:高等教育出版社,2015.
[18] 方钢. 高等数学(理工类):上册[M]. 北京:科学出版社,2012.
[19] 柳重堪. 高等数学(上册第 1 分册):一元函数微积分[M]. 北京:中央广播电视大学出版社,1999.
[20] 于莹莹,林怡,贾丽君. 高等应用数学[M]. 上海:上海交通大学出版社,2023.
[21] 武术胜,郭秀清. 高等数学(工科类)[M]. 武汉:武汉大学出版社,2014.
[22] 王琦,谭志明,罗森月. 高等数学(下)[M]. 北京:北京航空航天大学出版社,2024.
[23] 许艾珍. 高等数学实用教程[M]. 北京:航空工业出版社,2013.